科学出版社"十三五"普通高等教育研究生规划教材

创新型现代农林院校研究生系列教材

真菌进化生物学

刘杏忠　王成树　杨恩策　主编

科 学 出 版 社

北 京

内 容 简 介

本书以进化生物学的基本原理为基础,重点阐述真菌进化与系统生物学,适当兼顾卵菌和黏菌,内容涵盖宏观的进化生物学概述、真菌物种的形成与多样性及分类系统,微观的真菌形态建成与代谢的进化、物种的遗传进化、种群的微进化、协同进化,以及真菌宏进化等,同时包括真菌分子进化的分析方法和进化生物学应用,较为系统地论述了真菌进化生物学的新观念和研究进展。

本书可作为微生物学、进化生物学、生态学、保护生物学、农学、植物保护、森林保护及环境保护等专业的研究生教材,也可作为相关专业科研工作者的参考用书。

图书在版编目(CIP)数据

真菌进化生物学/刘杏忠,王成树,杨恩策主编. —北京:科学出版社,2022.3
科学出版社"十三五"普通高等教育研究生规划教材 创新型现代农林院校研究生系列教材
ISBN 978-7-03-071643-9

Ⅰ. ①真… Ⅱ. ①刘… ②王… ③杨… Ⅲ. ①真菌-进化论-高等学校-教材
Ⅳ. ①Q949.32

中国版本图书馆 CIP 数据核字(2022)第 033894 号

责任编辑:张静秋 马程迪/ 责任校对:樊雅琼
责任印制:张 伟/ 封面设计:蓝正设计

科学出版社 出版
北京东黄城根北街 16 号
邮政编码:100717
http://www.sciencep.com
北京凌奇印刷有限责任公司 印刷
科学出版社发行 各地新华书店经销

*

2022 年 3 月第 一 版 开本:787×1092 1/16
2022 年 8 月第二次印刷 印张:19 1/4
字数:500 000
定价:**79.80 元**
(如有印装质量问题,我社负责调换)

《真菌进化生物学》编委会

主　编

南开大学生命科学学院　　　　　　　　　　　　　　刘杏忠
中国科学院微生物所真菌学国家重点实验室

中国科学院上海植物生理生态研究所　　　　　　　王成树

北京大学系统生物医学研究所　　　　　　　　　　杨恩策
北京大学基础医学院病原生物学系

参　编

北京大学基础医学院病原生物学系　　　　　　　　朱佳馨

多伦多大学生物科学系和生态与进化生物学系　　　王岩

复旦大学生命科学学院　　　　　　　　　　邴健　黄广华　陶丽

广东省科学院微生物研究所　　　　　　　　李泰辉　王超群

南京师范大学生命科学学院　　　　　　　　陈双林

南开大学生命科学学院　　　　　　　　陈月　刘佳　刘金铭　邱鹏磊

山西大学生命科学学院　　　　　　　　　　张永杰

中国农业大学生物学院　　　　　　　　　　何群

中国科学院大学存济医学院　　　　　　　　陈保送　韩俊杰　刘宏伟

中国科学院上海植物生理生态研究所　　　　赖屹玲　王燕　王历历　王四宝

中国科学院生态环境研究中心　　　　　　　葛安辉　熊超　曾青　张丽梅

中国科学院微生物研究所真菌学国家重点实验室　　蔡磊　杜卓　范雅妮　何光军
　　　　　　　　　　　　　　　　　　　　　　　胡鹏杰　黄润业　贾怡丹　凌云燕
　　　　　　　　　　　　　　　　　　　　　　　刘钢　刘慧敏　王科　王琳淇
　　　　　　　　　　　　　　　　　　　　　　　魏鑫丽　徐新然　杨佳睿　尹文兵
　　　　　　　　　　　　　　　　　　　　　　　张明哲　赵瑞琳

秘　书

内蒙古农业大学　　　　　　　　　　　　　　　　王雅兰

真菌是一类物种多样性高度丰富的真核微生物，进化分支多样、进化尺度跨度大，不同种类能够适应复杂多变的环境，几乎分布于地球上的每一个角落。真菌作为主要的分解者，不仅在生地化循环中发挥着重要的作用，而且多数物种与动物、植物乃至其他微生物形成了复杂多样的互作关系，是维持和保障生态系统功能和稳定性的重要生物类群之一。

真菌类群是进化生物学研究的重要对象之一，真菌进化生物学既是真菌学，也是进化生物学研究的分支之一。结合进化生物学和遗传学等最新研究进展，真菌进化生物学不仅旨在研究揭示真菌系统演化历程和规律，而且需要探究真菌适应不同自然环境，包括与其他物种（寄主）互作的遗传机制。编者在多年的"真菌系统与进化生物学"教学过程中，一直缺乏合适的参考教材。一方面，随着分子系统学研究的深入，真菌的分类系统发生了巨大变革，人们对真菌的起源与进化有了新的认知；另一方面，进化生物学理论和方法的发展，也为认识真菌进化提供了新的角度和工具。有鉴于此，编者萌生了从进化生物学的角度编写《真菌进化生物学》这一教学参考书的想法。

真菌进化的内涵广泛，涉及分类学、遗传学、生态学、系统学和基因组学等诸多学科。为从真菌起源与遗传适度角度对真菌进化生物学进行系统的归纳和论述，本书三位主编就撰写提纲进行了充分的讨论，几易其稿，最后形成了目前的框架，并在细化章节目录的基础上，针对性地邀请相关领域专家和学者撰写相应的章节，最终由主编进行统稿。

本书共分十章：第一章从含真菌化石、物种灭绝等真菌进化史角度对真菌进化生物学进行了简要概述；第二章从真菌的物种概念、物种形成模式及多样性形成机制的角度，系统论述了真菌物种形成与多样性；第三章根据真菌及类真菌（卵菌、黏菌）最新的系统学进展，对真菌的分类命名及分类系统与进化进行了概括；第四章从单细胞到多细胞，从形态多样性到代谢多样性，系统论述了真菌表型与代谢的进化；第五章从自然选择、生殖方式、遗传发育、表观遗传和线粒体基因组等方面，论述了真菌物种的遗传进化；第六章从种群的遗传结构、随机遗传进化、适应性进化、定向进化等方面论述了真菌种群的微进化；第七章从真菌生存策略的角度系统论述了真菌与真菌、真菌与其他生物间的协同进化；第八章从进化史的角度论述了真菌的宏进化；最后两章分别论述了真菌分子进化的分析方法和进化生物学在真菌中的应用。不可否认，由于真菌学和进化生物学涉及的学科领域宽泛，上述归纳总结的系统性、规范性、深度与广度等方面必然存在不足，可能难以系统地体现从真菌类群角度来理解进化生物学或者从进化生物学角度来理解真菌学的研究进展。书中难免存在诸多细节性不足之处，敬请读者给予批评指正。

需要注意的是，本书在真菌类群界定方面主要基于真菌分子系统学的最新成果。例如，传统由真菌学家研究的卵菌和黏菌不再属于真菌界，而微孢子虫则被归为真菌界的一员。传统的壶菌、接合菌也被划分为多个门，因此本书用"类"来代表相应的类群，如壶菌类、接合菌类等。

　　在本书完稿之际，我们非常感谢各位编委为本书付梓所做出的辛苦努力和贡献。特别要感谢内蒙古农业大学的王雅兰博士从申报、编写到出版每一过程中均付出辛勤努力。在本书的出版过程中，得到了科学出版社的大力支持，在此一并表示衷心的感谢。

编　者

2022 年 1 月

Contents

目　录

第一章 进化生物学概述

自然选择驱动下的进化是生命最重要的特征之一。地球是一个具有 46 亿年历史的行星，其上最古老的岩石具有 39 亿～40 亿年的年龄。现在已知最早记录有光合作用的岩石的年龄约为 38 亿年；最早记录有原核细胞的化石的年龄约为 35 亿年；真核生物的起源为 27 亿～12.5 亿年前。自生命起源开始延续至今的漫长的生物进化史，皆由无数个物种形成、前进进化与物种消失谱写而成。

第一节 进化生物学与生物进化的定义

通行的进化（evolution）是指生物在与其生存环境的相互作用中，其遗传系统随时间发生一系列不可逆的改变，并导致相应的表型改变。大多数情况下这种改变导致生物总体对其生存环境的相对适应，即进化宏观上表现为生物种群的可遗传性状（heritable characteristics）在世代（generation）间的改变，微观上表现为这些性状的相关基因自亲代传递给子代。不同性状来源于种群内的基因突变、基因重组及其他遗传变异。当自然选择和遗传漂变等进化过程作用于这些变异时，其决定的性状特征的频率在种群中发生改变，进一步产生了分子水平、个体水平和物种水平的生物多样性。

在中文语境中，"进化"一词给人以"物种总是向高等和复杂的方向前进"之感，而未能反映简化式进化的"退化性"。近年来许多学者呼吁将"进化"改称为"演化"，以便更清晰地阐释生物在适应环境的过程中不断改变并产生差异的过程，同时将"进化"的意义局限为"退化"的反义。为保证全书统一，本书除某些特殊用法外，统一使用"进化"一词。但无论是翻译为"进化"还是"演化"，其背后的规律和机制无甚差别，即突变的不断出现是生物进化的根本动力，而生物表型是自然选择的对象与结果，凡是可以影响性状和遗传结构的因素，都有作为进化调节者的潜力。

进化生物学（evolutionary biology）作为生物学的一个分支，是研究生物进化的学科，进化的过程、原因、机制和趋势都属于进化生物学的研究范畴。作为生物学的一个基本学科，进化生物学与其他生物学科均有交集。在细胞个体层面与细胞生物学、群体遗传学密不可分，在生物系统学层面与动物学、植物学、真菌学等方向的学科相互支持。此外，进化生物学也与理论生物学、实验演化生物学、古生物学有研究角度的交集，甚至产生演化生态学、演化发育生物学、演化神经生物学等新的分支学科。

虽然进化生物学在研究方向上具有诸多细分，但各分支皆建立于进化论的理论基础之上，以诠释生物进化为核心从不同层面展开研究。进化生物学不仅从生物组织的不同层次揭示进化的原因，同时也从时间的维度追溯进化的历程。对于进化生物学来说，最小的时间尺度限于世代，最大的时间可横跨近 40 亿年；最小的结构水平为研究分子，最大的空间组织层次直至生物圈范围。生物界诸多复杂现象，如生物的适应、物种形成、物种灭绝及分子进化，都需要在进化生物学的研究中解析内部机制和原因。

　　早期的进化生物学偏重理论学说，但随着生命科学研究的不断推进，进化生物学与分子生物学、发育生物学等学科广泛结合。现代实验技术和信息技术成熟后，进化生物学的飞速进步很大程度上依赖于复杂的分子演化、序列比对、种群遗传模型和进化树计算等方法的发展。在此基础上，诸多新的学说，如中性选择学说、间断-平衡理论等被不断提出，原来根据形态生理特征分类的方法也被分子序列相似性所替代，促进了进化生物学从定性走向定量，从推论走向验证。

第二节　进化生物学的发展历程和主要理论

　　对自然解释的系统探索源于古希腊的哲学家，当时占据统治地位的宗教神学认为神造万物，物种不变，生物进化思想囿于"神创论"（creationism）观点而难以作为主流学说兴起和发展。文艺复兴时期，生物学思想被新的经验主义思想变革，对世界的研究方式从凭空想象转变至观察与实验，大量累积的生物和化石分类需求催化了双名法（binomial nomenclature）的诞生，奠定了按阶层体系分类的基础，是反映物种可能具有共同祖先的一个重要信息。

　　随着生物标本集的扩大，自然界现存物种与发掘的化石之间既有相同之处又存在异变的问题逐渐被学界关注，家养动物和野生动物之间的差异与物种不变思想之间的矛盾也愈发引人瞩目。虽然"灾变论"（catastrophism）认为不同地质年代的化石中含有现今不存在的生物类型是多次巨灾灭世后上帝重新造物的结果，但依然不能很好地解释生物间连续性的现象。首位给出明确解决思路的是法国科学家拉马克，他认为原始生命最初因为偶然而产生，之后沿着生物链条不断改进，从而产生了更复杂的生命体。作为第一位提出比较完整的进化理论的学者，拉马克动摇了"神创论"的基础。

　　真正改变物种认知思想的是达尔文的进化论。达尔文跟随探险队经历了 5 年环球考察，途中所见的众多不同环境下的相同或相异物种启发了他对物种起源的思考。首先，物种是可变的，地球上现存的物种起源于同一共同祖先，然后不断地分支形成一个生命树；其次，物种有过度繁殖倾向，产生的具有不同遗传变异的后代中，适应环境者得到生存的优势并且更容易产生新的后代；最后，生物产生适应的前提是具有丰富的不定向变异，自然或者人工选择将某些变异选择出来产生不同的物种表型。达尔文的学说被恩格斯誉为 19 世纪世界的三大发现之一，因为进化论的提出不仅有力地证明了生物进化是由自然原因引起的，同时也为科学地阐明生物界的发生和发展奠定了基础，引领了后续生物研究领域关于进化的研究内容和研究方向。

　　不过达尔文的进化论中关于遗传变异的论述仅仅来源于观察和经验，其中深层机制尚未明晰，故虽自成体系，但缺乏进一步的遗传理论基础加以支撑。后续遗传学的发展则填补了这一缺陷。由孟德尔提出的分离定律和自由组合定律，以及摩尔根进一步补充的连锁遗传定律为遗传机制的解析奠定了基石。基因（gene）的概念从分子层面解释了物种进化的渐变和突变，随后对 DNA 结构的解析则进一步补充了进化的始动条件和影响因素。由此，生物进化的研究从个体层面深入分子层面，基因与表型研究的互补促进了适用于生物学的统一理论——"进化综合论"（modern evolutionary synthesis）的诞生。"进化综合论"的主要内容可以概括为以下五个方面。

　　第一，自然选择决定进化的方向，生物朝着适应环境的方向发展。两步适应（又称间接适应），即产生变异并经过选择，是适应形成的机制。生物的进化与发展是生物内在的遗传与变异这一对矛盾斗争的结果，生物在此推动下不断发展变化。

第二，种群而非个体，是生物进化的基本单位。进化的实质是种群内基因频率和基因型频率的改变，微小的变化在自然选择的作用下，经过长时间的积累带来生物性状的不断迁移。

第三，突变、选择及隔离是物种形成和生物进化的机制。在选择压力下有利变异经过长时间积累导致显著的性状变化进而成种。物种是自然界中占有独特生态位的生殖集群，在生殖上同其他集群相隔离。

第四，生物进化的原材料来自基因突变产生的新基因。虽然突变具有多害少利性，但自然选择可以淘汰大多数不利变异，保留对生物生存和种群繁衍有利的变异。这种选择导致种群的基因库改变，但不意味着新种的形成。外在的地理隔离或者生态隔离将种群间基因库的差异逐渐放大，经历从量变到质变并达到阻断基因交流的程度后，导致新种形成。

第五，进化是渐进的，物种的不连续性可以用进化过程中的地理隔离和物种灭绝事件来解释。物种间性状的连续性可以用从微观进化推演到宏观进化来解释，但渐进主义并不等于进化的速率始终不变。

"进化综合论"整合了生物学的多个层面，在达尔文自然选择学说的基础上给出了一个相对全面的进化诠释，但依然存在一些未能清楚解释的方面，如遗传变异的本质和原因。此外，选择作用对类群和物种的适用范围也不甚明确。20 世纪 60 年代末，木村资生等提出分子进化中性学说，也称中性突变进化学说。此学说认为生物的进化在于广泛的中性突变和突变的漂移固定，其从与达尔文"自然选择学说"不同的角度提出了进化的分子机制，第一次将进化研究的焦点从有害或有利突变转移到中性突变。

随着实验技术和分析手段的进步，从"生物是怎么来的"这样一个问题中诞生的进化生物学，自身也已经从单纯研究生物表型进化为囊括分子、细胞、遗传、生物地理和生态等各方面知识的相对成熟的学科。新学说的不断涌现更是为进化生物学注入了新鲜血液，DNA 甲基化、组蛋白修饰、染色体重塑和非编码 RNA 调控等表观遗传为研究进化的本质提供了另一个视角，我们不得不再一次考虑"获得性遗传"的可能，即表型可塑性与基因突变是否对于进化都起到推动的作用？近年来系统生物学渐渐兴起，一部分进化学家希望借助系统生物学建模和基因组定量数据研究的方法来拓展进化综合论，以实现对特定发展现象的多层次解释。虽然我们现在尚不能清晰地讲出生命起源的来龙去脉，但生命科学有着前赴后继的研究者，每一次思想的碰撞都有可能燃起真理的火花，横亘在目前学说中难以解释的问题总有一天会被源源不断的后来者所攻克。

第三节　进化生物学的主要研究证据和研究方法

化石（fossil）是进化生物学的主要研究证据和研究方法。化石一词来源于拉丁文"*fossilis*"，意为通过挖掘而获得之物（obtained by digging），指过去地质时代保存下来的任何遗留物、印迹或痕迹（Prothero，2013）。除了最常见的骨头外，贝壳、外骨骼、毛发、DNA 残留物甚至动物或微生物的石头印记都可以形成化石，更特殊的化石是保存在琥珀中的物体，这种罕见的实体化石对于研究有着重要意义。

一、化石的形成

化石的主要形成机制有矿化作用、置换作用和碳化作用。矿化作用（permineralization）又称矿物质填充作用，是指某些无脊椎动物贝壳或脊椎动物骸骨中的有机物分解消失后留下的中空部分，在漫长的地下岁月中，被溶解在地下水中的矿物质（主要是碳酸钙）填充并再结晶形成坚硬实体的过程。置换作用（replacement）中，生物体的组成成分不断溶解，并由外来矿物质不断补充替代，即生物体发生了分子级别的替换。在这个过程中如果溶解和交替速度相等，而且以分子相进行交换，就可以保存原来的精细结构，如硅化木中原来木质纤维中的碳质被硅质所置换，其年轮和细胞轮廓依然清晰可见。碳化作用（carbonization）是指在一定温度和压力条件下，有机物经过分解和蒸馏作用，氢、氧、氮元素挥发逃逸，碳元素存留形成较为稳定的碳质薄膜。具有角质层、纤维质和几丁质薄膜的生物，如植物、笔石及昆虫等更易经过碳化作用保存为化石，而动物的内脏和肌肉等容易被氧化和腐蚀的软体则很难通过碳化作用遗留下来。

二、化石的分类

地层中的化石按其保存特点可分为实体化石、模铸化石、遗迹化石和化学化石几大类。此外，还有定义和识别地质时期或动物阶段的标志化石（index fossil）、形成条件不佳依然保留有机物因而可用于生物分子提取和测序的亚化石（subfossil）等其他分类。

1) 实体化石（body fossil）是由古生物遗体本身的全部或部分，特别是硬体部分保存下来而形成的化石。例如，西伯利亚冻土中发现的第四纪猛犸象、波兰发现的落入沥青湖的披毛犀及琥珀。

2) 模铸化石（mold and cast fossil）是古生物遗体留在岩层或围岩中的印痕和复铸物，包括印痕化石和印模化石等。印痕主要是因生物遗体陷落于细碎屑沉积物或化学沉积物后被分解而产生。印模包括外模和内模：外模是古生物遗体坚硬部分的外表面印在围岩上的印痕，能够反映原来生物外表的形态及构造特征；内模是壳体的内表面轮廓构造留下的印痕，能够反映该生物硬体的内部形态及构造特征。

3) 遗迹化石（trace fossil）是指保留在岩层中的古生物生活时的活动痕迹及其遗物。活动痕迹如脊椎动物的足迹、蠕形动物的爬迹和某些动物的觅食痕迹。遗物化石主要有动物的排泄物（粪化石）或卵（蛋化石），古人类在各个发展时期制造和使用的工具及其他各种文化遗物也都属于遗物化石。

4) 化学化石（permineralization and petrification fossil）是指在某种特定的条件下，古生物遗体没有保存下来，但组成生物的有机成分分解后形成的氨基酸、脂肪酸等有机物却仍然保留在岩层中所形成的化石。

根据化石的大小可以将化石分为大化石、微体化石和超微化石：①大化石不用借助显微镜等仪器，直接用眼睛或放大镜观察即可；②微体化石需要借助光学显微镜观察，如有孔虫、细胞、孢子及花粉的化石；③超微化石则需要在电子显微镜（简称电镜）下才能鉴定，多是超微浮游生物的化石。

三、地质年代的划分

地球至今已有 46 亿年的历史，地质学家和古生物学家根据地层自然形成的先后顺序，将地质年代共分为 6 个时间单位（表 1-1），从大到小依次是宙/元（eon）、代（era）、纪（period）、世（epoch）、期（age）、时（chron），分别与年代地层学中表示岩层年龄单位的宇（eonothem）、界（erathem）、系（system）、统（series）、阶（stage）、带（chronozone）相对应。在各个不同时期的地层里，大都保存有古代动植物的标志化石。各类动植物化石出现的早晚有一定顺序：越是低等的，出现得越早；越是高等的，出现得越晚。最早用于划分地质年代的是一些相对地质年龄，直至 20 世纪初放射性现象被发现后，才有可能通过半衰期计算出岩石的绝对年龄。计算地层年龄常用的是铀-钍-铅法，对于化石的测定一般采用放射性 ^{14}C 含量测定。现在还可以通过剩余磁性和电子回旋共振的方法测算化石年龄。

表 1-1 地质年代学和地层学单位的对应

年代地层单位岩段/地层	地质年代单位时间间隔	说明
宇	宙	共有 4 个，大于 5 亿年
界	代	共有 14 个，数亿年
系	纪	共有 22 个，数千万年至数亿年
统	世	共有 34 个，数千万年
阶	期	共有 99 个，数百万年
带	时	小于期，国际地层委员会（ICS）不使用

注：例如，恐龙生活于侏罗纪（时间），其化石发现于侏罗系地层。"上""下"修饰年代地层单位，"早""晚"修饰地质年代单位，如下白垩统对应早白垩世

具体地层时间划分为早期的冥古宙（Hadean）、太古宙（Archean）、元古宙（Proterozoic），以及之后分为古生代（Paleozoic）、中生代（Mesozoic）和新生代（Cenozoic）的显生宙（Phanerozoic）（表 1-2）。古生代分为寒武纪（Cambrian）、奥陶纪（Ordovician）、志留纪（Silurian）、泥盆纪（Devonian）、石炭纪（Carboniferous）和二叠纪（Permian）6 个纪；中生代分为三叠纪（Triassic）、侏罗纪（Jurassic）和白垩纪（Cretaceous）3 个纪；新生代原分为第三纪（Tertiary）、第四纪（Quaternary）2 个纪，目前第三纪已经撤销，原第三纪现分为古近纪（Paleogene）和新近纪（Neogene）。

表 1-2 地质年代划分

宙	代	纪
冥古宙	隐生代	—
	原生代	
	酒神代	
	雨海代	
太古宙	始太古代	—
	古太古代	
	中太古代	
	新太古代	

宙	代	纪	
元古宙	古元古代	成铁纪	
		层侵纪	
		造山纪	
		固结纪	
	中元古代	盖层纪	
		延展纪	
		狭带纪	
	新远古代	拉伸纪	
		成冰纪	
		震旦纪/埃迪卡拉纪	
显生宙	古生代	寒武纪	
		奥陶纪	
		志留纪	
		泥盆纪	
		石炭纪	
		二叠纪	
	中生代	三叠纪	
		侏罗纪	
		白垩纪	
	新生代	古近纪	古新世
			始新世
			渐新世
		新近纪	中新世
			上新世
		第四纪	更新世
			全新世

　　冥古宙开始于地球形成之初，结束于 38 亿年前，是地质活动剧烈期，早期生命分子可能在此期间已经产生。迄今发现的最古老的岩石的年龄被定义为太古宙的开始，大约距今 40 亿年，当时已有细菌和低等蓝细菌存在。元古宙早期大气的氧气含量逐步提高，产生于此期的一些菌类、藻类化石和古代微生物化石已被发掘，为研究元古宙的物种产生和进化提供了证据。出现又灭绝于元古宙最后一段时期的埃迪卡拉生物群（Ediacaran biota）可能为后续寒武纪生物大爆发提供部分解释。

　　显生宙意为此时期地球上有显著的生物出现，始于 5.41 亿年前。寒武纪时海洋里出现了有着坚硬外壳的两侧对称动物。奥陶纪时棘皮动物和珊瑚成为海洋中常见的物种。志留纪是原口动物处于食物链顶端的最后一个时期，原始维管植物开始到陆地上生长。泥盆纪脊椎动物称霸海洋，森林生态系统开始出现，鱼类演化成两栖类开始在陆地生活。石炭纪脊椎动物开始称霸整个地球，昆虫演化出飞行能力，森林生态系统普及。二叠纪是合弓纲的多样性高峰，裸子植物逐渐取代蕨类植物。三叠纪时合弓纲衰落，伪鳄类接管地球。侏罗纪时恐龙接管地球，并在 1.5 亿年前演化出鸟翼类。白垩纪是恐龙类群的发展巅峰，被子植物开始在陆地扩散。古近纪时期合弓纲的后代哺乳动物占据主要生态位，被子植物取代裸子植物。新近纪时期哺乳动物的形态正式演化成型，草原生态系统普及。直至 260 万年前的第四纪，现代人类才开始出现。

四、真菌化石

对于真菌来说，其宏观的结构如子实体等柔软且易分解而难以保存，微观结构形成的化石又因过小而难以发现，且真菌化石很难与其他微生物的化石区分，除非有现生真菌与化石物种外形相似才较容易分辨，因此与动植物相比，真菌的化石记录相当稀少，且越是久远的真菌物种争论就越大。

最早具有真菌特征的化石可以追溯至 24 亿年前的古元古代（Bengtson et al.，2017），该化石在南非火山玄武石的缝隙中被发现。因其具有相互纠缠的丝状结构和附着于内部岩石表面的基膜，特征与出现于稍晚类似生境中的菌丝化石形态相似。该化石的出现提示真菌的起源和早期进化可能位于海洋深层生物圈而非陆地。另有研究通过比较相关生物类群演化速率发现，根据分子钟推测真菌应该在 10 亿～7 亿年前出现（Lücking et al.，2009）。

普遍认为真菌祖先是一种具有鞭毛的简单水生形式，鞭毛损失可能导致了陆地真菌的多样化（Shalchian-Tabrizi et al.，2008）。真菌登陆后通过与其他生物交互增加环境适应性，进化出如寄生、腐生、共生等适应陆地生活的特征。藻类和真菌共生所形成的地衣作为早期陆域生态系统的重要成员，为改善陆地生存环境和丰富土壤养分做出了不容忽视的贡献（Schoch et al.，2009）。形态类似地衣的化石最早出现在 6 亿～5 亿年前，于中国瓮安陡山沱组发现。这些化石表明在维管植物进化之前，真菌就与自养生物发展了共生关系（Gan et al.，2021）。

直至泥盆纪早期真菌的化石才变得普遍和没有争议。最早确定为地衣的化石出现于 4 亿年前，几乎是同一时期子囊菌（Ascomycota）与担子菌（Basidiomycota）的分支（Brundrett，2002；Schoch et al.，2009）。3 亿年前的晚石炭纪，现代真菌基本都已出现。在二叠纪—三叠纪灭绝事件之后不久，即大约 2.5 亿年前，真菌化石大量出现，孢子也大量出现在岩层中，显示真菌是当时的主要优势生物（López-Gómez et al.，2019）。但某些地区发现的真菌化石爆发和灭绝事件时间不完全吻合，且不易区分孢子来源使得这项猜想存疑（Foster et al.，2002）。6500 万年前的白垩纪—古近纪灭绝事件（旧称为白垩纪—第三纪灭绝事件）后同样有证明真菌大量出现的化石证据，并有假说推测真菌的大量出现为后续哺乳动物的繁荣提供了选择压力（Casadevall，2012）。

第四节　进化生物学的其他研究证据和研究方法

一、关联模式

尽管化石是研究进化的坚实证据，但其稀少性限制了化石的应用，许多假设中的过渡种类至今依然没有发现化石证据。此时，现存生物模式的相似性是研究进化的另一种证据。

1. 生物的形态生理相似性　生物相似性最早被应用于生物分类。根据生物形态结构和生理功能进行的分类通过后代渐变的形式间接反映了物种共同祖先的存在。但同源性（homology）和同塑性（homoplasy）的存在会使得此种分类出现偏差从而得到错误的结论。鸟类和蝙蝠为了适应飞行而分别独立进化出翅膀类似结构，但二者分属于不同的纲，鸟类的翅膀来自特化的前肢，蝙蝠的翅膀是由前趾伸长加以皮膜覆盖形成。所以形态相似性的证据一般还需要其他证据支持。

2. 胚胎发育的相似性　　进化生物学中一个著名的学说"重演律"（recapitulation law）强调可以通过胚胎发育的相似性推断动物亲缘关系。该学说认为生物发展史可以分为两个相互密切联系的部分，即个体发育和系统发展，个体发育即个体的发育历史，系统发展是指由同一起源所产生的生物群的发展历史，个体发育史可以看成系统发展史简单而迅速的重演。

虽然关于"重演律"的争论繁多，但其描述的现象依然为发育生物学的研究提供了思路。进一步研究发现，同一门动物的胚胎在发育过程中的形态变化呈现沙漏状，虽然发育开始阶段和发育最终阶段外观差异较大，但发育中期这些动物胚胎都经历了一组大致相似的发育模式，即存在共享的形态特征集合（Irie et al.，2014）。

对不同物种的发育调控基因进行比较后发现，进化历史上出现较早的基因在物种间更为相似，而出现较晚的基因则较为不同。且基因并非按照先来后到的次序表达，而是存在"插队"表达的现象。较古老的基因在发育中间阶段具有更高的表达量，新基因则在发育开始和结束时高表达（Kalinka et al.，2012）。演化生物学中用深度同源性（deep homology）描述解剖结构完全不同的生物体的生长和分化过程受控于一类同源基因机制的情况，拓展了同源性的含义。

3. 生物分布的相似性　　生物地理学（biogeography）展示了生物在生态层面的相关性，其研究生物群落及其组成成分和它们在地球表面的分布情况及形成原因。自然界真实的生物地理过程在具有时间和空间复杂性的同时，也具有可以用隔离和扩散解释的统一性，即某一生境的物种可以通过隔离和（或）扩散产生。以有袋类为例，目前已知的有袋类主要分布在澳大利亚和美洲地区，这两个相隔甚远地区的有袋类并非源于趋同进化，而是在地理格局形成过程中通过大范围迁移而导致了现今的分布状态（Luo et al.，2011）。

4. 生物大分子的相似性　　分子生物学在大分子层次上给出了进化有力的证据，渐渐成为进化研究中必不可少的研究方法。虽然生命起源依然存在"RNA 世界论"和"磷酰化氨基酸起源"等争论，但早期生命形成是从无机小分子到有机小分子，再到有机大分子、多分子体系和原始生命的大致趋势已达成共识。经历此番过程后固定下来以核酸和蛋白质为中心的原始生命，经过后续漫长的演变形成以中心法则为基本规则的现存物种。中心法则中位于关键地位的基因作为延续亲子代性状的载体和变异的根本来源，为物种进化过程的追溯提供了可用于系统发育树构建的序列证据，此外，利用密码子偏倚和 GC 含量等可以进一步对系统发育树进行评估和深入研究。基于生物学中序列决定结构，结构决定功能的原则，蛋白质序列同样可以用作系统发育树的构建，考虑到某些基因在进化过程中存在拷贝数改变或水平转移的现象，利用这些基因建树可能会对结果造成干扰，而直接利用蛋白质结构域信息构建系统发育树在此情况下可能是更好的解决方法。

分子生物学的应用解决了许多物种来源和物种分类的难题。鲸类的形体构造和生活习性明显异于任何其他哺乳类，故长期单列为一目。通过对控制形态发育的 *Hox* 基因家族构建系统发育树发现，鲸的进化是进化史上罕见的"二次入水"，所有的鲸下目（Cetacea）生物都是陆生动物中偶蹄目的后裔，在距今 8300 万～5200 万年的始新世，鲸的祖先自陆生阶段经过水生的适应过程后重新回归海洋（O'Leary et al.，1999；Thewissen et al.，2001）。

　　真菌的分类系统同样错综复杂，原本的分类学认为真菌与植物更为相近，但分子证据显示，真菌与动物同属后鞭毛生物，早在约为新元古代时期的 10 亿年前就在演化上与动物分道扬镳，独成一支。最初真菌依照形态或生理进行分类，进一步的分子系统学研究显示五界说中的真菌界在亲缘关系上为多元复系群。随后根据 rRNA 序列构建的系统发育关系中，原来被分在真菌界中的黏菌和卵菌与真正的真菌形成了三个明显不同的多元分化支，因此在新提出的八界系统中，黏菌和卵菌被分出真菌界，归入藻菌界和原生动物界，真菌的主要类群形成了一个系统发育上连贯一致的单元化类群（Berbee et al.，2017）。各下属真菌类群的关系仍未有准确定论，是目前真菌研究的重点之一。但需要注意的是，从现存物种的生物大分子序列中获得的进化信息是不完全的，经历过多次突变的位点并不能通过序列推知。因此系统发育树具有一定程度的不确定性和假设性，同一组数据通过不同的算法可能会构建出略有差异的进化树，仍需要借助其他证据佐证以得到准确的进化推断结果。

二、直接观察到进化过程

　　虽然自然界中进化一般都需要经历较长的时间，但依然存在一些可以直观地见证进化过程的例子。最为人熟知的例子就是工业黑化的桦尺蠖。19 世纪中叶之前普遍存在的桦尺蠖类型为翅膀呈浅灰色，其上散布黑斑。1830 年左右英国完成了工业革命之后，曼彻斯特等工业城市的空气污染日益严重。1848 年曼彻斯特的郊区首次有翅膀呈黑色的桦尺蠖被采集到，随后被发现的黑色尺蠖越来越多，到 1895 年，曼彻斯特附近的黑色尺蠖所占比例激增至接近100%，而在非工业地区，灰色尺蠖仍然占绝对优势。黑色和灰色尺蠖的比例改变与它们对于不同环境的适应相关。颜色作为尺蠖的保护色，灰色翅膀在非工业地区有利于让它们隐匿于树干上不被发现，而工业地区由于树皮附着煤烟而变黑，黑色翅膀反而更具有保护效果。

　　自然选择之外，人工选择同样也提供了一些物种进化甚至新种产生的证据。通过对白菜、甘蓝全基因组的测序组装分析，发现大致在 500 万年前甘蓝种和白菜种自共同祖先分化出来。之后，二者经历了相似的平行进化和人工选择驯化过程，通过人工多代杂交和选择后最终诞生了现在的结球白菜、结球甘蓝、芜菁和球茎甘蓝等类型丰富的芸薹属蔬菜，甚至现在依然不断有新的杂交品种出现以满足人类需求（Lu et al.，2019）。小麦是另一个拥有类似进化过程并与人类生活密切相关的驯化物种，从生存和繁衍的角度衡量，遍及世界各地的小麦凭借人类的力量已经成为生物界最为成功的植物之一。

　　除此之外，昆虫和病原体的耐药性也可以看成生物在选择压力下进化的典型表现。第二次世界大战时期青霉素被大量生产应用，拯救了无数可能死于感染的生命，同时也使得外科克服了除麻醉、出血之外的第三大难题。但从开始大量使用的 1943 年开始，仅经过短短几年，在 1947 年即有第一例耐药葡萄球菌出现。1950 年时已有 40% 的葡萄球菌耐药，仅仅 10 年后，这个比例上升到 80%。现今，几乎所有的葡萄球菌都对青霉素耐药。抗生素滥用不仅使得青霉素失效，而且使得越来越多的抗生素因逐渐增多的耐药菌而"退居二线"，超级耐药菌的出现更是使大多数抗生素都束手无策（Prajapati et al.，2021）。病毒和真菌的耐药性问题也越来越显著地影响人类的生活。常见的真菌感染包括影响粮食作物的枯萎病，以及人类和家畜的酵母菌和霉菌感染（Chen et al.，2021），而抗真菌药物的数量远少于抗生素，过度使用现有药物增加了耐药性扩散的风险，意味着许多常见的真菌感染存在无法被治愈的潜在可能。

自然选择的效力也正在于此，生物的进化必定是有利于自身的生存，而不会让利于其他物种使得己方受害。病原的耐药性进化虽然不是我们愿意看到的结果，但确实是支持进化理论的有利证据。但进化理论不仅可以解释耐药性的产生原因，同样也可以提供解决方法来避免和阻止不利情况的继续恶化。

第五节　如何学习进化生物学

一、学习进化生物学的方法

　　进化生物学虽然是生物学的研究范畴，但更是自然科学的一部分，学习进化生物学最重要的是具有科学的思维方式。生命不仅仅是运用还原论就能解释的事情，不同的生命层次具有因整体而带来的不同特性，我们目前的理论在某些情况下只能较好地解释某个或某些方面的现象，而不具有解析整体的能力。进化生物学家一直在通过比较解剖、实验进化等其他方式检验、支持并完善这个学科。在学习和思考时要对理论和学说进行辩证看待，在继承前人思想的同时也要敢于进行有科学依据的质疑。

　　除此之外，扎实的知识底蕴和充分的摹想能力会使我们在学习进化的过程中更容易接受和理解新的内容。生物进化史所描述的进化细微到基因，体现于表型，拓展到生态，既跨时间维度，又跨空间维度，再加上对于进化的不同层面存在不同的驱动力：分子层面的突变和中性选择、群体遗传的漂变、物种层面的隔离与扩散、生态系统的演化等，更增加了整体理解的深度和难度。因此，对知识进行分层次的梳理和整合，并结合实验研究结果可能有利于对进化理论的整体把握。

二、学习进化生物学的意义

　　关于自然选择学说，有一些反对的意见颇为著名。

　　其一是学说主张的逐步缓慢进化不能解释某些复杂器官，如眼的形成过程。起初人们认为各类生物的眼是独立起源的，所以难以用进化论解释。但目前已有研究证实，眼为单次起源的产物，所有的眼睛都起源于类似涡虫眼点样的简单结构，并受到 *Pax 6* 基因家族的调控，并可以通过插入进化（intercalary evolution）的概念来解释如人类或昆虫等复杂眼的形成。一旦受 *Pax 6* 调控的感光细胞和受 *Mitf* 基因调控的色素细胞产生之后，后续进化过程中基因的拷贝数增加、功能分化、整合其他已有基因、基因重组和修补足以满足生物眼的发育需求（Cvekl and Callaerts，2017）。一项基于微小突变和自然选择的数学模型通过保守的参数设置发现，仅用 35 万年时间眼点即可进化为鱼眼，而这仅仅只是地质年代上的一瞬间（Nilsson and Pelger，1994）。此外，另一个历史遗留问题也可以提示眼的进化是连续的过程，脊椎动物的祖先文昌鱼长着一对位于体内、感光细胞朝向体内的眼点，此后基于此进化的眼睛只能在此基础上改进，而不能推翻重设，所以所有的脊椎动物都长着一双感光层与传导层颠倒的眼睛，并在视网膜上留下了盲点的存在（Fernald，2006）。

　　其二是为何现在没有猴子进化为人？首先，物种的适应性特征源于它们不断探索新的环境，如达尔文雀不同喙的变异源于它们生活环境和食性的差异，分别取食昆虫和种子的喙由于食性选择的不同而逐渐产生区别。其次，进化的方向并非从猿到人的既定路线，而是由环境决定的。既然无法重复当时的历史环境，当然也不能指望让进化的历史重演。最后，现存的物种并非停止进化，它们依旧在环境的选择压力下不断地改变着，选择压力的强弱和环境的种类决定了它们进化的速度和方向，即使是在人工选择的驯化过程，如狗的驯化，也经历了近千年的过程，才从最初的野狗演变为现在的家犬。以人类世代短暂的时间来说，并不能在漫长的进化史上一直位于观众席见证每一个物种改变的始终。

进化的思想在诞生之初就与哲学密不可分。宇宙的来源与生命的诞生作为最为神秘的论题，从古至今一直吸引无数人不停地思考和探索。虽然至今尚未能解释生命存在的原因和意义，但我们已经了解生命的诞生是一件多么奇妙而又必然的事情，连每一个原子的来源都悠远而宏大。

在原始生命诞生之后，人类与现存的其他物种一样，都是发育树上的分支，动物园的猴子不是人类的祖先，苹果园里的苹果也不是。生物不过是经历了不同的选择而有了各自的适应性状，恰巧人类的进化经历的是以大脑发育为关键的进化过程，与其他动物的进化路线相比剑走偏锋，又恰巧不曾经历可怕的物种大灭绝事件，故而在进化过程中顽强地生存下来，有了今天的社会和文明。但这其实并不能说明人类比其他生物更高级，我们的身上残留着诸多进化带来的缺陷，如具有盲点的视网膜、无效绕行的喉返神经，以及因为不适应直立行走而更易患痔疮的消化系统、因为脑容量太大而带来的生产风险和受骨盆限制不能在母亲体内完全发育成熟的婴儿。从进化的角度来看，生物是没有高低之分的，人类或许拥有超前的智慧，但相比而言，水熊虫可拥有更顽强的抵抗力等。生存下来的都是适者，每一个物种都自有它的巧妙与天赋。进化是生物种群的能力，是生物适应环境生存繁衍的绝招。

最后，需要注意的是，进化并不是用于解释所有生物现象的金科玉律，很多行为学的现象根据现有的学说只能从理论角度解释，而难以清楚地阐明其背后的机制，我们可以找出哪些基因与鸟类筑巢相关，但依旧无法解释筑巢这种行为为什么会存在于鸟类的基因组中。同时，有些物种的进化过程十分曲折，仅凭现有的化石和分子证据难以还原其进化过程。龟作为可追溯到三叠纪的古老物种，已经出土的龟化石不仅没有为龟的进化拨开迷雾，反而更让生物学家在背甲和腹甲的进化顺序和龟类的起源研究上争论不休。或许研究进化的意义恰在于此，以历史的碎片还原历史本貌，在不断追寻的过程中不仅探求事理之因果，更能正视本体之存在。自然选择为进化限制了方向，它将不断适应的生物体固定在熟悉的进化路线上。即使时间回溯到史前，虽然人类可能不会再次出现，但无论取代人类世界的是一个什么样的世界，它都会是一个我们熟悉的地方。

（杨恩策）

本章参考文献

Bengtson S, Rasmussen B, Ivarsson M, et al. 2017. Fungus-like mycelial fossils in 2.4-billion-year-old vesicular basalt. Nature Ecology & Evolution, 1(6): 141.

Berbee M L, James T Y, Strullu-Derrien C. 2017. Early diverging fungi: diversity and impact at the dawn of terrestrial life. Annual Review of Microbiology, 4: 41-60.

Brundrett M C. 2002. Coevolution of roots and mycorrhizas of land plants. The New Phytologist, 154(2): 275-304.

Casadevall A. 2012. Fungi and the rise of mammals. PLoS Pathogens, 8(8): e1002808.

Chen S C A, Perfect J, Colombo A L, et al. 2021. Global guideline for the diagnosis and management of rare yeast infections: an initiative of the ECMM in cooperation with ISHAM and ASM. The Lancet. Infectious Diseases, 21(8): 246-257.

Cvekl A, Callaerts P. 2017. PAX6: 25th anniversary and more to learn. Experimental Eye Research, 156: 10-21.

Fernald R D. 2006. Casting a genetic light on the evolution of eyes. Science, 313(5795): 1914-1918.

Foster C B, Stephenson M H, Marshall C, et al. 2002. A revision of Reduviasporonites Wilson 1962: description, illustration, comparison and biological affinities. Palynology, 26(1): 35-58.

Gan T, Luo T, Pang K, et al. 2021. Cryptic terrestrial fungus-like fossils of the early Ediacaran Period. Nature Communications, 12(1): 641.

Irie N, Kuratani S. 2014. The developmental hourglass model: a predictor of the basic body plan? Development, 141(24): 4649-4655.

Kalinka A T, Tomancak P. 2012. The evolution of early animal embryos: conservation or divergence? Trends in Ecology & Evolution, 27(7): 385-393.

López-Gómez J, Azcárate J, Arche A, et al. 2019. Permian-Triassic rifting stage. Palaeogeography, Palaeoclimatology, Palaeoecology, 229: 1-2.

Lu K, Wei L, Li X, et al. 2019. Whole-genome resequencing reveals *Brassica napus* origin and genetic loci involved in its improvement. Nature Communications, 10(1): 1154.

Lücking R, Huhndorf S, Pfister D H, et al. 2009. Fungi evolved right on track. Mycologia, 101(6): 810-822.

Luo Z X, Yuan C X, Meng Q J, et al. 2011. A Jurassic eutherian mammal and divergence of marsupials and placentals. Nature, 476(7361): 442-445.

Nilsson D E, Pelger S. 1994. A pessimistic estimate of the time required for an eye to evolve. Proceedings Biological Sciences, 256(1345): 53-58.

O'leary M A, Geisler J H. 1999. The position of Cetacea within mammalia: phylogenetic analysis of morphological data from extinct and extant taxa. Systematic Biology, 48(3): 455-490.

Prajapati J D, Kleinekathöfer U, Winterhalter M. 2021. How to enter a bacterium: bacterial porins and the permeation of antibiotics. Chemical Reviews, 121(9): 5158-5192.

Prothero D R. 2013. Bringing Fossils to Life: An Introduction to Paleobiology. 3rd ed. New York: Columbia University Press.

Shalchian-Tabrizi K, Minge M A, Espelund M, et al. 2008. Multigene phylogeny of choanozoa and the origin of animals. PLoS One, 3(5): e2098.

Schoch C L, Sung G H, López-Giráldez F, et al. 2009. The Ascomycota tree of life: a phylum-wide phylogeny clarifies the origin and evolution of fundamental reproductive and ecological traits. Systematic Biology, 58(2): 224-239.

Thewissen J G, Williams E M, Roe L J, et al. 2001. Skeletons of terrestrial cetaceans and the relationship of whales to artiodactyls. Nature, 413(6853): 277-281.

第二章　真菌物种的形成与多样性

生物多样性是生物及环境形成的生态复合物及与此相关的各种生态过程的总和，主要体现在遗传多样性、物种多样性和生态系统多样性层次上。其中，物种多样性是生物多样性的核心组成部分，是生物多样性在物种水平上的表现。现今地球上的生物多样性是物种形成（speciation）、生境变化（range change）和物种灭绝（extinction）相互作用的结果（Costello et al.，2013）。动植物具有非常丰富的物种多样性，而真菌是物种数量仅次于昆虫的第二大类生物类群（Mora et al.，2011），它们包括微小的单细胞和发达的菌丝体及子实体，以及甚至可以分布几平方千米的巨大生物体（Smith et al.，1992）。真菌分布广泛，存在于土壤、海洋、淡水、动植物的体表和体内，甚至是极端的环境中。真菌是生态系统的重要组成部分，具有非常丰富的生存策略，不仅可以作为分解者参与生态系统中的物质循环和能量流动，还能与其他生物建立各种种间关系，而且与人类的生存和发展息息相关。

真菌如此丰富的生物多样性是如何形成的呢？自然生态系统中丝状真菌能够形成菌丝网络结构，意味着真菌可以大范围地感知和响应环境，并且可以通过菌丝在不同的环境中共享资源。真菌独特的形态特征有利于驱动其进化、适应环境和形成新的物种，丰富真菌多样性。同其他动物和植物等生物类群一样，真菌物种形成主要包括异域物种形成、同域物种形成和杂交物种形成等模式，真菌生存的环境、寄主和地理隔离等因素驱动真菌群体的分化和物种形成。

第一节　真菌物种概念

一、主要物种概念

物种是生命存在与繁衍的基本单元，是生物物种多样性产生的基本元素。对于什么是物种和物种的概念是生物学界长久以来一直讨论的问题，虽然有几十种物种的概念被提出，但尚无一个普适性的物种概念可以应用到所有的生物类群（Giraud et al.，2008a）。下面是几种代表性物种概念。

1）达尔文（演化）物种概念［Darwinian（evolutionary）species concept］：演化物种是一个谱系（居群的祖先-后裔系列）并有自身的演化作用和趋势（Jolly，2014）。该概念强调物种是独立于其他谱系的、具有共同祖先和时空上完整的一个谱系，不仅适用于现生生物和灭绝生物，同样适用于有性和无性生殖的物种，但缺点是没有一个可操作的或可鉴别的判断标准。

2）生物学物种概念（biological species concept，BSC）：物种是一个繁殖居群单元，与其他居群单元在生殖上互相隔离，并在自然界占有一定的生态位（niche）（Mayr，1982）。该概念强调物种是一个具有或是潜在具有相互交配能力的自然类群，具有独立的基因库和遗传体系。

3）系统发育物种概念（phylogenetic species concept，PSC）：一个基本的单系演化单元，也是最小的演化单元。该概念认为生殖隔离是物种分化过程中产生的一个重要结果，并非必然占优势的结果。

4）综合物种概念（integrated species concept，ISC）：物种形成是一个长期过程，根据表型与基因型特征，将多种物种概念整合。形态分化、异域化和生殖隔离等都是物种形成过程中的标志性现象，但当它们单独使用时都不能够代表物种的形成，该概念强调在物种分化中综合考虑上述所有现象。

既有的物种概念基本都认同物种具有以下 4 个标准：是一个演化单位、占有一定生态位、具有独立的基因库和生殖隔离。理论性的物种概念除生殖隔离外，并没有包含其他用以区分不同物种的可用标准，在实际研究中关注更多的是衍生出的可操作性的物种概念，这些概念与物种标准相对应，可用来识别和划定物种。例如，强调形态差异的形态物种概念（morphological species criterion，MSC）、强调特定生态位适应的生态物种概念（ecological species concept，ESC）和强调核苷酸差异的系统发育学物种概念（phylogenetic species concept，PSC）（Taylor et al.，2000），但这些物种概念对应的物种识别的标准是在世系分离和分化过程中发生的不同事件，而不是代表一个物种的基本差异，普适性并未得到严谨的论证或实践检验（Giraud et al.，2008a）。

二、真菌学中物种界定

真菌物种的形成是一个时间上的扩展过程，对于不同类型的生物而言，其速度有很大的差异，并且真菌物种形成的过程中可能会出现几种模式，如异域物种形成（allopatric speciation）模式和同域物种形成（sympatric speciation）模式（图 2-1）。在这些物种形成的模式中，由于基因流动受到地理和（或）生态屏障的阻碍而分离，如突变、选择和遗传漂变等的独立作用会导致具有不同进化轨迹的亚种群。随着时间的推移，这些具有遗传差异的亚种群可能在形态、生态、生理、基因型和（或）交配系统等方面获得不同的特征，而这些用于物种识别的特征不一定同时出现或以相同的顺序出现（Cai et al.，2011；Xu，2020）。因此，物种界定的标准不能普遍应用于所有的真菌，不同类型的真菌只能使用不同的标准，依据不同的物种概念来定义。其中，形态物种概念、生物学物种概念和系统发育学物种概念是在真菌学研究中应用较为广泛的物种概念。

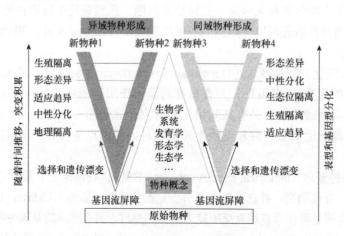

图 2-1　真菌物种概念及其物种形成模式示意图

（一）形态物种概念

　　形态物种概念完全基于物种的形态特征，通过明确的、可识别的宏观或微观形态进行物种划分，使用简便（Mayr，1942）。迄今为止，绝大部分真菌物种的界定仍需依赖于形态特征，如真菌分生孢子的形状、构造、大小、颜色和排列等都可作为菌种鉴定的依据。对于肉眼可见的宏观真菌，如那些产生子实体的真菌（蘑菇），形态物种概念在其分类研究中占主导地位。

　　但是依据形态特征界定物种往往难以反映物种间的进化关系，而且依据该概念判定真菌物种时多依赖于孢子的形态，研究的对象范围大时，形态的差异往往不能区分，便无法明确物种的界限。此外，真菌中遗传和形态变化的速率是不同的，如果形态特征的变化速率较慢，可识别的形态特征会晚于遗传分化的出现；并且遗传隔离之后的生殖隔离也可能发生在形态变化之前。由于以上两个原因，相比于依据遗传差异和生殖隔离，依据形态学差异识别到的真菌物种种类往往会更少。

（二）生物学物种概念

　　生物学物种概念尽管被认为更接近物种的本质、能明确区分物种间和物种内的变异，但该概念似乎更适用于能够进行有性繁殖的动物和植物。例如，约20%的真菌进行无性繁殖，营养体不能进行核配和减数分裂，交配实验不能适用无法交配的真菌，如与细菌、植物和包括昆虫在内的动物共生的真菌，以及接合菌中的一些捕食线虫真菌等，因此很难将生殖隔离作为真菌物种鉴定的标准。此外，自然界中还有大量未鉴定和描述的真菌，对其有性生殖过程的观察存在一定的难度。以上均限制了生物学物种概念在真菌中的应用。

（三）系统发育学物种概念

　　系统发育学物种概念与支序物种概念（cladistic species concept）类似，是指存在祖裔传承关系的可鉴别的最小生物群体（Cracraft，1983；Hennig，1966；姚一建和李熠，2016）。系统发育学物种概念相比于形态物种概念干扰因素少，相比于生物学物种概念可操作性强，更适用于那些缺乏独特形态特征的或无法交配的真菌。在异域物种形成的过程中，生殖隔离现象进化缓慢，而核苷酸序列的差异会较早出现，能够更好地用于区分亲缘关系近的隐含种（cryptic species）。并且，随着近年来真菌基因组DNA序列分析技术的发展，基于DNA序列的系统发育分析已越来越多地用于鉴别真菌物种（Cai et al.，2011）。

　　2000年，Taylor等提出的系统发育物种识别法（genealogical concordance phylogenetic species recognition，GCPSR）将基于多基因系统发育分析形成的一致谱系作为物种划分的依据（Taylor et al.，2000），该标准在真菌鉴定中得到了广泛的应用。依据该标准在已确认的真菌物种中鉴定了大量的隐含种，如侵染咖啡浆果的病原真菌 *Colletotrichum gloeosporioides* 复合种，根据系统发育物种识别鉴定出新的不同的遗传和表型物种（Cai et al.，2011），植物病原真菌大量隐含种的发现对于确定病原真菌的寄主范围、抗病育种及生物安全都有重要意义。

　　近年来，在对微生物多样性进行生态调查的过程中，环境测序研究揭示了许多无法与目前任何已知物种（或条形码）相关联的分子操作分类单元（MOTUs），由于人们对这些未命名的分子操作分类单元了解甚少，极大地限制了对其生态功能的研究，也阻碍了不同研究之间真菌多样性的比较和交流（Hibbett et al.，2011）。真菌中待发现的大量物种，以及无法与已知分类单元联系起来的呈指数增长的环境序列，促使人们产生了这样一种想法：或许有必要仅根据序列数据来进行物种鉴定和正式命名真菌（Hawksworth et al.，2016）。因此一些学者提出以 DNA 序列作为物种模式界定真菌物种，但该模式的可行性一直存在着争议（Wu et al.，2019）。

细菌学家已经接受利用序列相似性的模式划分细菌分类单元（Stackebrandt et al.，2002），但关于是否允许 DNA 序列作为模式界定真菌物种却有很大的争议。真菌中，尽管 rDNA 转录间隔区（internally transcribed spacer，ITS）序列被推荐为子囊菌条形码的首选分子标记（Schoch et al.，2012），但 ITS 在一些类群中的特殊性是不同的，如褐瘤菌属（*Daldinia*）中的真菌物种在生态学、形态学和生物化学方面有很大差异但 ITS 序列相似，如果以 ITS 序列作为物种模式鉴定标准，则不同的物种会被归为同一物种（Thines et al.，2018）。并且关于应该测序的核苷酸数量无法统一，对于可接受的序列数据类型也没有一致意见（Thines et al.，2018）。实际上，环境测序研究中操作分类单元（OUT）并不是完全对应于实际生物体的序列，而是依赖于采样、PCR、测序和聚类方法（Selosse et al.，2016）。此外，可再现性和可测性在科学研究中必不可少，而 DNA 序列不可复制，不能衍生出其他可供物种假说研究参考的数据，这也意味着 DNA 序列作为模式支持的物种假说无法得到验证（Thines et al.，2018）。

理论上来说，所有基于环境序列的真菌物种都应该有实体（即使它们不能被培养），通过原位杂交观察菌体或通过微流控技术获取单细胞及其基因组 DNA（可以作为物种的物理模式），可以从单细胞基因组 DNA 扩增所需的物种分子标记或通过单细胞基因组测序序列找到相应的物种分子标记序列，利用多位点系统发育分析进行物种的鉴定和划分（Wu et al.，2019）。但是目前将 DNA 序列作为物种模式来界定物种是不完善的。

第二节   物种的形成

一、物种形成的环节和模式

经典的物种形成（speciation）是指新物种从老物种中分化出来的过程，是一个动态的、持续的过程（图 2-2）。通常认为物种形成过程包括 3 个环节：①随机的变异（突变及基因重组），在外界条件影响下在群体内非随机的积累变异使群体发生分化，从而为进化提供原动力；

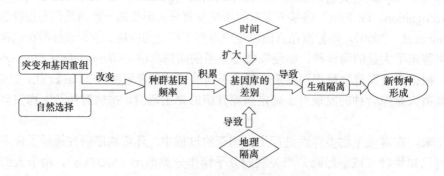

图 2-2   物种形成的关键环节和过程

②自然选择是进化的主导因素，随机突变无方向性，环境的改变使某些基因型表现出适应环境的优势，从而发生定向选择；③隔离是物种形成的必要条件，隔离能导致遗传交流中断，使分化的种群向各自的方向发展，使隔离不断加深。

通常提到的物种形成是指谱系分裂（lineage split），即由一个物种分化形成两个物种的过程；另一种物种形成的方式是谱系融合（lineage fusion），即由已经分化的物种或群体通过杂交重新融合而形成新的物种。

（一）谱系分裂

谱系分裂物种形成的生物地理学模式主要有三种：异域物种形成、同域物种形成和邻域物种形成。其中，异域物种形成模式是指一个物种的多个种群由于地理环境的改变或种群本身发生改变（种群的迁出）而生活在不同的空间范围内，地理隔绝使这些种群之间的基因交流出现障碍，导致特定的种群积累着不同的遗传变异并逐渐形成各自特有的基因库，最终与原种群产生生殖隔离，形成新的物种（Mayr，1942；Shafer et al.，2013）。

一直以来，异域物种形成理论一直占据主导地位，但是近年来，越来越多的实验室研究与野外观察发现，同域分布的近缘物种形成现象十分普遍（Bolnick et al.，2007；Savolainen et al.，2006）。尤其是真菌的孢子通过空气传播能够克服一定的地理隔离。同域物种形成是指生活在同一区域内的物种，地理分布区相重叠，资源的限制和种群内部的激烈竞争，导致生态位出现分化，从而使种群间出现基因交流的障碍，分化形成新的物种。

邻域物种形成认为物种形成发生在相邻的地理区域内，而这些群体在物种形成的过程中存在基因流，但是基因流会受到地理因素的限制。同域物种形成或邻域物种形成必须要依赖自然选择的力量，而异域物种形成可以通过遗传漂变或自然选择的作用完成。

（二）谱系融合

除了谱系分裂，有很大一部分物种的形成归因于谱系融合，即杂交。研究发现，至少有25%的植物种类和 10%的动物种类在进化过程中经历了与其他物种杂交的过程（Mallet，2007）。自然杂交（natural hybridization）是指在自然条件下遗传性状可以明显区分的两个或多个不同群体的个体之间的成功杂交，与物种形成和生物进化有着重要的关联，本质是不同亲本物种之间遗传物质发生交流，基因在后代产生的过程中发生重组、变异及频率的变化。杂交产生的后代可能会因为育性低或不育而被淘汰，但正常生存的后代可综合亲本的适合度或产生新的适应性，丰富基因库，促进基因组进化和新物种的形成。

二、真菌物种的形成

真菌作为一类重要的生物，其物种形成应该遵循普通物种形成的基本模式和机制，然而真菌具有超强的无性繁殖及产生大量孢子的能力，人们对其物种形成机制研究很少。真菌物种形成同其他动物和植物类似，其主要模式包括异域物种形成、同域物种形成、谱系融合等（图 2-3），真菌生存的自然环境、共生或寄生的动植物宿主都是真菌物种形成的驱动因素，地理隔离和生态分化在真菌多样性的产生中发挥着重要的作用。

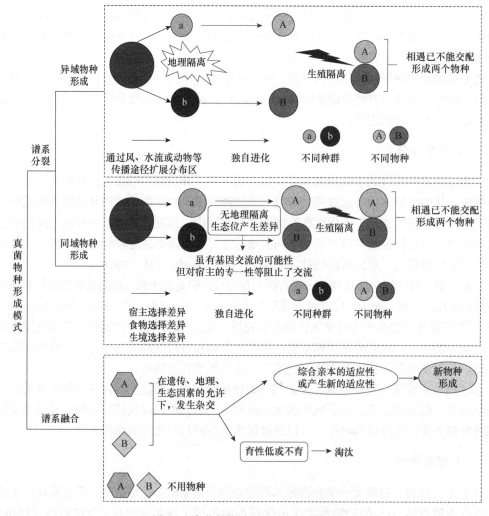

图 2-3　真菌的物种形成过程及其机制

（一）真菌异域物种形成和同域物种形成（谱系分裂）

在包括真菌在内的所有生物类群中，异域和同域物种形成具有一个核心的基本特征，即由于祖先种群在生态学上或地理上被分离为亚种群，在亚种群之间建立了基因流动的屏障。随着时间的推移，这些亚种群通过突变积累、选择和（或）漂移，形成独特的地理、生态、形态和（或）生殖群（图 2-1）。

地理隔离被认为是基因流动的明显障碍，同其他生物群落一样，异域物种形成机制在真菌物种形成的过程中占据重要的地位。真菌长期以来被认为具有全球性的地理分布范围，可以通过风、水流、昆虫或大型动物传播，特别是那些通过空气传播的真菌病原体，它们的孢子可以被传播到很远的地方。分布在不同区域的真菌种群基因产生随机漂变，在自然选择的作用下累积不同的遗传变异，随着时间的推移形成新的物种（图 2-3）。自然界中存在大量真菌异域物种形成的实例，如多基因谱系分析方法在形态种 *Neurospora crassa* 中发现了多个隐含种，它们分布的范围（刚果、加勒比海、印度）没有重叠，是异域物种；粗球孢子菌（*Coccidioides immitis*）是能引起人和动物感染疾病的病原菌，分析发现该菌包含两种隐含种并且有不同的地理分布（Anderson et al.，1989；Dettman et al.，2003；Koufopanou et al.，1997）。

真菌对宿主的专一性适应驱动了真菌种群的同域分化，有效地阻止了同域真菌之间的基因交流（图 2-3）。当两个物种个体之间的交配只取决于彼此的基因型而不取决于外在的障碍时，才认为它们是同域分布（Kondrashov，1986）。寄生/共生真菌不能主动地选择生长的栖息地，它们的分布区域被动地由宿主决定。因此，由于宿主的异域分布阻止了真菌间的基因流，或者由于对宿主的高度依赖（对宿主基因型的依赖），不能向彼此的宿主扩散而阻断了基因交流，这些情况下的真菌物种被认为是异域隔离形成的（Huyse et al.，2005）。许多病原真菌只有在宿主上发育菌丝后才可以进行有性生殖，因此只有在同一宿主上生长的个体才会发生交配，这种对宿主的适应足以限制基因交流。壳二孢属（*Ascochyta*）中的病原真菌能够专一性侵染多种植物，它们对植物宿主的高度专一性阻断了基因交流，因此侵染鹰嘴豆、蚕豆、扁豆和豌豆等不同植物的壳二孢属中的真菌成为不同的物种，这是真菌通过宿主适应性的多效作用形成同域物种的一个典型例子（Peever，2007）。

（二）真菌杂交物种形成（谱系融合）

自然杂交是指在自然条件下具有不同可遗传性状的两个种群个体间的成功交配。许多真菌物种没有表现出完全的不育性，为其杂交形成新物种提供了可能。真菌之间的杂交受地理、生态隔离和与遗传相关的因子影响。首先，不同物种的个体必须在基因上兼容才能进行交配；其次，营养体亲和性（vegetative compatibility）特异性低或者没有营养体亲和性的物种，比具有强大营养体亲和性系统的物种更有可能通过杂交形成新的物种；最后，如果满足了遗传先决条件，则物种之间的接触频率对于自然条件下的交配发生至关重要（图 2-3）。

同一禾本科植物上 *Epichloë* 属的内生真菌可以通过杂交产生无性后代 *Neotyphodium*，它们有不同于亲本的形态，不能形成子实体，借助宿主种子的垂直传播进行繁殖，在与宿主协同进化的过程中由寄生转为互利共生，专一性更强、生态适应性更广，在某些禾本科植物中占据优势（Schardl et al.，1994）。植物病原体间的杂交可能会给栽培或野生的植物造成毁灭性的新疾病，病原真菌葡萄孢属（*Botrytis*）、镰刀菌属（*Fusarium*）、栅锈菌属（*Melampsora*）和卵菌的疫霉属（*Phytophthora*）等属中存在很多杂交形成新物种的例子（Olson and Stenlid，2002），如 *M. xcolumbiana* 被认为是 *M. occidentalis* 和 *M. medusae* 通过自然杂交形成的物种，同时具有 *M. occidentalis* 和 *M. medusae* 的形态和致病特征（Newcombe et al.，2000）；在荷兰温室里的白鹤芋和报春花上分离到了 *P. nicotianae* 和 *P. cactorum* 的杂交物种（Veld et al.，1998）；ITS 序列和系统发育分析显示，一种常见于阔叶树的病原菌 *P. cambivora* 和常见于草莓的病原菌 *P. fragariae* 可以杂交形成新的物种（Brasier et al.，1999）。

（三）物种共形成（co-speciation）

进化过程中两个核心问题是物种的适应（adaption）与形成（speciation）。物种间的交互作用是物种适应与形成的动力，一个物种的进化会改变作用于其他生物的选择压力，引起该生物基因和表型的变化。进化过程中不同物种间相互影响，形成了一个相互作用的协同适应系统，这个系统中因为适应彼此性状的变化而交互发生可遗传改变的过程称为协同进化。协同进化的现象是普遍存在的，共栖、共生等现象都是生物通过协同进化而达到的互相适应，协同进化被看作形成昆虫与陆生植物多样性的重要过程之一（Farrell et al.，1992）。Brooks

将协同进化解释为共适应和共物种形成（Brooks，1987）。共物种形成是指两个关联密切的物种间平行地进行物种形成的过程。榕树-榕小蜂的互惠共生是植物与其传粉者间互作的最典型的例子，两者之间具有高度的专一性，很多形态特征是高度相关且共适应的，一直被认为是协同进化与共物种形成的典型范例。

自然界中，很多真菌可以与昆虫通过寄生、共生、竞争和捕食等方式相互作用，其中两者之间互惠的共生关系有利于彼此更好地利用环境资源，适应和占领新的生境，从而获得更多的生存和繁衍的机会。真菌与昆虫及植物都有不少协同进化的例子，真菌和白蚁的共生关系是自然界中不同生物间合作的典范，如在蚁巢伞菌（*Termitomyces*）和白蚁（termite）的共生体系中，蚁巢伞菌帮助白蚁降解植物基质供其利用，白蚁为蚁巢伞菌提供理想的生长环境并帮助其传播。蚁巢伞菌和白蚁在漫长的进化过程中通过不断相互作用形成了丰富的物种类群（蒋先芝等，2009）。虎杖象甲与其培植真菌的共生体系也是很好的例子，虎杖象甲在形态及行为上进化出了适应培植过程的特征，而培植真菌也进化出了给昆虫提供营养的特征（Wang et al.，2015a；韩一多等，2019）。此外，禾本科植物与其内生菌的共物种形成也是真菌与植物协同进化的典型例子（Zhang et al.，2018）。

第三节　物种形成隔离机制

一、地理隔离

地理隔离是指同一种生物由于地理上的障碍而分成不同的种群且种群间不能发生基因交流的现象。不同种群生活在不同的栖息地，如海洋、大片陆地、高山和沙漠等，自由迁移被阻碍，彼此不能相遇，这种不同的生物分布造成了选择方向和选择压力都不同的生物环境。随着时间的推移，地理隔离逐渐演变成更为重要的生殖隔离，这时种群之间不能进行交配、基因交流，最后成为独立的、新的物种。

长期以来，真菌被认为具有全球性分布，真菌种群特别是它们的孢子可以通过风、水流、昆虫或大型动物传播。几乎所有的真菌都能产生孢子并实现长距离传播，例如，植物病原菌禾柄锈菌（*Puccinia graminis*）的有丝分裂孢子可以从南非传播到澳大利亚；白粉病菌（*Blumeria graminis*）的孢子可以从欧洲大陆穿越北海到达英国。这说明微尺度和高传播率的繁殖体使真菌有全球分布的可能性（Taylor et al.，2006）。当真菌被传播到不同的生境后，在不同的选择压力下，或被淘汰，或在对新环境和新宿主的适应的过程中留存下来形成新的物种。例如，动物的活动将一些真菌种群带入极地等极寒地区，那些无法适应寒冷的种类被淘汰死亡，而耐寒的物种存活下来，地理隔离与恶劣环境促使嗜冷真菌演化出各种嗜冷机制，形成现有的嗜冷真菌（Vincent，2000；Selbmann et al.，2005；Su et al.，2016）。

二、生殖隔离

生殖隔离指亲缘关系接近的类群之间在自然条件下不能进行交配，或者即使能交配也不能产生后代，或不能产生可育性后代的隔离机制。地理隔离由外因引起，而生殖隔离一般是在具有遗传差异（内因）的基础上发生的。生殖隔离根据繁殖的阶段性分为如下几种类型。

（一）合子形成前隔离

1. 生态（生境）隔离　虽在同一地域，但生态位不同，生态隔离大多由于不同种群所需要的食物和所习惯的气候条件有所差异而形成。

2. 季节（时间）隔离　动物发情期不同，植物花期不同。

3. 性别（行为）隔离　雌雄的性习性不同，相互吸引力微弱或缺乏。

4. 机械（形态）隔离　基于生殖器官构造形成的隔离。

5. 亲和性隔离　一方的配子体在另一方的生殖器官内不易存活所产生的隔离。

（二）合子形成后隔离

1. 杂种致死或弱势　杂种合子由于基因型间不协调、生长调节失败等原因而不能存活，或者在适应性上比亲本差。

2. 杂种不育　F_1杂种由于亲本基因型的不协调，虽然能存活，但不能产生具有正常功能的性细胞。

3. 杂种衰败　F_2杂种体全部或部分不能存活或适应性低劣。

真菌中的生殖隔离可划分为交配前隔离和交配后隔离。①交配前隔离包括阻断基因交流的各种障碍，对于依赖于生物媒介传播的真菌来说，由于媒介的专一化，两个种群即使彼此靠近，也会因为生态隔离而不能相互接触，如花药黑穗病菌依靠寄主植物的传粉昆虫进行传播，但是不同寄主植物的传粉昆虫不同，导致不同植物上的花药黑穗病菌之间的交配机会减少；真菌对宿主的专一性也会阻碍种群间的基因交流，产生生殖隔离，对许多致病真菌来说，只有在宿主上发育菌丝后才可以进行交配繁殖，这意味着只有在同一宿主上生长的个体才有机会交配，这种对宿主的专一性适应足以限制基因交流；此外，繁殖时间上的差异、高自交率都能有效地限制种间交配（Giraud et al., 2008b）。②交配后隔离是指发生异种杂交，产生不育或衰败的后代，如一些体外实验得到的杂交真菌往往表现为菌丝体减少或孢子活性低，从而难以存活。

第四节　真菌生物多样性

生物多样性是生物及其环境形成的生态复合体及与此相关的各种生态过程的综合，包括动物、植物、微生物和它们所拥有的基因，以及它们与其生存环境形成的复杂的生态系统，通常包括遗传多样性、物种多样性和生态系统多样性三个组成部分。其中，遗传多样性指生物遗传基因的多样性，物种多样性指地球上动物、植物、微生物等生物种类的丰富程度，生态系统多样性主要指地球上生态系统组成、功能的多样性及各种生态过程的多样性。遗传多样性是物种多样性和生态系统多样性的基础，物种多样性是构成生态系统多样性的基本单元。

全球植物和脊椎动物的物种数目已大致确定，但是昆虫、海洋生物及微生物的多样性研究还不完善，大量新的物种有待发现（Mora et al., 2011）。真菌是一类种类繁多、分布广泛的真核微生物，其独特的形态特征有利于驱动其进化和环境适应，产生丰富的遗传多样性、物种多样性和生态系统多样性。真菌物种数量是仅次于昆虫的第二大类生物类群，分布广泛，存在于土壤、海洋、淡水、动植物的体表和体内，甚至是极端的环境中。真菌是生态系统的重要组成部分，具有非常丰富的生存策略，不仅可以作为分解者参与生态系统中的物质循环和能量流动，还能与其他生物建立各种种间关系，而且与人类的生存和发展息息相关。

一、物种多样性

真菌是物种数量仅次于昆虫的第二大生物类群，与植物等生物类群相比，全球真菌的多样性研究具有更大的挑战性。真菌物种多样性的估计对系统学、分类学和资源利用具有重要意义。最初，Hawksworth（1991）估计真菌的物种数量大约为150万种，迄今为止完整描述的真菌物种仅占该估计数的 7%。随着新一代测序技术的发展，推测真菌的物种数量为 350 万～510 万种（Blackwell，2011），或 220 万～380 万种（Hawksworth and Lücking，2017），甚至 1200 万种（Wu et al.，2019）。分子技术的发展使越来越多不能培养的真菌被鉴定，估计的真菌数量也越来越多。可以想象随着技术的进一步发展和完善，我们会发现真菌种类的数量可能比目前估计的要多得多。

真菌界划分为以下 7 门：壶菌门（Chytridiomycota）、接合菌门（Zygomycota）、子囊菌门（Ascomycota）、担子菌门（Basidiomycota）、芽枝霉门（Blastocladiomycota）、球囊菌门（Glomeromycota）和新丽鞭毛菌门（Neocallimastigomycota）（Kirk et al.，2008）。其中子囊菌门和担子菌门是真菌王国中最大的 2 门，占所有已知真菌类群的95%以上。

近年来，随着分子生物学技术的进步，越来越多新的真菌类群被发现，如隐真菌门（Cryptomycota）（Jones et al.，2011）、古根菌纲（Archaeorhizomycetes）（Rosling et al.，2011）。①隐真菌门中的真菌与传统真菌的不同之处在于其细胞壁不含几丁质，在淡水、土壤和海洋生物群落中分布。由于大多数隐真菌不能被培养，因此对隐真菌的生活史和营养方式的了解也仅限于对少数环境样品的检测及对可培养类群的观察。隐真菌门位于真菌进化树的基部，具有特殊的系统地位，而且在自然界（尤其水环境）中广泛分布，具有极高的物种多样性，因此该真菌类群在系统与进化领域中具有重要的研究价值，对真菌的起源与系统演化、形态与分子进化有很大的参考意义。②古根菌纲是子囊菌门外囊菌亚门下的一个纲，其下只有一个古根菌目（Archaeorhizomycetales）、一个古根菌科（Archaeorhizomycetaceae）、一个古根菌属（*Archaeorhizomyces*），目前只发现两种古根菌 *Archaeorhizomyces finlayi* 和 *Archaeorhizomyces borealis*（Rosling et al.，2011；Menkis et al.，2014）。

在从单细胞壶菌到多细胞子囊菌、担子菌的广泛真菌类群之外，尚存在分类地位不明朗、未进行命名的真菌。早期分化真菌（early diverging fungi）指 10 亿～4 亿年前分化的真菌及其亲缘类群，包括罗兹孢类（Rozellosporidia）、远日虫类（Aphelids）及壶菌门（Chytridiomycota）、芽枝霉门（Blastocladiomycota）、蛙粪霉门（Basidiobolomycota）、油壶菌门（Olpidiomycota）及捕虫霉门（Zoopagomycota）等（Berbee et al.，2017；Tedersoo et al.，2017）。这些类群反映了真菌在历史早期进行的多种演化尝试，其均具有或潜在具有几丁质合成能力，但营养型、形态和生活史多种多样，为分类学和系统学研究带来了巨大挑战，由于没有命名体系，仍存在大量未命名和界定的物种。

二、生境多样性

大部分真菌广泛分布在营养物质丰富、条件适宜的环境中，如土壤（农田、林地、草地、沼泽湿地）、动物及其粪便、植物和水体等，除此之外，真菌还可以分布在高盐、高碱、高酸、高辐射、干旱、冰川等特殊环境中（图2-4）。不同环境中真菌有不同的群落种类、组成和分布规律。

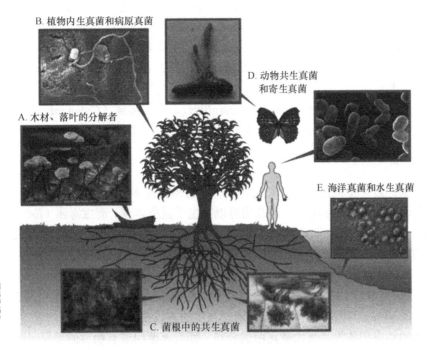

图 2-4　真菌的生境多样性和功能多样性（引自 Peay et al.，2016）

A. 真菌作为分解者能够分解复杂的物质，如纤维素和几丁质；B. 真菌以内生真菌或病原真菌的形式生长在植物的茎、叶等组织上；C. 真菌与植物的根互惠共生，形成菌根；D. 真菌与动物共生或寄生，存在于动物的体表或体内；
E. 真菌生存于淡水、海水甚至是污水中

（一）土壤

土壤真菌是所有土壤中存在的真菌类群，相对于水环境、动植物，土壤中的真菌多样性最高，当前最全面的全球真菌多样性的调查检测到 8 万多种土壤真菌（Tedersoo et al.，2014）。据统计，全世界已描述的可培养的土壤丝状真菌达 3000 余种，其中很多种类在全球范围内分布。土壤中的真菌与其他微生物一起推动着陆地生态系统的能量流动和物质循环，维持着生态系统的正常运转。土壤真菌具有分解有机质、为植物提供养分的功能，在农业中参与粮食的生产，在林业中与植物互作，在草地生态系统中则是占优势的分解者。

（二）水体

　真菌可以生活在淡水、海水甚至是污水中，水生真菌多样性非常丰富，这些生活在小溪、江河、湖泊和沼泽等环境中的真菌，它们全部的生命循环在水中完成，完全不依赖陆生植物或其他物质。水中的基物、水层的深浅、水的清浊、光线、温度、氧、酸碱度和水域的海拔等都影响真菌在水体中的分布。水生真菌是水生态系统中重要的生态类群，不仅作为分解者分解有机质，还为水体中的多种动物提供食物。但是由于缺乏对水体环境中真菌的大规模测序研究，水体环境特别是海洋中的真菌多样性的研究尚不全面。

（三）植物

在植物的根、茎、叶、花、果实上定植着大量的真菌，它们是菌根真菌、内生真菌或病原真菌。丛枝菌根真菌（arbuscular mycorrhiza fungi）与植物的根共生形成丛枝菌根，内生真菌（endophyte）能够与植物的茎、叶共生。还有大量真菌能够侵染植物组织，从而导致各种疾病，如葡萄孢霉属（*Botrytis*）和链核盘菌属（*Monilinia*）中的真菌可以感染植物的花，使花变色、枯萎和过早凋谢；链核盘菌属（*Monilinia*）和黑星菌属（*Venturia*）中的真菌可以侵染果实形成痂；而真菌中的曲霉菌属（*Aspergillus*）、球座菌属（*Guignardia*）和卵菌中的疫霉属（*Phytophthora*）等属中的真菌能够寄生水果引起水果腐烂（Hoefnagels et al.，2005）。

（四）动物

真菌能够通过寄生或共生的方式生活在动物的体表或体内，但是多样性远远低于土壤和植物。虫囊菌目（Laboulbeniales）的真菌可以寄生于昆虫体表。而虫霉属（*Entomophthora*）、虫草属（*Cordyceps*）、白僵菌属（*Beauveria*）、被毛孢属（*Hirsutella*）等是重要的昆虫病原菌；我国著名的中药冬虫夏草，是由冬虫夏草菌（*Ophiocordyceps sinensis*）侵染蝙蝠蛾幼虫形成的复合体（Buenz et al.，2005）；酿酒酵母纲（Saccharomycetes）和毛纲（Trichomycete）中的真菌能够共生在昆虫消化道中；长喙壳属（*Ceratocystis*）、色二孢属（*Diplodia*）、蚁巢伞属（*Termitomyces*）等属中的真菌能够通过共生的方式生活在昆虫体表。

在人体的体内和体表都有大量真菌的分布，而且真菌组成有明显的差异，肠道、肺和口腔中常见的是 *Candida* spp.，而皮肤表面分布的多是马拉色氏霉菌属（*Malassezia*）中的真菌种群。皮肤真菌的组成在很大程度上是由身体的部位来决定的，而且真菌群落的组成和多样性会因个体的不同或健康状态的不同而存在差异，在健康的个体中，真菌群落的总体丰度和物种丰富度似乎要比细菌群落低得多，但在感染的伤口处或免疫功能不全的患者中，真菌在微生物总数中占主要比例（Peay et al.，2016）。

（五）特殊环境

真菌可以分布在一些特殊的环境中，虽然这些环境中有大量不利于真菌生存的因素，但是真菌在这些环境里经过漫长的进化过程，形成了不同于普通环境真菌的生长代谢调控机制和化学防御机制，占据特殊的生态位，具有特殊的生态功能（吴冰等，2013）。

很多细菌可以在极端温度的自然环境中生存，但是由于真菌的细胞膜对高温不耐受，所以仅有少数真菌能够生存在高温环境中（Salar，2007）。嗜冷真菌（psychrophilic fungi）和耐冷真菌（psychrotolerant fungi）分布在地球三极地区、高山、冰川、海洋深处等低温环境中（Carreiro and Koske，1992；Wang et al.，2015b）。此外，在人为创造的低温环境，如冰箱4～10℃的冷藏室中和 0℃以下冷藏的肉类上也存在许多腐败真菌。曲霉菌属（*Aspergillus*）、青霉菌属（*Penicillium*）等属中的一些真菌类群可以在盐田、盐湖或高盐保存的食物中生长。石生真菌（lithobiotic fungi）能够在极度缺水和营养匮乏的荒漠或戈壁中生存，它们多以无性状态生长在热带岩石、大理石等岩石的表面及内部，参与岩石的蚀化过程。有些石生真菌种类可以产酸，能利用岩石中的有机物等成分作为营养物质的来源（吴冰等，2013），石生真菌具有非常丰富的多样性，尚没有得到很好的研究（Sun et al.，2020）。附生于海洋生物上的子囊菌和少数担子菌、接合菌，可以作为海绵赖以生存的食物，帮助海绵抵御鱼类和虾类的捕食，还可以杀死海绵周围有毒的微生物。除了上述特殊理化环境和特殊基质，真菌还存在于一些特殊的复杂环境中，如深海、火山、洞穴和动物的瘤胃等（Trinci et al.，1994）。

三、生存策略多样性

真菌是生态系统的重要组成部分，是重要的可再生生物资源，与人类的生存和发展息息相关。在大自然和人类的日常生活中真菌扮演着各种各样的角色，具有丰富的生存策略（图2-4）。

（一）分解者

分解者与生产者和消费者一样是地球物种循环的必不可少的环节，如果没有分解者，动植物残体将会堆积成灾，物质将被锁在有机质中不再参与循环，生态系统的物质循环将终止，生态系统将会崩溃。作为有机质的重要组分，99%的木质素要靠真菌分解，实现其在生态系统中的物质循环和能量流动，将复杂的有机物分解成简单的无机物释放到环境中，供生产者再次使用。木材腐朽菌大多是子囊菌和担子菌，降解木材中的木质素、纤维素和半纤维素等，包括常见于被子植物木材上的白腐真菌（white-rot）、常出现在潮湿环境中的软腐真菌（soft-rot）和普遍出现在针叶林中的褐腐真菌（brown-rot）（Aina，1984）。接合菌如水玉霉属（*Pilobolus*）、毛霉属（*Mucor*）、倚囊霉属（*Pilaira*）等，子囊菌如粪壳菌属（*Sordaria*）等，以及担子菌的鬼伞属（*Coprinus*）和弹球菌属（*Sphaerobolus*）等都可以参与动物粪便的分解。

（二）互惠共生

真菌可以与植物、昆虫和藻类等建立互惠的共生关系。土壤中的菌根真菌与植物根形成共生体——菌根，有利于促进植物对周围环境元素的吸收。在这个共生体系中，植物为真菌提供必需的碳水化合物和其他营养物质，真菌向植物提供生长所需的营养物质、酶类和水分等（Smith and Smith，1997）。内生真菌与禾本科牧草，如人工栽培的高羊茅（*Festuca arundinacea*）和黑麦草（*Lolium perenne*）地上的茎、叶部位共生，促进植物对营养元素的吸收和植物的生长发育，增强了植物的抗干旱能力和对病虫害的抵抗能力（郭良栋，2001）。

除了植物，真菌还可以和昆虫形成广泛的共生关系，两者通过相互协作对环境中的特殊物质进行利用或抵抗。例如，共生在昆虫消化道的酵母菌纲（Saccharomycetes）真菌能够帮助昆虫消化或解毒，内孢霉目（Endomycetales）真菌能够帮助昆虫对木纤维素进行分解和吸收（Batra，1967）。

地衣一向被认为是生物互惠共生的完美典型，是真菌与藻类（包括蓝细菌）共生形成的具有稳定形态结构的复合有机体。这个有机体中的真菌被称为地衣化真菌（lichenized fungi），它的形态决定了地衣的形态特征，不能独自存在于地衣体之外的自然界。地衣的生态环境十分广泛，遍布平原、高山、荒漠、草原、岩石，甚至是布、纸、铁器、墙壁和高寒极地、高山冻原等特殊环境。地衣具有顽强生命力的同时，又对大气污染十分敏感，因而成为监测大气污染的一类重要指示生物（陈健斌，1995）。

（三）生物防治

在生产中，绿色安全的生物防治在消除病害的同时不会对环境和人类健康造成危害，因而受到越来越多的关注。生防真菌可以通过竞争作用、重寄生作用和代谢产物拮抗作用等机制发挥对植物病原菌的防控作用。

木霉属（*Trichoderma*）真菌是目前报道最多的针对真菌病原菌的生防真菌，对多种植物病原菌起到拮抗作用。其中，哈茨木霉（*Trichoderma harzianum*）是生产上应用最广泛的木霉生防工程菌，对水稻纹枯病菌、水稻恶苗病菌、辣椒炭疽病菌、玉米叶斑病菌和棉花枯萎病菌等有明显的拮抗作用（李淼等，2009）。

除了对病原真菌的防治，真菌在害虫的生物防治方面也发挥着重要的作用，球孢白僵菌（*Beauveria bassiana*）是应用广泛的昆虫病原真菌，它可以侵染害虫并在虫体内繁殖，产生白僵素等物质杀死害虫。根结线虫是寄生于植物的根部病原生物，会对果蔬和药用植物等经济作物的生产造成严重的危害，而食线虫真菌能够捕捉、寄生、定殖于线虫，最后消解杀死线虫，特别是捕食线虫真菌可以通过菌丝特化的捕食器官（收缩环、黏网、黏球等）捕捉线虫，实现对植物寄生线虫的防控（Liu et al.，2012；高仁恒和刘杏忠，1995）。

（四）药剂研发

真菌具有丰富的物种和生态多样性，为适应特殊生境，真菌需要依赖特殊结构与功能代谢产物。真菌的活性代谢产物如青霉素、环孢素和棘球白素等可以作为抗生素、免疫制剂和抗真菌药物等。

长期以来，人们对陆地微生物的研究已经十分详尽，从其中获得先导化合物的概率也越来越小，但是海洋真菌由于生态环境的特殊性，往往能够产生化学多样性丰富、产量高的次生代谢产物，为新药的研发提供丰富的资源。例如，附生于海绵上的真菌不仅是海绵赖以生存的"保护伞"，还可以产生各种生物活性物质，是海洋天然产物的热点研究领域，也是开发海洋药物资源的重要内容。此外，有些海洋真菌还可以产生对人体癌细胞具有抗性的物质，如从来自海洋的曲霉发酵液中分离的新环三肽化合物对多种癌细胞均有抑制作用（Andolfi et al.，2005；Ebada et al.，2014）。

四、真菌多样性的研究方法

研究真菌群落的多样性有助于了解真菌群落结构、真菌的种类和数量及分布特点。处理多样性问题的第一步是确定某特定地区存在的物种，并获得基本的种群数据。为了达到这一目的，必须建立对真菌多样性进行研究的精确理论体系和研究方法。真菌的生物特性多变，如无法人工培养、孢子产生的时间短暂等，使确定生态系统中真菌的物种多样性研究变得很复杂。真菌多样性研究的方法很多，大致分为传统培养观察法、分子生物学方法和宏基因组学技术。

（一）传统培养观察法

真菌分离培养和形态学观察技术多以真菌结构的特征特别是孢子的形态特征作为依据，但是由于敏感度差、特异性低和效率低等局限性而不能全面、高效地反映真菌群落和多样性的全部信息。Amann等（1995）认为自然界中通过人工培养的方法分离和描述的微生物种类仅占真菌估计总数的1%～5%。随着对现有的可培养微生物的深入研究，已经难以在这些微生物中找到新型的生理活性物质，如抗生素、酶等。此外，在难以培养或不可培养的微生物中有大量具有科研和应用价值的新基因，传统的微生物技术无法对其进行研究。而且传统技术在对微生物进行分离培养时，培养条件下的营养物质组成、浓度与自然条件大为不同，其结果是新的选择压力下不可避免地造成菌株的富集或衰减，使群落结构发生改变。

（二）分子生物学方法

鉴于传统分离培养技术的局限性，分子生物学方法越来越多地被应用于分析和鉴定微生物群落的多样性。分子生物学技术用于分析真菌多样性的方法是基于 PCR 的扩增，这使得对环境样品中大部分不可培养真菌的研究和鉴定成为可能。rRNA 在功能上高度保守，是应用广泛的分子标记，16S rRNA 多用于细菌多样性的分析；18S rRNA 用来鉴定真菌属或科的水平，ITS 序列进化快速、序列变化广泛，保守区域表现为种内相对一致，种间差异比较明显，相比 18S rRNA 可以提供更多的分类信息，此外 ITS 序列片段小、易于分析，被广泛应用于真菌属内不同种间或近似属间的系统发育分析。

分子生物学方法的应用实现了在遗传水平上研究真菌多样性，该方法包括：分子杂交法、变性梯度凝胶电泳（DGGE）法、末端限制性片段长度多态性（T-RFLP）法和克隆基因文库分析法等。①分子杂交法包括膜杂交和原位杂交法，原理是用荧光或放射性标记 DNA 或 RNA 探针与微生物特征基因序列互补结合，通过荧光显微镜或放射自显影技术对微生物群落结构进行研究。②DGGE 法，能够基于 DNA 片段的解链行为不同将同样长度但序列不同的 DNA 片段区分开来，广泛用于分析自然环境中细菌、真核生物、蓝细菌、古菌和病毒群落的生物多样性。③T-RFLP 法，应用荧光标记的引物扩增具有系统进化标记的 DNA 序列，通过测序分析得到微生物群体组成图谱（李献梅等，2009）。④克隆基因文库分析法，通过 PCR 扩增微生物基因组 DNA 的保守序列，然后建立、分析基因文库以获得关于微生物群落的多样性信息。鉴于以上各种分子生物学方法有各自的优点，但又有不足之处，在实际进行微生物多样性研究的时候，往往需要将多种方法联合起来使用。

（三）宏基因组学技术

Handelsman 提出了宏基因组（metagenome）的概念，认为应该对环境中细菌和真菌的基因组进行综合研究（Handelsman et al.，1998）。宏基因组学（metagenomics）又称为微生物环境基因组学、元基因组学，不需要对微生物进行分离纯化和培养，将某一环境中的所有微生物的基因组 DNA 作为研究对象，以测序分析和功能基因筛选为研究手段，并结合生物信息学的方法，揭示微生物多样性、群落结构、功能活性、进化关系、协作关系，以及微生物和环境之间的关系。

高通量测序技术和基因芯片技术是宏基因组学最为成熟的关键技术。宏基因组学技术及测序手段不依赖于微生物的分离和培养，因而减少了由此带来的瓶颈问题，十分有利于发现难培养或不可培养微生物中的新功能基因和天然活性物质。因此，宏基因组学技术已成为微生物研究的热点和前沿，广泛应用于土壤、海洋和极端环境中微生物的分析，为发现新的微生物种群、基因或基因簇，筛选获得新的生理活性物质（抗生素、酶和新的药物）等提供了极大的可能。此外，宏基因组学被广泛应用于气候变化、水处理工程系统、人体肠道、石油污染修复、生物冶金等领域中微生物多样性的研究（孙欣等，2013）。

通过宏基因组学描述真菌多样性的缺点是不能从宏基因组构建单一真菌物种的全基因组，这个问题可以通过单细胞分离和基因组测序来解决。单细胞测序技术（SiC-seq）结合荧光原位杂交方法能够为描述新的、完全不可培养的真菌物种提供新的思路。

（陈　月、刘杏忠）

本章参考文献

韩一多，向梅春，刘杏忠. 2019. 植菌昆虫与其共生真菌协同进化分子机制. 菌物学报，38（11）：1734-1746.

姚一建，李熠. 2016. 菌物分类学研究中常见的物种概念. 生物多样性，24（9）：1020-1023.

Berbee M L, James T Y, Strullu-Derrien C. 2017. Early diverging fungi: diversity and impact at the dawn of terrestrial life. Annual Review of Microbiology, 71(1): 41-60.

Blackwell M. 2011. The Fungi: 1, 2, 3…5.1 million species? American Journal of Botany, 98: 426-438.

Brasier C M, Cooke D E L, Duncan J M, et al. 1999. Origin of a new *Phytophthora* pathogen through interspecific hybridization. Proceedings of the National Academy of Sciences of the United States of America, 96: 5878-5883.

Cai L, Giraud T, Zhang N, et al. 2011. The evolution of species concepts and species recognition criteria in plant pathogenic fungi. Fungal Diversity, 50: 121-133.

Costello M J, May R M, Stork N E. 2013. Can we name earth's species before they go extinct? Science, 339(6118): 413-416.

Hawksworth D L. 1991. The fungal dimension of biodiversity: magnitude, significance, and conservation. Mycological Research, 95(6): 641-655.

Hawksworth D L, Lücking R. 2017. Fungal diversity revisited: 2.2 to 3.8 million species. Microbiology Spectrum, 5(4):79-95 .

Hoefnagels M H. 2005. Biodiversity of fungi: inventory and monitoring methods. BioScience, 55(3): 282-283.

Jones M, Forn I, Gadelha C, et al. 2011. Discovery of novel intermediate forms redefines the fungal tree of life. Nature, 474(7350): 200-203.

Kirk P, Cannon P, Minter D, et al. 2008. Ainsworth and Bisby's dictionary of the fungi. Quarterly Review of Biology, 85: 113-114.

Kondrashov A S M, Mikhail V. 1986. Sympatric speciation: when is it possible? Biological Journal of the Linnean Society, 27: 201-223.

Mallet J. 2007. Hybrid speciation. Nature, 446: 279-283.

Mora C, Tittensor D P, Adl S, et al. 2011. How many species are there on earth and in the ocean? PLoS Biology, 9(8): e1001127.

Peay K G, Kennedy P G, Talbot J M. 2016. Dimensions of biodiversity in the Earth mycobiome. Nature Reviews Microbiology, 14: 434-447.

Rosling A, Cox K, Cruz-Martinez K, et al. 2011. Archaeorhizomycetes: unearthing an ancient class of ubiquitous soil fungi. Science, 33(6044): 876-879.

Schoch C L, Seifert K A, Huhndorf S, et al. 2012. Nuclear ribosomal internal transcribed spacer

(ITS) region as a universal DNA barcode marker for Fungi. Proceedings of the National Academy of Sciences of the United States of America, 109: 6241-6246.

Shafer A B A, Wolf J B W, Wiens J. 2013. Widespread evidence for incipient ecological speciation: a meta-analysis of isolation-by-ecology. Journal of Ecology Letters, 16: 940-950.

Smith M L, Bruhn J N, Anderson J B J N. 1992. The fungus *Armillaria bulbosa* is among the largest and oldest living organisms. Nature, 356: 428-431.

Sun W, Su L, Yang S, et al. 2020. Unveiling the hidden diversity of rock-inhabiting fungi: chaetothyriales from China. Journal of Fungi-Open Access Mycology Journal, 6(4): 187-224.

Taylor J W, Jacobson D J, Kroken S, et al. 2000. Phylogenetic species recognition and species concepts in fungi. Fungal Genetics & Biology, 31: 21-32.

Tedersoo L, Bahram M, Polme S, et al. 2014. Global diversity and geography of soil fungi. Science, 346: 1052-1053.

Thines M, Crous P W, Aime M C, et al. 2018. Ten reasons why a sequence-based nomenclature is not useful for fungi anytime soon. IMA Fungus, 9: 177-183.

Veld W A M I T, Veenbaas-Rijks W J, Ilieva E, et al. 1998. Natural hybrids of *Phytophthora nicotianae* and *Phytophthora cactorum* demonstrated by isozyme analysis and random amplified polymorphic DNA. Proceedings of the National Academy of Sciences of the United States of America, 88: 922-929.

Wang L, Feng Y, Tian J Q, et al. 2015. Farming of a defensive fungal mutualist by an attelabid weevil. The ISME Journal, 9: 1793-1801.

Wu B, Hussain M, Zhang W, et al. 2019. Current insights into fungal species diversity and perspective on naming the environmental DNA sequences of fungi. Mycology, 10: 127-140.

Xu J. 2020. Fungal species concepts in the genomics era. Genome, 63: 459-468.

本章全部参考文献

第三章 真菌分类系统与进化

关于真菌的界定，最早其是作为植物界下的一个类群，之后有了真菌的分类体系形成"三纲一类"（藻状菌纲、子囊菌纲、担子菌纲、半知菌类），五界系统提出以后，真菌成为一个独立的高等生物界。随着分子系统学的进展，黏菌和卵菌被移出真菌界。"真菌生命树"计划的实施，真菌界下尤其是壶菌和接合菌的分类系统发生了较大的变化，同时发现微孢子虫与真菌亲缘关系最近，后来又提出了极早期分化真菌类群，从而提出了真菌总界。尽管真菌分类系统还有不少争议，但也形成了一定共识。真菌的命名不同于动植物，因此本章首先对真菌的命名法规进行论述，然后对真菌总界和传统有真菌学家研究的黏菌和卵菌的分类系统及其演化进行简要论述。

第一节 真菌命名法规

一、《国际藻类、菌物和植物命名法规》

为了便于国际交流，每个生物分类群都有一个全世界通用、使用拉丁文或拉丁化文字书写的科学名称（scientific name），称为学名。为了规范生物体学名的命名和使用，分类学家制定了相应的命名法规。传统上被处理为"菌物"这一概念下的类群，包括真菌（true fungi）、卵菌（oomycetes）和黏菌（slime mould）等类群的命名，受到《国际藻类、菌物和植物命名法规》（*International Code of Nomenclature for Algae，Fungi，and Plants*）的管理。

《国际藻类、菌物和植物命名法规》（以下简称《法规》）每 6 年更新一次，根据国际植物学大会的命名法分会做出的决定进行修订。目前使用的在深圳召开的第十九届国际植物学大会出版的版本，简称"深圳法规"（Turland et al.，2018）。其最大的改变是将《法规》中仅处理菌物名称的所有规定一并纳入一个特别的章节，称为第 F 章。在 2017 年十九届国际植物学大会之后，有关第 F 章修改的提案将由国际菌物学大会（IMC）的命名法会议来决定。在 2018 年第十一届国际菌物学大会上，菌物学家对第 F 章进行了首次修改，并发布了第 F 章圣胡安版本（May et al.，2019），即目前所使用的最新版本。

二、真菌名称的结构

真菌分类群的主要等级从高到低依次为界（kingdom）、门（phylum）、纲（class）、目（order）、科（family）、属（genus）和种（species）。除此之外，可通过在主要等级名称前加上"sub-"（亚）来指示更多的分类等级，如亚门（subphylum）。不同的分类等级具有不同的名称结构（表 3-1）。

表 3-1　真菌各分类等级名称构成及示例

等级	名称构成	名称示例
界	—	Fungi
门	以-mycota 为词尾	Basidiomycota
亚门	以-mycotina 为词尾	Agaricomycotina
纲	以-mycetes 为词尾	Agaricomycetes
亚纲	以-mycetidae 为词尾	Agaricomycetidae
目	以-ales 为词尾	Agaricales
亚目	以-ineae 为词尾	Agaricineae
科	以-aceae 为词尾	Agaricaceae
亚科	以-oideae 为词尾	Boletoideae
属	一个拉丁文或拉丁化名词	*Agaricus*
种	属名和种加词	*Agaricus bisporus*
种下单元	种名、种下等级和种下加词	*Agaricus bisporus* f. *microspora*

1）科及科以上等级的名称由其模式属名的属格单数，加上特定词尾构成，词尾分别是门（-mycota）、亚门（-mycotina）、纲（-mycetes）、亚纲（-mycetidae）、目（-ales）、亚目（-ineae）、科（-aceae）及亚科（-oideae）。除此之外，科以上等级的分类群名称也可以是不根据属名的描述性名称，如 Ascomycota（子囊菌门）。

2）属的名称是一个拉丁文或拉丁化的名词，以首字母大写书写。它可以取自任何来源，甚至可以任意的方式构成。

3）种的名称遵循"双名命名法"，由属名和种加词构成。种加词往往是形容词、属格名词或同位语单词形式，可取自任何来源，甚至可随意构成。

4）种下分类群的名称由种的名称、种下等级和种下加词三部分构成。连接术语用于指示等级。

三、模式标定

（一）基本概念

1. 采集（gathering）　一个由同一采集者在同一时间采自同一地点假定为单一分类群的采集物。

2. 标本（specimen）　属于单一种或种下分类群的一个采集或一个采集的部分（忽略混杂物）装订成一个单一制品，或多于一个制品而各部分明确标注为相同标本的部分，或者具有共同的单一原始标签。一份标本不能是一个活的有机体或一个活的培养物。

（二）命名模式

命名模式（nomenclatural type）指分类群名称（无论作为正确名称还是作为异名）永久的依存载体。命名模式无须是分类群最典型或有代表性的成分，适用于科或以下等级的分类单元名称。例如，Lyophyllaceae（离褶伞科）以 *Lyophyllum*（离褶伞属）作为命名模式。

命名模式不适用于科以上等级的分类单元，但如果科以上等级的分类单元基于属名命名时则例外。例如，Basidiomycota（担子菌门）没有命名模式；而 Agaricales（蘑菇目）是以 *Agaricus*（蘑菇属）作为命名模式。

（三）模式标本

模式标本（type specimen）适用于种或种下分类单元名称，是一个单一的构成材料（实物，如标本）、图片或无代谢活性的菌株。模式标本应保存在公共标本馆或其他公共收藏机构。

《法规》规定，在 1990 年 1 月 1 日及之后发表的属或以下等级的新分类群名称，指定模式必须包括单词"typus"（模式）或"holotypus"（主模式）之一，或其缩写，或其在现代语言中的等同语。对于在 1990 年 1 月 1 日及之后发表的模式为一份标本或未发表的图解的新种或种下分类群名称，必须指明该模式保存的唯一标本馆、收藏机构或研究机构。在 2007 年 1 月 1 日以后，新的种或种下分类群（微型真菌除外）名称的模式必须是一份标本，而不能是一幅图解。

2019 年 1 月 1 日及之后，在指定真菌后选模式、新模式和附加模式时，需引用《法规》认可的注册库（Fungal Names，https://nmdc.cn/fungalnames/；Index Fungorum，http://www.indexfungorum.org/；Mycobank，https://www.mycobank.org/）所发放的注册号。例如，2019 年，Consiglio 发表文章将 AMB 18368 指定为 *Agaricus mundulus* Lasch 的新模式，文中引用了 IF556774 作为注册号，符合新模式合格发表的条件。

模式标本有以下几个种类。

1）主模式（holotype）是一个新种或新种下分类单元的名称发表时，作者指明作为模式的一份标本或一幅图解。只要主模式存在，它就固定了该种或种下单元名称的应用。

2）等模式（isotype）是主模式中的任一复份标本，即主模式同一采集物中的一部分。

3）合模式（syntype）是发表名称时，作者引证了多份标本，但没有特别指明某一标本为模式，则其所引证的全部标本或图片中的任何一份即合模式。

4）副模式（paratype）是名称发表时，除了主模式、等模式以外，作者所引证的其余任一标本。

5）后选模式（lectotype）是指原作者在名称发表时没有指定主模式，或主模式遗失、损毁，或主模式被发现属于多于一个分类群时，从原始研究材料中指定作为命名模式的一份标本或一幅图解。在指定后选模式时，如果存在等模式，或者如果存在合模式或等合模式，则必须从中选择。等模式、合模式或等合模式不存在时，后选模式则必须从如果存在的副模式中选择。如果上述标本无一存在，后选模式必须从如果存在的未引用的标本、引用和未引用的图解等原始材料中选择。

6）新模式（neotype）是当原始材料不存在或失踪时，被选为命名模式的一份标本或一幅图解。

7）附加模式（epitype）是当主模式、后选模式、新模式或与合格发表名称相关联的所有原始材料被证明是模棱两可且不能被精确鉴定时，从其他材料中选出的一份标本或一幅图解。除非明确引用附加模式所支撑的主模式、后选模式或新模式，否则，附加模式的指定是无效的。

8）衍生模式（ex-type）是指当名称的模式是永久保存在代谢停滞状态下的培养物时，任何获自它的活的分离物。

四、有效发表

有效发表（effective publication）指出版物经由印刷品（通过出售、交换或赠送）分发至公众或至少分发至通常可访问图书馆的科研机构。2012 年 1 月 1 日及之后，在具有国际标准期刊编号（international standard serial number，ISSN）或国际标准图书编号（international standard book number，ISBN）的在线出版物上，以电子版 PDF 格式发表的文档也是有效的。

无效发表的几种常见情况如下。

1）发行于 2012 年 1 月 1 日之前的电子材料。

2）在公众会议交流的新命名。

3）将名称置于对公众开放的收藏机构或公园。

4）发行由手稿或打字稿或其他未发表材料制作的微缩胶片。

5）特定的电子出版物的内容在其有效发表后不得改变，任何此类改变本身不是有效发表，为有效发表，必须单独发行其更正或修订。

6）向大学或其他教育机构提交的独立的、非系列的学位论文不构成有效发表，除非该著作包括明确陈述或具有其他被作者或出版商视为有效发表的内部证据。例如，Demoulin 在 1971 年的学位毕业论文 "Le genre *Lycoperdon* en Europe et en Amérique du Nord"，尽管其影印本可在一些图书馆找到，但它并未包括被认可为有效发表的内部证据，因此是无效发表，论文中发表的新种如 *Lycoperdon americanum* 等也是无效的。

7）1953 年 1 月 1 日及之后，在贸易目录或非学术的报纸上的发表。

五、合格发表与合法名称

（一）合格发表的条件

合格发表（valid publication）是对发表真菌新分类群的规范要求。合格发表的名称需具备以下条件。

1）必须是在各自分类群的命名起点日期或之后有效发表的。

2）名称仅由拉丁文字母组成，如果名称以不合式的拉丁文词尾发表，但其他方面符合《法规》，这个名称仍是合格发表的，但应对它们进行修改以符合《法规》条款，不改变作者归属及发表日期。例如，Baltazar 等在 2016 年发表了新物种 *Hyphodontia corticioidea*，该名称的种加词词尾不符合拉丁文语法，但其他合格发表的条件均符合，因此该名称仍是合格发表的，其正确的种加词应为 "*corticioides*"。

3）发表时必须伴有拉丁文或英文的描述或特征集要（diagnosis，指依其作者观点将该分类群区别于其他分类群的陈述，不能是纯美学特征、经济的、医学或烹饪用途、文化意义、栽培技术、地理起源或地质年代等描述性特性的陈述），或引证之前已经有效发表的描述或特征提要。

4）在属级以上要指出命名模式，新种或种下新单位必须指出模式标本，并指出模式标本存放的地点。例如，2017 年，W. Y. Zhuang 和 Z. Q. Zeng 在发表新科 Cocoonihabitaceae 时指明命名模式为 *Cocooniomyces*，发表新种 *Cocooniomyces sinensis* 时指明模式标本为 HMAS

254523，该标本保藏在中国科学院微生物研究所菌物标本馆。

5）所归属的属或种的名称同时或之前已合格发表。

6）清楚指明名称所属的分类群等级。例如，发表新种时注明"sp. nov."，发表新属时注明"gen. nov."。

7）在2013年1月1日及之后的真菌新命名，必须在《法规》认可的注册库（Fungal Names，https://nmdc.cn/fungalnames/；Index Fungorum，http://www.indexfungorum.org/；Mycobank，https://www.mycobank.org/）上进行注册，并在原白中引用注册库发放给该名称的注册号。

8）新组合、新等级名称或替代名称必须伴有对基名或被替代异名的引证。例如，1994年，Y. X. Chen 在发表新组合 *Pestalotiopsis aceris*（Henn.）Y.X. Chen 时正确引证了其基名 *Pestalotia aceris* Henn.，该新组合为合格发表。

9）《法规》规定的其他条件。

（二）合法名称

合法名称（legitimate name）是符合《法规》各项规则的一个名称。不合法名称（illegitimate name）有以下几种常见情况。

1）构自不合法属名的科或科的次级划分的名称是不合法的，除非且直至它或它所构自的属名被保留或保护。

2）一个名称如果在发表时为命名上多余的，则为不合法名称且应予废弃。

3）属或种名称的拼写与基于不同模式的、已经合格发表的、相同等级的分类群的名称完全相同。

4）其他《法规》中规定属于不合法名称的情况。

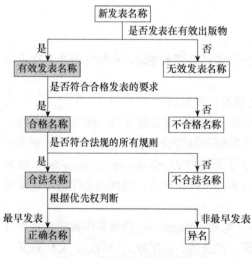

图 3-1　真菌名称的地位判定

六、名称的地位

（一）优先权

分类群的命名以发表的优先权（priority）为基础。优先权是指除在特定情形下，每一个等级的分类群只能拥有一个正确名称，即符合各项规则的最早名称。优先权仅适用于科或科以下等级的分类群，对于科以上等级是非强制性的。优先权的命名起点是1753年5月1日。

根据优先权，任一分类单元必须采用最早发表的名称（应该是有效发表、合格和合法的名称），即正确名称（correct name），而所有其他名称均为异名。一个正确名称的判定如图3-1所示。

（二）同名

同名（homonym）指基于不同模式的同一等级上不同分类单元的名称在拼写上完全相同，也叫异物同名。同名中较早发表的名称为早出同名（earlier homonym），而较晚发表的则为晚出同名（later homonym）。晚出同名除非被保留、保护或认可，否则是不合法的。例如，Hennings 在 1903 年发表了新种 *Fomes versicolor* Henn.，而 Bresàdola 在 1922 年将该名称发表于另一物种上，因此，后发表的 *Fomes versicolor* Bres.为晚出同名，是不合法的。

（三）异名

异名（synonym）是由于分类工作者掌握的文献不足，或工作疏忽，出现了同一真菌具有不同名称的现象。异名中发表时间最早的为早出异名，而较晚发表的为晚出异名。如果两个异名同年发表，以发表日期先后为准；如果同卷发表，则以期数、页数先后为准。以模式为标准，异名可分为以下两种。

1）同模式异名（homotypic synonym）或称命名学异名（nomenclatural synonym）：异名是根据同一个模式先后发表的，并且都是合格发表，用恒等号"≡"表示，《国际动物命名法规》中称为客观异名（objective synonym）。

2）异模式异名（heterotypic synonym）或称分类学异名（taxonomic synonym）：同一分类群中，出现了基于不同模式的名称。主张它们是异名的研究者，认为它们应该属于同一个分类群，而另一些学者则认为模式间存在差异，它们不构成异名。所以这是由于研究者的意见分歧所致。分类学异名用数学的符号等号"="表示，根据优先律，必须废弃一个异名。但当一个晚出异名被废除后，若后来发现废弃的理由并不正确，则可重新使用。

（四）保留名称

出于最有利于命名稳定性的考虑，避免由于《法规》的严格应用而引起命名上不利，《法规》中提出了保留名称（conserved name）的概念，将其名单列在附录Ⅱ～Ⅳ中。保留名称是合法的，即使它们最初可能是不合法的。保留名称主要有两类：①一个科、属或种的名称，或某些情况下属的次级划分，或一个种下分类群的名称被裁定为合法并优先于其他指定的名称，即使它在发表时可能是不合法的或缺乏优先权的；②通过保留程序使其模式、缀词或性别固定的名称。

与保留名称相对应的是废弃名称（rejected name），废弃名称是超越《法规》的有关规定，或者在发表时它为命名上的多余，或是一个晚出同名，规定不能被使用的名称。废弃名称可以重新被保留而变为有资格使用。

（五）认可名称

认可名称（sanctioned name）：通过接受一个认可的著作，将著作中的真菌名称处理为保留名称，即使这些名称已有较早的同名或竞争的异名。真菌认可名称有以下两类。

1）锈菌目（Uredinales）、黑粉菌目（Ustilaginales）和广义腹菌类（Gasteromycetes *s. l.*）的认可名称：被 Persoon（*Synopsis Methodica Fungorum*，1801）采用的名称。

2）其他真菌的认可名称：被 Fries［*Systema Mycologicum* vol. 1～3，1821～1832 和补充的索引（Index），1832；*Elenchus Fungorum* vol. 1～2，1828］采用的名称。

（六）自动名

自动名（autonym）指自动建立的一个分别包含了该属或种应被采用的合法名称的模式属的次级划分或种的种下分类群的名称。它的最终加词不加改变地重复该属名或种加词，而且不跟随作者引用。自动名不需要有效发表或遵守合格发表的规定，它们是在任一给定的等级上，通过一个在该等级的合法属名下的属的次级划分的名称，或一个合法种名下的种下分类群的名称的首例合格发表而自动建立。在属或种的不合法名称下，自动名是不允许也不存在于属以上等级的自动名。例如，2018 年 Diederich 等发表了 *Sclerococcum saxatile* var. *laureri*，该变种是 *Sclerococcum saxatile* 首个合格发表的种下单元，该种下单元合格发表的同时，自动建立了 *Sclerococcum saxatile* var. *saxatile* 这一自动名。

七、作者引用

真菌分类群名称之后的人名是作者引用（author citation），表明首先合格发表该名称的人，采用缩写形式，如 *Ganoderma sichuanense* J.D. Zhao & X.Q. Zhang。作者引用中常见的符号及意义如下。

1）et/&：用于引证的两个作者姓名之间的连接。作者为三人以上时，可在第一作者姓名后加 "et al." 或 "& al."。例如，*Hirsutella sinensis* X.J. Liu，Y.L. Guo，Y.X. Yu & W. Zeng 或写为 *Hirsutella sinensis* X.J. Liu & al.。

2）ex：两个作者姓名之间用 "ex" 相连，表示前面的作者首先使用了该名称，但未合格发表，而由后面的作者予以合格发表。简写时可把第一个作者人名省略。例如，*Sphaeria uvariae* Berk. ex Curr.，或写为 *Sphaeria uvariae* Curr.。

3）in：表明第一个作者在第二个作者所撰写（或编著）的著作中合格发表了该名称。第二个作者人名可省略。例如，*Cleistocybe vernaloides* H.M. Wu，J.Q. Luo，Ke Wang & Y.J. Yao in Wu，Luo，Wang，Zhang，Li，Wu，Wang，Wei & Yao，或写为 *Cleistocybe vernaloides* H.M. Wu，J.Q. Luo，Ke Wang & Y.J. Yao。

4）冒号：认可名称在原作者与认可作者（Persoon 或 Fries）之间加一冒号，以表明该名称被认可的地位。例如，*Agaricus velutipes* Curt.: Fr.。

5）括号：在作者引证中前面的人名用括号括起来，表示该作者曾将该分类单元作为不同等级或以不同的组合合格发表，而后面的作者修订了该分类单元并给出了现名或组合名。例如，*Ophiocordyceps sinensis*（Berk.）G.H. Sung，J.M. Sung，Hywel-Jones & Spatafora。

（王　科、蔡　磊）

第二节　真菌分类系统概述

一、真菌分类简史

真菌是真核生物的一个界。在科学分类之前，人们对真菌的认识局限于大型真菌蘑菇，由于蘑菇与植物一样不能移动，因此很长时期内一直将真菌归属于植物界。在科学分类以后，真菌分类系统在很长的一段时间内一直采用"三纲一类"系统，即藻状菌纲、子囊菌纲、担子菌纲和半知菌类。随着科学的发展和五界系统的提出，真菌成为一个独立的高等生物界，Ainsworth（1973）和 Alexopoulos（1979）分别提出了真菌界的分类系统，随着七界分类系统的提出，传统的真菌界的生物被归入三个界中，即黏菌归到原生动物界，卵菌和丝壶菌归到茸鞭生物界中，其他真菌归为真菌界，从而用"菌物"来统称有真菌学家研究的传统的真菌类群，真菌仅指真菌界的生物。

关于真菌界的英文名称和其所指称的分类元，学术界曾有不同的词汇来定义。Cavalier-Smith（1981）以"真真菌界"（Eufungi）作为狭义真菌的界名；随后，Hawksworth（1991）建议以"Fungi"作为广义真菌的指称；Barr 等（1992）又建议以"总真菌"（Union of Fungi）代指广义真菌，用"Eumycota"作为狭义真菌的界名。为解决真菌一词英文名称混乱的问题，1993 年 Cavalier-Smith 规范真菌界的名称为"Fungi"，将不属于真菌界核心成员的物种直接划出真菌界的范围，不再使用"Eumycota"或"Eufungi"等名词，目前普遍公认的"真菌界"的英文名称为"Kingdom Fungi"。而关于"Fungi"的中文名和所指称的分类元，我国植物病理学家裘维蕃（1991）认为过去将"Fungi"译为"真菌"是不妥当的，因为这个词还包含黏菌或裸菌门在内，建议将"Fungi"译为"菌物"更为理想；真菌作为菌物界下的类群，这一观点已被广泛接受，卵菌和黏菌不再作为真菌的类群。

随着分子系统学的发展，人们对真菌有性型和无性型形态能够进行对应，从而将有性型和无性型统一，不再有半知菌独立的分类地位和系统，真菌分为壶菌门、接合菌门、子囊菌门和担子菌门，通过生命树计划的实施，壶菌门和接合菌门的分类系统发生了巨大变化。壶菌门这一类群不再被认为是单系群（James et al.，2006a），又从中独立出芽枝霉门（Blastocladiomycota）、新丽鞭毛菌门（Neocallimastigomycota）、Monoblepharomycota 和 Olpidiomycota（Hibbett et al.，2007；Tedersoo et al.，2018）；接合菌现分为球囊菌门（Glomeromycota）、毛霉门（Mucoromycoa）、捕虫霉门（Zoopagomycota）、梳霉门（Kickxellomycota）和虫霉门（Entomophthoromycota）（Hibbett et al.，2007；Spatafora et al.，2016；Tedersoo et al.，2018）。

1995 年出版的《菌物词典》（第八版）中，黏菌门被划分到原生动物界；卵菌和丝壶菌也被提升为门划分到藻菌界（Chromista）；原来的半知菌不再存在，只是把已经发现有性态的半知菌归入相应的子囊菌门和担子菌门中，而把尚未发现有性态的半知菌归入有丝分裂孢子真菌中。2008 年出版的《菌物词典》（第十版）中，真菌界下划分了 8 门，即担子菌门、子囊菌门、接合菌门、芽枝霉门、微孢子菌门、新丽鞭毛菌门、球囊菌门及壶菌门。

以上的分类系统主要是依据形态特征、生殖特性、生境等特性结合分子系统学的分析来进行分类的。这种分类方式是"人为分类"与"自然分类"相互融合的状况。而真正按照物种间的亲缘关系和客观反映系统发育的分类学方法对真菌进行"自然分类"，研究物种间系统发育的本质和进化关系是目前研究者所热捧的。这也使得早先真菌传统分类系统不断受到挑战，新的分类系统和分类观点得到不断补充和发展。尤其是近些年来随着分子系统学及组学的深入研究，菌物的系统学与分类学不断得以修正和补充。

二、极早期分化真菌

随着分子系统学的研究，人们发现微孢子虫与真菌的亲缘关系而将其归为真菌界（Baldauf et al.，2000），后来又发现罗兹孢菌代表了与传统真菌界平行的一个类群（Jones et al.，2011），从而提出隐真菌门（Cryptomycota）或罗兹菌门（Rozellomycota），并将微孢子虫

（Microsporidia）并入罗兹孢门（Tedersoo et al.，2018）。其后，人们发现单薄虫（Aphelida）及核形虫（Nucleariida）与真菌亲缘关系更近，从而将这些真菌归为极早期分化真菌类群（James et al.，2006a；Tedersoo et al.，2018）。

三、真菌总界

真核生物系统发生研究表明，后鞭毛生物（Opisthokonta）是一个单系群，包括传统的真菌、动物和几类单细胞原生生物。后鞭毛生物包含真菌总界（Holomycota）或泛真菌界（Holomycota）和动物总界或泛动物界（Holozoa）。真菌总界包括极早期分化真菌和真菌。

Tedersoo 等（2018）基于分子系统学分析及分子钟估测方法对真菌的高阶分类阶元进行补充和修订，将真菌界分为 9 个亚界：Aphelidiomyceta、蛙粪霉亚界（Basidiobolomyceta）、芽枝霉亚界（Blastocladiomyceta）、壶菌亚界（Chytridiomyceta）、双核菌亚界（Dikarya）、毛霉亚界（Mucoromyceta）、油壶菌亚界（Olpidiomyceta）、罗兹菌亚界（Rozellomyceta）和捕虫霉亚界（Zoopagomyceta）。其中的 4 亚界，即 Dikarya、Mucoromyceta、Zoopagomyceta 和 Chytridiomyceta 内包含多门；而其余的 5 亚界只包含单个门，共计 18 门。此次真菌分类系统的改动包括将微孢子虫作为纲 Microsporidea 划分到 Rozellomyceta 内，将壶菌门和毛霉门内原来的目均提升为纲等。Wijayawardene 等（2018a，2020）和 Galindo 等（2020）在真菌的分类框架中又先后增加 Caulochytriomycota 和 Sanchytriomycota 2 门，共计 20 门（表 3-2）：罗兹菌门（包括隐真菌和微孢子虫）、Aphelidiomycota、芽枝霉门（Blastocladiomycota）、壶菌门（Chytridiomycota）、单毛壶菌门（Monoblepharomycota）、新丽鞭毛菌门（Neocallimastigomycota）、油壶菌门（Olpidiomycota）、蛙粪霉门（Basidiobolomycota）、捕虫霉门（Zoopagomycota）、梳霉门（Kickxellomycota）、虫霉门（Entomophthoromycota）、Calcarisporiellomycota、Caulochytriomycota、毛霉门（Mucoromycota）、被孢霉门（Mortierellomycota）、球囊菌门（Glomeromycota）、根肿黑粉菌门（Entorrhizomycota）、子囊菌门（Ascomycota）、担子菌门（Basidiomycota）和 Sanchytriomycota。真菌分类系统一直在不断修订和补充，并有不同的观点，本书以 Tedersoo 等（2018）的分类系统为主要参考。

表 3-2　几种重要的真菌分类系统的比较

Wijayawardene 等（2020）和 Galindo 等（2020）	Tedersoo 等（2018）	《菌物词典》（第十版）（2008）	《菌物词典》（第九版）（2001）	《菌物词典》（第八版）（1995）	《菌物词典》（第七版）（1983）	Ainsworth 等（1973）
真菌界	真菌界	真菌界	真菌界	真菌界	真菌界	真菌界
壶菌门	壶菌门	壶菌门	壶菌门	壶菌门	黏菌门	黏菌门
单毛壶菌门	单毛壶菌门	担子菌门	担子菌门	担子菌门	真菌门	真菌门
新丽鞭毛菌门	新丽鞭毛菌门	子囊菌门	子囊菌门	子囊菌门	鞭毛菌亚门	鞭毛菌亚门
根肿黑粉菌门	根肿黑粉菌门	接合菌门	接合菌门	接合菌门	接合菌亚门	接合菌亚门
担子菌门	担子菌门	球囊菌门	藻物界	藻物界	子囊菌亚门	子囊菌亚门
子囊菌门	子囊菌门	微孢子菌门	丝壶菌门	丝壶菌门	担子菌亚门	担子菌亚门
Calcarisporiellomycota	Calcarisporiellomycota	芽枝霉门	网黏菌门	网黏菌门	半知菌亚门	半知菌亚门
球囊菌门	球囊菌门	新丽鞭毛菌门	卵菌门	卵菌门		
被孢霉门	被孢霉门	藻物界	原生动物界	原生动物界		

续表

Wijayawardene 等（2020）和 Galindo 等（2020）	Tedersoo 等（2018）	《菌物词典》（第十版）（2008）	《菌物词典》（第九版）（2001）	《菌物词典》（第八版）（1995）	《菌物词典》（第七版）（1983）	Ainsworth 等（1973）
毛霉门	毛霉门	丝壶菌门	集胞菌门	集胞菌门		
虫霉门	虫霉门	网黏菌门	黏菌门	黏菌门		
梳霉门	梳霉门	卵菌门	根肿菌门	根肿菌门		
捕虫霉门	捕虫霉门	原生动物界		网柄菌门		
Aphelidiomycota	Aphelidiomycota	原柄菌纲				
蛙粪霉门	蛙粪霉门	网柄菌纲				
芽枝霉门	芽枝霉门	黏菌纲				
油壶菌门	油壶菌门	Ramicristates				
罗兹菌门	罗兹菌门					
Caulochytriomycota						
Sanchytriomycota						

（邱鹏磊、刘杏忠）

第三节　极早期分化真菌分类系统与进化

极早期分化真菌（earliest diverging fungi）主要包括罗兹孢菌（Rozellosporidia）、单薄虫（Aphelida）、微孢子虫（Microsporida）、新的类壶菌分枝类群 1（novel chytrid-like-clade-1，NCLC1）、基部分枝类群 2（basal clone group 2，BCG2）等极早期分化类群，非单系类群，推断分化时间均在 10 亿年左右（Berbee et al.，2017）。主要特征为吞噬营养、单细胞，绝大多数为其他生物寄生物，如微孢子虫可以感染人类及各种动物，造成巨大经济损失，同时，微孢子虫对环境中动物和原生生物的寄生也调节了生态平衡。

一、极早期分化真菌的研究历史

（一）微孢子虫属于真菌

极早期分化真菌并不是新发现的类群，随着分子系统学技术的发展，发现一些已知的生物类群与真菌具有最近的亲缘关系。微孢子虫的发现已经有上百年的历史，一直被视作原生动物或较为古老的真核生物。直到 20 世纪末和 21 世纪初，人们发现微孢子虫与真菌的系统发育关系最近，主要依据是真菌和微孢子虫在基因组水平的直系同源群、蛋白质序列、核糖体基因保守区的进化关系上十分相似；同时，也发现微孢子虫与罗兹孢类在核糖体基因水平具有最近的进化关系（Baldauf et al.，2000；Eisen and Fraser，2003；Gill and Fast，2006）。目前普遍认为微孢子虫是一类极早期分化的、形态特化的真菌类群。

（二）罗兹菌门的提出

寄生于异水霉的异水霉罗兹孢（*Rozella allomycis*）已经被发现一个多世纪，一直被认为属于壶菌，随着高通量测序技术的发展和成本的降低，大量的环境 DNA 序列被发现，直到 2011 年通过系统发育树构建及荧光原位杂交技术应用，发现罗兹孢菌与许多环境序列单独聚为与其他真菌平行的分支，从而提出隐菌门（Jones et al.，2011）。紧接着，发现单薄虫、NCLC1、BCG2 等单细胞寄生生物与微孢子虫和罗兹孢菌具有很近的系统发育关系，微孢子虫与罗兹孢菌的中间类群也大量被发现。由于"隐菌门"与真实的物种系统发育关系、真菌命名法规有一些冲突，囊括罗兹孢类从而提出罗兹菌门（Rozellomycota）及罗兹菌亚界（Rozellomyceta）（Doweld，2013；Tedersoo et al.，2018；James et al.，2020）。

（三）极早期分化真菌的界定

真菌隶属核菌总界（Nucletmycea）或真菌总界（Holomycota）；无细胞壁的滚球虫界（Rotosphaerida）是真菌的姐妹群，与极早期分化真菌具有显著的生理、生态差异。极早期分化真菌由系统发育关系界定，包括了 BCG2、GS01（GS01 分枝）、NCLC1、单薄虫门、罗兹孢菌、微孢子虫等。BCG2 是最早分化的真菌类群，是极早期分化真菌的边界（Tedersoo et al.，2018）。极早期分化真菌的分类框架主要是基于分子系统学分析结果进行描绘的，其形态、生理特征与其他传统真菌具有较大差异，是研究真菌起源于进化的重要类群。

二、极早期分化真菌的系统发育

极早期分化真菌的系统发育关系比较复杂。一方面，微孢子虫类基因进化速率非常快、丢失了大量基因，核糖体基因缺乏 ITS2 区，生理特征非常特殊，细胞器高度特化（Bass et al.，2018）；另一方面，真菌早期进化历史中的水平基因转移和不完全谱系分选会带来基因树和物种树的差异（Bininda-Emonds，2014），加上尚有大量的极早期分化真菌类群有待发现，其系统发育上不是十分明确。单薄虫（Aphelida）、微孢子虫（Microsporidia）与罗兹孢菌（Rozellosporidia）曾被认为是一个单系群并被命名为 ARM 群（Aphelida-Rozellosporidia-Microsporida Group）。然而在基因组水平，发现微孢子虫类与副微孢的系统发育关系最近；单薄虫与壶菌等传统真菌形成了较为稳健的单系群；单薄虫、罗兹孢菌、微孢子虫等类群在基因的丢失程度和表达模式中均具有显著区别（Torruella et al.，2018）。后来的分子系统发育分析结果表明 Rozellomycota 和 Microsporidia 的系统学分枝与 Aphelida 是相分离的（Lazarus and James，2015；Tedersoo et al.，2017，2018）。所以 2018 年 Tedersoo 等将 Aphelida 提升为门，即 Aphelidiomycota。1998 年，Cavalier-Smith 将微孢子虫（Microsporidia）这类高度退化的生物从原生动物界转移到真菌界。随后，基于分子序列的系统学研究证据，这一处理得到了证实。近年来多数基于菌物的分子系统学研究的结果表明微孢子虫（Microsporidia）分枝聚在 Rozellomycota（=Cryptomycota）内，所以 2018 年 Tedersoo 等把 Microsporidia 作为纲（Microsporidea）并入真菌界下的 Rozellomycota 门，并指出用 Rozellomycota 代替 Cryptomycota 来指代罗兹菌门（Rozellomycota）。

极早期分化真菌是具有细胞壁或具有产生细胞壁的能力的单细胞生物，均为吞噬营养型，绝大部分极早期分化真菌物种生活史尚不清楚，一般认为具有胞内寄生阶段和游动孢子阶段。极早期分化真菌分布广泛、生物量较大，生物多样性很高（Berbee et al.，2017）。极早期分化真菌并非单系发生，随着更多类群的发现和研究的深入，极早期分化真菌的系统发育及其与传统真菌界的关系将会有新的结论。

三、极早期分化真菌的主要类群

（一）罗兹菌门

罗兹孢菌营寄生生活、具有孢囊（cyst），有些种产生无伪足单鞭毛的无壁游动孢子和含几丁质壁的休眠孢子。传统意义上的微孢子虫是一类细胞形态极其特殊的高度专化的寄生者，不具有游动孢子，而是特异地产生无鞭毛的感染孢子，孢子内具有专性寄生细胞器（极丝），寄主为芽枝霉门、壶菌门或不等鞭毛类等。微孢子虫主要寄生动物（Metazoa）和有孔虫（Rhizaria）。微孢子虫已知 1300 种以上，可以分为早期分化的壶状孢类（Chytridiopsidea）、梅氏孢类（Metchnikovellidea）和真微孢纲（Microsporidea）；依据分子系统发育关系，真微孢纲又可分为 5 个进化枝。在建立感染时，微孢子虫的孢子贴合到寄主细胞表面，极丝膨胀弹出侵入寄主细胞，原生质体随着极丝进入寄主内部，进行卵式生殖和孢子生殖，产生有壁的孢子体。孢子体可以产生新的感染孢子。有研究表明微孢子虫的线粒体退化为无遗传物质的纺锤剩体（mitosome），高尔基体也高度退化。

目前罗兹菌门至少包含 2 纲（Rudimicrosporea、Microsporid）、7 目（Metchnikovellida、Amblyosporida、Neopereziida、Ovavesiculida、Glugeida、Nosematida、Chytridiopsidea）、41 科和超过 162 属（Wijayawardene et al.，2020）。

（二）单薄虫门

单薄虫门（Aphelida）均为有孢囊的寄生者，游动孢子无壁，具单鞭毛和伪足，休眠孢子有壁。寄主为古质体（Archaeoplastida）藻类和不等鞭毛（Stramenopiles）藻类。目前已知 4 属（*Aphelidium*、*Paraphelidium*、*Amoeboaphelidium*、*Pseudaphelidium*），描述有效种 17 种，形态和分子数据对应的仅 7 种，*Pseudaphelidium* 无分子信息（Karpov et al.，2014；Letcher and Powell，2019）。建立感染时，游动孢子游动、爬行至寄主细胞表面，并转化为具感染管的孢囊。孢囊内的液泡增大，将原生质体推入寄主内，吞噬寄主细胞，并形成孢子囊。单薄虫具有完好的线粒体和高尔基体，孢子囊也不会招募寄主的线粒体为自己供能（Letcher et al.，2013）。

（三）其他极早期分化真菌

目前已发现两个基部分支类群：NCLC1（BMG1 或 BCG1）（Nagahama et al.，2011）和 BCG2（Monchy et al.，2011；Tedersoo et al.，2018）。最近利用荧光原位杂交技术从海洋中捕获了 NCLC1 的细胞形态。NCLC1 主要寄生于硅藻细胞内，具有单鞭毛游动孢子和未知的非寄生多细胞生活史，孢子囊形态与单薄虫、罗兹孢菌等不同（Chambouvet et al.，2019）。BCG2 序列均从淡水环境中获得，细胞形态未明确，系统发育树显示其位于所有其他真菌的外部。此外，GS01 有可能也属于一类特殊的极早期分化真菌（Tedersoo et al.，2018）。

四、结语

极早期分化真菌拥有较高的生物多样性，但其生活史、生态功能还不甚清晰。作为真菌和其他非真菌间的过渡类群，极早期分化真菌可能体现了传统真菌起源与进化方向，具有重要的研究价值。理清极早期分化真菌内部的系统发育关系，并明确极早期分化真菌和传统真菌间的界限，是未来一段时间内真菌学的重要科学问题和研究热点。随着全长扩增子、单细胞组学技术的发展，从环境中分离更多的极早期分化真菌、进行基因组测序正逐渐成为可能。随着对极早期分化真菌认识的深入，这一类群的生态功能将进一步得到解析，也有可能在控制水体藻类暴发的有害生物方面有所应用。

（杨佳睿、刘杏忠）

第四节　壶菌分类系统与进化

　　壶菌是经典真菌分类中唯一产生游动孢子的类型，分化较早。由于具游动孢子，所以是典型的水生真菌（当然也分布在其他各种生境中）。壶菌菌体形态一般较为简单，多为单细胞，有些种类有典型的菌丝体，生活史简单。壶菌可营腐生生活、寄生于多种生物的细胞表面和细胞内或营厌氧生活，如新美鞭菌类为典型的反刍动物后肠共生的厌氧真菌，蛙壶菌是导致两栖类大量死亡的重要病原菌。对壶菌的深入研究增进了人们对真菌进化历史的了解，也为理解真菌在生物圈中的重要作用提供了坚实的基础。目前，壶菌类真菌包括芽枝霉门（Blastocladiomycota）、壶菌门（Chytridiomycota）、单毛菌门（Monoblepharomycota）、新丽鞭毛菌门（Neocallimastigomycota）和油壶菌门（Olpidiomycota）（图3-2）。

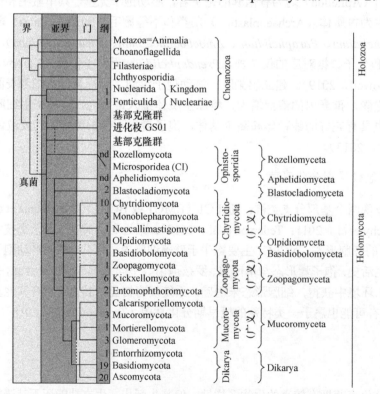

图3-2　真菌的门分类阶元框架图（引自 Tedersoo et al.，2018）

一、壶菌概述

（一）壶菌的研究历史

由于早期分化真菌间形态、生理特征有一定相似性，在最初的真菌分类研究中将菌体简单、产生分生孢子的真菌均视作壶菌（Zopf，1885）。随着分子系统学的进展，越来越多的证据表明壶菌与芽枝霉是位于真菌进化树基部的两个基本类群，是早期真菌的平行进化枝，并建立了壶菌门、芽枝霉门；同时，也发现单毛菌类和新美鞭菌类属于壶菌门（James et al.，2006a；Ustinova et al.，2000）。随着真菌分类学研究的不断深入，壶菌门这一门阶元的复合类群（Chytridiomycota *s. l.*）才逐渐得以细分，如从中独立出 Blastocladiomycota、Monoblepharomycota、Neocallimastigomycota 和 Olpidiomycota 等。目前仍然有大量壶菌类真菌有待被发现。

（二）壶菌是早期分化的真菌

壶菌处于真菌界的基部，与其他真菌具有很多共同之处。壶菌通过渗透吸收获得营养、拥有几丁质细胞壁、具有 AAA 循环 [α-氨基己二酸途径（α-aminoadipic acid pathway）]，线粒体为片层状嵴，已经具有经典真菌的共有基本生理特征。同时，壶菌拥有了假根（rhizoid）、根状菌丝（rhizomycelium）或真正菌丝的分化，利用这些结构从寄主、自然环境中吸收营养。壶菌的菌体和繁殖结构简单、有性生殖阶段少见、无双核细胞阶段（Misra et al.，2012；Naranjo-Ortiz and Gabaldón，2019，2020）。在壶菌内部，单毛菌、芽枝霉的形态体现了该类真菌多次丢失鞭毛及游动孢子等原始性状，多次获得了菌丝等后生性状，反映了有鞭毛真菌向无鞭毛真菌进化的复杂性，也提示相近选择压带来的趋同进化在真菌的进化史中十分重要。

（三）壶菌与极早期分化真菌的差异

壶菌与极早期分化真菌都具有简单的菌体和生活史，由游动孢子囊产生游动孢子。除了整体产果（holocarpic）外，有些壶菌还可以分体产果（eucarpic），并分化出了假根和根状菌丝作为吸收营养器官获取营养，寄生性壶菌从而具有表生和内生类群的分化及单中心和多中心的分化。而极早期分化真菌基本上为整体产果，全部为内生类群（Corsaro et al.，2020；Powell and Letcher，2014，2019），除真微孢子虫外均以吞噬寄主胞质的方式获取营养（Letcher et al.，2017；Torruella et al.，2018）。细胞吞噬行为的消失及吸收营养方式的分化是真菌共同祖先向现代真菌进化的重要历史事件。但是，因吞噬和吸收两种截然不同的营养方式，有些学者并不认同极早期分化真菌属于真菌，认为壶菌才是真菌的基部类群（Karpov et al.，2018）。

二、壶菌的系统发育

分子系统学研究结果表明壶菌类群分为三个亚界，分别为壶菌亚界（Chytridiomyceta）、芽枝霉亚界（Blastocladiomyceta）和 Olpidiomyceta 亚界。其中壶菌亚界包含三个进化枝系，分别为 Chytridiomycota、Monoblepharomycota 和 Neocallimastigomycota（Tedersoo et al.，2018）。而芽枝霉门（Blastocladiomycota）和油壶菌门（Olpidiomycota）是从 Chytridiomycota *s. l.*

中独立出来的类群，分别属于芽枝霉亚界（Blastocladiomyceta）和 Olpidiomyceta 亚界。在芽枝霉门内部，由于节壶菌这一植物致病菌与其他芽枝霉菌在系统学关系上具有明显区别，且位于进化树早期分化的分枝上，所以节壶菌由原来的节壶菌科（Physodermataceae）提升为纲，即节壶菌纲（Physodermatomycetes）；目前芽枝霉门下分为一个亚门，即芽枝霉亚门（Blastocladiomycotina）和 2 纲，即芽枝霉纲（Blastocladiomycetes）和节壶菌纲（Physodermatomycetes）（Tedersoo et al.，2018；Wijayawardene et al.，2020）。

油壶菌属（*Olpidium*）目前属于油壶菌门（Olpidiomycota）中的一个类群（Tedersoo et al.，2018；Wijayawardene et al.，2020），这类真菌具有鞭毛，是某些植物或真菌的内寄生菌，有时在植物根际富集，最近的基于油壶菌属（*Olpidium*）基因组数据的分子系统学分析结果表明油壶菌属真菌是无鞭毛陆生真菌的最近外群（Chang et al.，2021）。

三、壶菌的主要类群

（一）壶菌门

壶菌门（Chytridiomycota）是壶菌亚界内的成员。虽然壶菌亚界中也包含了 Monoblepharomycota 和 Neocallimastigomycota，但壶菌门是所含种类最多和较为重要的类群。壶菌门真菌多数营腐生或寄生生活，分布于水中或陆地。游动孢子具有单个尾鞭型的鞭毛，菌体简单，一些种类具有假根或不发达的菌丝（Berbee et al.，2017）。壶菌个体微小，缺乏明显的分类学特征，这为区分壶菌与原生生物带来一定的麻烦。

壶菌门下为壶菌亚门，包含 9 纲：壶菌纲（Chytridiomycetes）、枝壶菌纲（Cladochytriomycetes）、Lobulomycetes、中壶菌纲（Mesochytriomycetes）、多壶菌纲（Polychytriomycetes）、根生壶菌纲（Rhizophydiomycetes）、根囊壶菌纲（Rhizophlyctidomycetes）、小壶菌纲（Spizellomycetes）、集壶菌纲（Synchytriomycetes）（Tedersoo et al.，2018；Wijayawardene et al.，2020）。壶菌亚门中存在大量寄生性种，可寄生藻类、真菌、动物等。蛙壶菌属（Rhizophydiomycetes：*Batrachochytrium*）是唯一能寄生脊椎动物的壶菌类群，是近 30 年来使两栖类物种大量衰退的主要因子，导致重要生态灾难。尽管壶菌被认为在生态系统中具有重要功能，但在多数研究中仍缺乏对壶菌多样性和功能的报道（Frenken et al.，2017）。

（二）芽枝霉门

James 等（2006a）基于分析系统学研究结果，将芽枝霉门（Blastocladiomycota）从壶菌门类群中独立出来。该类真菌营自由腐生生活或寄生生活，在淡水水体环境中分布较多，也经常寄生于昆虫、线虫等无脊椎动物体内和藻类细胞上，可在土壤环境中以休眠孢子囊的形式存活很长时间，一些研究表明，它们可能普遍存在于缺氧环境中（James et al.，2014）。该类真菌的菌体较壶菌发达，有的种类具有假根，有的种类具有真正意义上的菌丝，菌丝内具有顶体（Spitzenkörper，SPK）；有些种类具有单倍体和双倍体世代交替现象，异水霉（*Allomyces*）的世代交替较为典型，即单倍体菌体可以通过游动孢子囊及单倍体游动孢子进行无性世代生活，同时单倍体菌体也发育为配子囊产生游动配子，游动配子融合形成双倍体菌体进行有性世代生活。芽枝霉门的游动配子和游动孢子具有一个很大的核帽（Berbee et al.，2017；Naranjo-Ortiz and Gabaldón，2019，2020）。芽枝霉门真菌中只有一部分种类具有有性生殖。芽枝霉门包含芽枝霉纲（Blastocladiomycetes）和节壶菌纲（Physodermatomycetes）2纲：芽枝霉纲包含 3 目（Blastocladiales、Callimastigales 和 Catenomycetales）、7 科（Blastocladiaceae、Catenariaceae、Paraphysodermataceae、Sorochytriaceae、Callimastigaceae、Coelomomycetaceae 和 Catenomycetaceae）和至少 12 属；节壶菌纲包含 1 目（Physodermatales）、1 科（Physodermataceae）和 1 属。最早的芽枝霉门真菌化石证据表明在 407Mya 游动孢子真菌就已经产生多样化（Strullu-Derrien et al.，2017）。

（三）油壶菌门

油壶菌门（Olpidiomycota）是壶菌生物中最小的类群，是 Tedersoo 等（2018）采用分子系统分析和分化时间估测的方法以 Olpidium 作为模式属新成立的门分类阶元。油壶菌门目前下分为 1 纲（Olpidiomycetes）、1 目（Olpidiales）、1 科（Olpidiaceae）和 4 属（Chytridhaema、Cibdelia、Leiolpidium 和 Olpidium）。该类真菌不产生菌丝，游动孢子产生后生单鞭毛，孢子囊单生于寄主组织内部，细胞核无核帽，寄生于藻类、陆生植物、真菌和少数动物。Naranjo-Ortiz 等（2019）关于真菌进化的评论表明未来针对油壶菌门的系统发育学研究的工作应该着力解决这个新成立的门与其他真菌之间的关系。随后，Chang 等（2021）基于 Olpidium 属真菌的基因组系统发育研究结果表明 Olpidium 是陆生非鞭毛真菌亲缘关系最近的类群。

四、结语

壶菌广泛分布于各种生境中，除腐生和寄生外还是其他浮游生物的食物来源，维持着各种生态环境的稳定。对壶菌的研究历史悠久，但仍有很多未解之谜。例如，油壶菌与其他壶菌或其他真菌的系统学关系、真菌菌丝起源与分化、壶菌与极早期分化真菌类群的系统发育关系等。同时，对壶菌的物种多样性及生态功能仍需进行广泛发掘和探究，尤其是利用宏基因组、CRISPR-FISH、流式分选等新技术从环境中捕获更多壶菌进行研究。对壶菌系统演化的深入认识有助于建立早期真菌进化的图景和增进对真菌起源与演化的认识。

（杨佳睿、邱鹏磊、刘杏忠）

第五节　接合菌分类系统与进化

接合菌作为真菌界的一大生态类群包含了众多的微型真菌，并广泛分布于陆地和各类型的水域当中。其中很多成员与植物或者动物具有古老的共生关系，包括互利共生、偏利共生及寄生等。接合菌的菌丝分为有隔膜和无隔膜两种形态。接合菌的隔膜有别于双核亚界等高级形态真菌，具有单一或者多个开孔，有的还具有塞状结构来控制隔膜的开关，以帮助营养和细胞质在菌丝体内快速和高效地运输，因此菌体生长迅速。例如，匍枝根霉（Rhizopus stolonifer）是一种常见的接合菌，以其生长快速及可使蔬果霉变而成为很多实验室的研究对象。在 2019 年举行的"真菌奥林匹克运动会"上，匍枝根霉的生长速度远超一同参加比赛的众多真菌并且获得第二名的成绩。虽然大部分接合菌无法在 37℃的条件下生长，但某些毛霉菌和横梗霉菌（*Apophysomyces* spp.，*Mucor* spp.，*Lichtheimia* spp.）可以在人体温度下稳定生长，因而对人类和哺乳动物具有潜在危害。随着全球环境变化，近年来关于毛霉菌病（mucormycosis）的报道也在逐渐增多。此外，土壤中的接合菌在动植物分解、环境污染物降解乃至全球碳氮循环中都起着重要的作用。同时，接合菌在食物发酵、酿酒等与人类生活密切相关的领域也有着悠久的应用历史。因此，对接合菌进行系统分类并对其进化历史深入研究对于我们了解及应用这些真菌具有多重的实际意义。

一、接合菌的系统发育进展

随着 PCR 扩增技术的发展，真菌的分子系统发育研究开始于 1990 年。起初主要依赖核糖体 RNA 的编码基因。随后基于多基因的系统发育研究逐渐趋于流行，并在 21 世纪初利用 6 个基因序列构建了真菌界的系统发育树，极大地推进了真菌相关的分类研究（Hibbett et al.，2007；James et al.，2006a）。在此期间，接合菌的分类和归属一直是领域内的研究热点和难点。接合菌门在基于形态学证据的传统分类中包含 2 纲，即接合菌纲（Zygomycetes）和毛菌纲（Trichomycetes）。在此之后，分子证据逐渐发现接合菌并非为单系群（monophyletic group），具体的亲缘关系十分复杂（James et al.，2006a；White et al.，2006）。此外，毛菌纲中的 2 目（Amoebidiales 和 Eccrinales）被证实隶属于原生生物界，因而从真菌的分类中移除（Cafaro，2005）。接合菌在真菌生命之树上的位置很重要，据推测其在真菌由水生逐渐演化为陆生的过程中发挥过不可替代的作用。正因如此，探究接合菌的进化关系对于我们认识真菌的起源和演化，以及真菌对不同环境的适应有着重要意义。

通过对多基因系统发育树进行分析，研究人员发现接合菌与相邻的壶菌等游动孢子菌无法清晰地分开，因此认为真菌丢失鞭毛事件在真菌的演化历程中独立地发生了多次（James et al.，2006a）。但是，随着基因组研究技术的兴起，Spatafora 等（2016）通过全基因组系统发育树构建等方法证实接合菌为并系类群（paraphyletic group），因而正式将其拆分为独立的 2 门，即毛霉门（Mucoromycota）和捕虫霉门（Zoopagomycota）。其中毛霉门包含 3 亚门：毛霉亚门（Mucoromycotina）、球囊菌亚门（Glomeromycotina）和被孢霉亚门（Mortierellomycotina）；捕虫霉门包括捕虫霉亚门（Zoopagomycotina）、梳霉亚门（Kickxellomycotina）和虫霉亚门（Entomophthoromycotina）（图 3-3）。此外，Tedersoo 等曾在 2018 年通过多基因的整合系统发育学分析提议将接合菌的 6 亚门都提升至门的阶元。由于利用全基因组信息的系统发育分析方法被普遍认为比单个（或者多个）基因的构建方法拥有更好的解析能力，因此本书沿用 Spatafora 等提出的接合菌 2 门 6 亚门的分类。这一分类在此后的研究中被多次重现，其中包括基于 1600 多例真菌基因组的大型演化分析，但该研究对于接合菌是单系群还是并系群（Spatafora et al.，2016；Chang et al.，2021）仍存有争议。至此，毛霉门和捕虫霉门都

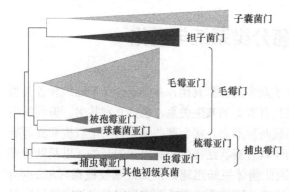

图 3-3　真菌系统发育树示意图
图中所示各门类亲缘关系（尤其是接合菌内分类）来自最新的系统发育基因组学分析（结果待发表）

为单系群，并且陆生真菌丢失鞭毛这一重要演化事件被认为是独立的单次事件（Chang et al.，2021）。

二、接合菌的生态与物种多样性

生态及生境多样性（包括宿主多样性）是真菌物种多样性的基础。接合菌是一大类丝状、无鞭毛的微型真菌，旱生或者水生，存在于土壤［烛台梳霉属（*Ramicandelaber*）等］、叶片［耳霉属（*Conidiobolus*）等］、水生昆虫幼虫肠道［蚊菌属（*Zancudomyces*）等］及动物粪便［水玉霉属（*Pilobolus*）等］等多种生态环境。一些接合菌的菌体没有隔膜，如被孢霉菌（*Mortierella*）、球囊霉（*Glomus*）等，因此可以造成多个细胞核存在于同一菌丝体的状态（coenocytic）。球囊菌亚门的单个无性孢子（孢囊孢子）甚至可以同时拥有成百上千个细胞核（Kokkoris et al.，2020）。有些接合菌可以利用塞子状结构精准调控隔膜的开启和闭合［如梳霉菌（Kickxellales）、钩孢毛菌（Harpellales）等］，从而具有更类似于高等真菌的菌丝体形态（Tretter et al.，2014）。接合菌特有的接合孢子属于有性孢子，其中一些毛霉亚门的接合孢子还会被特殊结构包被，如须霉属（*Phycomyces*）、犁头霉属（*Absidia*）等。

对不同生境的适应促进了接合菌的趋异进化。同时，接合菌与其他生物的共生关系更是加快了这一进程。毛霉门的真菌多数能与植物共生，而捕虫霉门的真菌更倾向于和动物或其他真菌共生（Spatafora et al.，2016）。接合菌的多样性、差异性、宿主特异性为它们的繁殖和传播带来了极大的便利，但是同时也使接合菌的实验室培养成为难点。现有的许多培养基来自天然提取物，具体的化学组成还未能确定。大多数接合菌可以使用葡萄糖作为碳源，并且可以使用 BHI（脑心浸膏）、PDA（马铃薯葡萄糖琼脂）、SDAY 或者 MEYE 等培养基进行实验室培养（Benny，2008；Clark et al.，1963）。据推测接合菌拥有十分庞大的物种多样性，目前已经了解的物种只占其中的很小一部分。对于生活在不同生态环境中的接合菌，开发更具针对性的培养基将会成为我们未来发现和利用更多未知物种的有效手段。

接合菌的传播方式也多种多样，例如，粪生的水玉霉（*Pilobolus*）可以利用流体压力将孢子喷射到周围两米以内的植物上，进而被路过的食草动物食入，并在其消化道中开始下一轮的生命循环。再如，水生的斯式毛菌（*Smittium*），有性和无性孢子都具有附毛结构（appendage），可以帮助孢子在水中游动，增加遇到新宿主的概率。如果遇到不合适的宿主，孢子还具有感知环境酸碱性变化的机制——只有在穿过宿主消化道时遇到特定的酸碱度变化，孢子才能进行萌发和附着，否则孢子会选择休眠并再次进入环境中直到发现合适的宿主。这些特殊的结构和机制可以帮助接合菌进行更高效率的传播和繁衍。

三、接合菌的基因组测序及研究进展

自 1996 年首个真菌基因组序列（酿酒酵母）发表以来，以子囊菌和担子菌为代表的双核亚界真菌基因组测序得到了蓬勃发展。然而，对于同样拥有众多物种的接合菌，基因组研究却一直进展缓慢。在 2016 年初，当高等形态的双核亚界真菌基因组数量突破 600 个的时候，接合菌的基因组数量只有 25 个，并且绝大多数目一级的接合菌缺乏基因组信息（Spatafora et al.，2016；Wang，2016）。这一部分原因要归咎于接合菌的分离及实验室培养难度较大，同时也与所从事相关研究的实验室数量较少有关。这些原因造成了我们对接合菌缺乏深入的了解和研究，尤其在应用和产业研究方面接合菌还远远没有达到像双核亚界真菌在农作物抗病、生物防治、工业发酵、食品生产、检疫及医疗等领域的水平。值得一提的是，首个测得全基因组序列的接合菌是一类人类致病菌——从毛霉菌病患者体内分离得到的戴尔根霉（*Rhizopus delemar* 99-880）（Ma et al.，2009）。

得益于多实验室合作的接合菌生命起源项目（Zygomycetes Genealogy of Life，http://zygolife.org/；2015~2019），接合菌的基因组数量在近几年内得到了迅速增长。相对成熟的第二代、第三代及单细胞测序技术也适时地加快了这一进程。许多未能在实验室分离培养得到的接合菌现今也能够拥有全基因组信息，尽管完整度还有待提高。已公开的接合菌基因组的数量，在 2009 年只有唯一一个（Ma et al.，2009），直至 2016 年也不超过 25 个（Spatafora et al.，2016）。截至 2021 年，这个数字已经达到 273 个之多（数据来自 National Center for Biotechnology Information）。未公开的低测序覆盖度的基因组更是已接近 1000 个，接合菌基因组的绝对数量已经快速接近高等形态的双核亚界真菌，为接下来的分析研究工作提供了非常宝贵的资源。现将各个类群已公开的基因组信息及相关重要发现进行简要概述。

（一）毛霉门

现有的大部分接合菌基因组都出自毛霉门（Mucoromycota），公开的毛霉菌基因组已有 239 个（数据来自 NCBI，2021）。快速增长的基因组数量及伴随的分析研究使我们对这一门真菌有了相对深入的了解。例如，通过对多达 30 种毛霉病致病菌进行比较基因组学分析，我们已经发现这类人类致病真菌的活跃因子（Chibucos et al.，2016）。除此之外，还有许多意想不到的演化生物学发现，如全基因组复制（Ma et al.，2009）、内共生的细菌（Uehling et al.，2017）、海藻拟球藻（Du et al.，2019）、光和细菌等（Malar et al.，2021）。

1. 毛霉亚门   毛霉亚门（Mucoromycotina）的基因组是研究时间最长、数量最丰富，同时也是涵盖范围最广的一个类群。239 个毛霉门基因组中，属于毛霉亚门的有 137 个。现已涵盖 38 属，是接合菌基因组学研究中最受关注的亚门。毛霉亚门基因组的平均大小在 45Mb，并且大多数小于 50Mb。拥有最小基因组的是深黄伞形霉（*Umbelopsis isabellina*，22Mb），最大的基因组属于一类内囊霉菌（*Jimgerdemannia flammicorona*，240Mb）。毛霉亚门取名自毛霉菌（*Mucor*），是一类古老的陆生真菌。自古就有人们利用毛霉生产和加工食物的记载。鉴于其在粮食保藏和工业发酵中的作用，与毛霉菌亲缘关系十分相近的根霉菌（*Rhizopus*）也成为一类人们研究得十分频繁的模式真菌。毛霉菌和根霉菌作为两大种群，迄今为止各自都已经拥有超过 100 个尚未公开的基因组用以支持种群基因组学层面的研究。这一发展将为毛霉亚门在遗传学精细调控等方面起到重要的先驱作用，并且为真菌更好地应用于工业化生产提供更多的理论支持。

2. 球囊菌亚门   球囊菌亚门（Glomeromycotina）包含十分常见而又古老的丛枝菌根菌，还有可以与蓝细菌共生的地管囊霉。现在已经拥有全基因组序列的 26 个球囊菌分别隶属于 6 属——多样孢囊霉属（*Diversispora*）、地管囊霉属（*Geosiphon*）、巨孢囊霉属（*Gigaspora*）、球囊霉属（*Glomus*）、根生孢子属（*Rhizophagus*）及最近被命名的 *Oehlia* 属（Blaszkowski et al.，2018）。除此之外，还有多属的转录组仍处于拼接和注释阶段，详细信息会在短期内公布和发表。这一亚门的基因组普遍偏大，绝大多数都超过 100Mb，并且多在 120~170Mb。*Rhizophagus irregularis* DAOM_181602 是这一类群中目前已知的唯一一个小于 100Mb 的基因组。巨孢囊霉属基因组最大，已经测得的两个物种的基因组都超过了 500Mb（*Gigaspora margarita* 773Mb、*Gigaspora rosea* 568Mb）。球囊菌亚门真菌的蛋白质编码基因数量也明显多于其他真菌，平均在 20 000～30 000 个。尽管研究发现这一与众不同的基因组增长现象与某些基因家族的扩增及转座子有关，但这也与其重要的生理生态功能密切相关，如与植物宿主之间频繁的碳氮交换等共生作用（Luginbuehl and Oldroyd，2017）。

基因组数据也帮助揭示了很多未曾关注到的现象。例如，尽管菌根菌的有性孢子从未被观察到，这类真菌也因此被认为主要进行无性繁殖。但交配型位点在球囊菌亚门的成员中被陆续发现，暗示着菌根菌也同时进行着有性生殖等调控，尽管具体机制等过程还尚未了解清楚（Malar et al.，2021；Ropars et al.，2016）。还有一些有趣的发现，如菌根菌的基因组缺乏脂肪酸合成酶，因此它们需要依赖植物宿主获得脂肪类物质（Bonfante and Venice，2020）。梨形地管囊霉（*Geosiphon pyriformis*）是一类拥有内共生固氮蓝藻细菌 *Nostoc punctiforme* 的真菌。通过分析研究发现，地管囊霉的基因组具有菌根菌的特征（缺乏脂肪和硫胺素等合成基因，并且保留植物细胞壁降解酶编码基因等），因而暗示了丛枝菌根可能的古老起源（Malar et al.，2021）。

3. 被孢霉亚门　被孢霉亚门（Mortierellomycotina）只包含一个目——被孢霉目（Mortierellales）。大部分已知的被孢霉菌属于土壤腐生菌。加上最新提出的 7 属，目前共包含 14 属（Vandepol et al.，2020）。被孢霉亚门的基因组数量增长迅速，在 2016 年初只有 2 个，现在已经拥有多达 76 个基因组，并且代表了 14 属中的 11 个（暂不包括 *Aquamortierella*、*Benniella* 及 *Necromortierella*）。被孢霉菌基因组之间的差异不大，普遍在 29～51Mb。可编码的蛋白质数量却差异较大——*Entomortierella beljakovae*（38Mb）能够编码的蛋白质数量最少（7338 个），而 *Mortierella* sp. GBA39（51Mb）可编码多达 16 572 个蛋白质分子，是 *E. beljakovae* 可编码蛋白质的 2 倍以上。被孢霉菌在工业上有很大的潜在用途，包括丰富的次级代谢产物、可替代的绿色新能源等（Du et al.，2019）。

（二）捕虫霉门

由于捕虫霉门（Zoopagomycota）的真菌多与动物或者真菌类宿主专性寄生，并且联系紧密，因此体外培养及获得高质量 DNA 的难度也比其他真菌要高。正因如此，该门类真菌现有基因组的数量（34 个）显著少于毛霉门（239 个）。值得一提的是，捕虫霉门的一些基因组是通过使用新近开发的测序及实验技术得到的，如单细胞测序、真菌宿主共培养测序、长读长测序等（Ahrendt et al.，2018）。虽然迄今为止捕虫霉门已发表的基因组数量不多，但已经帮助我们认识到这类真菌具有独特的生物学功能，并且在生态学、共生学及进化生物学中有着不可替代的作用。近来关于捕虫霉门的重要发现包括宿主与共生菌之间的水平基因转移、真菌对宿主的药物控制、密码子在真菌遗传中的多重作用等（Boyce et al.，2019；Mariotti et al.，2019；Wang et al.，2016）。

1. 捕虫霉亚门（Zoopagomycotina）　现有 9 个全基因组序列，代表目前已知 27 属中的 7 个：黏球孢菌属（*Acaulopage*）、头珠霉属（*Piptocephalis*）、集珠霉属（*Syncephalis*）、旋体霉属（*Cochlonema*）、头枝霉属（*Thamnocephalis*）、捕虫霉属（*Zoopage*）和轮虫霉属（*Zoophagus*）。这一亚门成员拥有隐蔽的生态学属性，多寄生于变形虫、线虫、轮虫或者其他种类的真菌，因此实验室的培养难度很大。根据已获得的基因组数据，这一亚门成员的基因组多数很小（10.7～33Mb），但拥有蛋白质编码基因的数量在 4000（*Piptocephalis* *cylindrospora*）～10 000 个（*Zoophagus insidians*）。单细胞环境测序技术可以帮助免去实验室培养等步骤，利用 1～10 个真菌细胞就可以进行全基因组测序，为捕虫霉亚门基因组信息的获得提供了很大的帮助，也极大地提高了我们认识这类神秘真菌的能力。利用单细胞测序及宿主共培养技术，实验室尚未培养成功的捕虫霉亚门基因组已经可以达到接近 90% 的完成度（如 *Piptocephalis tieghemiana*）（成果待发表）。

2. 梳霉亚门（Kickxellomycotina）　　是当前捕虫霉门拥有基因组数量最多的亚门，这与其比较成熟的实验室培养方法密切相关。现已拼接完成的 17 个基因组来自 10 属，分别隶属钩孢毛菌目（Harpellales，9 个）、梳霉目（Kickxellales，7 个）和双珠霉目（Dimargaritales，1 个）。内孢毛霉目（Asellariales）和新近建立的 Orphellales 由于缺乏实验室可培养菌株，当前还没有全基因组信息（White et al.，2018）。此外，还有尚未公开的近 100 个下梳霉属（*Coemansia*）的基因组，用于研究这类腐生和粪生营养真菌在群体层面的基因组演化特征。该亚门成员之间的基因组差异较大，最小的基因组不足 15Mb（*Coemansia mojavensis*），最大的可以超过 100Mb（*Smittium mucronatum*）。

在基因组含有的遗传信息方面，虽然同为梳霉亚门真菌，土壤腐生类与昆虫肠道共生类真菌之间存在很大的差异。最新的一项比较基因组学研究正是利用两者之间的遗传差异及相邻的亲缘关系，帮助揭示了真菌在与昆虫共生时使用的同一套遗传工具，并将这些基因命名为"真菌昆虫共生齿轮"（fungus-insect symbiotic core gene set，FISCoG）（Wang et al.，2018）。此外，该亚门的真菌还有很多隐秘的生物学现象，如蚊与其肠道真菌间泛素编码基因的水平基因转移、双翅目昆虫与共生菌之间的协同进化等（Wang et al.，2016，2019）。最近还有一项关于钩孢毛菌目基因组的分析研究备受瞩目——通过与整个真菌界的基因组进行比较，发现钩孢毛菌可以广泛地利用终止密码子 UGA 来编码硒代半胱氨酸（第 21 种氨基酸）（Mariotti et al.，2019）。其中具体的生物学功能还有待阐明，但据推测与硒蛋白的强抗氧化性有关，或许在真菌与昆虫宿主的相互作用中发挥着重要作用。

3. 虫霉亚门（Entomophthoromycotina）　　是一类亲缘关系至今未能确定的类群。尤其是其中的蛙粪霉属（*Basidiobolus*）成员拥有大量的次级代谢基因及具有多源头的水平转移基因，因此其归属一直是当前真菌分类乃至系统发育领域的难点（Tabima et al.，2020）。更多数量的基因组及细致的比较研究将会帮助厘清这一类真菌的演化历史及亲缘关系，所以这也会是这一亚门未来的重要研究方向之一。目前已经拼接完成的 8 个基因组分属于虫霉属（*Entomophthora*）、耳霉属（*Conidiobolus*）、蛙粪霉属（*Basidiobolus*）、堆状孢子菌属（*Massospora*）和虫瘟霉属（*Zoophthora*）。仍有多达 15 属的真菌没有相应的代表基因组。虫霉亚门的基因组大小差异很大，除了耳霉属的基因组处于正常范围（20～30Mb）之外，其他真菌基因组的大小都超出预期，包括根虫瘟霉（*Zoophthora radicans*，655Mb）和蝇虫霉（*Entomophthora muscae*，1.2Gb）。此外，耳霉属也拥有大量待发表的种群规模的基因组，并且前期的分析工作已经基本证实耳霉属是一个多系群（polyphyletic group）。随着接合菌基因组的陆续发表，后续的一系列分类工作将帮助我们更加深入地了解接合菌巨大的生物多样性。

四、结语

接合菌的系统分类正在发生着巨大的变化。这一变化的基础，是我们现在开始逐渐获得的基因组数据及更加精准细致的研究方法，包括全基因组的系统发育研究、比较基因组学分析、超显微结构等。同时，环境单细胞测序和宿主共培养测序技术也已经帮助我们获得了全新的研究手段，可以有效省略掉之前需要在实验室通过漫长的条件摸索才能成功分离和培养得到菌株的常规操作。这一明显的进步大大增强了我们在探索真菌多样性及了解各种微型真菌亲缘关系上的能力。接合菌无疑是在此进程中受益最明显的真菌类群之一。随着更多接合菌基因组数据的公开，对这些数据的进一步挖掘和深层分析将会是该领域未来十年甚至更长时间之内的主要工作。与之相关的各类探索，包括内共生研究、次级代谢产物、抗菌药物的研发、转座子功能等，也会帮助我们从更多的层面来了解这一类潜力巨大的真菌类群。

（王　岩）

第六节　担子菌分类系统与进化

一、担子菌

担子菌（basidiomycetes）包括担子菌门（Basidiomycota）下的所有真菌。担子菌门是真菌界的第二大门，目前担子菌门已描述 4 万余种（He et al.，2019），物种多样性仅次于子囊菌门真菌。

（一）担子菌的特征

担子菌有性物种的共同特征是其有性生殖过程中能形成担孢子，即由两极性互补的单倍体发生细胞整合形成双核体（dikaryon），再形成有性生殖细胞担子（basidium），并在担子上发生核配和减数分裂而产生有性孢子——担孢子（basidiospore）。然而，担子菌也包括无性物种或者是人类目前仍未发现其有性生殖过程的物种。对于那些无性物种或极少形成有性生殖过程的物种，如果有其他生物学特征或分子遗传学特征（如 DNA/RNA 序列特征等）显示它与典型的担子菌有性物种有密切亲缘关系的，同样属于担子菌。目前，分子遗传学特征已成为担子菌识别的重要依据，应用日益广泛，对无性物种鉴别与系统分类尤为重要。

（二）担子菌的形态多样性与生境分布

担子菌的形态多种多样，有多细胞或单细胞的，如酵母状担子菌，也有形成大型担子果（basidioma）的各类蘑菇、牛肝菌、多孔菌、马勃、腹菌等。生活方式也多样，如营腐生、与植物形成外生菌根菌，也有寄生于作物上的各种锈菌和黑粉菌等。

担子菌的分布广泛，可以分布于从热带到寒带的海洋、陆地、湖泊、高山、森林、草原、田野甚至人类活动的所有场所，通常可以腐生、寄生或共生于其他生物残体或活体上。森林是担子菌最为丰富的地方，可腐生于林中腐木及枯枝落叶上，也可以生长于地上，不少种类还可以与植物形成菌根菌等互利共生关系。动物体表及体内也可以长有担子菌，当中有有益的共生菌，也有有害的寄生病原菌等。担子菌还可以长于动物尸体上。

（三）担子菌的重要性

担子菌对生态系统和人类都非常重要。

首先，担子菌对自然生态系统中的碳循环起着不可替代的重要作用。例如，植物每年光合作用产生大量木质纤维素（主要含纤维素、木质素和半纤维素），一般微生物很难降解利用，通常需要先经真菌分解后再被细菌等其他微生物分解。其中多是以分解纤维素和半纤维素为主的褐腐菌（brown rot fungi）、以分解木质素为主的白腐菌（white rot fungi）和以分解细胞中半纤维素为主的软腐菌（soft rot fungi），它们都是担子菌。它们对于枯枝落叶等有机物残体的腐烂分解起关键性的作用，因此对碳循环至关重要（Swann and Hibbett，2007）。

其次，一些担子菌与动植物形成的共生关系，对维护生物多样性有重要作用。例如，牛肝菌、蜡伞、红菇和鸡油菌等担子菌都可与植物形成菌根关系，它们可以在这种共生关系中吸收到植物光合作用产生的有机营养，而植物则可以利用真菌的菌丝从土壤中吸收更多的水分和矿物质养分，达到互利共生的效果。如果没有共生真菌，绝大部分的高等绿色植物都无法正常生长繁殖。又如，鸡枞菌（*Termitomyces*）是与白蚁共生的真菌，白蚁排泄物中的有机物和蚁巢周围的矿物质是鸡枞菌的理想营养来源，鸡枞菌的菌丝体和分生孢子则可以作为白蚁的食物营养源，白蚁的觅食和分巢行为则有利于鸡枞菌种源的传播。

对于人类而言，许多担子菌都是理想的食药用菌，如各种可食用的蘑菇、牛肝菌、鸡油菌、干巴菌，可药用的灵芝和桑黄等。另外，它们分解木质材料的特性，会造成建筑物及家具等中木材的损坏；锈菌和黑粉菌等会寄生在植物上引起严重的农作物疾病，如小麦黑穗病等。某些担子菌如新生隐球菌还会导致人类和动物疾病。误食毒蘑菇中毒已经成为危害最严重的突发中毒事件之一（周静等，2016）。

二、担子菌的分类

蘑菇、灵芝等担子菌是最受关注的真菌群类，分类学研究的历史也比较长。但人们对它们的认识仍十分有限，分类学系统与方法都一直在变化和发展之中。

（一）担子菌分类学方法发展过程简述

担子菌的科学分类研究始于 18 世纪，早期担子菌的分类相当简单，主要依靠宏观形态特点进行分类，如把大型担子菌中所有具菌褶的伞菌都列入蘑菇属（*Agaricus*）（植物中的一个属）中，而把有孔的牛肝菌、多孔菌及灵芝等归入牛肝菌属（*Boletus*）中等。

随着科学的发展，担子菌描述的类群和鉴别特征在不断增加，分类学等级也在逐渐提高。在经典分类学时期，尽管分类学家在不断地寻找和探索更多的分类学依据，包括引入显微解剖学、生理学、生物化学、生态分布、遗传学、古生物学等方面的成果、特征与技术作为分类学依据，促进了分类学的发展，但真菌的形态学特征（特别是生殖细胞的特征）仍然是最为重要的分类学依据。例如，在高等级分类单元的划分上，根据担子形态特点把担子菌划分为有隔担子类（Phragmobasidiomycetes）和无隔担子类（Holobasidiomycetes），或者是异担子纲（Heterobasidiomycetes）和同担子纲（Homobasidiomycetes）。在较低分类等级的同属不同种类的划分上，菌体的颜色与担孢子的大小则都是常用的分类依据。然而，这些分类学方法仍有诸多不足，如不同类群的担子菌有可能存在形态趋同效应，依靠形态分类学并不能很好地解决它们的系统分类关系。

PCR 技术于 1985 年获得成功后，生物分子系统学在担子菌中也得到了越来越广泛的应用。由于生物大分子（核酸、蛋白质等）含有庞大的生物遗传学信息，且趋同效应弱，因而其分析结论往往更加科学。对于形态特征贫乏或生活史不够完整的担子菌分类，生物分子系统学技术比传统分类学技术更有优势。通过新科学技术的引入，过去主要依据形态学特征建立起来的分类学系统中，合理的部分不断得到分子系统学证据的印证，而大量不合理的部分则得到了修订，整个担子菌的分类学系统已被重建，许多类群的分类学等级也得到进一步提高，极大地促进了担子菌分类学的发展。

（二）担子菌门下各纲的系统分类学框架

根据当前分类学家普遍接受的分类学系统（He et al.，2019），担子菌门被划分成 4 亚门，即蘑菇亚门（Agaricomycotina）、柄锈菌亚门（Pucciniomycotina）、黑粉菌亚门（Ustilaginomycotina）、节担菌亚门（Wallemiomycotina）。常见的具有大型子实体的担子菌隶属蘑菇亚门；柄锈菌和黑粉菌常为植物病原真菌，很少形成大型的子实体。根据担子类型的不同，蘑菇亚门又可分为 3 纲，分别是以棒状同担子为主的大型担子菌蘑菇纲（Agaricomycetes）（包括木耳等少数具隔担子的类群）、花耳纲（Dacrymycetes）、银耳纲（Tremellomycetes）。在前期菌物学家完成的真菌界分类系统大纲的基础上（Hibbett et al.，2014），He 等（2019）通过担子菌门范围内 6 个基因的系统发育分析、分子钟分析和系统进化基因组分析，结合关键表型特征，将担子菌门分为 4 亚门、18 纲、68 目、241 科、1928 属。Wijayawardene 等于 2020 年总结了真菌和类真菌生物的分类框架，结果表明担子菌门真菌目前接受 19 纲，表 3-3 是科以上分类单元的系统分类学框架。

表 3-3 担子菌门真菌分类框架（引自 Wijayawardene et al.，2020）

门	纲	目	科
Basidiomycota	Agaricomycetes	Agaricales	Agaricaceae（59）
			Amanitaceae（5）
			Biannulariaceae（7）
			Bolbitiaceae（15）
			Broomeiaceae（1）
			Chromocyphellaceae（1）
			Clavariaceae（10）
			Cortinariaceae（5）
			Crassisporiaceae（2）
			Crepidotaceae（6）
			Cyphellaceae（16）
			Cystostereaceae（7）
			Entolomataceae（7）
			Hemigasteraceae（1）
			Hydnangiaceae（4）

续表

门	纲	目	科
Basidiomycota	Agaricomycetes	Agaricales	Hygrophoraceae（26）
			Hymenogastraceae（10）
			Inocybaceae（3）
			Limnoperdaceae（1）
			Lycoperdaceae（7）
			Lyophyllaceae（18）
			Macrocystidiaceae（1）
			Marasmiaceae（10）
			Mycenaceae（16）
			Mythicomycetaceae（2）
			Niaceae（9）
			Omphalotaceae（14）
			Physalacriaceae（28）
			Pleurotaceae（5）
			Pluteaceae（3）
			Porotheleaceae（2）
			Psathyrellaceae（13）
			Pseudoclitocybaceae（7）
			Pterulaceae（13）
			Schizophyllaceae（3）
			Stephanosporaceae（5）
			Strophariaceae（11）
			Tricholomataceae（10）
			Tubariaceae（7）
			Typhulaceae（4）
		Amylocorticiales	Amylocorticiaceae（11）
		Atheliales	Atheliaceae（20）
		Auriculariales	Auriculariaceae（12）
			Hyaloriaceae（3）
		Boletales	Boletaceae（92）
			Boletinellaceae（2）
			Calostomataceae（1）
			Coniophoraceae（5）
			Diplocystidiaceae（4）
			Gasterellaceae（1）
			Gomphidiaceae（4）
			Gyroporaceae（1）
			Hygrophoropsidaceae（2）
			Paxillaceae（10）

续表

门	纲	目	科
Basidiomycota	Agaricomycetes	Boletales	Protogastraceae（1）
			Rhizopogonaceae（3）
			Sclerodermataceae（5）
			Serpulaceae（3）
			Suillaceae（2）
			Tapinellaceae（3）
		Cantharellales	Aphelariaceae（3）
			Botryobasidiaceae（5）
			Ceratobasidiaceae（6）
			Hydnaceae（21）
			Oliveoniaceae（1）
			Tulasnellaceae（2）
	Bartheletiomycetes	Bartheletiales	Bartheletiaceae（1）
		Corticiales	Corticiaceae（12）
			Dendrominiaceae（1）
			Punctulariaceae（3）
			Vuilleminiaceae（3）
		Geastrales	Geastraceae（7）
			Sclerogastraceae（1）
		Gloeophyllales	Gloeophyllaceae（12）
		Gomphales	Clavariadelphaceae（2）
			Gomphaceae（14）
			Lentariaceae（3）
		Hymenochaetales	Hymenochaetaceae（40）
			Neoantrodiellaceae（1）
			Nigrofomitaceae（1）
			Oxyporaceae（1）
			Rickenellaceae（8）
			Schizoporaceae（13）
		Hysterangiales	Gallaceaceae（3）
			Hysterangiaceae（4）
			Mesophelliaceae（8）
			Phallogastraceae（2）
			Trappeaceae（3）
		Jaapiales	Jaapiaceae（1）
		Lepidostromatales	Lepidostromataceae（3）
		Phallales	Claustulaceae（5）

门	纲	目	科
Basidiomycota	Bartheletiomycetes	Phallales	Gastrosporiaceae（1）
			Phallaceae（26）
		Polyporales	Cerrenaceae（4）
			Dacryobolaceae（7）
			Fomitopsidaceae（25）
			Fragiliporiaceae（1）
			Gelatoporiaceae（4）
			Grifolaceae（2）
			Hyphodermataceae（1）
			Incrustoporiaceae（5）
			Irpicaceae（14）
			Ischnodermataceae（1）
			Laetiporaceae（3）
			Meripilaceae（3）
			Meruliaceae（22）
			Panaceae（2）
			Phanerochaetaceae（18）
			Podoscyphaceae（3）
			Polyporaceae（85）
			Sparassidaceae（3）
			Steccherinaceae（22）
		Russulales	Albatrellaceae（8）
			Auriscalpiaceae（6）
			Bondarzewiaceae（9）
			Echinodontiaceae（3）
			Hericiaceae（6）
			Hybogasteraceae（1）
			Peniophoraceae（16）
			Russulaceae（7）
			Stereaceae（22）
			Xenasmataceae（3）
		Sebacinales	Sebacinaceae（8）
			Serendipitaceae（1）
		Stereopsidales	Stereopsidaceae（1）
		Thelephorales	Bankeraceae（5）
			Thelephoraceae（9）

续表

门	纲	目	科
Basidiomycota	Bartheletiomycetes	Trechisporales	Hydnodontaceae（13）
		Tremellodendropsidales	Tremellodendropsidaceae（1）
	Agaricostilbomycetes	Agaricostilbales	Agaricostilbaceae（3）
			Chionosphaeraceae（5）
			Kondoaceae（2）
			Ruineniaceae（1）
	Atractiellomycetes	Atractiellales	Atractogloeaceae（1）
			Hoehnelomycetaceae（2）
			Phleogenaceae（7）
	Classiculomycetes	Classiculales	Classiculaceae（2）
	Cryptomycocolacomycetes	Cryptomycocolacales	Cryptomycocolacaceae（2）
	Cystobasidiomycetes	Buckleyzymales	Buckleyzymaceae（1）
		Cystobasidiales	Cystobasidiaceae（3）
		Erythrobasidiales	Erythrobasidiaceae（2）
		Naohideales	Naohideaceae（1）
		Sakaguchiales	Sakaguchiaceae（1）
		Incertae sedis	Microsporomycetaceae（1）
		Incertae sedid	Symmetrosporaceae（1）
	Dacrymycetes	Dacrymycetales	Cerinomycetaceae（1）
			Dacrymycetaceae（10）
		Unilacrymales	Unilacrymaceae（1）
	Exobasidiomycetes	Ceraceosorales	Ceraceosoraceae（1）
		Doassansiales	Doassansiaceae（11）
			Melaniellaceae（1）
			Rhamphosporaceae（1）
		Entylomatales	Entylomataceae（2）
		Exobasidiales	Brachybasidiaceae（5）
			Cryptobasidiaceae（6）
			Exobasidiaceae（4）
			Graphiolaceae（2）
			Laurobasidiaceae（1）
		Georgefischeriales	Eballistraceae（1）
			Georgefischeriaceae（2）
			Gjaerumiaceae（1）
			Tilletiariaceae（3）
		Golubeviales	Golubeviaceae（1）
		Microstromatales	Microstromataceae（1）
			Quambalariaceae（1）
			Volvocisporiaceae（1）

门	纲	目	科
Basidiomycota	Exobasidiomycetes	Robbauerales	Robbaueraceae（1）
		Tilletiales	Erratomycetaceae（1）
			Tilletiaceae（6）
	Malasseziomycetes	Malasseziales	Malasseziaceae（1）
	Microbotryomycetes	Heterogastridiales	Heterogastridiaceae（3）
		Kriegeriales	Camptobasidiaceae（2）
			Kriegeriaceae（4）
		Leucosporidiales	Leucosporidiaceae（1）
		Microbotryales	Microbotryaceae（4）
			Ustilentylomataceae（4）
		Sporidiobolales	Sporidiobolaceae（3）
		Incertae sedis	Chrysozymaceae（4）
			Colacogloeaceae（1）
	Mixiomycetes	Mixiales	Mixiaceae（1）
	Moniliellomycetes	Moniliellales	Moniliellaceae（1）
	Pucciniomycetes	Helicobasidiales	Helicobasidiaceae（2）
		Pachnocybales	Pachnocybaceae（1）
		Platygloeales	Eocronartiaceae（5）
			Platygloeaceae（4）
		Pucciniales	Chaconiaceae（9）
			Coleosporiaceae（5）
			Cronartiaceae（3）
			Melampsoraceae（1）
			Mikronegeriaceae（3）
			Phakopsoraceae（15）
			Phragmidiaceae（13）
			Pileolariaceae（4）
			Pucciniaceae（21）
			Pucciniastraceae（10）
			Pucciniosiraceae（10）
			Raveneliaceae（24）
			Sphaerophragmiaceae（2）
			Uncolaceae（2）
			Uropyxidaceae（16）
		Septobasidiales	Septobasidiaceae（6）
	Spiculogloeomycetes	Spiculogloeales	Spiculogloeaceae（2）
	Tremellomycetes	Cystofilobasidiales	Cystofilobasidiaceae（1）
			Mrakiaceae（7）
		Filobasidiales	Filobasidiaceae（5）

续表

门	纲	目	科
Basidiomycota	Tremellomycetes	Filobasidiales	Piskurozymaceae（2）
		Holtermanniales	Holtermanniaceae（2）
		Tremellales	Bulleraceae（4）
			Bulleribasidiaceae（6）
			Carcinomycetaceae（1）
			Cryptococcaceae（2）
			Cuniculitremaceae（3）
			Naemateliaceae（2）
			Phaeotremellaceae（2）
			Phragmoxenidiaceae（1）
			Rhynchogastremaceae（3）
			Sirobasidiaceae（1）
			Tremellaceae（3）
			Trimorphomycetaceae（4）
		Trichosporonales	Tetragoniomycetaceae（3）
			Trichosporonaceae（8）
	Tritirachiomycetes	Tritirachiales	Tritirachiaceae（2）
	Ustilaginomycetes	Uleiellales	Uleiellaceae（1）
		Urocystidales	Doassansiopsidaceae（1）
			Fereydouniaceae（1）
			Floromycetaceae（2）
			Glomosporiaceae（1）
			Mycosyringaceae（1）
			Urocystidaceae（7）
		Ustilaginales	Anthracoideaceae（19）
			Cintractiellaceae（1）
			Clintamraceae（1）
			Geminaginaceae（1）
			Melanotaeniaceae（3）
			Pericladiaceae（1）
			Ustilaginaceae（6）
			Websdaneaceae（2）
		Violaceomycetales	Violaceomycetaceae（1）
	Wallemiomycetes	Geminibasidiales	Geminibasidiaceae（2）
		Wallemiales	Wallemiaceae（1）

注：科名后的括号内数字表示该科内所接受的属的数目

查阅真菌分类学信息数据库 Indexfungorum 可以获得一些必要的真菌各个类群分类地位的信息，但由于该数据库并未进行综合性的评价和甄别，所以对于具体类群使用者还需做出自己的判断。总之，在真菌分类系统快速变革的大背景下，随着各种方法的应用，担子菌的分类学系统也在不断改进和完善之中，并趋于更加自然的演化进程。

（三）担子菌分类的重要依据

1. 形态学特征　　形态学特征仍然是担子菌分类的重要特征。在高级分类单元的划分上，担子菌门下各纲真菌的担子形态通常是不同的；担子形态不同而划分出来的不同分类单元担子菌，其 DNA 序列的差异通常也比较大，通常情况下两者并不矛盾。而在同属不同种类的低等级分类单元划分上，形态学特征仍然是重要的分类学特征，如担子果颜色、孢子大小等形态特征。分子系统学特征（核酸或氨基酸序列特征）在担子菌分类学上起到越来越重要的作用。目前，常用的分子片段包括线粒体大亚基（mtLSU）、内转录间隔区（ITS）、核糖体大亚基（LSU）、转录延长因子（TEF1）、RNA 聚合酶（RPB1、RPB2）、β 微管蛋白（β-tubulin）。随着二代和三代测序费用的降低，线粒体基因组、全基因组对系统发育分析提供了更多遗传信息。对于那些已知生活史不完整、只有菌丝生长而未发现有担子果发生的种类，或只检测到核酸基因片段的存在而没有采集到菌体或菌丝的担子菌种类，分子系统学方法几乎成为探讨其系统分类学关系的唯一手段。进入 21 世纪以来，大量的相似隐形种的发现，几乎都是应用了分子系统学分析手段。

2. 生态学特征　　生态学特征对担子菌的识别与分类有重要的参考价值。例如，鸡枞属（*Termitomyces*）的所有种类都是长在白蚁巢上，这在所有伞菌中是一个非常独特的分类学特征；与此相似的是，乳牛肝菌属（*Suillus*）的种类基本都是松树等针叶树的菌根真菌。

3. 化学反应特征　　化学反应特征对某些担子菌类群的分类有较重要的参考价值。例如，人们可利用小菇属（*Mycena*）的孢子与梅氏液起变蓝色淀粉质反应的特点，把它与其他一些形态近似的小型伞菌区别开来。此外，红菇目下各类群的宏观形态区别甚大，有伞菌状、腹菌状、多孔菌状或伏革菌状，但它们往往有个共同特点，就是它们的孢子往往是粗糙的，而且与梅氏液能起类淀粉质反应。人们可以根据这种化学反应特征对它们进行识别与分类。

4. 其他　　经典分类学时期积累下来的其他系统分类学方法，在现代的担子菌分类学中仍有重要参考意义。例如，采用现代分子系统学研究建立起来的进化树，不同类群的担子菌的分化时间判断仍需要有古生物学科学证据（化石）的支持才有更高的可靠性。

（四）担子菌分类学当前面临的挑战

目前，在担子菌分类单元建立与界定方面，真菌学家对担子菌门中亚门、纲、目这些高阶分类单元的系统关系有相对较深的了解，它们的分类学地位也相对较稳定。但担子菌科、属的概念与界定等仍存在许多待解决的问题，它们的分类学范围与地位仍变动相当频繁。在担子菌的生物多样性方面，担子菌与其他真菌类群一样，大部分甚至绝大部分物种仍未被正式描述，发现与描述新种的任务十分艰巨，新科新属将会继续增加，甚至还会继续发现分类学地位更高的新分类单元。然而，发现、认识与描述这些担子菌的新分类单元仍有各种困难。例如，大型担子菌中，对那些子实体出现时间非常短暂的种类的发现与描述都相当困难。另外，由于子实体形态的相似性，目前仍有大量过去被真菌学家忽视的隐存种需进行研究。

要解决这些困难与挑战，分子特征对于担子菌的分类界定非常有价值，而形态学仍然是鉴定的主要基础。因此，结合形态学、分子系统学及其他科学的研究成果与优点，构成整合系统分类法，将会是担子菌分类学发展的必由之路。

三、担子菌的进化

有关担子菌进化的研究并不多，化石证据也比较贫乏，所以人们对担子菌进化的认识仍然十分有限。

（一）担子菌门的起源与进化

目前，分类学家普遍认为，担子菌门与其他各门真菌都起源于一个共同祖先。从现有的化石与 DNA 的生物分子系统学研究成果来看，真菌的共同祖先最早可能是在 15 亿年前从"其他生物"分化而来；其起源时间及从海洋登陆时间可能都比动植物更早。此后，这类生物逐渐分化，约 5.7 亿年前进化成为"较高等的真菌"，然后各类真菌向不同的方向进化发展，最后形成现有各门类的真菌。担子菌门与子囊菌门的关系是最为密切的，它们在 20 亿～4.5 亿年前分化为两个类群（Taylor and Berbee，2006），各自进化形成目前种类最多的两个真菌门。

另有分子钟分析的推测显示：担子菌门演化形成于 5.3 亿年前，担子菌中 4 亚门的演化时间为 4.9 亿～4 亿年前；具有大型子实体的伞菌纲的演化时间为 3.9 亿～3.4 亿年前；具有较小子实体的锈菌亚门和黑粉菌亚门中纲的演化时间为 3.4 亿～2.4 亿年前；担子菌门中各目的演化时间为 2.9 亿～1.2 亿年前（Zhao et al.，2017）。

（二）担子菌进化的化石证据

真菌化石是研究担子菌进化的重要材料。目前，鉴定可靠的化石还很少。2019 年一份可能有 10 亿年历史的真菌杰氏尾球菌（*Ourasphaira giraldae*）化石被报道，显示真菌的登陆时间应该早于植物，约在 5 亿年前，真菌已几乎遍布生物圈。另一份 4.5 亿年前的巨型子囊菌原杉藻（*Prototaxites loganii*）化石，则表明该时期担子菌与子囊菌已经有了明显分化。

目前发现的担子菌化石主要集中在蘑菇纲。最古老的是白垩纪的化石，在巴西塞阿拉州发现的存在于石灰岩中的冈瓦纳蘑菇（*Gondwanagaricites magnificus*），存在于 1.2 亿～1.13 亿年前，可能是蘑菇目的成员（Heads et al.，2017）。在加拿大温哥华岛被发现于海洋钙质结核的柯氏古锈革菌（*Quatsinoporites cranhamii*），存在于 1.13 亿年前，具简单分隔菌丝（无锁状联合）和类似刚毛的子实层成分，可能是一个锈革孔菌目成员（Smith et al.，2004；Zhao et al.，2017）。两个可能是蘑菇目的有菌褶的蘑菇被发现于稍年轻的沉积层，分别是新泽西琥珀（0.94 亿～0.9 亿年前）的莱氏古小皮伞（*Archaeomarasmius legetti*）（Hibbett et al.，1997）和缅甸琥珀（约 1 亿年前）的古蘑菇（*Palaeoagaracites antiquus*）（Poinar and Buckley，2007）。古鬼伞（*Coprinites dominicana*）出现于 0.4 亿～0.35 亿年前（Poinar and Singer，1990）。原小菇（*Protomycena electra*）出现于 0.3 亿～0.15 亿年前（Hibbett et al.，1997）。古灵芝（*Ganodermites libycus*）出现于 0.19 亿～0.18 亿年前的早中新世（Krings et al.，2007）。

（三）担子果形态与担子菌系统进化的关系

担子果（basidiocarp，或 basidiome，或 basidioma）是包括产孢结构的担子菌的子实体。担子菌与其他生物类群一样，个体形态与生殖方式都经历了从简单到复杂的进化过程。因此，人们总是希望找到它们进化过程中形态变化的规律。然而，事实上菌体形态的许多特征是可以在相当短的历史时期发生变化的，而且经常是经过一段时期进化之后又可以反方向进化，甚至反复多次。所以，担子果的形态虽然具有重要的分类学意义，但并不能非常规律地反映担子菌的进化过程。

以大型担子菌的担子果为例，它们的形态多样，有伞菌状、牛肝菌状、多孔菌状、胶质菌状、皮质类、珊瑚状、腹菌状等形状。有些形态的形成可能已有很久的进化历史，如花耳纲（Dacrymycetes）真菌的大多数种类都保持有胶质的子实体，特征相对是比较稳定的，说明这一特征具有高度的保守性，在较高分类单元的系统分类学上有意义。但许多子实体形态变化则可以在较短的历史时期形成，如菌盖菌柄的形成与退化，子实体珊瑚状、多孔菌状、伏革菌状或腹菌状的变化都可以快速产生，可以在不同的进化历史时期反复多次发生，也可以在不同的类群中分别发生，这些特征只能在较低分类单元的区别上有分类学意义，并不能反映担子菌各高级分类单元的进化规律与系统进化关系。

同样，大型担子菌的腹菌化也不能反映担子菌各高级分类单元的进化规律与系统进化关系。因为腹菌化是能够在较短的历史时期形成并且可以在不同的类群中分别发生形态特征，腹菌化类群并不是一个自然类群，它可以分布于多个支系中，担子菌的腹菌化（gasteromycetation）是趋同演化（Oberwinkler，2012）。真菌在适应特殊气候（如干旱）和传媒（如啮齿类动物）等因子的演化中，大量没有亲缘关系的类群出现了相似的结构，这在物种进化中具有十分重要的意义。地星目（Geastrales）、幅片包目（Hysterangiales）和鬼笔目（Phallales）等就是古老的腹菌化例证（Hosaka et al.，2007）。而蘑菇目（Agaricales）、牛肝菌目（Boletales）中的腹菌化是近期发生的。在蘑菇科（Agaricaceae）中，曾发生了大量的腹菌化事件，如灰包菌属（Battarrea）、灰球菌属（Bovista）、秃马勃属（Calvatia）、蛋巢菌属（Cyathus）、马勃属（Lycoperdon）、栓皮马勃（Mycenastrum）、鸟巢菌属（Nidula）都是腹菌化引起的。近年的研究发现，同一个属的担子菌中既有腹菌化种类又有非腹菌化种类的现象并不少见，甚至还有同一个种类既有腹菌化子实体也有非腹菌化子实体的，这说明这一特征是在相对很短的历史时期中形成的（杨祝良，2013），如粉褶蕈属（Entoloma）、蜡蘑属（Laccaria）、罗牛肝菌属（Royoungia）有腹菌化和非腹菌化的种类。

（四）担子形态与担子菌系统进化的关系

担子形态与担子菌系统进化的关系在经典分类学时期已被分类学家所重视（Wells，1982）；现代的分子生物系统学研究结论也进一步支持担子的形态与担子菌系统发育有密切关系，特别是与高分类等级的担子菌分类有很强的对应关系。例如，在蘑菇亚门中，蘑菇纲的大多数担子菌种类（如蘑菇和灵芝等）具有单细胞担子（holobasidia），仅木耳目（Auriculariales）等少数种类的担子具有横隔；花耳纲（Dacrymycetes）真菌的担子为叉状；银耳纲（Tremellomycetes）真菌有十字形纵向分隔的四细胞担子。而柄锈菌亚门（Pucciniomycotina）真菌的担子则可在原担子之上再长出具横隔的后担子。具分隔的担子可称为多细胞担子（phragmobasidia）。节担子亚门（Wallemiomycotina）的真菌则未发现产担子的有性阶段，只发现它产生无性的节孢子状分生孢子（arthrospore-like conidia）。它们是在担子菌系统发育过程中可以朝着不同的方向进化的。因此，担子的形态在担子菌高等级分类单元系统分类学上有非常重要的意义。

担子的一些次要的形态特征只在较低级的分类单元中具有系统分类学意义。例如，具有担子梗的担子通常可通过担子的强力弹射而弹出担孢子，但腹菌化担子菌的担子梗则会退化而失去弹射能力。例如，鬼笔目（Phallales）的成员依靠昆虫媒介进行传播；马勃目

（Lycoperdales）和硬皮马勃（Sclerodermataceae）的干燥孢子是通过破坏担子果散开的。这些分类学特征往往在科或属的分类上有意义。

正如王成树（2013）指出的那样，不同真菌类群生殖方式的演化与物种进化仍缺少统一的规律。担子菌也不例外，它们的生殖方式的演化与物种进化同样缺少统一的规律。所以，人们还没有找出担子形态与担子菌进化之间统一稳定的变化规律，甚至对担子菌进化过程中担子形态的是如何变化的仍然了解甚少。因此编者暂时也未能详细说明，读者可关注最新的研究进展。

（王超群、李泰辉、赵瑞琳）

第七节　子囊菌进化

子囊菌门（Ascomycota）是最具多样性的真核生物类群之一，从单细胞的酵母到具有宏观子实体的丝状真菌，该类群中有超过 83 000 个物种已经被描述，被描述物种数量超过了真菌被描述物种总量的一半（James et al.，2020）。子囊菌门真菌遍布于多种生境，存在于几乎所有的陆生、水生生态系统当中。子囊菌门包括 3 亚门：盘菌亚门（Pezizomycotina）、酵母菌亚门（Saccharomycotina）和外囊菌亚门（Taphrinomycotina）（Wijayawardene et al.，2018b）。①盘菌亚门包含了 16 纲，被描述物种超过 82 000 种（James et al.，2020），其中包括一些重要的植物和动物病原真菌及具有重要经济价值的类群，如镰刀菌属（*Fusarium*）和曲霉属（*Aspergillus*）。②酵母菌亚门目前仅含 1 纲，有 1295 种（http://www.indexfungorum.org/），该亚门既包括模式生物酿酒酵母菌（*Saccharomyces cerevisiae*），还包括著名的人类病原真菌白念珠菌（*Candida albicans*）和耳念珠菌（*Candida auris*）。③外囊菌亚门目前包括 5 纲，有 140 多种已知物种（James et al.，2020），包括模式生物粟酒裂殖酵母（*Schizosaccharomyces pombe*）。基于对子囊菌门全基因组系统发育学的最新研究，推测子囊菌门真菌的共同祖先可能起源于 6.35 亿～5.51 亿年前的埃迪卡拉纪（Shen et al.，2020）。

一、起源及分化时间

（一）子囊菌化石

古真菌学对于真菌化石的研究起源于 19 世纪（Lepage et al.，1994）。关于子囊菌化石的报道可以追溯到 1981 年，来自西伯利亚早泥盆纪的化石标本，被认为属于子囊菌门，原因是该化石具有子囊和疑似侧丝的结构。1985 年，Sherwood 等在志留纪晚期的砂岩微体植物化石中发现了真菌孢子和菌丝，认为其是陆生子囊菌的无性阶段，并指出子囊菌类真菌至少与最早期的陆生植物起源于同一时期。1999 年，Taylor 等在泥盆纪早期（4 亿年前）的苏格兰莱尼燧石中发现了最古老的子囊菌类真菌的瓶颈状子囊果，这是迄今为止公认的结构保存最为完好的子囊菌化石，并且详细描述了其子囊壳、子囊及子囊孢子的形态特征，这一发现对于确认子囊菌类真菌的起源具有重要意义。之后，Taylor 等（2005）又描述了在该化石子囊壳周围发现的无性阶段，并将其作为盘菌亚门中的新物种 *Paleopyrenomycites devonicus*

Taylor，Hass，Kerp，M. Krings & Hanlin 发表。据研究者推测，*P. devonicus* 形成于约 4.1 亿年前的古生代（Taylor et al.，1999，2005）。由于这一化石的有盖子囊结构非常近似盘菌纲（Pezizomycetes）真菌，因此通常被用于校正盘菌亚门冠部类群。

（二）分化时间

超过 97% 的已知真菌物种隶属于双核菌亚界，同属于双核菌亚界的子囊菌门和担子菌门（James et al.，2020），通常是研究的焦点，研究者多采用分子钟推算进化过程中关键事件的发生时间，但对子囊菌门的起源及进化过程中关键事件时间节点的推测不同研究得出的结果不同。有研究推测子囊菌门与其姐妹群担子菌门的分化时间在 18 亿～4 亿年前（Berbee and Taylor，1993，2007；Taylor and Berbee，2006），Heckman 等（2001）将此时间推测定位至 11.72 亿年前。随着研究的深入，许多研究者认为二者分化于新元古代（10 亿～5.4 亿年前）。以威斯康星州奥陶纪具有菌丝和孢子的真菌化石为基准，Redecker 等（2000）推测子囊菌和担子菌等陆生真菌可能起源于约 6 亿年前。对于研究结果中存在的时间节点差异，研究者证明选择不同的原始校正点会导致关键事件发生时间推测存在差异（Taylor and Berbee，2006）。例如，Taylor 和 Berbee（2006）的研究表明，当以哺乳类和鸟类分化于 3 亿年前为原始校正点时，子囊菌门与担子菌门分化时间为 18.08 亿年前；而以 4 亿年前的真菌化石为校正点时，推测子囊菌门与担子菌门分化于 14.9 亿年前；以单子叶植物和双子叶植物分化于 2.6 亿年前为校正点时，子囊菌门与担子菌门的分化时间则为 4 亿年前。

Prieto 和 Wedin（2013）对子囊菌门 121 个分类单元进行 6 种基因联合数据矩阵分析，推测子囊菌门起源于 5.31 亿年前。Beimforde 等（2014）对子囊菌门 145 个分类单元的 4 种基因片段进行研究，推测子囊菌门起源于 5.88 亿年前，随后在显生宙出现了多次的谱系分裂，并且这种持续的分化没有受到物种大灭绝的影响。Hyde 等（2017）推测子囊菌门起源于 5.33 亿年前。最近通过对子囊菌门 1107 个物种的基因组进行研究，学者认为子囊菌门起源于 5.63 亿年前，外囊菌亚门起源于 5.303 亿年前，酵母菌亚门起源于 4.384 亿年前，盘菌亚门起源于 4.077 亿年前（Shen et al.，2020）。

二、进化速率

2010 年，Wang 等通过对子囊菌门和担子菌门及子囊菌内部主要纲的基因替代速率进行检测，结果显示子囊菌门的进化速率显著高于担子菌门，这可能是子囊菌门具有更为丰富的物种多样性的原因之一。

在子囊菌门的 3 个亚门中，由于酵母菌亚门（332 个）和盘菌亚门（761 个）物种在 NCBI 中可供研究参考的基因组数量比较多，因此研究者多选择这二者进行比较研究。相比盘菌亚门，酵母菌亚门真菌的平均基因组大小仅为盘菌亚门的 1/3（13Mb VS 39Mb），鸟嘌呤-胞嘧啶（GC）含量明显更低（40% VS 50%），蛋白质编码基因数量仅为盘菌亚门的 53%，DNA 修复基因数量为其 76%，预测的非同义替换率与同义替换率之比为 0.053，小于盘菌亚门的 0.063。但酵母菌亚门转移核糖核酸数量为盘菌亚门的 1.2 倍，且进化速率是盘菌亚门的 1.6 倍（Shen et al.，2020）。此外，酵母菌亚门的基因密度明显高于盘菌亚门，这也与 Galagan 等（2005）研究中提出的基因密度与基因组大小呈负相关相一致。

关于为何酵母菌亚门比盘菌亚门具有更高的进化速率，有研究表明，DNA 修复基因缺失或者丢失的情况下会导致前者基因组突变率的增加（Steenwyk et al.，2019），酵母菌亚门较盘菌亚门 DNA 修复基因数量更少（Gillie，1968；Kumar et al.，2016）。另外，在对脊椎动物进行研究时，研究者指出进化速率与世代寿命相关，在假设突变率相等的前提下，世代寿命较短的物种将更频繁地复制它们的基因组，每单位时间可以积累更多的突变（Welch et al.，2008）。虽然目前大多数真菌的世代时间还并不清楚，但是酵母菌亚门模式生物的世代时间却明显短于盘菌亚门，在最佳条件下酿酒酵母和白念珠菌繁殖一代的时间约为 90min（Salari and Salari，2017），而盘菌亚门中的丝状真菌构巢曲霉（*Aspergillus nidulans*）和粗糙脉孢霉（*Neurospora crassa*）为 2～3h（Gillie，1968；Steenwyk et al.，2019）。因此，酵母菌亚门真菌较盘菌亚门更小的基因组导致 DNA 修复基因数量更少，加之该类真菌世代时间更为短暂，可能是导致其进化速率明显高于盘菌亚门的原因（Shen et al.，2020）。

三、进化机制

真菌化石标本稀少，导致其进化模式的研究无法像动物和植物一样通过大量收集化石来进行直接研究（McLaughlin and Spatafora，2015），因此关于子囊菌进化模式、机制的研究多采用构建蛋白质和核酸分子进化树的方法来分析和推测，DNA 碱基和蛋白质氨基酸序列的突变率和改变形式可以作为物种进化历史的依据，目前这种分子进化研究方法已经得到广泛使用。

（一）形态演化

虽然部分类群的子囊菌以单细胞酵母的形式存在于自然界中，但是在子囊菌的研究历史中始终十分看重子囊果、子囊及子囊孢子等形态特征。早期利用 18S rDNA 序列进行真菌类群的系统发育分析研究表明，依据子囊果及子囊等形态特征进行真菌类群划分的结果无法完全与系统发育分支相对应。随着生命树构建的深入，逐渐展示出了子囊菌形态演化过程中重要事件的转折点。18S rDNA 系统发育树显示，约在 3.1 亿年前，丝状子囊菌从酵母菌中分化出来，并且在这一时期形成无性孢子和子囊，大约在进化早期子囊菌就能释放孢子，预测在二叠纪（2.99 亿～2.5 亿年前）和三叠纪（2.5 亿～2 亿年前）分离之前子囊菌进化形成子实体（Moore and Frazer，2002）。而关于子囊果发育过程，研究者指出在子囊菌的进化过程中有两次重要事件提升了子囊果形成的可能，第一次是盘菌亚门共同的祖先形成时期，第二次是无丝盘菌纲（Neolectomycetes）的形成（Schoch et al.，2009）。有研究者通过核酸二级结构特征构建的子囊菌部分类群的系统进化树来推演子囊果的演化过程，认为那些具有裸生子囊或者具有非常小的子囊果［如外囊菌亚门的无丝盘菌属（*Neolecta*）］的类群，或许是较子囊盘更为原始的子囊果形态（Liu and Zhuang，2007）。

（二）生态学特性演化

盘菌亚门是子囊菌门中物种多样性最高的亚门（Kirk et al.，2008）。该类群基本都是丝状真菌，菌丝隔膜上有过氧化物酶体衍生的细胞器，称为沃鲁宁体。盘菌亚门真菌的子囊通常在多细胞结构的子囊果内形成。对该类群进行的比较基因组学研究揭示了一种独特的基因组进化模式——“Mesosynteny”模式，其基因组区域保留了保守基因的数量，但是却没有保留基因排列顺序和方向，这一现象仅在丝状子囊菌中存在，特别是在盘菌亚门的座囊菌纲（Dothideomycetes）中尤为常见（Hane et al.，2011）。盘菌亚门真菌的生活方式及演化过程千差万别，但必须特别提及地衣型的盘菌亚门真菌。盘菌亚门中 40% 是地衣，而地衣 98% 都隶属于子囊菌门的盘菌亚门（Miguel et al.，2019）。由于地衣能够与藻类或蓝细菌共生形成具有良好形态特征的地衣体，因此地衣潜在的物种多样性程度可能低于其他类型的子囊菌（Naranjo-Ortiz and Gabaldon，2019）。在盘菌亚门中有 7 纲都有地衣型真菌（Grube and Wedin，2016），其中星裂菌纲（Arthoniomycetes）、粉头衣纲（Coniocybomycetes）、异极衣纲（Lichinomycetes）和茶渍纲（Lecanoromycetes）几乎全部为地衣型真菌。其他大多数非地衣型的盘菌亚门真菌都具有一定程度的腐生能力，包括很多菌根菌、植物病原菌、内生菌、动物寄生和共生菌、真菌寄生菌、昆虫寄生菌和石生菌等。

酵母菌亚门菌丝包含具多个微孔的隔垫，其基因组高度精简且基因丰富，显示广泛的基因缺失及转座子和内含子的大量减少。大多数谱系仅呈现一个 rDNA 基因座，该基因座串联包含数十个或数百个拷贝，通常包含编码 5S rRNA 的基因座。该亚门很多支系在遗传编码影响下都出现了分化。关于酵母菌亚门的有性生殖研究有很多，自然和实验室条件下可以产生许多杂交种。酿酒酵母是第一个被测序的真核生物（Goffeau et al.，1996），现已描述的酵母菌亚门真菌中有 10% 已被测序。该类群的生理、生物化学、遗传学和进化研究也很多，但有关其生态学的研究仍较匮乏。许多酵母菌亚门物种似乎与某些微生态位有关，如动物黏膜和肠道、花朵、水果或树木，而其他一些则是真正的植物病原体，如假囊酵母属（*Eremothecium*）。同时，一些物种适应了极端环境，能够在高渗透压、高温、高二氧化碳浓度、有毒化合物或异常碳源条件下生长（Naranjo-Ortiz and Gabaldon，2019）。

外囊菌亚门真菌具有广泛的生化和生态变异特征。大多数物种都具有酵母生长时期，如裂殖酵母属（*Schizosaccharomyces*）和肺囊虫属（*Pneumocystis*）（Sugiyama，1998）。但是部分物种也具有菌丝体的生长时期，如外囊菌属，在进化过程中，其形态和生活周期变得十分特殊，该属为两型性真菌，在菌丝体阶段为植物寄生菌，可寄生于不同科的维管植物，引起受感染组织畸形；在酵母态阶段，其为腐生菌，可进行人工培养（Rodrigues and Fonseca，2003）。外囊菌亚门除了无丝盘菌属外均不产生子囊果，虽然无丝盘菌属产生棒状子囊果，仍具有许多祖先特征，如菌丝重复分支并且产生无孔裂的子囊，在减数分裂时缺少子囊前体细胞等（Redhead，1977；Landvik et al.，2003）。

四、主要类群与系统发育

（一）盘菌亚门

盘菌亚门（Pezizomycotina）是子囊菌门中物种最为丰富的一个亚门，其物种总数远超其他两个亚门的总和（Spatafora et al.，2017）。受到广泛认可的分类体系是盘菌亚门包括 13 纲 67 目，即星裂菌纲（Arthoniomycetes）、粉头衣纲（Coniocybomycetes）、座囊菌纲（Dothideomycetes）、散囊菌纲（Eurotiomycetes）、地舌菌纲（Geoglossomycetes）、虫囊菌纲（Laboulbeniomycetes）、茶渍纲（Lecanoromycetes）、锤舌菌纲（Leothiomycetes）、异极衣纲（Lichinomycetes）、圆盘菌纲（Orbiliomycetes）、盘菌纲（Pezizomycetes）、粪壳菌纲（Sordariomycetes）和木菌纲（Xylonomycetes）。最新的系统发育学研究又将该亚门扩充至 16 纲，新增了 3 纲：黄烛衣纲（Candelariomycetes）、类胶衣纲（Collemopsidiomycetes）、葡萄壳纲（Xylobotryomycetes）（Tedersoo et al.，2018；Voglmayr, et al.，2019；James et al.，2020）。

其中，圆盘菌纲被认为是盘菌亚门中最基础的早期进化分支，之后分化出来的是盘菌纲（Carbone et al.，2017）。

（二）酵母菌亚门

尽管许多酵母菌可以转换成丝状形式且具有不同程度的复杂性，但几乎所有的酵母菌亚门（Saccharomycotina）成员都以酵母的形式生长。该类群的子囊通常在母细胞内部形成，并有简单的膜包被。目前，酵母菌亚门单纲 [酵母菌纲（Saccharomycetes）]、单目 [酵母菌目（Saccharomycotales）]，目下涵盖 15 科和大约 1300 种。近 20 年的基因组数据使我们基本能够解决酵母菌的系统发育和分类学问题，但仍然缺乏表型性状研究。现已证明某些重要属，如念珠菌属和毕赤酵母属等存在并系问题，仍需要逐步以系统发育证据为基础对一些酵母类群进行更为深入的分类学研究（Naranjo-Ortiz and Gabaldon，2019）。

（三）外囊菌亚门

相较酵母菌亚门和盘菌亚门，外囊菌亚门（Taphrinomycotina）是一类物种较少但生理特征呈现多样化的子囊菌。有研究者通过对子囊菌门 420 个物种进行六基因联合的最大似然法系统发育分析，推测外囊菌亚门的起源时间早于酵母菌亚门和盘菌亚门（Schoch et al.，2009）。外囊菌亚门的特点是缺少菌丝型子囊的产生，其无性繁殖的方式包括芽殖和裂殖。除了无丝盘菌纲的无丝盘菌属具有子囊果，其他物种均不产生子囊果。外囊菌亚门包括 5 纲（James et al.，2020）：①外囊菌纲（Taphrinomycetes），包括 1 目 [外囊菌目（Taphrinales）]、2 科 [原囊菌科（Protomycetaceae）和外囊菌科（Taphrinaceae）]、8 属 [如病原菌外囊菌属（*Taphrina*）、原囊菌属（*Protomyces*）、齐藤酵母属（*Saitoella*）等类群]。②无丝盘菌纲，包括 1 目 [无丝盘菌目（Neolectales）]、1 科 [无丝盘菌科（Neolectaceae）]、1 属 [无丝盘菌属（*Neolecta*）]。据 Redhed（1977）描述，无丝盘菌属的卵黄无丝盘菌（*Neolecta vitellina*）的子囊中含有大量分生孢子，这种现象常见于外囊菌目的外囊菌属。但无丝盘菌属大多数类群不确定的生活史和多细胞结构与盘菌亚门或伞菌亚门（Agaricomycotina）中发现的物种存在一定差异。③裂殖酵母纲（Schizosaccharomycetes），含 1 目 [裂殖酵母目（Schizosaccharomycetales）]、1 科 [裂殖酵母科（Schizosaccharomycetaceae）]、1 属 [裂殖酵母属（*Schizosaccharomyces*）]，被广泛应用于分子生物学研究的模式生物粟酒裂殖酵母属于此纲（Rhind et al.，2011）。④肺孢子菌纲（Pneumocystidomycetes），含 1 目 [肺孢子菌目（Pneumocystidales）]、1 科 [肺孢子菌科（Pneumocystidaceae）]、1 属 [肺囊虫属（*Pneumocystis*）]，该类群为活体营养型，寄生于哺乳动物的肺部。⑤古根菌纲（Archaeorhizomycetes），仅包括古根菌属（*Archaeorhizomyces*）。古根菌纲的首次发现是基于环境序列得到的土壤克隆群多个分支的系统发育分析（Porter et al.，2008；Rosling et al.，2011）。目前研究已对外囊菌亚门每个纲中至少一个类群进行了基因组测序，所有这些类群的基因组均小且紧凑，导致外囊菌亚门是否是单系起源一度成为争论的焦点。这主要是由于线粒体和核基因组系统发育分析之间的关系不一致，以及裂殖酵母的长分支引起的系统发育位置不稳定引起。但是诸多研究也支持外囊菌亚门为单系起源，但其下不同纲之间的系统发育关系仍需进一步澄清（Liu et al.，2009；Ebersberger et al.，2012）。

（杜　卓、魏鑫丽、蔡　磊）

第八节 类真菌菌物——茸鞭生物界菌物

一、茸鞭生物界

1981 年 Cavalier-Smith 建立了藻物界（Chromista）。因"Chromista"这个词具有光合色素的含义，所以 Dick（2001）主张用"Straminopila"（茸鞭生物界）。因该类群生物具有茸鞭这一特性，能够更好地代表该类群的生物，所以茸鞭生物界已经被广泛接受和使用。茸鞭生物界包括了一些鞭毛生物、寄生生物、类真菌生物和能进行光合作用的藻类等，其中卵菌、丝壶菌和网黏菌是异养生物，一直由真菌学家研究，统称为茸鞭菌物。

二、茸鞭菌物特征

茸鞭菌物的营养类型为渗透营养型，它们在淡水和海洋生态系统的营养循环中扮演着重要角色。它们中多数种具有异型双鞭毛，产生游动孢子。尽管它们的生存环境多为海洋和淡水，但也广泛分布在土壤中，并且多数是植物和动物重要的病原菌。例如，网黏菌门菌物能造成沿海草床的顶枯病和草坪草枯梢病及对养殖的贝类造成严重的侵染；卵菌门菌物会对淡水生态系统中的生物造成极大威胁，如 *Aphanomyces astaci* 造成小龙虾瘟疫病，*Saprolegnia parasitica* 对鲑鱼造成侵染性病害。此外，腐霉菌，如马铃薯晚疫病菌（*Phytophthora infestans*）对马铃薯造成枯萎病，严重威胁马铃薯的产量；霜霉菌 *Hyaloperonospora arabidopsidis* 和白锈菌 *Albugo laibachii* 均可侵染模式植物拟南芥。丝壶菌门菌物（除 *Anisolpidium* 外）并不会对植物和动物造成严重的病害和经济损失（Beakes and Thines，2017）。

人们很早就认识到这类生物的很多生物学结构和生物化学上的特征有别于真菌（Powell and Letcher，2014；James et al.，2014）。例如，与真菌相比，茸鞭菌物具有不同的赖氨酸合成途径，细胞壁多糖主要为纤维素，线粒体具有管状呈囊泡形的脊，多数种的营养体为二倍体且以 β-1,3-甘露糖作为碳水化合物的主要储藏形式（Dick，2001）。该类群生物除了与真菌具有区别外，它们中不同类群之间也存在差异，如产生的游动孢子的类型和形态具有差异。

三、茸鞭菌物分类与进化

茸鞭菌物是真核生物系统学分枝的一个主要类群。它的物种多样性丰富，包括能自由生长的鞭毛生物、寄生物［如人芽囊原虫（*Blastocystis hominis*）］、类真菌生物（如卵菌、丝壶菌等）和能进行光合作用的藻类（如单细胞的红藻和多细胞的褐藻）（Derelle et al.，2016）。在第七版《菌物词典》（1983）中卵菌、丝壶菌和网黏菌归属于真菌界；第八版《菌物词典》（1995）及以后的版本都将这三个菌物类群归属在茸鞭生物界（Kingdom Straminopila）或藻物界（Kingdom Chromista）。除单鞭毛的壶菌外，那些由菌物学家传统上研究的所有具有游动孢子的生物都归在最近命名的 SAR（stramenopile/alveolate/rhizaria）超界内。其中行渗透营养类型的鞭毛生物，除 plasmodiophorids 外，都属于 SAR 超界内的 stramenopile/Heterokonta

分枝，归属于茸鞭生物界（Beakes et al.，2014）。茸鞭菌物主要包含 3 门，分别为卵菌门（Oomycota）、丝壶菌门（Hyphochytriomycota）和网黏菌门（Labyrinthulomycota）。其中卵菌门是包含茸鞭菌物种类最多的门，含有 2 纲——霜霉纲（Peronosporomycetes）和水霉纲（Saprolegniomycetes）；丝壶菌门包含 1 纲——丝壶菌纲（Hyphochytriomycetes）；网黏菌门包含 1 纲——网黏菌纲（Labyrinthulomycetes）。关于茸鞭菌物的分类可参见 Wijayawardene 等（2020）发表的关于类真菌菌物的分类框架。

卵菌是茸鞭菌物中最大的类群，它们被认为是真核生物中最成功的类群之一。大多数卵菌是陆生的，而位于系统学基部的类群是海洋生。分子系统学分析结果表明卵菌的进化开始于海洋环境（Beakes et al.，2012），然后再逐渐过渡到淡水或陆地。卵菌可以通过腐生的生活方式来适应缺氧的环境，其中很多腐生的种类也可能是兼性坏死性病原菌，如 Pythiaceae 科的种类。卵菌中的一些支系逐渐进化出具有活体或半活体营养阶段，主要包括两个植物病原菌类群 Verrucalvaceae 和霜霉菌科（Peronosporaceae）（Thines，2014）。

霜霉菌科（Peronosporaceae）和白锈菌科（Albuginaceae）是专性植物病原菌，它们对活体营养生活方式的适应导致了一些代谢途径的退化，进而对活体寄主产生依赖，从而无法在培养基上生长。因此常认为活体寄生菌与寄主植物经历着长期的共进化。此外，侵染实验和系统发育分析也表明多数霜霉菌和白锈菌具有高度寄主专化性。所以病原菌的系统发育与寄主植物的系统发育理论上应保持一致。但有些霜霉菌（如 *Pseudoperonospora cubensis*）和白锈菌（如 *Albugo candida*）有较宽泛的寄主范围，因此在进化过程中专性寄生病原菌有时会发生寄主扩张的现象。这种现象可能是因为病原菌效应因子的进化对寄主植物的抗性产生了抑制作用或新的寄主与原来的寄主具有相似的生境，进而推动病原菌的多样化和进化的发生。寄主植物发生效应子激发免疫迫使病原菌形成寄主专化性，逐渐导致寄主范围越来越窄。

四、茸鞭菌物的主要类群

（一）卵菌门

卵菌门大约包含 1700 种（Wijayawardene et al.，2020），生存环境极其广泛，包括热带红树林、温带森林、半干旱地区、沙漠、海洋、淡水等。它们在淡水和土壤中营腐生生长，能够适应不同的生活环境，如水节霉目（Leptomitales）的种类能够通过发酵的生活方式来应对缺氧的环境，经常被叫作污水菌物。卵菌的营养体包括整体产果的单细胞类型和分体产果的丝状类型。多数卵菌是死体营养类型，而其他类群是营半活体和活体寄生的植物和动物病原菌，如隐袭腐霉（*Pythium insidiosum*）是植物和无脊椎动物的病原菌，同时还是包括人类在内的哺乳动物的机会致病菌（Mendoza，2009）。基因组分析研究表明腐霉菌、霜霉菌和白锈菌具有很多致病因子和效应分子，导致这些类群能够很成功地寄生植物类群。

卵菌可形成游动孢子囊进行无性繁殖，游动孢子囊内产生游动孢子，成熟后孢子从顶端的孔口释放。游动孢子具有双鞭毛，在游动时茸鞭在前，尾鞭向后；经过一段时间的游动后变为静止孢，随后可萌发产生芽管。有些卵菌的游动孢子具有双游现象（diplanetism），而有些游动孢子在缺少寄主和适宜的营养基质时还会产生多游现象（polyplanetism）。植物寄生菌的这种双游和多游的现象可提高其侵染机会。在陆生种类中，卵菌的孢子囊可以从孢囊梗上脱落而随风传播，孢子萌发形成芽管，进而发育成菌丝，无游动孢子的出现。卵菌的有性生殖是异形配子囊配合；多数种类的菌丝顶端膨大分化成较小的雄器和较大的藏卵器。有性生殖是雄器和藏卵器的接触交配，由受精的卵球发育成二倍体的卵孢子。

Sparrw（1960，1973）提出了卵菌纲的分类框架并一直沿用到 20 世纪后半叶。传统上卵菌纲被分为 4 目：水霉目（Saprolegniales）、霜霉目（Peronosporales）、链壶菌目（Lagenidiales）和水节霉目（Leptomitales）。随后 Sparrw（1976）又新增了囊轴霉目（Rhipidiales）和 Eurychasmales。Dick（2001）对卵菌的分类进行了修订，引入霜霉亚门（Peronosporomycotina）和霜霉纲（Peronosporomycetes）。一些分子系统学研究结果表明传统分类中的卵菌门内的一些目和科阶元需要被修订（Thines，2009；Voglmayr，2008）。随后，Beakes 等（2014）及 Beakes 和 Thines（2017）先后基于分子序列的系统学对卵菌门分类进行了修订，卵菌门真菌主要由水霉纲（Saprolegniomycetes）和霜霉纲（Peronosporomycetes）组成，同时还包含一部分位于基部且在纲阶元上未定的目，如 Eurychasmales、Haptoglossales、Haliphthorales 等，水霉纲包含 Atkinsiellales s. lat.、水节霉目和水霉目，霜霉纲包含囊轴霉目、腐霉目(Pythiales)、白锈菌目（Albuginales）和霜霉目。最近 Wijayawardene 等（2020）又总结和更新了卵菌门菌物的分类，其中水霉纲只包含水节霉目和水霉目。

（二）丝壶菌门

丝壶菌门菌物的细胞壁同时含有几丁质和纤维素，游动孢子具有前生的茸鞭，且形态学上与壶菌门真菌较为类似。在生物化学方面丝壶菌与卵菌较为类似，通过二氨基庚二酸途径进行赖氨酸的生物合成，也可内源性合成甾醇类物质。主要腐生生长在植物和动物的残骸上或寄生在一些藻类和菌物上，且对干旱和极端的温度具有耐受性。丝壶菌在整体产果类型中，菌体内生并转化为游动孢子囊；在分体产果类型中，菌体可由单个生殖器官组成或可能是具有隔膜的、多中心的分枝菌丝组成。在无性繁殖阶段，壶菌的游动孢子经过一段时间的游动休止于适宜的基质或寄主上，而后逐渐发育成菌体；也可穿透寄主细胞并将原生质体注入寄主体内，再发育成菌体。发育成熟的菌体产生无囊盖的游动孢子囊，再产生具有前生茸鞭类型的游动孢子。目前丝壶菌的有性生殖还尚不明确。

丝壶菌门是茸鞭生物界内较小的类群，传统上分为 3 科：丝壶菌科（Hyphochytriaceae）、根前毛菌科（Rhizidiomycetaceae）和异壶菌科（Anisolpidiaceae），后来异壶菌科被归属于卵菌门。目前，丝壶菌门包含有 1 纲［丝壶菌纲（Hyphochytriomycetes）］、1 目［丝壶菌目（Hyphochytriales）］、2 科（丝壶菌科和根前毛菌科）（Wijayawardene et al.，2020）。由于丝壶菌的种类较少，研究者不多，其经济重要性也知之甚少。一些海生的种类会对其所寄生的藻类或动物造成病害；一些腐生类型的丝壶菌在有机质降解、转化和循环中起重要作用。

（三）网黏菌门

由于网黏菌门（Labyrinthulomycota）菌物所产生的外质丝的表面形成具有黏性的网体，因此得名"网黏菌"。该类菌物主要发生在水体基质或宿主上，又得名"水生黏菌"。Jahn（1928）首次将其引入"slime moulds"之中。但它们与黏菌并没有亲缘关系，现在一般认为其属于茸鞭生物界或藻菌界。网黏菌门也是茸鞭生物界内一类较小的类群，目前包括 1 纲［网黏菌纲（Labyrinthulomycetes）］、3 目［网黏菌目（Labyrinthulales）、Oblongichytridiales、破囊壶菌目（Thraustochytriales）］。

网黏菌一个最重要的特征是具有外质网体，由无壁丝状体组成。在许多种中游动孢子多产生两根不等长鞭毛。鞭毛多生长于游动孢子的一侧，较长的鞭毛为茸鞭且伸向前方；较短的尾鞭伸向后方。越来越多的证据表明网黏菌也可以和植物或其他生物共栖或互惠共生，如变形虫（amoebae）等。尽管已从陆地生境中分离获得网黏菌的个别物种，但就目前所知，网黏菌的成员都是海水中存在的菌物，主要发现于港湾和靠近海岸的生境中，在这些地方，它们一般与维管植物和藻类的叶及生物碎屑在一起。绝大多数种是腐生物或弱寄生物，行吸收式营养。网黏菌门菌物中存在有性生殖［如网黏菌科（Labyrinthulaceae）］，在游动孢子游动的过程中闭合的外质网发生连续的二等分裂，每次核分裂后随即发生胞质的分裂。其无性繁殖发生在外质网内具有纺锤形营养细胞中对角卵裂的横分裂，通过网的断裂和水流促进细胞的散布，建立新的菌落。

（邱鹏磊）

第九节　类真菌菌物——原生生物界菌物

原生生物界菌物主要包括具有黏菌（slime mould）俗名的不同类群。它们营养生长阶段的结构为没有细胞壁、裸露的原质团或假原质团，繁殖阶段则产生孢子。符合这一特征并且使用"slime mould"名称的类群有黏菌［也称真黏菌（true slime mould）、非细胞黏菌（acellular slime mould）、腹黏菌（endosporous slime mould）、原质团黏菌（plasmodial slime mould）］、网柄菌［网柄细胞状黏菌（dictyostelid cellular slime mould）］、集胞菌［集胞黏菌（acrasid cellular slime mould）］、根肿菌［内寄生黏菌（endoparasitic slime mould）］、原柄菌［原柄黏菌（protostelid slime mould）］、鹅绒菌［外生孢子黏菌（exosporous slime mould）］及网黏菌（net slime mould）等，除网黏菌属于藻菌界（Chromista）或茸鞭生物界（Straminopila）外，其余类群都属于原生动物界（Protozoa）。尽管这些菌物在形态特征和个体发育上看似相近和相关，但至今为止，我们并没有掌握它们真实的亲缘关系，已有的证据则表明，它们之间的系统发育关系比较复杂，包括复系和并系类群。

一、范畴和分类归属

在《国际植物命名法规》（ICBN）或《国际藻类、真菌和植物命名法规》（ICN）中，黏菌的命名起点始终为 1753 年 5 月 1 日。Link（1833）根据在一定形状的孢子器内产生孢子这一与真菌相近的特征，建立了"Myxomycetes"学名。de Bary（1858）则在通过大量实验揭示了黏菌的形态和生活史并详尽描述了子实体发育的两种方式之后，强调了其原生动物属性，命名为"Mycetozoa"。无论是 Myxomycetes 还是 Mycetozoa，早期对于黏菌类菌物的研究都只包括现在具有黏菌学名（真黏菌、腹黏菌或原质团黏菌）的这一个生物类群。Rostafinski（1873）建立了第一个黏菌分类系统，其中不包含鹅绒菌（外生孢子黏菌），分类依据是成熟子实体的形态特征，主要涉及透射光下孢子的颜色、孢丝是否存在及其形态、石灰质的有无等。

在 Rostafinski（1873）开启现代黏菌分类学研究之后，一些形态多少有些相似的"slime mould"开始加入 Myxomycetes 或者 Mycetozoa 之中，逐渐形成了今天的黏菌类菌物这个群体。de Bary（1884）首次为黏菌类菌物单独建立了 1 门，包括黏菌、集胞菌和根肿菌 3 纲，鹅绒菌在黏菌中，网柄菌在集胞菌中，根肿菌被作为可疑的黏菌。Zopf（1885）的分类系统将菌虫门（Mycetozoa），即黏菌门划分成集胞菌虫亚门和真菌虫亚门，共 3 纲：真菌虫亚门下包括黏菌纲和鹅绒菌纲，集胞菌虫亚门只有集胞菌纲。根肿菌和网柄菌被置于和菌虫门平行的 Monadineae 门中，表明他认为集胞菌、鹅绒菌、根肿菌、网柄菌都不是真正的黏菌。Schroeter（1897）将黏菌分成集胞菌、寄生黏菌（根肿菌）和腹黏菌三组，鹅绒菌为腹黏菌中的第一个纲。

Olive（1975）出版菌虫专著 *The Mycetozans*，修订了菌虫纲的分类。在原生生物界下设立菌虫亚门，菌虫纲由原柄亚纲、腹黏亚纲、网柄亚纲和集胞亚纲组成，鹅绒菌被归入原柄菌。不过，与他同时代的 Ainsworth（1971）却在 *Ainsworth & Bisby's Dictionary of the Fungi*（第六版）中将 Olive 的原柄菌目降格为原柄菌亚目，归入腹黏菌亚纲，黏菌门包括集胞菌纲、水生黏菌纲、黏菌纲和根肿菌纲。Olive 将黏菌类菌物作为原生动物进行系统学安排，而Ainsworth 则是按照真菌系统学进行处理。

Alexopoulos 和 Mims（1979）使用裸菌门（Gymnomycota）而没有采用黏菌门来涵盖黏菌类菌物，裸菌门下有集胞裸菌亚门（仅有集胞菌纲，网柄菌在集胞菌纲中）和原质体裸菌亚门（含原柄菌纲和黏菌纲，鹅绒菌在黏菌纲中）。Ainsworth（1983）在 *Ainsworth & Bisby's Dictionary of the Fungi*（第七版）中则仍采用黏菌门来涵盖所有黏菌类菌物，内含 7 纲：原柄菌纲、鹅绒菌纲、网柄菌纲、集胞菌纲、黏菌纲、根肿菌纲和网黏菌纲。

从 20 世纪 80 年代开始，人们根据基因序列的同源比较和细胞的内共生学说对黏菌类菌物之间的亲缘关系进行探讨，逐步揭示了黏菌类菌物的演化路线，形成了今天黏菌类菌物系统分类的框架。Alexopoulos 等（1996）认为原生动物界（Protozoa）有黏菌门（Myxomycota）、网柄菌门（Dictyosteliomycota）和根肿菌门（Plasmodiophoromycota），集胞菌在网柄菌门，鹅绒菌和原柄菌在黏菌门，网黏菌在茸鞭生物界（Straminopila），并且升格为网黏菌门（Labyrintholomycota）。在 Kirk 等（2008）的 *Ainsworth & Bisby's Dictionary of the Fungi*（第十版）中，黏菌为原生动物界（Protozoa）菌虫门（Mycotozoa）的一纲 Myxogastrea；网柄菌为菌虫门（Mycotozoa）的另一纲 Dictyostelea；原柄菌包括鹅绒菌组成菌虫门（Mycotozoa）的第三纲 Protostelea；集胞菌是原生动物界（Protozoa）暗色虫门（Percolozoa）中的唯一一纲；根肿菌是原生动物界（Protozoa）丝足虫门（Cercozoa）中的唯一一纲；网黏菌在藻菌界（Chromista），独立为一门。Kirk 等（2008）指出黏菌类菌物在原生动物界（Protozoa）中存在 5 条演化分支：第一条是 Ramicristates，包括黏菌纲（Myxogastrea）、网柄菌纲（Dictyostelea）和原柄菌纲（Protostelea）；第二条是 Heterolobosea，包括集胞菌目；第三条是 Copromyxida，包括属于集胞菌的粪黏菌属 *Copromyxa*；第四条是 Fonticulida，包括属于集胞菌的涌泉菌属（*Fonticula*）；第五条是 Plasmodiophorids，包括根肿菌纲（Plasmodiophorea），这表明他们认为黏菌、网柄菌和原柄菌的亲缘关系比较紧密，而集胞菌和根肿菌与黏菌的亲缘关系较远，且集胞菌是一个复系类群，与网柄菌更有着不同的起源，网黏菌则是与上述类群亲缘关系更远的另外一界的成员。

Ruggiero 等（2015）对黏菌类菌物在高等级单元的分类安排如下：黏菌亚纲（Myxogastria）在 Protozoa 界 Sarcomastigota 亚界 Amoebozoa 门 Myxogastrea 纲；鹅绒菌目（Ceratiomyxida）在 Protozoa 界 Sarcomastigota 亚界 Amoebozoa 门 Myxogastrea 纲 Exosporeae 亚纲；网柄菌目（Dictyostelida）在 Protozoa 界 Sarcomastigota 亚界 Amoebozoa 门 Dictyostelea 纲；原柄菌目（Protostelida）在 Protozoa 界 Sarcomastigota 亚界 Amoebozoa 门 Protostelea 纲；集胞菌目

（Acrasida）在 Protozoa 界 Enzoa 亚界 Percolozoa 门 Heterolobosea 纲；网黏菌纲（Labyrinthulea）在 Chromista 界 Harosa 亚界 Heterokonta 超门 Bigyra 门；根肿菌目（Plasmodiophorida）在 Chromista 界 Harosa 亚界 Cercozoa 门 Phytomyxea 纲。

按照当今对黏菌类菌物系统发育的认识，黏菌、原柄菌、鹅绒菌、网柄菌和集胞菌是原生动物界（Protozoa）的成员，网黏菌是藻菌界（Chromista）的成员，根肿菌的归属还不确定，但是它们都不是真菌界（Fungi）的成员，并且是异形异源的生物类群。进行系统学研究使黏菌分类系统更加自然和科学，将仍是需要探索和解决的重要生物演化问题。

二、黏菌

（一）基本属性

黏菌类菌物中具有黏菌学名的类群，又被称为原质团黏菌（plasmodial slime moulds）、非细胞黏菌（acelluar slime moulds）、腹黏菌（endosporous slime moulds）和真黏菌（true slime moulds）。黏菌的营养生长阶段是独立生活的、具有多个细胞核、仅有表面质膜而无细胞壁、能变形移动和摄食有机物的一团原生质（原质团）；随着营养生长阶段转入繁殖阶段，原质团转变为一个或一群非细胞结构的子实体——孢子果，孢子果内含孢子。

黏菌兼具真菌和原生动物的部分属性。生活循环中有质配、核配、减数分裂引导的核相变化，繁殖体为内生孢子的、固定的孢子果，这是真菌的特点；而营养体为无壁多核、能蠕行、行摄食营养的黏变形体和原质团，这又是原生动物的特点；而它们孢子的细胞壁是纤维素的，这又不同于几丁质细胞壁的真菌和没有细胞壁的原生动物。

（二）分布

黏菌是世界性普遍分布的生物类群，地球上可以生长植物、有枯死植物残体和适当温湿度的地方，都可以有黏菌存在，温暖湿润的森林地区是黏菌种类最多、最繁盛的地方。但这一类群在生境上却表现出丰富的生态多样性，几乎可以生活在各种生境中。从气候带看，温带地区最多，但有些种类却只生于热带，而少数种类可发生在沙漠、高寒山区和极地。

（三）作用

黏菌是生物学研究中的重要模式，在系统学、细胞学、遗传学、生物化学和生物物理学等领域内，是研究多样性、系统演化、形态发生、细胞核有丝分裂环、制约生殖的化学变化、原生质的结构和生理等基础理论的理想实验研究工具。

在传统药物中，某些黏菌种的孢子粉被用来敷治外伤进行消毒；有的则有减少痰涕的作用。在现代医药研发中，已经报道约 100 种黏菌次生代谢产物及其生物活性。在现代医学研究中，一些医学研究机构已使用黏菌作为研究工具，为人类了解一些疑难疾病的发生机制和诊断治疗提供新的线索和信息。

黏菌在高温高湿的苗床上常使幼苗萎蔫甚至死亡，现已有烟草、甘薯、花生、黄瓜、人参、草莓甚至林木幼苗在苗床或保护地遭遇黏菌致萎的记录。黏菌并不像真菌一样直接侵染植物体，主要通过覆盖在作物表面影响呼吸作用和光合作用而导致苗木萎蔫，严重时枯死。近年来随着食用菌产业的发展和栽培方式的变革，黏菌也给食用菌的栽培生产造成了严重危害。我国在栽培的木耳、平菇、香菇、茶树菇、竹荪、灵芝、灰树花等上发生的黏菌已知有 20 余种，黏菌可以以真菌孢子和菌丝为食，又可在其子实体上产生子实体。

（四）系统学

黏菌纲（Myxogastrea 或 Myxomycetes）是黏菌类菌物中物种数量最多的一个类群，目前已知约 1000 种。周宗璜（1981）根据"黏菌是多细胞的真核生物，其营养体和子实体都已相当发达和分化，生活史中有双倍体的营养体，具性现象核循环和同宗配合、异宗配合现象，营养方式以摄食性为主、兼有吸收式，繁殖产生与真菌相同的孢子，核的有丝分裂在单倍体的黏变形体中为开放型、而在双倍体的接合子和多核的原质团中均为原始的核内型，线粒体脊管状而非原始原生生物的盘状或片状，在原生质流动中具有肌肉收缩的原始形式——有 ATP 和 Mg^{2+} 制约的肌动蛋白和肌球蛋白 A 的相互作用，以及原始的神经动原系统"等，认为黏菌可能起源于变形体鞭毛生物祖先，是从原生生物向着次生生物演化过渡的一个中间类群，共有 5 目：刺轴菌目（Echinostelida 或 Echinosteliales）、无丝菌目（Liceida 或 Liceales）、团毛菌目（Trichiida 或 Trichiales）、绒泡菌目（Physarida 或 Physarales）和发网菌目（Stemonitida 或 Stemonitales）。Ross（1959）发现的黏菌具有基质层上型和基质层下型两种子实体发育类型，发网菌的子实体发育与其他腹黏菌不同，为基质层上型。由此，Ross（1973）将发网菌目移出腹黏菌亚纲，为其建立了发网菌亚纲。

Leontyev 等（2019）在总结了黏菌分子系统学研究结果后建议修订黏菌纲分类系统，根据 *International Code of Nomenclature for Algae，Fungi，and Plants* 对黏菌的高级阶元重新命名。仍然设置 2 亚纲，但亚纲的名称和范围发生了根本性的变化（图 3-4），在形态学上分别

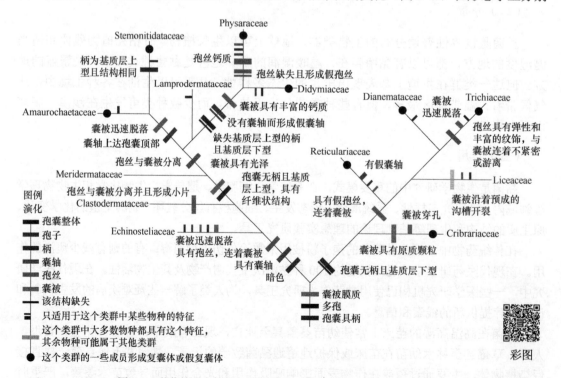

图 3-4　黏菌的形态特征与演化关系（引自 Leontyev et al.，2019）

对应浅色孢子黏菌类群和暗色孢子黏菌类群。Lucisporomycetidae 亚纲含有 4 目：筛菌目（Cribrariales）、孔膜菌目（Reticulariales）、无丝菌目（Liceales）和团毛菌目（Trichiales）。其中，筛菌目（Cribrariales）位于这个亚纲系统演化的根部。Columellomycetidae 亚纲含有 5 目：刺轴菌目（Echinosteliales）、碎皮菌目（Clastodermatales）、斑皮菌目（Meridermatales）、发网菌目（Stemonitidales）和绒泡菌目（Physarales）。其中，刺轴菌目（Echinosteliales）是这个亚纲分支的起点。

三、网柄菌和集胞菌

网柄菌（Dictyosteliomycetes）和集胞菌（Acrasiomycetes）曾被长期放在一起，统称为细胞（状）黏菌（celluar slime moulds）。它们生活于其他微生物存在的有机质残体上，这些微生物则成为其食物来源。

（一）网柄菌

网柄菌（dictyostelid cellular slime mould）是食草动物粪便、土壤、腐烂的蘑菇和腐烂的植物材料上非常普通的生物，广泛分布于世界各地，除经常发生于温带森林中落叶层和食草动物粪便上外，也会发生在沙漠、草原和冻原上。但因为子实体和假原质团都很微小、不明显、短寿，所以很少能在自然环境中发现它们。基本营养单位是单核、裸露、单倍的变形体，变形体行吞噬营养。变形体具有一个单生、大的、瓣片状的假足，假足有明确可分的颗粒状内质和非颗粒状外质，运动的发生有赖于细胞质向前的爆发性冲击，类似于蛞蝓的运动方法，这种变形体在网柄菌中被称为蛞蝓体。变形体的群集可能是对 cAMP 等集胞素的响应，而变形体集群形成的完整假原质团具有特定的迁移阶段，最后才形成孢堆果。

除变形体外，网柄菌的生活循环还包括几个其他特征性的形态学和发育上的阶段，如变形体集群、小孢囊和在特定结构中的孢子。载孢体变化很大，从极为微小的变形体堆，到轮柄菌属（*Polysphondylium*）精巧、相当大的、多分枝的结构。据报道一些种有有性繁殖，产生大孢囊。水、微小节肢动物或许还有脊椎动物是孢子的传播介体。易于从表土和抚育良好的落叶林下充分腐烂的落叶层中分离获得网柄菌。分离通常是在营养贫瘠的干草浸汁琼脂培养基上进行，制作带有来自基物中细菌的二元培养物，也可加入大肠杆菌（*Escherichia coli*）或产气肠杆菌（*Enterobacter aerogenes*）作为变形体的食物。

Patterson 和 Sogin（1992）提出网柄菌谱系处于植物、动物和真菌之前的分支。Alexopoulos 等（1996）将网柄菌作为一个门，与黏菌门和根肿菌门平行置于原生动物界，在 *Ainsworth & Bisby's Dictionary of the Fungi*（第十版）（Kirk et al.，2008）中，这个类群被作为一个纲，与黏菌纲（Myxogastrea）和原柄菌纲（Protostelea）等列在原生动物界（Protozoa）菌虫门（Mycotozoa）下。网柄菌只有一个目，根据孢堆果的结构和颜色及蛞蝓体的形态学，划分成 2 科 4 属，现知约 100 种。

（二）集胞菌

集胞菌（acrasid cellular slime mould）与网柄菌有很大的相似之处，但在许多形态学和生活循环的细节上又存在着很大差异。在集胞菌的群集过程中，变形体单个地或成小簇地而不是像网柄菌那样成群流状进入集群中，并且对 cAMP 没有应答反应。变形体集群形成的假原质团并不经过网柄菌所特有的迁移阶段，而是立即形成一个孢堆果。孢堆果的柄细胞中并不分泌纤维素来产生柄管，孢堆果中的所有细胞，包括尚未完全分化的柄中的那些细胞都能萌发产生变形体。有性生殖未知。

集胞菌是很小的类群，多数物种都极为普通，但因为十分微小而很少在自然环境中被发现，在对土壤、死的植物体和腐烂蘑菇等的培养中分离获得，而食草动物粪便是一个特别肥沃的基物。集胞菌中的一些物种可作为生物学研究中的重要模式，在生物的系统学、细胞学、遗传学、生物化学和生物物理学等领域内具有理论价值，在生态系统中起着物质和能量转换中间体的作用，不过，目前尚未知其经济重要性。

在 *The Fungi* 第四卷 B（Ainsworth et al.，1973）中，集胞菌被称为集胞菌纲（Acrasiomycetes），属于真菌界（Fungi）黏菌门（Myxomycetes）；在 *Ainsworth & Bisby's Dictionary of the Fungi*（第十版）（Kirk et al.，2008）中，这个类群被称为异瓣虫纲（Heterolobosea），属于原生动物界（Protozoa）暗色虫门（Percolozoa）。集胞菌只有 1 目，按照 Blanton（1990）的系统，集胞菌目由 4 科 6 属组成，现仅知 14 种：集胞菌科（Acrasidae）含集胞菌属（*Acrasis*）；粪黏菌科（Copromyxidae）含粪黏菌属（*Copromyxa*）和小粪黏菌属（*Copromyxella*）；斑瘤菌科（Guttulinopsidae）含斑瘤菌属（*Guttulina*）和拟斑瘤菌属（*Guttulinopsis*）；涌泉菌科（Fronticulidae）含涌泉菌属（*Fonticula*）。

四、根肿菌

（一）基本属性

根肿菌又称为内寄生黏菌（endoparasitic slime mould），但具有与黏菌明显不同的特征。营养体虽为多核的原质团，但不像黏菌的原质团那样可以移位活动；游动细胞的鞭毛为前生的两根不等长尾鞭；主要行吸收式营养；在植物体内专性寄生。

营养体为多核、没有细胞壁、不能发生移位运动的原质团，变形虫式运动和取食。原质团分为初生原质团和次生原质团，前者产生薄壁的游动孢子囊，后者产生厚壁的休眠孢子。游动孢子囊萌发时产生单个、数个或许多游动孢子，游动孢子前生双鞭毛，两根鞭毛都是光鞭，不等长。休眠孢子外表具有厚壁，规则或不规则地聚集成为孢子堆。有些根肿菌孢子的壁是几丁质的，另一些根肿菌的孢子壁则是纤维素的。有性生殖可能为同型配子结合形成合子，合子萌发产生无壁原质团，成熟时形成休眠孢子，休眠孢子萌发再释放出游动孢子。除在水中的再侵染阶段外，全部生活史都在寄主体内完成。

（二）危害

根肿菌通常都是专性寄生物，内寄生于高等植物、藻类和水生菌物等。引起寄主细胞的非正常增大——过度生长，以及寄主细胞的非正常增殖——畸形增生，导致寄主受侵染的部分增大；还能够引起维管植物的维管束组分崩解；也可引起寄主植物发生矮化的症状；最特殊的是有些种会使植株在花期含苞而不绽放，可能是由于寄生使花发育所需的营养贫乏。根肿菌中的许多种还是多种植物病毒的传毒介体。在高等植物中大多寄生在根内或埋在土中的茎内。

根肿菌的发生和分布明显与寄主的发生和地理分布相吻合，一些种寄生在水霉目卵菌上，其他种则寄生在水生、两栖或陆生的维管植物上。一些根肿菌在植物上专性寄生引起比较严重度的病害，芸薹根肿菌（*Plasmodiophora brassicae*）是甘蓝及相关栽培和野生十字花科植物上根肿病的广布性病原；马铃薯粉痂菌（*Spongospora subterranea*）是马铃薯粉痂病的病原物，专化型 *S. subterranea* f. sp. *nasturtii* 引起水田芥驼根病。

（三）系统学

根肿菌是一个单系类群，在原质团的有丝分裂时全部都具有特征性的"十"字形核分裂。目前并不清楚其亲缘关系，具有原质团及双鞭毛不等长游动孢子的特征使它们与黏菌相像。但是，它们的原质团与黏菌的原质团在本质上并不相同，产生休眠孢子和植物体内寄生的特征却使它们更像是一类真菌，18S rDNA 序列分析支持这个类群与具纤毛的原生生物具有密切的亲缘关系。在 *Ainsworth & Bisby's Dictionary of the Fungi*（第十版）（Kirk et al.，2008）中，根肿菌目属于原生动物界（Protozoa）丝足虫门（Cercozoa），与黏菌门并列，只有 1 纲 1 目，根据休眠孢子的排列方式和形态学划分成 2 科 15 属，现知约 50 种。常见的属包括根肿菌属（*Plasmodiophora*）、球壶菌属（*Sorosphaera*）、粉痂菌属（*Spongospora*）、八黏霉属（*Octomyxa*）和多黏霉属（*Polymyxa*）等。

五、原柄菌和鹅绒菌

鹅绒菌和原柄菌为两个很小的类群。鹅绒菌于 1805 年被发现，Zopf（1885）最早将其归入"slime mould"。原柄菌被发现后，很多研究者都认为鹅绒菌与原柄菌有更密切的亲缘关系，鹅绒菌应该归属于原柄菌，二者都不是真正的黏菌，这也是当今对"slime mould"分类处理的主流观点。

（一）原柄菌

原柄菌（protostelid slime mould）营养体是变形体或具有鞭毛的游动胞或微小的网状原质团，没有细胞壁，行摄食营养，变形体具有 1 个或数个细胞核。游动胞没有细胞壁，通常具有一根显著的长鞭毛，在长鞭毛的基部常有一根短鞭毛；也可以有两根等长的鞭毛；偶尔还有多鞭毛的。变形体的假足是线状的，与黏菌相同，而不同于集胞菌的瓣片状。原质团中的原生质不具有节律性往复流动。

原柄菌分布广泛而丰富。体型微小，只能通过在实验室内将采集的各种植物的茎、叶、花、果和树皮及动物粪便，直接放在培养皿中的滤纸上或者琼脂上保湿培养获得。原柄菌的经济价值不详，目前仅知在生物多样性和系统演化研究上具有理论价值，在生态系统中起着物质和能量转换中间体的作用。

Raper（1973）提出原柄菌由 1 纲 1 目 2 科组成，原柄菌纲与黏菌纲并列。Olive（1975）将其划归原生生物界（Protista）菌虫纲（Mycetozoa），为其建立了原柄菌亚纲（Protostelia），含有 1 目（原柄菌目）3 科（原柄菌科、腔柄菌科、鹅绒菌科）。Alexopoulos 和 Mims（1979）将其划归真菌界（Fungi）裸菌门（Gymnomycota）原质体裸菌亚门（Plasmodiogymnomycotina），为其建立了原柄菌纲，与黏菌纲（Myxomycetes）平行，含有 1 目（原柄菌目）2 科（原柄菌科、腔柄菌科）。Kirk 等（2008）将其划归原生动物界（Protozoa）菌虫门（Mycetozoa）原柄菌纲（Protostelea），与黏菌纲（Myxogastrea）和网柄菌纲（Dictyostelea）平行，含有 1 目（原柄菌目）4 科（原柄菌科、腔柄菌科、小刺轴菌科、鹅绒菌科），有 16 属 38 种。

（二）鹅绒菌

鹅绒菌（exosporous slime mould）子实体形态多样，表面有许多小梗，梗顶上各生一个孢子。子实体的基本结构为海绵状，有时可见薄膜质基质层。孢子产生在组成子实体的许多白色圆柱状结构的表面，孢子萌发后很快会形成细长、具有4核的线状体。

鹅绒菌是非常小的类群，目前仅知4种，其中的 *Ceratiomyxa fruticulosa* 广泛分布于世界各地，十分普遍，主要发生在腐木上，还没有在实验室内获得生活史的纯培养，也未对其进行比较全面的生物学研究。

鹅绒菌的孢子萌发释放出黏变形体，不久就转变为特征性的线状体。线状体为一细长的、具有四核的结构。线状体细胞变圆，并且围绕4个核分割为4个细胞，再进一步分为8个细胞，各自产生鞭毛，互相分开而成为配子。配子（游动胞）成对配合，形成接合子，之后鞭毛消失，形成原质团。原生质在不同位点分别集中，由此上升成为若干柱状体。柱状体的表面产生一层原孢子，在其中发生减数分裂，然后原孢子上升到柱状体表面的小梗上成熟为孢子。

子实体由白色圆柱体组成，圆柱体表面是许多顶生单孢子的纤细小梗，鹅绒菌的孢子壁结构与黏菌的相同，支持了鹅绒菌属于黏菌的观点，但其成熟的孢子有4个单倍体核，而黏菌的成熟孢子均为单核体，且鹅绒菌的子实体产生方式相近于原柄菌而不同于黏菌。因此，Olive（1975）将鹅绒菌归于原柄菌。在 *Ainsworth & Bisby's Dictionary of the Fungi*（第十版）（Kirk et al.，2008）中，鹅绒菌归属于原生动物界（Protozoa）菌虫门（Mycetozoa）原柄菌纲（Protostelea）原柄菌目（Protostelida），只有1科1属4种。

（陈双林）

本章参考文献

郑鹏，王成树. 2013. 真菌有性生殖调控与进化. 中国科学：生命科学，43（12）：1090-1097.

Ahrendt S R, Quandt C A, Ciobanu D, et al. 2018. Leveraging single-cell genomics to expand the fungal tree of life. Nature Microbiology, 3(12): 1417-1428.

Bass D, Czech L, Williams B A P, et al. 2018. Clarifying the relationships between Microsporidia and Cryptomycota. Journal of Eukaryotic Microbiology, 65(6): 773-782.

Beakes G W, Honda D, Thines M. 2014. Systematics of the Straminipila: Labyrinthulomycota, Hyphochytriomycota, and Oomycota. Systematics and Evolution, 7: 39-97.

Berbee M L, James T Y, Strullu-Derrien C. 2017. Early diverging fungi: diversity and impact at the dawn of terrestrial life. Annual Review of Microbiology, 71(1): 41-60.

Bininda-Emonds O R P. 2014. An introduction to supertree construction (and partitioned phylogenetic analyses) with a view toward the distinction between gene trees and species trees//Garamszegi L. Modern Phylogenetic Comparative Methods and Their Application in Evolutionary Biology. Berlin: Springer: 19-48.

Bonfante P, Venice F. 2020. Mucoromycota: going to the roots of plant-interacting fungi. Fungal Biology Reviews, 34(2): 100-113.

Derelle R, Purificación L G, Hélène T, et al. 2016. A phylogenomic framework to study the diversity and evolution of Stramenopiles(=Heterokonts). Molecular Biology and Evolution, 33: 2890-2898.

Dick M W. 2001. Straminipilous Fungi. Dordrecht: Kluwer.

Grube M, Wedin M. 2016. Lichenized fungi and the evolution of symbiotic organization. Microbiology Spectrum, 4(6): 749-765.

Heckman D S, Geiser D M, Eidell B R, et al. 2001. Molecular evidence for the early colonization of land by fungi and plants. Science, 293(5532): 1129-1133.

James T Y, Kauff F, Schoch C L, et al. 2006a. Reconstructing the early evolution of fungi using a six-gene phylogeny. Nature, 443(7113): 818-822.

James T Y, Stajich J E, Hittinger C T. 2020. Toward a fully resolved fungal tree of life. Annual Review of Microbiology, 74: 291-313.

Kirk P M, Canon P F, David J C, et al. 2001. Ainsworth and Bisby's Dictionary of the Fungi. 9th ed. Wallingford: CAB International.

Liu Y, Leigh J W, Brinkmann H, et al. 2009. Phylogenomic analyses support the monophyly of Taphrinomycotina, including Schizosaccharomyces fission yeasts. Molecular Biology and Evolution, 26(1): 27-34.

Malar M, Krüger M, Krüger C, et al. 2021. The genome of *Geosiphon pyriformis* reveals ancestral traits linked to the emergence of the arbuscular mycorrhizal symbiosis. Current Biology, 31: 1-8.

May T W, Redhead S A, Bensch K, et al. 2019. Chapter F of the international code of nomenclature for algae, fungi, and plants as approved by the 11th International Mycological Congress, San Juan, Puerto Rico, July 2018. IMA Fungus, 10(1): 21.

Ropars J, Toro K S, Noel J, et al. 2016. Evidence for the sexual origin of heterokaryosis in arbuscular mycorrhizal fungi. Nature Microbiology, 1(6): 1-9.

Rosling A, Cox F, Cruz-Martinez K, et al. 2011. Archaeorhizomycetes: unearthing an ancient class of ubiquitous soil fungi. Science, 333(6044): 876-879.

Shen X X, Steenwyk J L, LaBella A L, et al. 2020. Genome-scale phylogeny and contrasting modes of genome evolution in the fungal phylum Ascomycota. Science Advances, 6(45): eabd0079.

Spatafora J W, Aime M C, Grigoriev I V, et al. 2017. The fungal tree of life: from molecular systematics to genome-scale phylogenies. Microbiology Spectrum, 5(5): 2-10.

Taylor J W, Berbee M L. 2006. Dating divergences in the fungal tree of life: review and new analyses. Mycologia, 98(6): 838-849.

Tedersoo L, Sanchez-Ramírez S, Kõljalg U, et al. 2018. High-level classification of the fungi and a tool for evolutionary ecological analyses. Fungal Diversity, 1: 135-159.

Turland N J, Wiersema J H, Barrie F R, et al. 2018. International Code of Nomenclature for Algae, Fungi, and Plants (Shenzhen Code). Glashütten: Koeltz Botanical Books.

Vandepol N, Liber J, Desirò A, et al. 2020. Resolving the Mortierellaceae phylogeny through synthesis of multi-gene phylogenetics and phylogenomics. Fungal Diversity, 104(1): 267-289.

Voglmayr H, Fournier J, Jaklitsch W M. 2019. Two new classes of Ascomycota: Xylobotryomycetes and Candelariomycetes. Persoonia, 42: 36-49.

Wang Y, Stata M, Wang W, et al. 2018. Comparative genomics reveals the core gene toolbox for the fungus-insect symbiosis. mBio, 9(3): e00636.

Wang Y, White M M, Kvist S, et al. 2016. Genome-wide survey of gut fungi (Harpellales) reveals the first horizontally transferred ubiquitin gene from a mosquito host. Molecular Biology and Evolution, 33(10): 2544-2554.

Wang Y. 2016. Genome Evolution of *Smittium* and Allies (Harpellales). Toronto: University of Toronto.

Wijayawardene N N, Hyde K D, Al-Ani L K, et al. 2020. Outline of fungi and fungus-like taxa. Mycosphere, 11(1): 1060-1456.

Wijayawardene N N, Hyde K D, Lumbsch H T, et al. 2018b. Outline of Ascomycota: 2017. Fungal Diversity, 88: 167-263.

Zhao R L, Li G J, Sánchez-Ramírez S, et al. 2017. A six-gene phylogenetic overview of Basidiomycota and allied phyla with estimated divergence times of higher taxa and a phyloproteomics perspective. Fungal Diversity, 84: 43-74.

本章全部参考文献

第四章 真菌形态建成与代谢的进化

真菌以吸收的方式获得营养，通过产生孢子繁殖，从简单的单细胞到菌丝体和组织分化的子实体，甚至到地球上最大的生物体，具有多样和复杂的形态分化。真菌生存策略的多样性也导致了其次级代谢的多样性。本章对真菌的形态建成及次级代谢演化进行论述。

第一节　单细胞向多细胞真菌的演化

从单细胞到多细胞的进化是生命史上的重要转变之一，从最初简单的单细胞生命体结合在一起成为简单的多细胞谱系到逐渐演化并形成了动物、植物、真菌等各种形态和功能的复杂的多细胞生命体，这一转变造就了今天丰富的生物多样性。多细胞存在大量的独立起源，其中真菌多细胞的进化路线与动物、植物有所不同，真菌多细胞形态的发生与建成一直以来都引起人们的广泛兴趣，但是真菌独特的生长方式使得对真菌多细胞性的研究仍然存在较大的空白。本节对单细胞真菌向多细胞真菌的演化及形态发生过程进行论述。

一、单细胞向多细胞转变

从单细胞到多细胞的进化始终被认为是生命史上的主要转变之一，这一转变为生物进化出更加复杂的生命形式奠定了基础（Knoll and Andrew, 2011; Grosberg and Strathmann, 2007）。生命始于单细胞，并且逐渐演化为各种复杂的多细胞形式，从简单的细胞聚集体到动物、植物、真菌等各种形态和功能的复杂的多细胞生命。在几乎所有主要谱系的进化过程中，多细胞体都趋同演化了多次（Nagy et al., 2018; Ratdiff et al., 2012）。在原核生物和真核生物中，可能有十几个到三十几个的独立起源。其中，大多数多细胞谱系相对简单，由克隆产生的菌落、丝状体或其他小型的聚集体组成，只有少数谱系达到了明显更高的复杂性（Claessen et al., 2014; Matthew et al., 2019），包括动物、植物、红藻和褐藻及真菌。

每个多细胞现象都涉及一些不同的进化和分子机制，这是受谱系特质和环境条件影响的结果（Niklas and Newman, 2013; Iñaki Ruiz-Trillo et al., 2007）。在单细胞形式向多细胞形式的转变过程中，有两种主要不同的模式（图 4-1）：一种模式是克隆多细胞性（clonal multicellularity）。克隆多细胞性是指遗传相关的多细胞系在经过细胞分裂后仍然保持黏在一起无法彼此分离的状态。例如，细菌、鞭毛虫、大型的动植物都是通过这一形式转变而来的，多细胞系内相近的亲缘关系减少了单细胞之间的遗传冲突，可能是多细胞系内形成非常稳定的联系的原因。另一种模式是聚集多细胞性（aggregative multicellular），该多细胞谱系以单个细胞的形式生存，一般情况下，根据外部信号聚集成多细胞群落，它们之间的亲缘关系未必很近，存在潜在的遗传冲突，如黏菌的网柄菌（*Dictyostelium*）（Thibaut and Nicole, 2017; Du et al., 2015; Niklas, 2014; Roberta et al., 2013）。

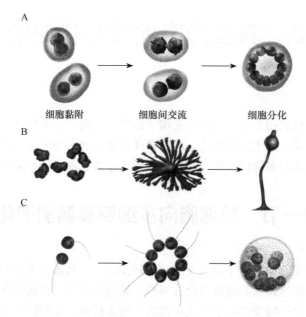

A

细胞黏附　　　　细胞间交流　　　　细胞分化

B

C

图 4-1　单细胞形式向多细胞形式转变的模式（引自 Nagy et al.，2020）

A. 克隆多细胞性；B. 聚集多细胞性；C. 以绿藻为例的克隆多细胞性

二、真菌的简单多细胞性

多细胞生物具有不同的单细胞祖先，据推测，大多数多细胞真核生物是从以聚集形式生存的祖先演化而来的，类似于现存的单细胞水生生物领鞭虫（如 choanoflagellate）和某些绿藻（如 *Volvocine algaea*）等。细胞黏附和细胞间通信，以及功能和形态分化，是单细胞向多细胞进化的经典途径（Thibaut and Nicole，2017）。真菌发育出由菌丝组成的多细胞菌体，菌丝通过顶端延伸，并在类似于分形几何学的规则下生长和分枝。菌丝的进化极大程度地优化了真菌的觅食效率，真菌通过菌丝的直接生长和占据更大的生存空间来最大限度地利用底物，从而形成了松散排列、相互连接、分形的网络，即菌丝体。菌丝被认为是由于单细胞祖先锚定底物的根状茎逐渐伸长而形成的（Harris，2011），类似于现存的壶菌（Chytridiomycota），也可能存在以融合形式进化的菌丝，如单毛壶菌纲真菌（Monoblepharidomycetes）（Dee et al.，2015）。最初的菌丝可能与现存的毛霉菌相似，并逐渐进化出形成隔膜、营养和细胞器运输、分支部位选择等的复杂机制（Harris，2011；Lew，2011；Lin et al.，2014；Steinberg et al.，2017）。原始菌丝是不完整的多细胞多核结构，细胞内容物可以自由流动并且几乎不受调节。在现存的菌丝中，菌丝通过隔膜（septa）和各种隔片（如沃鲁宁体、多脂蛋白或较简单的无定形物质）与生长尖端隔开。

真菌中简单多细胞性可能是通过线性过程进化而来的，这一过程可以避免建立进化稳定的多细胞组织所必须克服的一些障碍（Du et al.，2015；Brown et al.，2012）。类似分形的扩张形式可以进一步最小化这些个体之间的冲突。在营养菌丝体的生长边缘观察到负向自性，而在菌落其他部分的菌丝则可以形成相互联系（正向自性），从而使营养物质及信号在细胞间流动（Leeder et al.，2011；Fleissner and Herzog，2016）。营养菌丝体的生长是不确定的，细胞分化大多是有限的。此外，构成菌丝的所有细胞都与外部环境直接接触，这意味着通过扩散吸收营养和氧气不会受到菌落中复杂的三维组织的阻碍。因此，营养菌丝体是简单多细胞的一个级别，在某些情况下，营养菌丝体具有复杂的功能，可以区分几种不同的细胞类型。

三、真菌的复杂多细胞性

真菌的复杂多细胞性通常体现在真菌能够形成有性的子实体结构，此外真菌还能够形成无性子实体、根茎、菌根或菌核等复杂的多细胞结构。不同于其他多细胞体，真菌由特殊的结构执行相应的生物功能。子实体的形成是真菌和其他多细胞生物之间最关键的区别，子实体将生殖细胞和发育中的孢子封闭在一个保护性的环境中，并能促进孢子的被动和主动传播（Roper et al.，2010；Dressaire et al.，2016）。子实体最明显的选择优势是促进孢子扩散和有性繁殖体发育成封闭的三维结构，并且两种主要产孢细胞类型——子囊和担子，它们都进化出了活跃的孢子释放机制（Trail，2010）。子实体还演化出各种结构（Kües，2000），但其大小和形状与子实体相比不受严格的遗传控制。此外，外生菌根、根状茎和菌核只存在于形成子实体的真菌中，这表明它们的发育和子实体的发育之间存在联系。

在真菌中，复杂多细胞出现在大多数主要的分支中，并显示出趋同进化的迹象（Sugiyama et al.，2006；Schoch et al.，2009；Taylor and Ellison，2010）。真菌中最典型的复杂多细胞分支分别是子囊菌门中的盘菌亚门和担子菌门中的伞菌亚门，这两个亚门中发现了大多数能够形成子实体的真菌。在通常认为的真菌具有复杂多细胞性的两个起源之外（Stajich et al.，2009），还观察到早期发散的毛霉菌中也有复杂的多细胞结构存在。其中，最早的分支是毛霉菌（Mucoromycota），主要包含简单的多细胞霉菌，但也包含可形成子实体的真菌。在担子菌门中的伞菌亚门是产生子实体的最大谱系，表现出真菌最高的复杂多细胞性，几乎所有的物种都产生子实体。除了伞菌亚门外，复杂的多细胞物种在锈菌亚门（图 4-2）和黑粉菌亚门也有发现；子实体至少在柄锈菌亚门的 4 纲（无柄锈菌纲、沉香菌纲、柄锈菌纲、微三孢菌纲）中是已知的（Aime et al.，2006.）。总体来讲，复杂多细胞真菌的系统发育分布呈斑片状，具有多个复杂多细胞分支。

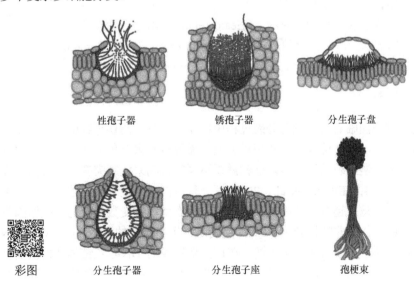

性孢子器　　　　锈孢子器　　　　分生孢子盘

彩图　　分生孢子器　　　　分生孢子座　　　　孢梗束

图 4-2　锈菌的复杂多细胞结构（引自 Nagy et al.，2018）

四、真菌多细胞生长的关键点

（一）顶端生长

真菌顶端生长是通过顶端区域细胞壁物质的协调分泌和结合来实现的。引起菌丝进化的三个重要因素可能是细胞壁的进化、渗透性的进化（摄取大分子的细胞外分解产物）（Berbee et al.，2017；Kiss et al.，2019；Leonard et al.，2018）和土地入侵（Dee et al.，2015；Harris，2011；Sekimoto，2011）。丝状和单细胞真菌基因组的比较显示，与多形单细胞真菌和相关真核生物中菌丝生长相关的基因具有极强的保守性（Berbee et al.，2017）。菌丝生长涉及各种分子过程和成分，如极性建立和维持、隔膜形成、微管、肌动蛋白、细胞骨架、囊泡转运、细胞壁生物发生和修饰及相应的转录调节剂和信号通路。

（二）区室化和网络的形成

早期真菌菌体可能是丝状细胞合胞体，细胞质和细胞器的流动几乎不受调节（Riquelme et al.，2018；Roper et al.，2015），当菌丝受损时可能面临内容物不受控制的流出及病毒细菌在真菌体内快速传播，因此真菌进化出各种机制来分隔菌丝并调节菌丝的细胞器和细胞质流。除了顶端生长和分枝之外，有助于菌丝体拓扑的第三个基本过程是融合（Fleissner and Glass，2007；Read et al.，2009），菌丝融合增加了网络的连通性。

（三）长距离运输

大多数多细胞生物长距离运输进化的主要驱动力是个体体型的增大，而真菌的独特之处在于食物来源的不均匀性可能是驱动真菌体内长距离运输的主要作用。真菌需要高效的长距离运输能力，才能跨越营养丰富的地区，从而更加灵活地在空间多样化的环境中改变食物的可获得性（Heaton et al.，2020）。真菌进化出多种长距离运输的方式，如由多种机制驱动的质量流：菌丝体特定部位或子实体中的蒸发或凝结（Cowan et al.，1972），或由膨胀的菌丝尖端产生的负压（称为生长诱导的质量流）（Heaton et al.，2010）。菌丝还形成了调节长距离运输的许多机制，如疏水蛋白对菌丝的隔离作用（Bayry et al.，2012；Cordero and Casadevall，2017）；形成隔膜并改变其渗透性（Arend et al.，2009；Paul et al.，2020）。

（四）控制突变率

每个多细胞生物都面临着防止细胞分裂过程中由 DNA 复制错误导致的有害突变积累的挑战。随着细胞核分裂，真菌菌丝体不断积累突变，需要机制来避免突变融合。菌丝的顶端生长，真菌不能分离缓慢分裂的细胞群，这就需要不同的机制来控制突变。在真菌中提出了几个假设（Aanen，2014；Hiltunen et al.，2019）。一种可能性是脱氧核糖核酸修复机制进化出了更高的保真度，如越来越多的基因拷贝数。另一种真菌中突变数量少的可能原因是细胞分裂过程中姐妹染色单体的非随机分离。DNA 复制是一个半保守的过程，产生两个 DNA 双链体，每个双链体包含一个模板和一个子链。在这些新形成的 DNA 双链体被再次复制后，姐妹染色单体中的一个将包含"旧的"模板链，因此姐妹染色单体的年龄将会不同。在有丝分裂期间姐妹染色单体非随机分离的情况下，包含姐妹染色单体的模板共分离。

（五）细胞间通信

细胞间通信是多细胞生物组织群体行为、分工、分化或防御的关键（Du et al.，2015）。真菌中最著名的细胞间通道是隔膜上的孔和相关的隔膜孔结构，这些孔结构将菌丝分隔开来（Bloemendal and Kück，2013）。隔孔允许调节分子信号、细胞质和细胞器的流动（Jedd，2011）。然而，通过隔孔的通信使得信息只能沿着菌丝轴流动。大量研究揭示了真菌产生或介导真菌中各种过程的大量信号分子（Hogan，2006），包括脂类（如氧化脂质）、短肽（如交配信息素）、醇类（如法尼醇）、挥发物和气体（CO_2、氮氧化物）等（Cottier and Mühlschlegel，2012），但对它们的确切作用方式或相应的受体知之甚少。因此，大量的真菌细胞间通信策略、信号转导途径已经有所描述，但通信和信号转导机制如何与多细胞复杂性相关联，以及受体和配体尚不清楚，而这些可能恰恰是复杂结构发展的基础。

（六）分化和发育

多细胞生物体的一个基本优势是具有细胞间分工的可能性，因此多细胞生物体在生物体水平上具有更高的功能多样性（Ispolatov et al.，2012；Thibaut and Nicole，2017）。真菌分化出一系列不同的细胞类型，包括营养细胞（如菌丝、酵母）、休眠细胞（如菌核）和生殖细胞类型。目前对真菌细胞类型多样性的估计是基于真菌菌落中不同细胞形态的计数。

（七）黏附

细胞黏附是克隆多细胞谱系中早期多细胞簇进化的关键过程之一（Abedin and King，2010；Grosberg and Strathmann，2007）。细胞黏附在多细胞真菌的早期进化中可能并不具有绝对的重要性（Kiss et al.，2019），这是由于与其他多细胞谱系相比，多细胞真菌的黏附作用具有根本性的区别：对于大多数多细胞谱系来说，第一步是细胞间的聚合黏附，但对于真菌来说黏附的核心作用可能是附着在各种非真菌表面上，而不是附着在成纤维细胞上。黏附作用在菌丝、生殖细胞（如分生孢子）和侵染结构（如附着胞）对宿主表面和基质的附着中非常重要（Braun and Howard，1994；Tronchin et al.，2008）。因此认为，复杂的多细胞结构中的黏附建立在更多的附着于外部（如宿主）表面的祖先机制上。

（朱佳馨、刘杏忠）

第二节　菌丝体进化

真菌是一种高度多样化的异养真核生物，几乎存在于所有的生态系统中，特别是在陆地生态系统中广泛存在。真菌可以根据其形态大致分为单细胞真菌和多细胞真菌，单细胞（unicellular）真菌（如酵母菌）的个体形态多为球状、卵圆、椭圆、柱状和香肠状等，如今已成为现代生物技术发展的模式系统；但真菌在进化上成功的一个重要原因却是数量更为庞大的多细胞（multicellularis）真菌能够无限期地生长为圆柱形多核细胞，即菌丝（hyphae）。菌丝在基质中或培养基上蔓延伸展，反复分枝成网状菌丝群，称为菌丝体（mycelia）。菌丝体是多细胞真菌的标志性结构，在其生命周期中具有极其重要的意义，多细胞真菌通过菌丝体进行觅食营养、繁殖和致病等生理活动。菌丝体的形态特征具有相当大的差异性，其起源与进化一直以来都引起人们的广泛兴趣，对菌丝形态发生及相关基因的研究揭示了菌丝体进化的过程，同时菌丝体也在进化中特化出多种形态，以满足不同的生存策略的需要。本节对多细胞真菌菌丝体的形态发生及进化途径进行分析和综述。

一、菌丝体及功能

（一）菌丝及菌丝体类型

1. 菌丝　　菌丝（hypha）是由管状细胞壁包围的一个或多个细胞组成单条管状细丝，平均直径为 4～6μm，是大多数真菌的结构单位。菌丝由孢子萌发成芽管，再由芽管不断生长成丝状或管状的菌体而形成，可以不断地延伸和分枝，分为有隔膜或无隔膜两种：有隔膜的菌丝称为有隔菌丝（septate hypha），无隔膜的菌丝称为无隔菌丝（coenocytic hypha）。演化程度高的真菌多是有隔菌丝，无隔菌丝存在于原始真菌和其他一些形似真菌的生物中。在大多数真菌中，隔膜将菌丝分隔成若干长圆筒形的小细胞，隔膜又分为单孔型、多孔型和桶孔型等多种类型，并且隔膜类型在不同的真菌类群中差异很大（Bleichrodt et al.，2012；Meyer and Fuller，1985）（图 4-3）。例如，接合菌亚门真菌（如根霉菌、毛霉菌）的菌丝发达多分枝，无横隔，多核（Mclaughlin and Spatafora，2014）；无孔隔膜在真菌中很少见，主要局限于新丽鞭毛菌亚门（Neocallimastigomycotina），多出现在假根的基部（Healy et al.，2013）；未闭合的隔膜出现在某些游动性真菌或者真菌丝，如芽枝霉门（Blastocladiomycota）真菌、壶菌纲（Chytridiomycetes）部分真菌、单毛壶菌纲（Monoblepharidomycetes）真菌中，还有一些未闭合的隔膜将菌体和假根分开，这类隔膜通常还具有中央孔洞；壶菌纲（Chytridiomycetes）部分真菌、蛙粪霉纲（Basidiobolomycetes）真菌、捕虫霉纲（Zoopagomycetes）真菌、伞形

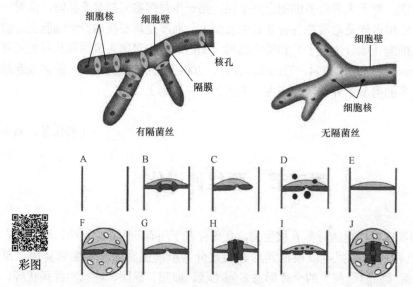

图 4-3　有隔菌丝和无隔菌丝示意图（上）及隔孔类型与结构（下）（引自 Naranjo-Ortiz and Gabaldón，2020）
A. 无隔膜；B. 透镜状隔膜；C. 未封闭隔膜；D. 具沃鲁宁体隔膜；E. 无孔隔膜；
F. 单孔隔膜（具孔盖）；G. 单孔隔膜；H. 桶孔隔膜；I. 多孔隔膜；J. 桶孔隔膜（具孔盖）

霉目（Umbelopsidales）真菌、古根菌纲（Archaeorhizomycetes）真菌具有中央孔的单孔隔膜；壶菌纲（Chytridiomycetes）部分真菌、黑圈团菌纲（Bartheletiomycetes）真菌、毛霉目（Mucorales）真菌、酵母亚门（Saccharomycotina）真菌具有多个可变大小的孔的隔膜；形态各异的透镜状隔膜是 Kicxellomycotina 真菌的一种共有衍生特征（synapomorphic trait）；与小细胞器相关的隔膜结构的最常见形式是盘菌亚门（Pezizomycotina）的具有沃鲁宁体的隔膜；而大多数担子菌（Basidiomycota）成员都具有孔盖和/或桶孔隔膜。

常见隔膜上的小孔洞可以容纳核糖体、线粒体通过，细胞内的细胞质也可以通过隔膜的孔洞进入相邻的细胞，有时还会有细胞核通过隔膜在细胞之间流动。有些真菌的菌丝本身没有隔膜，整个菌丝体为一无隔多核的可分支的管状细胞，但一些无隔菌丝在老化或受到损伤时会在局部形成没有孔洞的封闭隔膜（Steinberg et al.，2017；Tegelaar and Wsten，2017）。

真菌细胞壁作为菌丝与周围环境的分界面，起着保护和定型的作用。真菌细胞壁主要由多糖和糖蛋白组成（Bartnicki，1968），与具有纤维素细胞壁的植物和卵菌相比，真菌细胞壁中的主要结构聚合物通常是几丁质。细胞壁干重的80%由碳水化合物组成，如几丁质、脱乙酰壳多糖、葡聚糖、纤维素、半乳聚糖等；大约10%由蛋白质及糖蛋白构成，蛋白质包括负责细胞壁生长的酶、特定胞外酶和将多糖交联起来的结构蛋白；此外，还有类脂、无机盐等小分子。不同的多糖链相互缠绕组成粗壮的链，这些链构成的网络系统嵌入蛋白质及类脂和一些小分子多糖的基质中，这一结构使真菌细胞壁具有良好的机械硬度和强度（邢来君等，1999）。

2. 菌丝生长 真菌的菌丝是桶状结构，具有一个半球形或半椭圆形的顶端区域。菌丝在它们的顶端部分进行生长和延伸，且不断产生分枝，菌丝生长的长度可以是无限的，菌丝的每一部分都有潜在的生长能力，单根菌丝片段在合适的基质上能够生长发育成为一个完整的菌落（colony）（许志刚，2009）。荧光抗体技术、外部标记及测量隔膜之间的距离等技术手段都证明了菌丝的顶端生长这一模式。其中，通过放射性自显影技术对鲁氏毛霉（*Mucor rouxii*）真菌芽管生长的研究是菌丝顶端生长很好的例证（Bartnicki and Lippman，1969）。结果表明，真菌新形成的细胞壁仅在菌丝顶端1μm以内的区域合成，菌丝的生长是通过在菌丝尖端凝集新的质膜、通过分泌囊泡胞吐作用合成新细胞壁而形成。菌丝的形状依赖于细胞壁的支撑，生长极性仅发生在菌丝顶端。真菌的细胞壁组成主要是多糖和糖蛋白。内层（碱不溶性部分）是交织的几丁质小纤维组分、β-1,3-葡聚糖和β-1,6-葡聚糖，内层嵌入碱可溶性多糖（β-1,3-葡聚糖）和糖蛋白（半乳甘露糖肽）组成的无定形胶状基质中（Hunsley and Burnett，1970）。

糖蛋白基质的合成是通过分泌途径、分泌小泡转运，之后通过胞吐作用镶嵌在细胞壁中的。同时，这个过程需要细胞壁松弛酶（几丁质酶和 β-1,3-葡聚糖酶）和细胞壁合成酶共同参与。响应多糖合成过程的酶像一台纳米机器，据推测这些纳米机器定位于质膜上（图4-4）。

几丁质是由一个完整的膜蛋白家族合成的。几丁质合成酶（CHS）位于细胞质一侧的质膜上，接受底物尿苷二磷酸-*N*-乙酰葡糖胺（UDP-GlcNAc），并在质膜的外侧将其组装为 β-1,4-乙酰葡萄糖胺（β-1,4-GlcNAc）（Latgé and Calderone，2006；Roncero，2002）。丝状真菌比酵母有更多的几丁质合成酶家族，相应地在细胞壁中就含有更高的几丁质含量（Bulawa，1993；Choquer，2004；Riquelme and Bartnicki-García，2008）。

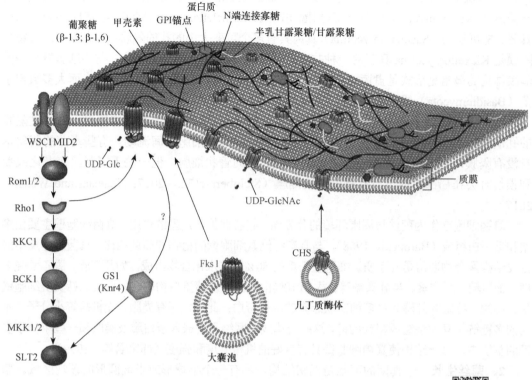

图 4-4　真菌细胞壁生物合成的三维视图（引自 Riquelme，2013）

彩图

β-1,3-葡聚糖的合成是通过葡聚糖合成酶复合物（GSC）进行的，该复合物包含一个催化亚基（Fks）和一个调节亚基（Rho1）。在酵母中鉴定出 4 个 *fks* 基因，和酵母菌不同的是，在丝状真菌中只有一个 *fks* 基因，并且是管家基因（Lesage et al.，2004）。Fks 是跨膜蛋白，在细胞质一侧接收尿苷二磷酸葡萄糖（UDP-Glc），在质膜外侧排出产物。Rho1（Rho GTP）酶在内质网上合成，经历蛋白质修饰使其可以插入质膜中（Inoue et al.，1999），Rho1 和 Fks1 都被转移到质膜中，成为一种没有活性的蛋白复合体，一旦定位于质膜上，Rom2 就开始激活 Rho1-GDP，在 GDP 结合的状态下激活 Fks1（Abe et al.，2003）。

3. 顶体的作用　在顶端生长过程中，顶体（Spitzenkörperr，SPK）是与顶端生长相关的细胞器，由含有细胞壁成分的膜结合囊泡聚集而成（图 4-5）。顶体是真菌内膜系统的一部分，在对鬼伞属真菌固定后进行铁苏木精染色时被首次发现，并被认为是与菌丝的顶端生长相关的结构。在相差显微镜下观察到顶体是活跃于生长的菌丝顶端区域的暗色小体（Girbardt，1957；Mcclure et al.，1968）。超微结构研究表明，顶体区域是由大小不等的囊泡、核糖体、微管、肌动蛋白和一些无定形或不确定性质的颗粒物质聚集组成（Bourett and Howard，1991；Girbardt，1969；Grove and Bracker，1970；Howard，1981；Roberson and Vargas，1994）。顶体以高度的动态性和多形性存在于菌丝顶端，并对菌丝的生长起到核心作用，直接决定了菌丝的形态建成过程（Bartnicki-Garcia et al.，1995；Riquelme et al.，1998）。顶体的作用是保存并释放从高尔基体中接收到的囊泡。这些囊泡通过细胞骨架到达细胞膜并通过胞吐作用释放其内含物。囊泡膜将用于细胞膜的生长，而其内容物将用于形成新的细胞壁。顶体沿着菌丝链移动，并产生根尖生长和分枝。随着菌丝的延伸，在生长尖端后形成隔膜，将每个真菌菌丝分隔成单个细胞。菌丝的分支方式有两种：既可以通过正在生长的尖端分枝，也可以通过已建立的菌丝出现新的尖端而分枝。另外，因为发现微管在菌丝顶端凝集，且与顶体非常接近，因此推测顶体也是微管凝聚组织中心（Hoch and Staples，1985；Mouriño-Pérez et al.，2006；Riquelme et al.，2002）。

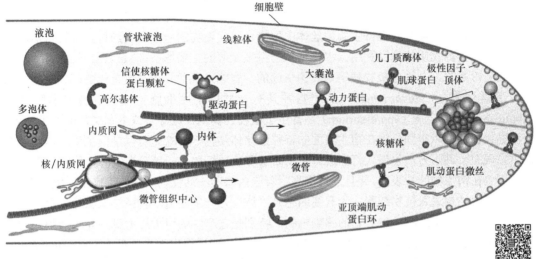

图 4-5　假想的菌丝尖端示意图及参与顶端生长的主要成分（引自 Riquelme，2020）　　彩图

　　一些真菌没有顶体，如成熟的粗糙脉孢霉（*Neurospora crassa*）菌丝顶端具有顶体结构，而芽管却没有，这可能是菌丝生长速度比较慢的原因，由于菌丝长速比较慢，就没有足够的顶端分泌小泡的凝集，因此在一些长速比较慢的真菌中可能观察不到顶体的存在（Köhli et al.，2008）。

　　4. 菌丝分化及变态　　组成真菌菌体的全部菌丝称为菌丝体（mycelia）。菌丝体从一点向四周呈辐射状延伸，因此真菌通常会形成圆形的菌落。通常情况下，菌丝体在进化过程中为了更好地吸收营养、满足生长发育的需要，逐渐特化形成假根、吸器、附着胞及菌环、菌网等多种特殊的变态结构，并具有相应功能以适应生活的需要。菌丝体向各种特化的变态结构的进化历程是"适者生存"的一个重要证据。

　　（1）假根和匍匐菌丝　　假根（rhizoid）是黑根霉和一些壶菌菌体的某个部位长出多根有分枝的根状菌丝，假根能使菌丝固着在基物上，并能吸收营养，起到支撑菌体的作用。匍匐菌丝（stolon）是真菌在固体基质上常形成的与表面平行、具有延伸功能的菌丝，呈匍匐状，连接两组假根，毛霉目的真菌常形成具有延伸功能的匍匐状菌丝。其中根霉属更为典型：在固体基质表面上的营养菌丝，分化成匍匐菌丝，隔一段距离在其上长出假根（伸入基质）和孢囊梗，而新的匍匐菌丝再不断向前延伸，以形成不断扩展的、大小没有限制的菌苔。

　　（2）吸器　　吸器（haustorium）是植物专性寄生菌和寄生性较强的兼性寄生菌物，通过生长在寄主间隙的菌丝体穿过细胞壁，在植物细胞内形成膨大或分枝状的结构。吸器是植物专性寄生真菌唯一位于寄主细胞内并可从中获取养分的器官，因此吸器的形成是植物专性寄生菌成功侵染的标志。不同真菌的吸器形成过程和结构组成基本相同，均由吸器体（haustorium）、吸器外间质（extrahaustorial matrix）和吸器外质膜（extrahaustorial membrane，

EHM）三部分组成。吸器是由胞间菌丝特化产生的，真菌侵入寄主后，在寄主细胞间隙形成胞间菌丝，胞间菌丝顶端与寄主细胞壁接触后被诱导分化，进而形成吸器母细胞（Kang et al.，1994；Tian et al.，2002）。由于寄主植物的不同，不同真菌形成的吸器形态存在差异，有球状、指状、掌状及丝状等，如大多数霜霉菌产生丝状吸器，但向日葵霜霉菌（*Plasmopara halstedii*）产生的吸器呈球状，并且没有颈部（Kang et al.，1993）。白锈菌产生球状吸器，白粉菌产生掌状吸器，锈菌则产生指状吸器。从功能方面上讲，吸器是特化成为专门从寄主细胞内吸取养分的菌丝变态结构，其目的是增加真菌对营养的吸收面积，并提高自寄主细胞内吸取养分的效率。此外，吸器是专性寄生菌菌丝体中生物合成代谢物的一个必要结构，具有特殊的代谢机制，是营养物质代谢及利用碳水化合物产生多元醇的主要场所（Yin et al.，2015）。

　　（3）附着胞　许多植物病害是真菌引起的，有些致病菌具有高度特化的感染结构。例如，刺盘孢属（*Colletotrichum*）的一些种具有一种由坚硬细胞壁组成的特殊的附着胞（appressoria）。附着胞（appressorium）是寄生于植物的真菌在其芽管或老菌丝顶端发生膨大，分泌黏状物，借以牢固黏附在宿主表面的特殊菌丝体结构。附着胞可以使真菌牢固地附着在寄主体表面，其下方产生侵入钉穿透寄主角质层和表层细胞壁。感染植物时，这种附着胞牢牢地附着在宿主的叶片表面，并且通过提高附着胞内渗透压活性物质的浓度产生巨大的膨压，射出一钉状结构进入植物细胞，为真菌的感染"炸"开一条通道。真菌学家虽然早已知道真菌这种特殊的感染结构，但对它的感染机制，特别是它产生的巨大压力机制并不清楚。1999年，Bechingerts 等将物理学和生物学的方法结合起来，测试得出禾生刺盘孢（*C. graminicola*）附着胞的压力为 5.35MPa，而 *Magnaporthe grisea* 附着胞的压力更大，为 8.0MPa，这相当于加压蒸汽灭菌压力（0.1Ma）的 50~80 倍。这些植物致病真菌就是用如此巨大的压力，攻破单子叶和双子叶植物细胞壁的角质层和表层，以达到侵染的效果。

　　真菌的许多种类如稻瘟病菌和炭疽病菌产生的附着胞具有坚硬的黑色细胞壁，附着胞紧紧黏附在植物表面，用称为侵染栓的菌丝穿破植物的表皮。在这个过程中，真菌改变了生长的极性（芽管平行于寄主体表生长，侵入时垂直于寄主体表生长）（Emmett and Parbery，1974；Howard and Valent，1996）。

　　（4）捕食结构　捕食真菌是指以营养菌丝特化形成黏性菌丝（adhesive hyphae）、黏性菌网（adhesive nets）、黏性球（adhesive knobs）、非收缩性环（non-constricting rings）、收缩性环（constricting rings）、黏性分枝（adhesive branches）及冠囊体（stephanocysts）等不同捕食器官捕捉小动物（如线虫）的一类真菌（张克勤，2006；李天飞等，2000）。

　　1）黏性菌丝主要存在于低等的无隔膜菌物中。菌丝分泌黏性物质覆盖在表面，线虫可以在任意一点被捕获。目前，所分离到的具有此种捕食结构的真菌大多数属于捕虫霉目（Zoopagales）的梗虫霉属（*Stylopage*）和泡囊虫霉属（*Cystopage*）（李天飞等，2000）。

　　2）黏性菌网是营养菌丝上长出的分枝弯曲，与原来的营养菌丝融合形成第一个环，而后又从环或营养菌丝上不断产生分枝融合后形成两个以上菌环或更复杂的由多个菌环连接组成的三维黏性网状结构。黏性菌网表面覆盖有黏性物质，这种捕食结构增大了与线虫接触的面积，提高捕食效率。在自然界中，黏性菌网是最常见到的一种捕食结构（Liu et al.，2009）。

　　3）黏性球是营养菌丝上产生的有柄或无柄的单细胞黏球，球形或亚球形。

　　4）非收缩性环是由营养菌丝上产生的一纤细直立的侧生分枝，成为支撑非收缩性环的柄，柄顶端形成 3 或 4 个细胞构成的环，菌环表面可分泌熟性物质。此种结构往往产生于黏性球的旁边。

5）收缩性环的形成与非收缩性环相似，只是支撑环的柄通常比非收缩性环的短而粗，更加坚实（张克勤，2006）。收缩性环细胞内表面对摩擦非常敏感，一旦线虫进入环内，环可在极短时间内膨胀，将线虫牢牢捕获致死（Liu et al.，2014）。

6）黏性分枝是营养菌丝上长出的直立侧枝，比营养菌丝稍粗，有的较长，有的较短，其表面覆盖黏性物质，而营养菌丝无黏性物质，常可以互相融合成二维网（李天飞等，2000）。

7）冠囊体是从营养菌丝上侧生出或直接从孢子产生的球形细胞，其基部环生一圈小刺结构，电镜观察表明，冠囊体表面覆盖有纤维状的黏性物质（Tzean，1993）。

根据捕食机制的不同，原始的捕食结构沿着两条不同的方向分化：一个分支形成了收缩性环，另一分支则形成了黏性捕食器官。在黏性捕食器官中，黏性菌网首先分化出来并保持着一个稳定而温和的进化速率。而黏球类的捕食器官则沿着柄长增长的方向不断进化，并最终形成了非收缩性环。有分析显示，这些捕食器官仍处于一个快速的进化阶段（Yang et al.，2007，2012）。

5．二相型 真菌二相型（dimorphism）是指某些真菌在外界环境因子的诱导下，其营养体可在酵母型（yeast form）和菌丝型（mycelium form）两种不同细胞形态间转化的能力（Sanna et al.，2012）。酵母型真菌是具有细胞壁的非丝状单细胞，通常为椭圆形至近球形。诱导二相型真菌形态转化的环境因子众多，不同环境因子诱导二相型转化的分子机制也不尽相同。具有二相型能力的真菌很多，在子囊菌、担子菌和接合菌中均存在，其中尤以子囊菌居多。目前研究报道较多的典型二相型真菌主要有玉米黑粉菌（*Ustilago maydis*）、白念珠菌（*Candida albicans*）、酿酒酵母（*Saccharomyces cerevisiae*）、解脂酵母（*Yarrowia lipolytica*）和银耳（*Tremella fuciformis*）等。研究表明，大多数二相型真菌的形态转换与其营养摄取和致病性密切相关（Boyce and Andrianopoulos，2015）。

（二）菌丝组织及菌丝体

1．菌丝组织 真菌的菌丝体一般是分散的，但有时可以密集地纠结在一起形成菌丝组织，通常是高等真菌或有隔膜的菌丝可以形成菌丝组织。菌丝组织有拟薄壁组织（pseudoparenchyma）和疏丝组织（prosenchyma）两种。

（1）拟薄壁组织 真菌的菌丝体纠结十分紧密，菌组织中的菌丝细胞接近圆形、椭圆形或多角形，与高等植物的薄壁细胞相似，称为拟薄壁组织。

（2）疏丝组织 真菌的菌丝体纠结比较疏松，还可以看出菌丝的长形细胞，菌丝细胞大致平行排列，这种组织称为疏丝组织。

2．菌丝体结构 菌丝在基质内生长、蔓延、伸展、反复分枝、互相交织形成一个群体，统称为菌丝体。有些真菌在生长的一定阶段或遇到不良条件时，部分菌丝体可以相互扭结形成菌核（sclerotium）、子座（stroma）、菌索（rhizomorph）等特殊的菌丝体。

（1）菌核 菌核是由菌丝密集而成的块状或颗粒状的休眠体，质地坚硬，色深，大小不一，一般呈灰褐色。菌核外层细胞较小，细胞壁厚，称拟薄壁细胞；内部细胞较大，壁薄，大多数为白色粉状肉质，称疏丝组织。菌核是真菌的储藏器官，是真菌渡过不良环境的形式。菌核有很强的再生能力，在条件适宜的时候可以萌发产生菌丝，或由菌核直接产生子实体，释放孢子。

（2）子座 子座是真菌从营养阶段发育到繁殖阶段的一种过渡形式，某些子囊菌有子座。子座可以纯粹由菌丝体组成，也可以由菌丝体和部分营养基质相结合而形成。子座形态不一，食用菌的子座多为棒状，子囊孢子生于棒状子座的顶端。

（3）菌索　　菌索是指有些高等真菌的菌丝体平行排列组成长条状，因类似绳索，称为菌索。菌索周围有外皮，尖端是生长点，多生长于树皮下或地下，有帮助真菌迅速运送物质和蔓延侵染的功能。菌索在不适宜的生长环境下呈休眠状态。

二、菌丝起源

真菌界中大多数现存的物种是多细胞的，但是目前，真菌多细胞的起源尚不清楚，菌丝多细胞表现出不同于常见多细胞体系（如植物、动物）的一些独特的性质，如克隆多细胞和聚合多细胞，说明真菌的菌丝体进化可能遵循了不同的特殊原则。

菌丝体的进化始于早期真菌祖先时期，对化石的相关研究表明菌丝体的起源至少可以追溯到奥陶纪：4.07 亿年前的芽枝霉门（Blastocladiomycota）化石中就保存了复杂的菌丝体结构（Strullu-Derrien et al.，2018），而 4.6 亿年前真菌就进化出了球囊菌亚门（Glomeromycotina）的菌丝和孢子（Redecker，2000；Berbee et al.，2017）。目前关于菌丝体前体的假设有两种：壶菌门（Chytridiomycota）真菌主要以单细胞形式存在，通过细小分枝的根状菌丝体固定在底物上（Stajich et al.，2009），一种假设认为这些根状的结构是真菌菌丝体的前体（Harris，2011，2008）；另一种假设认为，多中心壶状真菌（如 *Physocladia*）菌体中的类菌丝样连接是菌丝体的前体（Dee et al.，2015）。此外，大多数芽枝霉门（Blastocladiomycota）真菌形成单个中心或多个中心的单细胞菌体，有些物种形成了一些类似菌丝体的中间形态，如 *Allomyces* 形成宽的顶部生长结构，类似于真正的菌丝；或 *Catenaria* spp.在游动孢子囊上形成狭窄的出口管，它们仍然保留着的单细胞形态说明其具有单细胞祖先，这说明了菌丝状的结构可能来源于多种前体的中间形态的趋同进化。

基于基因组的真菌系统发育研究对物种形成多细胞菌丝的能力进行评分和比较的结果显示，菌丝体是由某些早期真菌祖先的单细胞前体进化而来的，菌丝多细胞性最可能起源于三个节点：芽枝霉门（Blastocladiomycota）、壶菌门（Chytridiomycota）和捕虫霉门（Zoopagomycota），分别简称为 B、C、Z（图 4-6）。菌丝在这三个节点之一中进化，或者说菌丝的进化是在这三个节点中逐渐发展的过程（Kiss et al.，2019）。

三、菌丝演化

（一）菌丝演化假说

真菌演化出菌丝结构，首先要实现多细胞进化，这一过程又涉及黏附、交流和分化等多方面稳定的进化（Abedin and King，2010；Niklas and Newman，2013；Parfrey and Lahr，2013）。

大多数生物进行多细胞进化的第一步是产生细胞间的黏附作用，通常由黏性细胞表面分子（蛋白质、糖蛋白、多糖等）介导。由于菌丝具有共细胞特性，真菌的克隆性体现在细胞核水平（产生多核菌丝细胞）而不是细胞水平。真菌需要通过隔膜将细胞间隔开以实现多细胞进化，并且有相应的机制实现细胞间的相对封闭及细胞间的通信。细胞黏附对真菌进化出变态结构十分重要，如子实体、菌根、菌核等，这些结构在真菌进化过程中出现得很晚。

真菌多细胞的许多独特性来自菌丝的分形生长模式，真菌能够形成由菌丝组成的多细胞菌体，菌丝在顶部伸展、生长和分枝，形成松散排列、相互连接、分形网状结构。菌丝体的进化很可能是为了提高觅食效率，扩大生长面积并占据空间，以最大限度地利用基质。

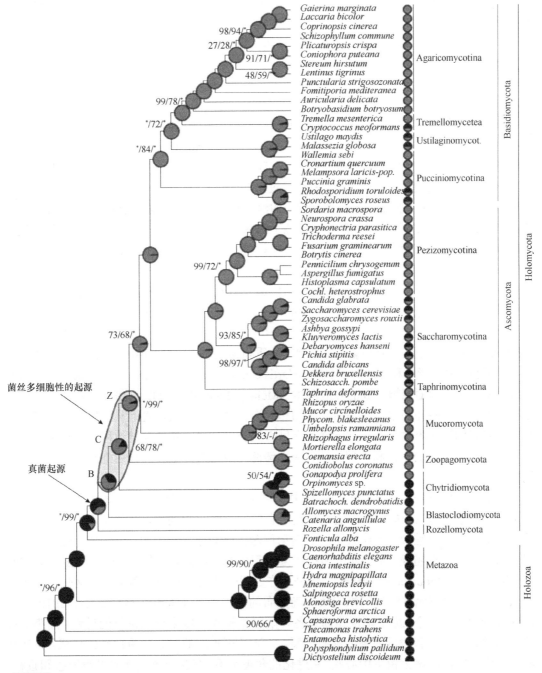

图4-6　真菌菌丝多细胞性和潜在基因的进化（引自 Kiss et al.，2019）

节点处的饼图显示了使用贝叶斯-马尔可夫链蒙特卡罗（MCMC）融合算法重建的菌丝（绿色）和非菌丝（深蓝色）祖先状态的比例

彩图

　　驱动菌丝进化的三个重要因素可能是细胞壁的进化、细胞渗透压的进化和定植于土壤。渗透压和细胞壁完整性的进化可能早于菌丝，如壶菌属或芽生枝霉属真菌的孢子囊

（Richards，2017）。无柄、有壁的叶状体和渗透营养摄食特点共同限制真菌更好地获取营养物质，尤其是在陆地栖息地，而从土壤中获得营养需要真菌进化出能够使其表面积扩展的功能，管状菌丝的快速顶端生长满足了这一需求（Heaton et al.，2020）。对这一猜想的补充是，真菌登陆过程需要完整的细胞壁和渗透压调节，从而驱动了真菌菌丝的形成和演化（Kiss et al.，2019）。

（二）顶端生长机制

目前关于菌丝形态发生的分子和细胞基础已经有很多研究。丝状形态不仅是真菌界最广泛的生长方式，更可能是一种比酵母形式更古老的形式（Abedin and King，2010）。菌丝的形态的建成建立在细胞极化、胞外和胞内联动、远距离囊泡运输及菌丝扩展（如细胞壁的合成和装配）、分枝和分隔等基础上。丝状真菌通过形成简单的管状菌丝而生长，菌丝能够分化为更复杂的形态结构和不同的细胞类型。真菌的丝状网络通过在菌丝顶端进行分枝得以延伸生长。快速的顶端伸长需要大量的膜合成和几丁质细胞壁的延伸。该过程通过分泌囊泡的连续流动来维持，与微管和肌动蛋白细胞骨架及相应的运动蛋白和相关蛋白的协同作用相关（Riquelme et al.，2018）。

顶端生长是通过顶端区域细胞壁物质的协调分泌和结合来实现的。两极分化的菌丝延伸与菌丝顶端特定结构的存在密切相关（Steinberg，2007；Virag and Harris，2006）。菌丝生长的一个关键结构是顶体（Spitzenkörper），这是由吉尔巴德（1957）首次定义的囊泡顶端集群（Girbardt，1957）。顶体是分泌囊泡将细胞壁物质和其他因子运送到菌丝尖端的分配中心，其组成包括参与微丝形成和功能的蛋白质（Harris et al.，2005；Riquelme et al.，2007），以及参与细胞壁几丁质和葡聚糖合成的囊泡群体（Mclaughlin et al.，2009）。细胞质内的微管网络结构提供了内质网和高尔基体的囊泡货物和囊泡孔之间的连接，囊泡从这里移动到菌丝尖端并分泌它们的内容物来建立细胞壁和提供表面膨胀。进一步的关键过程包括顶尖其余膜循环，cAMP 通路的激活和丝裂原活化蛋白激酶（MAPK）级联，最后是形态发生的转录调控。

菌丝的形成过程在不同类群的真菌中基本相似，因此我们可以通过某些基本特征来定义菌丝，如形状和生长模式，但是并不是所有的菌丝都是相同的。在丝状真菌中，可以发现菌丝形态的重要差异。当比较不同的真菌门时，这些差异最为明显。例如，接合菌的真菌中菌丝通常没有隔膜，而子囊菌和担子菌的菌丝都有隔膜，但在相关隔膜孔复合体的组织上有所不同（Inoue et al.，1999）。此外，许多担子菌物种形成营养菌丝，这些营养菌丝是双核的，并具有允许菌丝间细胞核正确分布的钳夹连接（Berbee and Taylor，2010）。真菌通过隔膜形成单个细胞，隔膜是通过各种隔膜结构和堵塞来分隔菌丝的过程。隔膜形成的机制类似于动物和酵母细胞的胞质分裂，并涉及可收缩的肌动球蛋白环的形成，该环在相邻细胞之间的横壁上留下中心孔。从进化的角度来看，存在一个连续的隔膜形态和直径；从几乎不干扰流动的狭窄内陷，到邻近菌丝细胞的完全闭合（Berbee and Taylor，2010；Jedd，2011）。

此外，食物来源的不均匀性使真菌需要高效的长距离运输能力，才能跨越营养丰富的区域（Anderson et al.，2018）。在真菌中，质量流还可以通过多种机制来驱动：在菌丝体或子实体的特定部位蒸发或凝结，由菌根产生的低压或由菌丝尖端扩张产生的负压。

四、菌丝形态发生机制

根据基因在菌丝生长中所发挥的功能将其分为9组基因家族：肌动蛋白细胞骨架调节、极性维持、细胞壁生物发生/重塑、隔膜（包括隔膜堵塞）、信号转导、转录调节、囊泡转运、基于微管的转运及细胞周期调控。现存真菌中与菌丝生长相关的大多数基因在真核生物中是高度保守的，它们的起源早于菌丝，说明真菌选择了几种保守的真核功能进行菌丝生长。与真菌相比，与隔膜、极性维持、细胞周期控制、囊泡运输和基于微管的运输有关的基因家族，在动物、非真菌真核生物及其祖先中的分布更加多样化，说明这些在菌丝形态发生中起着关键作用的基因家族在真菌中的进化方向是基因丢失。而真菌特有的模式是激酶、细胞表面受体和黏附相关基因的延迟扩增，这些基因在动物（Grau-Bové et al.，2017；Miller，2012）和植物（Umen，2014）中都有观察到扩增的现象，而在丝状真菌中没有出现一致的变化。

另外，还有相当比例的菌丝形态发生相关的基因家族是在菌丝体起源后出现的，包括转录调节、细胞壁生物发生/重塑、肌动蛋白细胞骨架调节、极性维持、信号转导和细胞周期调控。并且在菌丝形成的进化过程中出现了真菌并没有的与吞噬功能相关的吞噬基因。

还有一类基因家族具有与菌丝进化一致的深层真核起源和重复（如细胞壁生物发生和转录调控相关基因）。这些基因家族在菌丝多细胞性最可能起源于的 Blastocladiomycota、Chytridiomycota 和 Zoopagomycota 这三个节点上的重复率均未显著升高，说明通过基因重复的进化是有限的。

（朱佳馨、刘杏忠）

第三节　真菌多态性

人体和动植物病原真菌通常具有多种形态，这种形态的可塑性与其致病性有密切关系。例如，人体病原真菌白念珠菌的酵母-菌丝形态转换与其感染能力直接相关。真菌形态的多样性是长期进化中形成的快速适应复杂多变环境的生存策略。快速的微进化可以赋予真菌不同的致病性、耐药性，或保护它们免受宿主免疫系统的攻击。本节对酵母菌（包括念珠菌属、酿酒酵母、隐球菌属等物种）和丝状真菌（包括曲霉、马尔尼菲青霉、稻瘟病菌、黑粉菌、荚膜组织胞浆菌等）的形态多样性进行分析和综述。

一、酵母菌形态多样性

真菌的形态转换通常是可逆的，往往表现为细胞形态和菌落形态的改变。细胞水平上的变化通常导致菌落形态的改变，甚至形成复杂菌落表型。真菌已经进化出多种调控途径，感应外界环境，如pH、温度、化学因子等的变化。这些环境感应信号可以促进不同形态之间的转换，如念珠菌所特有的双稳态转换和酿酒酵母的假菌丝生长。下面主要以念珠菌 [白念珠菌（*Candida albicans*）]、酿酒酵母（*Saccharomyces cerevisiae*）和隐球菌 [新生隐球菌（*Cryptococcus neoformans*）] 为模式物种来介绍酵母菌的形态多样性（图4-7）。

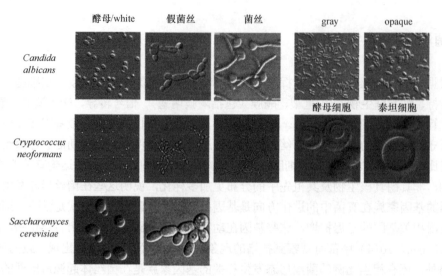

图 4-7　白念珠菌、新生隐球菌和酿酒酵母的形态多样性

（改自 Sudbery et al.，2004；Okagaki et al.，2010；Cullen et al.，2012；Lin et al.，2015；Tao et al.，2014）

（一）白念珠菌

念珠菌（*Candida*）是一类人体重要的机会致病真菌，主要定植于人体口腔、胃肠道、生殖道等部位，其中最常见的是白念珠菌（*Candida albicans*）。白念珠菌在漫长进化过程中形成了独特的生物学特性，如形态可塑性。形态的转换帮助其适应复杂多变的宿主环境，这也是念珠菌能成为病原体的重要原因。念珠菌拥有两套典型的形态转换系统：酵母-菌丝型转换和 white-opaque 形态转换。不同形态的细胞在黏附能力、组织侵染能力、生物被膜的形成、交配能力、耐药性及致病性等方面存在明显差异。

1. 酵母-菌丝形态转换　　酵母型细胞是单细胞，体积较小，利于定植和黏附于皮肤或黏膜组织的表面，通常并不引起宿主的免疫应答，但一旦进入血液很容易引发宿主严重的系统性感染。菌丝细胞又分为真菌丝和假菌丝，真菌丝为长管状细胞，核分裂发生在菌丝的子细胞内，随后子核又转移到母细胞中。胞质分裂后菌丝细胞保持"端对端"紧密地附着在一起，因此多次细胞分裂后会产生多细胞、分枝状的菌丝体。而假菌丝是由一连串伸长的酵母态细胞前后相接形成，细胞间有隔膜（图 4-8）。相对于酵母细胞，菌丝细胞的优势在于其可以通

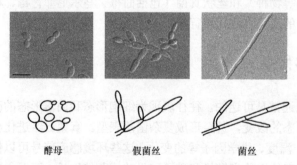

图 4-8　白念珠菌的酵母、假菌丝、菌丝微分干涉（DIC）显微成像图（上）和细胞示意图（下）

（改自 Thompson et al.，2011）

标尺为 10μm

过伸长而穿透宿主的上皮细胞、组织、器官，引发严重的侵入性感染。此外，一旦被巨噬细胞吞噬，念珠菌还可以通过菌丝生长逃逸出来。

2. 酵母-菌丝形态转换调控机制　温度、pH、血清、N-乙酰葡萄糖胺（GlcNAc）、CO_2和营养饥饿等多种环境因子调控白念珠菌酵母-菌丝形态转换（Huang et al.，2012）；而参与调控的信号途径主要有 cAMP-PKA（cAMP-protein kinase A）信号途径、MAPK（mitogen-activated protein kinase，丝裂原活化蛋白激酶）信号途径、Rim101 介导的 pH 感应途径和 Tup1 介导的转录负调控途径。

哺乳动物体温较高，有助于抑制大多数真菌在其体内增殖。但人体的生理温度 37℃却是白念珠菌菌丝发育的最适温度，在低于人体生理温度的情况下，如 25℃，则有利于白念珠菌酵母型细胞的形成。人体血液和肠道中拥有大量肽聚糖、GlcNAc 和高浓度的 CO_2，这些环境因子可有效促进白念珠菌的菌丝发育。GlcNAc 主要来源于肠道共生细菌代谢，而 CO_2 主要来源于人体或肠道微生物的呼吸作用。温度、CO_2、GlcNAc 和血清诱导的白念珠菌菌丝发育过程主要是通过 cAMP-PKA 信号通路来实现的。这些环境因子可与细胞膜表面的受体蛋白结合，将外部信号传递至 Ras1 蛋白或直接激活腺苷酸环化酶 Cyr1，导致胞内 cAMP 水平的上升，cAMP 与调节亚基 Bcy1 结合并激活 PKA 复合体，活化后的 PKA 作用于下游的转录因子 Efg1 和 Flo8，并调控菌丝特异性相关基因（如 *ALS3*、*HWP1*、*HYR1* 和 *HGC1* 等）的表达（Zheng et al.，2004）。

环境中的营养条件变化也参与调控白念珠菌的菌丝发育。当白念珠菌营养受限或饥饿时，可通过 MAPK 信号途径调控菌丝生长。MAPK 信号途径在真核生物中具有高度的保守性，在白念珠菌中，营养饥饿信号与细胞膜受体蛋白 Mep2 结合，经过 Ras1 激活 MAPK 通路中的激酶 Ste11、Hst7 和 Cek1/Cek2 复合体，最后激活下游转录因子 Cph1 和 Tec1 等，促进菌丝生长（Liu et al.，1994）。

宿主不同组织的 pH 差异非常大（pH 2～10），白念珠菌具有非常强的 pH 适应能力。酸性 pH（pH<6.5）可有效抑制酵母型向菌丝型细胞转换，而中性或弱碱性 pH（pH>6.5）则促进菌丝细胞的发育。同时，白念珠菌可以通过代谢产物来改变微环境的 pH。白念珠菌通过 Rim101 途径来感应外界 pH 变化，当环境中的 pH 由酸性变为碱性时，细胞膜上的 Dfg16 和 Rim21 受体蛋白会感应这种变化，然后通过蛋白质的水解级联反应，激活蛋白酶 Rim13，通过水解 Rim101 蛋白 C 端 D/E 富集区以激活 Rim101，从而激活下游包括 Efg1 在内的相关因子，调控白念珠菌的菌丝发育。

此外，少数负调控因子也可以参与调控白念珠菌的菌丝发育，如 Tup1 和 Nrg1。Tup1 可与转录因子 Rfg1 或 Nrg1 结合为复合体，从而抑制菌丝特异性基因的表达来抑制菌丝发育。有研究表明，白念珠菌的 *TUP1* 和 *NRG1* 缺失株可在几乎所有的实验条件进行菌丝发育（Khalaf et al.，2001）。

3. white-opaque 形态转换　white-opaque 形态转换是念珠菌中另一典型的形态转换系统，这种转换系统是在 20 世纪 80 年代的白念珠菌临床菌株 WO-1 中发现的（Slutsky et al.，1987）。白念珠菌 white 和 opaque 两种细胞都属于酵母型细胞，但在多个方面存在明显差异（图 4-7）：white 细胞较小，呈球形或椭球形，在固体培养基上形成白色光滑的菌落；opaque 细胞较大，呈长柱形或伸长的椭球形并伴有大液泡，在添加荧光桃红染料 phloxin B 的固体培养基上形成红色菌落，菌落表面较为粗糙，在电镜下可以观察到细胞表面有一些功能未知的小突起（pimple）。除了外观形态差异外，white 和 opaque 细胞在交配能力、菌丝生长能力、基因表达水平、能量代谢方式、毒性及宿主相互作用等方面也存在差异，因此这种形态转换系统赋予了念珠菌更强的环境适应能力。

white-opaque 形态转换一般是自发随机发生的，频率较低，约为 10^{-4}（Joachim et al.，2010）。在宿主环境因子和遗传调控网络共同调控下，white 和 opaque 形态可发生定向转换。其中，环境因子包括温度、pH、CO_2 浓度、GlcNAc 浓度、紫外辐射和氧化压力等，而参与调控 white-opaque 形态转换的遗传因子主要为 Wor1、Efg1、Czf1 和 Wor2 等转录因子，以及 MTL 交配相关基因。

人体生理温度 37℃、低温 4℃环境及紫外辐射等条件会促进 opaque 细胞向 white 细胞转换（Brian et al.，1989；Marshall et al.，1990），而酸性条件（pH<6.5）、氧化压力、CO_2 和 GlcNAc 或存在中性粒细胞时，能促使白念珠菌高频率地从 white 细胞向 opaque 细胞转换（Kolotila et al.，1990）。其中，pH 介导的 white-opaque 转换依赖于 Rim101 信号通路，GlcNAc 主要是通过 Ras1 介导的 cAMP-PKA 途径完成调控 whith-opaque 形态转换（Huanget al.，2010），而 CO_2 对 white-opaque 形态转换的调控作用却不依赖于 cAMP-PKA 信号途径，其具体作用机制目前仍不清楚。但可以肯定的是，上述环境因子最终都是通过影响 Wor1 基因的表达参与调控白念珠菌 white-opaque 形态转换的。Wor1 与负调控因子 Efg1 及两个正调控因子 Czf1 和 Wor2 组成一个转录调控环路，共同参与调控白念珠菌 white-opaque 形态转换。此外，正调控因子 Wor3 和 Wor4 及负调控因子 Ahr1 在 white-opaque 形态转换中也发挥一定的调控作用（Huang et al.，2009）。

white-opaque 形态转换与交配型密切相关，MTLa 或 MTLα 纯合型菌株可以自发地进行 white-opaque 形态转换，而 MTLa/α 杂合型菌株主要以 white 细胞形式存在。这是由于杂合型菌株细胞中 MTLa/α 异源复合体能结合到转录因子 Wor1 的启动子区，并抑制 Wor1 基因表达和 white-opaque 形态转换（Huang et al.，2006）。

此外，近期有学者还发现了一种介于 white 细胞和 opaque 细胞形态之间的一种新形态——gray 形态（Liu et al.，1993），该形态的细胞小于 white 细胞，呈短杆状，在添加荧光桃红染料 phloxin B 的固体培养基上形成淡红色或白色菌落，菌落表面明亮有光泽。white-gray-opaque 三稳态的发现意味着白念珠菌有更多的形态多样性和适应宿主环境的更多的可能性。

（二）酿酒酵母

真菌酵母型细胞向菌丝形态转换主要有三个变化：细胞长度的增加、细胞极性的重构及细胞与细胞附着的加强。菌丝细胞之间的黏附能力增强会帮助菌落侵入琼脂下层，这种侵入生长可以用于指示菌丝生长的发生。酿酒酵母与念珠菌相比，不具有致病能力，细胞不能进行真菌丝生长，但仍然可以通过细胞之间不完全分裂形成假菌丝（图 4-7）。假菌丝不是多核细胞，细胞彼此是通过细胞壁的某些蛋白质附着在一起。营养物质匮乏、乙醇浓度和 pH 等外界环境的变化是酿酒酵母细胞向假菌丝转变的诱因。与念珠菌相同，这些环境因子也是主要通过酿酒酵母的 cAMP-PKA 和 MAPK 信号通路调控假菌丝发育（Cutler et al.，2001）。此外，营养应答 TOR（target of rapamycin）信号通路也参与酿酒酵母菌丝生长的调控（Lo et al.，1998）。这几条信号通路可以通过相应外界环境因子，激活一个共同的絮凝蛋白 Flo11，从而帮助酵母进行假菌丝发育和侵入生长（Tao et al.，2014；Cutler et al.，2001）。其中 cAMP-PKA 和 MAPK 两个通路都可以分别激活转录因子 Flo8 和 Ste12-Tec1 复合物，它们各自结合到

FLO11 的启动子区域，调节 *FLO11* 的表达从而影响菌丝发育。另外，感应代谢呼吸作用的变化的 RTG（mitochondrial retrograde）通路、脂质感应转录因子 Opi1p、tRNA 修饰复合物延伸体 ELP 和染色质重塑复合物 Rpd3(L)途径（Aun et al.，2013 年）等信号通路，形成了一个非常复杂的网络，调控酿酒酵母的形态转换。图 4-9 为酿酒酵母菌丝发育的详细途径。

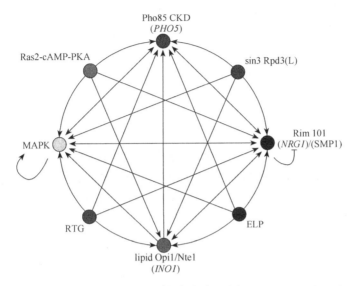

图 4-9　酿酒酵母菌丝发育相关通路关系（引自 Chavel et al.，2014）

（三）隐球菌

新生隐球菌是隐球菌性脑膜炎的主要病原体，据估计，全世界每年有 60 多万人死于这种致命的疾病。与白念珠菌不同，新生隐球菌是一种广泛存在于环境中的病原体。其形态多样性主要是通过与自然环境的相互作用进化而来的，主要包括酵母、巨细胞（泰坦细胞）、菌丝及假菌丝等多种形态（图 4-7）。隐球菌主要以酵母形态存在，当侵入宿主肺部后，一部分细胞会不断膨大，从而形成巨细胞，巨细胞直径大于 15μm，产生荚膜后甚至能达到 30μm。巨细胞可以定植在肺中或侵染宿主的脑部，由于细胞很大，所以很难被巨噬细胞捕获。

隐球菌的有性孢子是一种很小（直径 1.8～3μm）的细胞，散播性和抗逆性很强，是隐球菌重要的感染繁殖体。与念珠菌不同，隐球菌虽然可以进行菌丝或假菌丝发育，但这两种形态一般不参与宿主的感染和致病，这可能是由于菌丝细胞之间的物理联系阻止了真菌向肺外传播，从而无法完成脑部感染。在异性交配（**a** × α 交配）和同性交配（主要是 α × α 交配）中，隐球菌的酵母型细胞都会向菌丝型细胞转换，这一过程的关键调控因子是锌指转录因子 Znf2，*ZNF2* 缺失会将隐球菌锁定在酵母形态，而 *ZNF2* 的高表达会促进细胞的菌丝生长。饥饿会促使隐球菌进行假菌丝生长，这一过程由 RAM 通路调控，中断 RAM 通路会使隐球菌锁定在假菌丝形态。与保守的酿酒酵母 RAM 通路相同，新生隐球菌的 RAM 途径由两种丝氨酸/苏氨酸蛋白激酶 Cbk1 和 Kic1，以及三种相关蛋白 Mob2、Tao3 和 Sog2 组成，但隐球菌 RAM 通路的下游靶点目前仍不清楚。与其他致病性真菌一样，隐球菌复杂的形态多样性是其适应复杂生境的生存方式，与其感染和致病密切相关（Wang and Lin，2015）。

二、丝状真菌形态多样性

丝状真菌是一类可形成绒毛状、蜘蛛网状或絮状菌丝体的多细胞真菌，其菌丝呈长管状，可不断进行极性生长并产生分枝，从而形成繁茂的菌丝体但又不产生大型子实体结构。菌丝中多个细胞间有明显分隔的称有隔菌丝，多见于病原真菌，如曲霉、青霉等。许多非病原真菌菌丝无明显分隔，为无隔菌丝。有些真菌在不同环境条件下（营养、温度、氧气浓度的变化等）在酵母状和菌丝状两种不同形态之间相互转变，称二相型真菌（dimorphic fungus），如致病真菌马尔尼菲青霉和荚膜组织胞浆菌等。

（一）曲霉

曲霉属菌丝具明显分隔，分生孢子梗由菌丝产生，菌丝末端形成球状顶囊，顶囊上着生一层或两层辐射状小梗；小梗顶端产生成串的分生孢子。曲霉是发酵工业和食品加工业的重要菌种，如用于制酱、酿酒和酶制剂生产的黑曲霉、米曲霉等。然而，它们中也有农作物和人类的致病菌，如烟曲霉、黄曲霉等。

1. 烟曲霉

（1）形态特征　　烟曲霉是丝状致病真菌的典型代表，该菌通常感染免疫功能低下或缺陷人群，引发多种急慢性疾病，其中最常见的是侵袭性肺曲霉病。烟曲霉具有三种细胞形态：分生孢子形态，是其主要的致病形态，被吸入人体呼吸道引发疾病；菌丝体形态，包括伸入营养基质内部吸取营养物质的营养菌丝体和伸向基质外的气生菌丝体；休眠囊孢子形态，具有较强的抵抗逆境能力。烟曲霉在察氏培养基上可形成暗绿色的绒状或絮状菌落，反面无色或黄褐色。分生孢子梗由菌丝顶端生成，分生孢子头呈短柱状，长约 $400\mu m$，直径 $40\sim50\mu m$，顶囊呈烧瓶形，直径 $20\sim30\mu m$，小梗单层，密集地排布于顶囊上部，一般为（$6\sim8$）$\mu m\times$（$2.5\sim3.0$）μm，其上着生分生孢子，球形或椭球形，直径 $5\sim8\mu m$，绿色（Tao et al., 2011）。

（2）产孢调控机制　　分生孢子是烟曲霉的主要致病形态。在感染初期，首先由分生孢子黏附于人体肺上皮细胞或血管内皮细胞，通过诱发宿主细胞形态改变而内化侵入细胞，逃避免疫细胞攻击，进而定植于呼吸器官或沿血管扩散，同时产生多种真菌毒素，如烟曲霉毒素（fumagillin）、内毒素等，造成机体严重损害，甚至危及生命。烟曲霉的产孢发育过程受 *AfubrlA→AfuabaA→AfuwetA* 这一中心调控路径的调节（Tao et al., 2011）。烟曲霉的产孢发育依赖于 *AfubrlA* 基因表达的激活，主要负责促进泡囊的形成并激活其他产孢基因，包括 *AfuabaA* 和 *AfuwetA* 基因。*AfuabaA* 基因被激活后可促进分生孢子梗特化成造孢细胞，萌生分生孢子。此时，*AfuwetA* 基因开始表达，负责孢子细胞壁的合成与组配，促使分生孢子成熟。烟曲霉的产孢发育受多种环境因素的诱导，如光照、营养匮乏或暴露于空气等，环境信号通过一系列级联反应传递到胞内。这些参与级联反应的调控基因统称为 "fluffy genes"，目前已被鉴定的有 *AfufluG*、*AfuflbB*、*AfuflbC*、*AfuflbD* 和 *AfuflbE*，它们共同组成上游信号转导途径，激活中心产孢路径，起始产孢发育。另外，烟曲霉在宿主体内也面临多种环境压力，如 pH、氧化压力等，相关的信号通路在真菌中较为保守，主要有 MAPK 通路、Ras 蛋白和 cAMP-PKA 通路，以及组氨酸激酶和钙信号转导通路等。

2. 黄曲霉

（1）形态特征　　黄曲霉是一种腐生真菌，主要生长于霉变的食物及有机物上，其最突出的特性即可产生高致癌、致畸的黄曲霉毒素（aflatoxin），对农作物生产和人类健康都造成极大的危害。黄曲霉毒素于 1993 年被世界卫生组织划定为 I 类致癌物，其中以黄曲霉毒素 b1（AFB1）最为多见，半数致死量为 0.36mg/kg 体重。黄曲霉菌落在察氏培养基上生长迅速，主要为致密丝绒状或絮状，平坦或有放射状沟纹，表面黄绿色，反面无色或带褐色。分生孢子梗有双层小梗，小梗上着生链状分生孢子，孢子球形，表面粗糙，有小突起。有的菌株可形成菌核，数量多时菌落表面有渗出液产生。

（2）毒素生物合成及调控机制　　黄曲霉毒素的生物合成以丙二酰辅酶 A 为前体，主要合成步骤为：己酰辅酶 A→诺素罗瑞尼克酸（NOR）→奥佛兰提素（AVN）→奥佛路凡素（HAVN）→奥佛尼红素（AVF）→羟基杂色酮（HVN）→杂色半缩醛乙酸（VHA）→杂色曲霉 B（VER B）→杂色曲霉 A（VER A）→柄曲霉素（DMST）→O-甲基柄曲霉素（ST）→黄曲霉毒素 B1（AFB1）、黄曲霉毒素 G1（AFG1）。*aflR* 和 *aflS* 基因是黄曲霉毒素生物合成最重要的调控基因，二者结合激活下游基因表达，包括 *nor-1*、*ver-1*、*uvm8*、*omt-A*、*ord-A* 等。黄曲霉毒素的生物合成受多种环境因素影响，如碳源、氮源、温度和 pH 等（Yu et al., 1995）。

3. 黑曲霉

（1）形态特征　　黑曲霉广泛分布于粮食、植物和土壤中，是重要的发酵工业菌种，可产各种酶制剂，包括蛋白酶、淀粉酶、纤维素酶、脂肪酶和果胶酶等，常用于食醋和白酒生产制曲。但也有些菌种能导致粮食霉变和工业器材霉变。黑曲霉菌落呈黑褐色，菌丝发达，多分枝，分生孢子梗由足细胞上垂直生出，顶囊呈球形，双层小梗，分生孢子为球形，呈黑褐色（Jørgensen et al., 2011）。

（2）次级代谢调控　　LaeA 是黑曲霉次级代谢的全局性调控因子，可以通过组蛋白修饰调控次级代谢基因簇的表达，这些基因主要涉及次级代谢产物的生物合成和核糖体的翻译及加工两个方面。黑曲霉的次级代谢受碳源影响较大，以优势碳源为底物可促进生物合成过程。主要包括从内质网到高尔基体的转运、折叠、糖基化和囊泡包装等。其中，涉及的调控因子包括麦芽糖依赖性转录因子 AmyR，可在麦芽糖存在下促进胞外水解酶的产生；激活因子 xlnR 能够激活一系列纤维素酶基因的表达，包括 *xlnA*、*xlnB*、*xlnC*、*xlnD*、*eglA*、*eglB* 等；碳代谢阻遏调控因子 CreB 和 CreC，能够激活抑制因子 CreA，抑制 xlnR 的表达，降低纤维素酶产量（van Peij et al., 1998）。

（二）植物病原真菌

植物病原真菌是一类能寄生于植物并引发病害的真菌，最常见的主要有稻瘟病菌、黑粉菌等。

1. 稻瘟病菌　　稻瘟病是水稻最严重的病害之一，可造成水稻大幅度减产，严重时甚至颗粒无收。丝状真菌稻瘟病菌是引发稻瘟病的罪魁祸首。该菌主要通过分生孢子进行传播，附着在稻株上的稻瘟病菌在萌发阶段可以侵入细胞，随后稻株发病并形成中心病株，并借风雨传播到其他稻株再次引发侵染，如此循环感染可以造成大规模稻瘟病害。

（1）形态特征　　稻瘟病菌分生孢子无色，呈梨形或棒形，常有 1～3 个隔膜，基部有脚胞，萌发时立生芽管，产生附着胞，近球形，呈深褐色，黏附于寄主，萌生菌丝侵入组织细胞。菌丝特化成分生孢子梗，无分枝，3～5 根丛生，从寄主表皮或气孔伸出，2～8 个隔膜，基部稍膨大，呈淡褐色，向上色淡，顶端曲状，上升分生孢子。

（2）致病相关信号通路　　稻瘟病菌主要通过形成附着胞侵染寄主。附着胞的产生和萌发由 Pmk1-MAPK 通路调控。当稻瘟病菌的分生孢子接触水稻表面时，孢子萌发同时分泌疏水蛋白 Mpg1，牢固附着于表层细胞。该过程可激活稻瘟病菌跨膜受体 Pth11，并将信号传递至胞内，由 Ras1、Cdc42 蛋白和 Gβ 蛋白 Mgb1 协同起始 MAPK 磷酸化级联反应，磷酸化的 Pmk1 进入核内激活相应转录因子，促进附着胞的形成与萌发。同时，Pth11 也可将信号传递给 GTP 结合蛋白 MagA 和 MagB，进而激活腺苷酸环化酶 Mac1，产生 cAMP 与 PKA 调节亚基 Sum1 结合，释放催化亚基 CpkA，激活下游的转录因子，调控附着胞的成熟（Wilson et al.，2009）。

2. 黑粉菌　　黑粉菌是玉米的主要病害之一，也能侵染其他农作物，如大麦、小麦及甘蔗等。黑粉菌主要通过产生大量的冬孢子进行传播。冬孢子不仅能够抵抗低温、营养贫瘠等恶劣环境，还能够在适宜的条件下萌发产生菌丝体，侵入组织，通过分泌生长素使寄主组织细胞分裂旺盛，局部形成病瘤，病瘤成熟后破裂散出冬孢子进行新一轮侵染。

（1）形态特征　　黑粉菌属于二相型植物病原真菌，生命周期分为双核菌丝体和单倍体孢子两个阶段。双核菌丝体是在寄主体内进行有性生殖的形态，单倍体孢子是通过芽殖进行无性繁殖的形态。黑粉菌黏附于寄主表面时不同交配型的细胞发生交配产生双核菌丝体，这些菌丝体特化为附着胞侵入寄主表皮，在寄主内部通过分泌生长素形成大块植物病瘤，同时产生二倍体冬孢子。冬孢子萌发进行减数分裂，产生 4 个单倍体核，通过有丝分裂形成单倍体担孢子，担孢子以出芽方式脱离植物病瘤，进入新一轮生命周期。在实验室培养条件下，改变培养基的 pH 可以促使黑粉菌的两种形态相互转换，酸性条件可诱导并稳定菌丝形态。

（2）致病相关信号通路　　黑粉菌感应环境的信号通路主要是保守的 cAMP-PKA 通路和 MAPK 信号通路，且两条通路功能互补、相互影响（Kaffarnik et al.，2003）。黑粉菌的有性生殖起始于 G 蛋白偶联的跨膜蛋白对信息素的响应，包括 Gpa1、Gpa2、Gpa3 和 Gpa4，主要由 Gpa3 激活下游的腺苷酸环化酶 Uac1 及 PKA 催化亚基 Ubc1 和 Adr1（cAMP 通路）。MAPK 通路中 Ubc3（MAPK）和 Ubc5（MAPKK）负责感应信息素，该途径的级联反应由 Ubc3（MAPK）、Ubc5（MAPKK）、Ubc4（MAPKKK）介导，而 cAMP 通路中的 Gpa3 和 Uac1 也被证实参与了 MAPK 信号途径。也就是说，信息素可以同时激活 cAMP 途径和 MAPK 途径，最终作用于关键转录因子 Prf1，Prf1 上携带多个 PKA 和 MAPK 依赖的磷酸化位点，这些位点是 Prf1 发挥功能所必需。此外，对环境的营养感应和寄主植物的信号应答主要是由 cAMP-PKA 途径介导的，包括 PKA 位点的激活及额外的磷酸化等。

（三）二相型人体病原真菌

二相型人体病原真菌的形态转换常与致病性密切相关，多种宿主环境因子影响二相型真菌的形态转换，进而调控致病性（图 4-10）。深入认识二相型真菌的形态转换机制，有助于阐明其致病机理，为遏制真菌疾病提供线索。

1. 荚膜组织胞浆菌　　荚膜组织胞浆菌病属原发性真菌疾病，由呼吸道感染组织胞浆菌引发，该菌主要感染免疫功能低下或缺陷人群，先侵染肺部组织，再波及其他器官，如肝、脾、肾等。荚膜组织胞浆菌属于二相型真菌，能够在酵母态和菌丝态之间相互转换，在人体组织内主要以酵母型存在，体外培养可观察到菌丝形态。

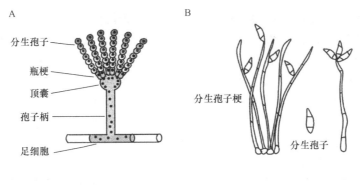

二相型真菌：

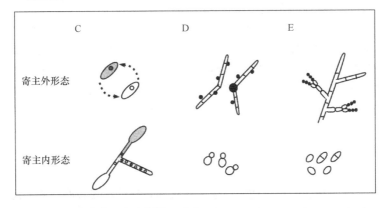

图4-10　丝状真菌形态多样性（改自 Boyce and Andrianopoulos，2015）

A. 曲霉菌；B. 稻瘟病菌；C. 黑粉菌；D. 荚膜组织胞浆菌；E. 马尔尼菲青霉

（1）形态特征　　荚膜组织胞浆菌的酵母态细胞呈圆形或卵圆形（直径 1~5μm），芽殖，细胞周围有透明荚膜样物质。体外室温培养可形成菌丝，在沙保培养基上形成白色絮状菌落，从早期的黄色转变为褐色。菌丝有隔，在菌丝侧面或孢子柄上可产生两种孢子：大型孢子（8~16μm）和小型孢子（2~5μm），主要由小型孢子经呼吸道、皮肤、黏膜、胃肠道侵入人体，在局部引发组织胞浆菌病或播散至全身引发系统感染。

（2）形态转换调控机制　　荚膜组织胞浆菌的酵母-菌丝二相型转换主要受温度调控。目前已经比较清楚的温度调控机制是由组氨酸激酶 Drk1 介导的。荚膜组织胞浆菌的孢子被吸入人体后，首先由 Drk1 激酶感应宿主体内温度，将信号传递至下游转录因子 Ryp1、Ryp2 和 Ryp3，共同触发致病酵母态的形成。组氨酸激酶 Drk1 还负责调控酵母态细胞的细胞壁完整性、孢子发育及菌株毒力的产生。已知荚膜组织胞浆菌的毒力因子有 1,3-葡聚糖合成酶 Ags1、糖基水解酶 Amy1 和钙结合蛋白 Cbp1 等，且三者均受 Drk1 调控，下调 Drk1 降低 *AGS1*、*AMY1* 和 *CBP1* 基因表达，进而减弱该菌杀死巨噬细胞的能力和体内定植能力。另外，也有一些酶蛋白和转录因子参与调控荚膜组织胞浆菌的致病性，包括 HMG CoA 裂解酶 Hcl1，铁载体合成相关的 GATA 转录因子 Sre1 和 L-ornithine Sid1，以及液泡 ATP 酶 Vma1 等（Gauthier，2015）。

2. 马尔尼菲青霉　　马尔尼菲青霉（也称为马尔尼菲篮状菌）感染多发于东南亚国家及我国的南方地区，该菌是典型的二相型致病真菌。在土壤等自然环境中常以菌丝形态存在；而在人类或其他哺乳动物宿主体内主要以酵母态存在。马尔尼菲青霉酵母态和菌丝态之间的转换与致病性紧密相关，探究并明确该菌的双相转换机制是有效防治马尔尼菲青霉病的关键。

（1）形态特征　　马尔尼菲青霉的二相型转换，即菌丝态（25℃）和酵母态（37℃）之间转换。该菌在沙保弱培养基上25℃生长慢，表面呈绒毛样，灰色或红色。菌丝呈典型帚状枝，双轮生，有2～7个梗基，其上有2～6个瓶梗，较短而直，瓶身较膨大，梗颈短直，可见单瓶梗，顶端有链状分生孢子。如将该培养基置37℃，则转变为酵母态。初为淡褐色膜样、湿润、平坦的菌落，继而产生红色色素。镜检为圆形或椭圆形酵母细胞。

（2）形态转换调控机制　　马尔尼菲青霉的二相型转换依赖于对宿主环境的响应，其中最受关注的是温度调控。与荚膜组织胞浆菌相似，马尔尼菲青霉通过双组分信号系统感应宿主温度变化，调控二相型转换。该信号系统主要包括组氨酸激酶 DrkA 和 Slna，主要负责促使菌株由孢子形态向体内酵母态细胞的转变。其中 Slna 激酶是马尔尼菲青霉孢子萌发所必需，而 DrkA 激酶是体内巨噬细胞感染中菌丝态向酵母态转换所必需。与此相反，马尔尼菲青霉中还存在两种菌丝生长因子 HgrA 和 TupA，主要负责在体外稳定菌丝形态。另外，DrkA/Slna 双组分信号系统也在菌株适应环境胁迫方面发挥重要作用，敲除 *DRKA* 或 *SLNA* 基因显著影响 HOG MAPK 信号通路中 SakA 的磷酸化，进而增加了菌株对渗透压的敏感性（Boyce et al., 2011）。由此可见，马尔尼菲青霉的双组分信号系统同时调控二相型转换、环境压力胁迫及对宿主巨噬细胞的应答，进而影响致病性。

三、形态多样性的生物学意义

病原真菌的形态多样性是环境适应、宿主侵染和定植的重要策略。不同形态细胞具有不同的生理功能，对不同的环境条件具有不同的适应能力，是长期进化的结果。例如，在健康人体中，白念珠菌往往以酵母形态与宿主共存；一旦宿主免疫力下降，念珠菌细胞可通过菌丝发育不断伸长，菌丝特异的黏附、物理压力和真菌水解酶的分泌有助于念珠菌入侵宿主组织。入侵宿主组织后，菌丝细胞可以转变为酵母形态，然后通过血液散播到不同组织，从而引发严重系统性感染疾病。白念珠菌 opaque 细胞的器官定植能力较差，但由于能够产生大量的天冬氨酸蛋白酶（Sap），因而在皮肤和黏膜感染中能力较强。gray 细胞虽然在体外没有明显的不同，但被宿主蛋白诱导后，可产生大量 Saps 蛋白酶，其活性往往高于 opaque 细胞。opaque 细胞具有很强的交配能力，可以赋予念珠菌群体更多的遗传变异来响应宿主的压力或药物压力。酿酒酵母一般不感染人类，但其作为条件致病菌感染的事件偶有发生，这些细胞有明显的假菌丝发育特征。植物病原真菌稻瘟菌和黑粉菌等，往往通过孢子散播黏附宿主，继而产生菌丝侵入组织引发疾病。而荚膜组织胞浆菌和马尔尼菲青霉在环境中可以菌丝态生长，侵入人体后转变为酵母态引发疾病。由此可见，真菌的形态多样性赋予其较强的环境适应能力、致病能力和宿主免疫逃逸能力。

（郝　健、陶　丽、黄广华）

第四节　真菌的次级代谢进化与调控

在长期演替过程中，真菌逐渐进化出与环境相适应的特征：形态上，真菌细胞逐渐进化成丝状结构，在环境中蔓延生长，以此寻找适宜的生存环境并获得充足的养分；营养方式上，真菌进化出渗透摄食的营养方式，通过分泌酶降解环境中的大分子物质，从而进行营养吸收；细胞结构上，真菌进化出几丁质-葡聚糖交联的细胞壁骨架，以保护细胞形态，抵抗环境压力；代谢产物上，真菌进化出结构丰富多样的次级代谢产物，有助于在竞争中获得优势。次级代谢产物由专一酶（通常是骨架酶或核心酶）聚合初级代谢产物形成基本骨架，再经剪切酶修饰而成，表现出不同的生物活性，不仅帮助真菌抵御宿主免疫系统，如具有免疫抑制活性的环孢菌素，而且帮助真菌或其寄主抵御天敌，如黄曲霉素等真菌毒素。除此之外，次级代谢产物还帮助真菌适应无机环境，如能抗紫外辐射的黑色素。因此，次级代谢产物被隐喻为真菌与环境互作过程中，不断进化的防御系统（Rohlfs and Churchill，2011）。

进化角度上，新陈代谢能力的产生是由于基因形式发生改变。在真菌基因组中次级代谢合成基因通常在染色体上成簇排列，这可能是在进化过程中共表达的基因通过自然选择被保留。标准的真菌次级代谢基因簇包括一个核心酶基因、一个或多个修饰酶基因、转运蛋白编码基因及转录因子编码基因，在真菌基因组中广泛分布。次级代谢产物合成基因成簇聚集不仅有利于提高生物合成效率，而且有利于降低生物合成消耗。从真菌中至少已分离出 15 600 种次级代谢产物，新的真菌次级代谢产物发现速率还在逐年提高。真菌次级代谢基因与次级代谢基因簇的多样性为真菌次级代谢产物变异与创新提供了无限可能。

真菌次级代谢产物的产生受到复杂的调控网络调控，包括全局调控、途径特异调控、信号转导通路及表观调控。全局调控因子响应环境信号，间接影响次级代谢产物表达，常见的全局调控因子与环境信号的响应关系包括 PacC 与 pH，CCAAT 结合复合物与铁离子，AreA 与氮，velvet 复合物与光照，CreA 与碳。约有 50% 的次级代谢基因簇中含有一个或多个途径特异性转录因子，通常是 C6-锌簇蛋白，识别簇中基因启动子回文序列，特异调控簇的表达。真菌通常依赖信号转导通路响应信号刺激，调控次级代谢产物的表达与激活。信号转导通路在真菌中高度保守，包括环磷酸腺苷（cAMP）/蛋白激酶 A（PKA）、钙调磷酸酶/钙调蛋白、TOR（target of rapamycin，雷帕霉素靶蛋白）、丝裂原活化蛋白激酶等。真菌细胞核中的 DNA 与核小体结合，形成致密的染色质结构，影响转录。表观调控因子通过化学修饰组蛋白尾链或核苷酸，调控染色质结构。染色质结构的变化，调控了大量真菌次级代谢基因的表达。该类调控因子包括染色质重塑因子、组蛋白变体与组蛋白伴侣。

一、真菌次级代谢产物及其生物合成基因簇

从生物合成角度出发，真菌次级代谢产物主要可分为三类：聚酮化合物（polyketides，PKs）、非核糖体多肽化合物（non-ribosomal peptides，NRPs）及萜类化合物。次级代谢产物来源于中心代谢途径与初级代谢产物，酰基辅酶 A 是聚酮化合物和萜类化合物合成的重要基本单元，氨基酸则是非核糖体多肽化合物合成的重要基本单元。部分真菌次级代谢产物是杂合型，如富马霉素是一种聚酮与萜烯杂合（polyketides-terpenes，PKs-TC）的化合物。除此之外，部分真菌次级代谢产物不属于上述提到的三种类型，如由核糖体肽合成（ribosomal peptide synthetic，RiPS）并进行翻译后修饰的多肽类次级代谢产物 ustiloxin B、脂肪酸来源的 oxylipins 及异氰酸酯合酶合成的 isocyanide xanthocillin 等。

在聚酮化合物合成过程中，聚酮合酶（polyketide synthases，PKSs）作为核心酶，以酰基辅酶 A（acyl-CoAs）为底物合成聚酮化合物。真菌聚酮合酶由基本模块与可选模块组成（图 4-11）：①基本模块包括酰基转移酶（acyltransferase，AT）、酰基载体蛋白（acyl carrier protein，ACP）、酮基合酶（ketoacyl synthase，KS）；②可选模块包括脱水酶（dehydratase，DH）、甲基转移酶（methyltransferase，MT）、烯醇还原酶（enoyl reductase，ER）、酮体还原酶（ketoreductase，KR）、硫酯酶（thioesterase，TE）及环化酶（cyclase，CYC）。酰基转移酶（AT）特异性识别和转运酰基辅酶 A；酰基载体蛋白（ACP）是聚酮链锚定的场所；酮基合酶（KS）负责催化碳链的延长。

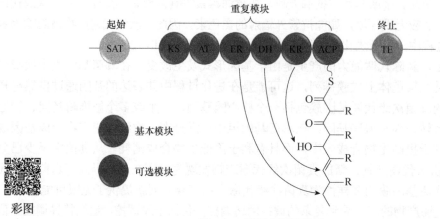

图 4-11　聚酮合酶结构域

在非核糖体多肽化合物合成过程中，非核糖体多肽合成酶（non-ribosomal peptide synthetases，NRPSs）作为核心酶，以氨基酸为底物合成非核糖体多肽化合物。非核糖体多肽合成酶由基本模块与可选模块组成（图 4-12）。①基本模块包括：腺苷酰化（adenylation，A）结构域，负责特定氨基酸的识别与腺苷酸化；缩合（condensation，C）结构域，催化肽键的形成；肽酰载体蛋白（peptidyl carrier protein，PCP）结构域，负责中间产物的固定。②可选模块包括催化 L 型氨基酸转化为 D 型氨基酸的异构化结构域；负责肽键形成，同时催化半胱氨酸、丝氨酸和苏氨酸侧链与骨架之间形成噻唑啉或噁唑啉杂环的异环化结构域；催化噻唑啉或噁唑啉转变为噻唑或噁唑的氧化结构域及负责甲基化修饰的甲基化结构域等。在萜类化合物合成过程中，萜烯合酶（terpene synthases，TSs）与萜环化酶（terpene cyclases，TCs）以活化的异戊二烯为基本单位合成萜类化合物。杂合型次级代谢产物由两种合酶或合成酶共同发挥功能，核心酶可能分开发挥催化活性，也可能交叉发挥催化活性。

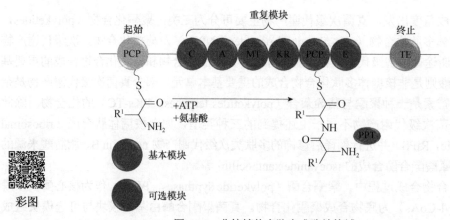

图 4-12　非核糖体多肽合成酶结构域

　　真菌次级代谢生物合成基因簇中核心模块与可选模块多样性造成次级代谢产物的结构与功能多样性，在与环境的长期适应过程中，真菌次级代谢产物的化学多样性通过各种分子机制迅速进化（Rokas et al.，2020）。

二、真菌次级代谢基因的进化途径

（一）水平基因转移

　　水平基因转移（horizontal gene transfer）或者侧向基因转移（lateral gene transfer）是指没有亲子关系的物种间共享遗传物质，20世纪40年代后期在微生物中首次提出相关概念。1928年，Griffith 证明无毒肺炎球菌（*Streptococcus pneumoniae*）与加热杀死的有毒肺炎球菌接触，可转化为有毒肺炎球菌，并指出转化因子的存在，后被 Avery 等证明为 DNA 分子。该实验中，正是因为多糖荚膜合成基因发生水平基因转移，所以转化无毒肺炎球菌成为有毒肺炎球菌。水平基因转移是原核生物进化的主要动力，在原核生物的进化过程中发挥巨大作用。近年来越来越多的研究表明水平基因转移也促进了真菌代谢途径的进化。水平基因转移的提出，打破了物种之间的生殖隔离屏障，给真菌的次级代谢途径多样性带来了更多可能。通过系统发育学分析及基因组与蛋白质组比对，发现真菌的次级代谢基因簇发生了大规模的水平基因转移事件。例如，*ACE 1* 基因簇（30kb，包含5或6个基因），可能在稻瘟病菌（*Magnaporthe grisea*）与棒曲霉（*Aspergillus clavatus*）之间发生了水平基因转移（Khaldi et al.，2008）（图 4-13A）。Epipolythiodiketopiperazine（ETP）类化合物生物合成基因簇在子囊菌中也发生了大规模的水平基因转移事件，如油菜黑胫病菌（*Leptosphaeria maculans*）的 *Sir* 基因簇与烟曲霉（*Aspergillus fumigatus*）的 *Gli* 基因簇（图 4-13B）。

A　*ACE1*基因簇

B　*Sir*基因簇和*Gil*基因簇

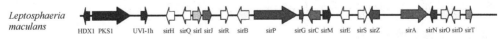

图 4-13　基因簇的水平基因转移

A. *ACE 1* 基因簇在稻瘟病菌与棒曲霉之间发生了水平基因转移，颜色相同的模块为同源基因，白色模块为没有同源基因；B. ETP 类化合物生物合成基因簇在油菜黑胫病菌与烟曲霉之间发生的水平基因转移，颜色相同的模块为同源基因，白色模块为没有同源基因

彩图

　　植物病原真菌芸薹生链格孢（*Alternaria brassicicola*）*DEP* 生物合成基因簇能够合成次

级代谢产物 depudecin，其是一种组蛋白去乙酰化酶抑制因子。*DEP* 生物合成基因簇由 6 个基因组成：*DEP1*～*DEP6*（Wight et al.，2009）。以芸薹生链格孢 *DEP* 基因簇中的 6 个基因序列作为探针，与 NCBI 的非冗余序列数据库中的 585 个基因组进行比对，发现在 120 个子囊菌的基因组中存在 *DEP* 同源基因，但是大部分同源基因的排列顺序及基因簇的完整程度与 *DEP* 基因簇有所差异。通过对 *DEP3* 构建系统发生树，发现 *DEP* 基因在真菌之间发生了大量的水平基因转移事件，并且在转移过程当中，通过缺失或假基因化发生退化。相关实验证明，完整的 *DEP* 基因簇并不是 depudecin 生物合成所必需的，只需要结构基因 *DEP2*、*DEP4* 与 *DEP5* 保持生物学功能，就足以保证 depudecin 的正常合成；而只需 *DEP2/DEP4* 与 *DEP5*，就能够合成 depudecin-like 次级代谢产物，甚至是在 *DEP* 基因簇之间插入无关片段，真菌也能够合成与 depudecin 结构相似的次级代谢产物（Reynolds et al.，2017）。这说明次级代谢基因能通过水平基因转移在真菌之间进行传播与表达，促进真菌次级代谢进化。

水平基因转移为真菌间的基因交流提供了一种新方式。真菌在自然环境下能自发形成感受态细胞，吸收周围其他真菌死亡裂解释放出的遗传物质，整合进入自身基因组中，丰富基因组多样性。在自然选择的压力之下，通过倒位、易位、同源重组等方式，共同负责合成某一次级代谢产物的基因被整合成簇，共同对抗环境压力（Walton，2000）。但是真菌之间发生水平基因转移的频率不如原核生物高，主要有以下几点原因：①基因在不同物种之间进行水平转移时，对于受体而言，来自其他个体的基因属于异源物质，因此受体存在保护机制来确保外源基因不会对自身基因组造成破坏，如原核生物中存在的 CRISPR-Cas 系统及由甲基转移酶与限制性酶组成的限制性-修饰系统（R-M system），能够识别水平转移而来的异源基因并进行降解。真核细胞中，存在丰富的非编码 DNA（non-coding DNA），可能存在一个 CRISPR-Cas 类似系统，降解外源 DNA（Qiu，2016）。②真菌的核膜将外源基因阻挡在外，外源基因无法进入细胞核。③真菌的 DNA 包裹在组蛋白中，外源基因难以整合进入真菌基因组。真菌菌丝之间能够发生融合连接，以及真菌基因组的不稳定性，为遗传信息在真菌之间进行交流提供了基本条件。

真菌发生水平基因转移的机制有如下几个猜测：①真菌的水平基因转移事件是内共生事件的一部分（Martin et al.，2002）；②真菌吞噬细菌，从而将细菌中的遗传物质整合进入自身基因组中（Andersson，2009）；③通过病毒转染，不同来源的基因被整合进入真菌基因组中（Medina et al.，2019）。目前，越来越多的生物信息学证据证明了水平基因转移在真菌中发生，促进了真菌生活方式的转变，增强了真菌对环境的适应能力。

（二）单核苷酸多态性

单核苷酸多态性（single nucleotide polymorphism，SNP）是指基因组中单个核苷酸突变引起的 DNA 序列多样性（Rokas et al.，2020），是一种常见的突变类型（图 4-14A）。单核苷酸突变会造成无义突变、错义突变或者移码突变，改变生物合成基因簇中相关表达蛋白结构域，影响次级代谢产物合成。例如，Drott 等在临床上分离出两株构巢曲霉（*Aspergillus nidulans*）MO80069 与 SP260548，将其基因组与构巢曲霉 A4 参照基因组对比，并通过 snpEFF 分析，发现在 MO80069 的 AN12331 生物合成基因簇中，PKS 骨架合酶编码基因发生了单核苷酸突变，造成聚酮合成酶中酮基还原酶结构域的缺失；在 AN5363 合成基因上发生的单核苷酸突变，则导致一个未知功能的蛋白质结构域的缺失；在 AN3273 生物合成基因簇中发生的两种单核苷酸突变，不仅影响了 AN3278 蛋白的 ω-羟基棕榈酸的 *O*-阿魏酰转移酶活性，而且在 PKS 骨架酶上添加了 *S*-腺苷甲硫氨酸结合位点（Drott et al.，2020）。以上证据表明 SNP 与真菌次级代谢基因的进化关系密切。

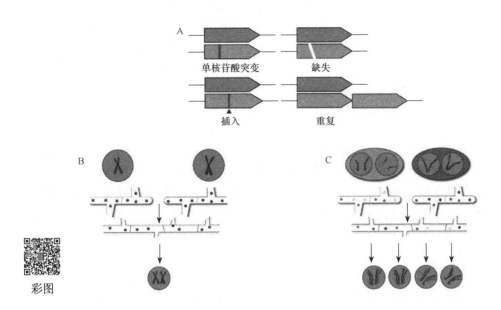

图 4-14　次级代谢基因进化途径

A. 单核苷酸突变，以及基因的缺失、插入和重复；B. 单倍体细胞杂交成为二倍体；C. 生殖细胞杂交恢复为原来的倍性水平

　　单核苷酸多态性能影响次级代谢基因转录，最终改变次级代谢产物化学结构。例如，Ascochitine 是蚕豆壳二孢菌（*Ascochyta fabae*）合成的一种在结构上与橘青霉素很相似的聚酮化合物，由聚酮合酶催化合成。该合成基因簇也存在于其他与豆科植物相关的壳二孢属（*Ascochyta*）中，但发生了无义突变，提前形成一个终止密码子。通过转录组分析，发现该基因簇仍处于活跃状态，并能够翻译出不完整的聚酮合酶，从突变株中能分离出新的化合物（Kim et al.，2019）。

（三）基因的插入缺失和拷贝数量变异

　　基因的缺失和插入源于基因组中遗传物质的缺失和插入（图 4-14A）。Lind 等（2017）对 66 株烟曲霉进行基因组对比分析，发现有 27 株烟曲霉通过基因的插入、缺失改变了次级代谢基因簇的多样性。次级代谢基因簇中整个基因或部分基因的缺失，不仅影响病原真菌生物毒性与免疫原性，帮助病原真菌适应宿主免疫系统，而且影响次级代谢产物的表达与结构；插入也影响着次级代谢基因的表达及次级代谢物化学结构。例如，寄生曲霉（*Aspergillus parasiticus*）与红缘曲霉（*Aspergillus nomius*）均产生 aflatoxins B1、B2、G1、G2，而黄曲霉（*Aspergillus flavus*）只产生 aflatoxins B1、B2。通过基因组对比分析，发现原因在于黄曲霉 *pksA* 上游缺失了 *cypA* 和 *norB*。通过插入破坏寄生曲霉的 *cypA*，寄生曲霉也丧失合成 aflatoxins G1、G2 的能力，但是仍能正常合成 aflatoxins B1、B2（Ehrlich et al.，2004）。若无关基因片段的插入发生在次级代谢生物合成基因簇中的基因间，则不会破坏次级代谢产物的合成，却能改变基因簇的长度与结构。基因片段从染色体上不同位置或者不同染色体插入到基因簇中的方式，主要包括基因重组等。

拷贝数目变异是指基因通过复制、插入或者缺失引起的基因数量上的变化，造成基因剂量效应，与真菌的转运能力与次级代谢功能密切相关。真菌次级代谢基因簇中不同模块上发生的单基因重复事件可以增强或是补充特定途径功能，或是帮助真菌进化出新的代谢途径。例如，绿僵菌（*Metarhizium*）中两个编码聚酮化合物的生物合成基因簇 *pks1-gc* 与 *pks2-gc*，在聚酮合酶启动子区域与蛋白质编码区域发生基因重复，形成两种具有明显区别的基因簇表达模式。产孢时，*pks1* 高度表达，形成一种蒽醌衍生物，帮助真菌抵御紫外辐射与极端环境；*pks2* 则是与绿僵菌的病原性有关（Zeng et al.，2018）。

（四）杂交

种间杂交被定义为两个或以上遗传分离的种群（通常被概括为"物种"）之间发生的交配行为，是病原真菌快速适应宿主免疫系统的进化方式之一，也是真菌遗传多样性的重要来源。真菌的种间杂交有两种方式：一种方式是先进行菌丝融合，再进行核融合形成异源多倍体的子代（图 4-14B），但是由于基因之间的不兼容性，容易导致遗传物质的丢失，甚至恢复到原先的倍性水平；还有一种方式是种间配子进行融合（图 4-14C）。通过杂交，对于环境不耐受的菌株可以产生适应性更强的后代，甚至形成新的种群。

杂交现象在植物病原真菌中十分常见，有利于增强病原真菌对植物的入侵能力。在丝状真菌中也发现了病原性极强的多倍体杂交后代。例如，Steenwyk 等（2019）从临床上分离出了 6 株曲霉，发现它们是 *Aspergillus spinulosporus* 与 *Aspergillus quadrilineatus* 杂交产生的异源二倍体子代，属于 *Aspergillus latus*，并在表型与基因型上都表现出异质性，这说明丝状真菌也能通过杂交丰富基因组的多样性。

杂交丰富了真菌遗传多样性，为各种进化机制的发生提供先决条件。例如，格特隐球菌（*Cryptococcus gatti*）和新生隐球菌（*Cryptococcus neoformans*）在实验室环境下发生杂交，产生了具有不稳定基因组的子代，并通过类似准性生殖的方式进行染色体的缺失与重排。

杂交产生的子代，不仅在原有次级代谢产物的表达量上有所提高，而且能够表达新的次级代谢产物。例如，黄曲霉能同时产生 B 族 aflatoxins 和环二氮酸（cyclopiazonic acid，CPA）；或是只产生 B 族 aflatoxins、cyclopiazonic acid 其中之一；或是均不产生 B 族 aflatoxins 和 cyclopiazonic acid。寄生曲霉能够产生 B 族和 G 族 aflatoxins，以及 aflatoxins 的前体 *O*-methylsterigmatocystin。在黄曲霉和寄生曲霉杂交子代中发现，有的子代 aflatoxins 表达量提高了，有的子代产生了在亲本中没有产生的 G 族 aflatoxins（Olarte et al.，2015）。

（五）可能存在的其他次级代谢进化方式

杂合性丢失是真菌基因组的进化方式之一。杂合性丢失是指一对同源染色体上的两个等位基因中的一个（或部分核苷酸片段）发生丢失，而另一个等位基因仍保持完整的一种遗传现象。基因重组、染色体倍性丢失或者是等位基因重复都能造成杂合性丢失。虽然杂合性丢失不会产生新的基因，但是能够促进隐性基因的表达，这对基因多样性和物种延续具有巨大贡献。

准性生殖是真菌特有且普遍存在的一种繁殖方式。准性生殖的过程包括菌丝联结，发生质配，形成异核体；异核体中的细胞核发生融合，形成杂合多倍体细胞核；通过有丝分裂，发生染色体的重组与非整倍性分离，染色体丢失，形成非整倍体；染色体持续发生丢失，最终恢复为原本倍性水平（图 4-15）。细胞质内正常细胞核的存在有助于菌体缓冲不利影响，异源核的连续出现促进真菌基因组的更新。非整倍体细胞在特定环境下具有选择性优势。例如，在一个添加了有毒化合物的培养基中，非整倍性变化增加了细胞与抗毒有关的基因剂量，非整倍体细胞则更耐受有毒环境。

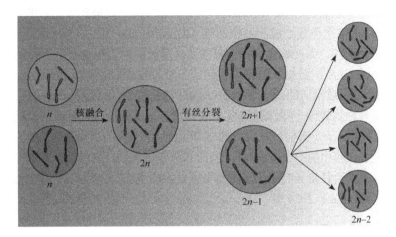

彩图

图 4-15 准性生殖

异核单倍体细胞经过质配、核配融合成为二倍体细胞。二倍体细胞经过有丝分裂逐渐丢失染色体，最终恢复为原本的倍性水平

三、基因簇的表达调控

大多数真菌次级代谢基因簇在常态下是沉默的，通过操纵真菌次级代谢基因簇调控途径，能够激活沉默基因簇，发现更多结构新颖的化合物。

（一）全局性调控

次级代谢产物受到全局调控因子调控，包括 AreA、PacC、RsdA 等，是调控真菌应答环境变化的调控因子，在真菌进化过程中高度保守，常在上游调控次级代谢产物的产生（Wang and Lin，2015；Zhou et al.，2019）。在特定环境因子的刺激下，某些次级代谢途径被激活。例如，PacC 是真菌应答环境 pH 变化的全局调控因子，碱性环境下，PacC 激活构巢曲霉中碱性磷酸酶 D 基因、青霉素合成基因及 isopenicillin N 合成酶基因的转录。诱导因子包括真菌信息素、环境中的 pH、不同的碳源与氮源、植物信息素、光照等。

操纵全局调控因子是激活真菌沉默次级代谢基因簇的有效方法之一。例如，Lin 等通过在构巢曲霉中敲除全局调控因子 LaeB，分离出两种全新的苯肽类化合物及二苯并二噁英（Lin et al.，2018）。Zheng 等通过敲除无花果拟盘多毛孢（*Pestalotiopsis fici*）COP9 信号小体的亚基 PfcsnE，分离出 7 种新的化合物（Zheng et al.，2017）。

（二）途径特异性调控

途径特异性调控因子指特异调控次级代谢基因簇表达的调控因子，在次级代谢基因簇中或簇外有相应的编码基因。大多数途径特异性调控蛋白是真菌独有的 $Zn(II)_2Cys_6$，如曲霉属中的 AlfR、GliZ、LovE、AdvR 等（Yin and Keller，2011）。有些基因簇中含有两个调控基因，调控因子之间存在调控关系。例如，Zhang 等在无花果拟盘多毛孢的 DHN 黑色素生物合成基因簇（*pfma* gene cluster）中发现了两个调控基因 *pfmaF* 与 *pfmaH*。通过敲除与过表达 *pfmaH*，发现 PfmaH 调控着 *pfma* 基因簇的表达与分生孢子的成熟分化。通过过表达 *pfmaF*，发现 PfmaF 促进了黑色素合成与 *pfma* 基因簇的表达。进一步研究发现，PfmaF 作为上级调控因子，通过调控 PfmaH，调控黑色素的合成；PfmaH 作为下级调控因子，调控黑色素的合成途径，二者共同形成了一个 DHN 黑色素合成的调控网络（Zhang et al., 2017, 2019）。不同的基因簇之间可能也存在交叉调控，如在构巢曲霉沉默的 *inp* 基因簇中，包含了两个 NRPS 编码基因及途径特异调控基因 *scpR*。当诱导 *scpR* 表达时，发现不仅 *inp* 基因簇被激活，*afo* 基因簇也被激活，而在 *scpR* 没有被激活的情况下，*inp* 与 *afo* 都是沉默的（Bergmann et al., 2010）。

操纵途径特异性调控因子是激活沉默基因簇的有效方法之一，常见的策略是过表达簇内的 $Zn(II)_2Cys_6$ 转录因子。例如，在构巢曲霉基因组中发现了一个沉默的 PKS-NRPS 杂合基因簇，通过过表达该簇中的 C_6 转录因子，激活了该基因簇，分离得到两种新型化合物。在黑曲霉中，通过过表达途径特异转录因子 PynR 与 CaaR，激活了两个沉默基因簇，分离得到一种新型化合物（Xu et al., 2019）。

（三）表观遗传调控

表观遗传调控因子是指通过改变染色质结构，从而调节基因转录的调控因子。真核生物的 DNA 包裹在核小体中，并进行多次的压缩折叠形成致密的染色质结构，DNA 与组蛋白 N 端尾链发生的各种化学修饰，会改变染色质构象，影响基因转录。这些化学修饰由特异多酶复合体催化完成。根据酶的功能不同，将参与修饰的酶分为三类：①Writer，化学修饰组蛋白 N 端尾链；②Eraser，擦除组蛋白 N 端尾链化学修饰；③Reader，特异性识别组蛋白 N 端尾链化学修饰，携带 Writer 与 Eraser 到正确位点发挥功能。化学修饰后，当染色质结构变得致密时，基因转录被抑制；当染色质结构变得松散时，基因转录被激活。例如，组蛋白乙酰化常降低组蛋白与 DNA 紧密结合度，激活基因表达，去乙酰化则沉默基因表达（Eberharter and Becker, 2002）。表观遗传修饰对真菌次级代谢基因的转录起重要的调控作用。例如，黄曲霉 H_3K_9 甲基转移酶 *dot1* 同源基因的缺失，会抑制 *aflatoxin* 基因簇与调控基因 *aflS* 的转录；构巢曲霉 H_3K_4 甲基酶 CclA 的缺失会促进次级代谢基因簇的沉默，去乙酰化酶（HDAC）编码基因的敲除则激活柄曲霉素（sterigmatocystin）与青霉素生物合成基因簇。

操纵表观调控因子是目前发现的真菌新型次级代谢产物的重要方式之一。例如，Fan 等（2017）通过敲除罗伯茨绿僵菌（*Metarhizium robertsii*）的组蛋白乙酰转移酶基因 *hat1*，分离出 11 种新的次级代谢产物。Wu 等（2016）在无花果拟盘多毛孢中发现了构巢曲霉 H_3K_4 甲基化酶 CclA 与烟曲霉去乙酰化酶 HdaA 的同源蛋白 PfCclA 与 PfHdaA。敲除 *PfcclA* 与 *PfhdaA* 后，分离出 15 种新型聚酮类化合物。Mao 等（2015）敲除齿梗孢霉（*Calcarisporium arbuscula*）H_3 组蛋白去乙酰化酶 HdaA 后，发现超过 75% 的生物合成基因发生了过表达，并从 10 种分离出的过表达化合物中得到 4 种新的化合物结构。除去直接敲除或者过表达表观调控因子之外，用多种 DNA 甲基转移酶与去乙酰化酶抑制剂处理真菌也是激活真菌沉默次级代谢基因簇的有效策略。

四、真菌次级代谢的进化意义

真菌是地球上最古老的原住民之一，在高压、低温的深海中，或在高温、高离子浓度的火山口，甚至在人迹罕至的极地都能分离到各种各样的真菌。为了适应环境的变化，真菌进化出丰富的次级代谢产物（Larsen et al.，2005）。次级代谢基因是如何进化的？通过遗传发育分析，发现真菌可以通过水平基因转移，或在繁殖过程中通过单核苷酸突变、基因的拷贝数量变异及插入与缺失、核型变化、杂合性丢失与杂交等方式丰富自身基因组。在繁殖过程中，真菌拥有更短的世代周期与更大的种群规模，细胞核的分裂更加迅速，对生存环境更加依赖，与环境接触更加密切，拥有更加活跃的单倍体种群，发育过程中没有胚胎阶段，染色体可塑性更高及基因组紧密性低，这些特征都有利于真菌的基因交流。正是基因多样性的存在给真菌的次级代谢进化提供了无限可能，在自然环境的压力选择下，有用的基因逐渐留下，无用的基因逐渐缺失或者隐藏，最终真菌进化出了最适合生存的基因型与表型。真菌在进化过程中，次级代谢基因也在不断地进行重组与创新，人工促进真菌进化，为今后次级代谢产物的发现与改良提供了一个新方向。次级代谢基因簇的表达调控涉及全局调控、途径特异调控与表观调控，这三者共同形成一个复杂的调控网络，通过设计不同的调控组合，能帮助相关工作者在不同真菌中分离更多新型次级代谢产物，开发出对人类有益的新型药物。

（黄润业、徐新然、尹文兵）

本章参考文献

Aanen D K. 2014. How a long-lived fungus keeps mutations in check. Science, 346(6212): 922-923.

Anderson J B, Bruhn J N, Kasimer D, et al. 2018. Clonal evolution and genome stability in a 2500-year-old fungal individual. Proceedings of the Royal Society B: Biological Sciences, 285 (1893): 2233.

Bartnicki G S. 1968. Cell wall chemistry, morphogenesis, and taxonomy of fungi. Annual Review of Microbiology, 22: 87-108.

Boyce K J, Andrianopoulos A. 2015. Fungal dimorphism: the switch from hyphae to yeast is a specialized morphogenetic adaptation allowing colonization of a host. FEMS Microbiology Reviews, 39(6): 797-811.

Bulawa C E. 1993. Genetics and molecular biology of chitin synthesis in fungi. Annual Review of Microbiology, 47: 505-534.

Cordero R J B, Casadevall A. 2017. Functions of fungal melanin beyond virulence. Fungal Biology Reviews, 31(2): 99-112.

Cutler N S, Pan X W, Heitman J, et al. 2001. The TOR signal transduction cascade controls cellular differentiation in response to nutrients. Molecular Biology of the Cell, 12(12): 4103-4113.

Dressaire E, Yamada L, Song B, et al. 2016. Mushrooms use convectively created airflows to disperse their spores. Proceedings of the National Academy of Sciences of the United States of America, 113(11): 2833-2838.

Gauthier G M. 2015. Dimorphism in fungal pathogens of mammals, plants, and insects. PLoS Pathogens, 11(2): e1004608.

Grosberg R K, Strathmann R R. 2007. The Evolution of multicellularity: a minor major transition?

Annual Review of Ecology Evolution & Systematics, 38(1): 621-654.

Harris S D. 2011. Hyphal morphogenesis: an evolutionary perspective. Fungal Biology, 115(6): 475-484.

Heaton L, Jones N S, Fricker M D. 2020. A mechanistic explanation of the transition to simple multicellularity in fungi. Nature Communications, 11(1): 2594.

Hiltunen M, Grudzinska-Sterno M, Wallerman O, et al. 2019. Maintenance of high genome integrity over vegetative growth in the fairy-ring mushroom *Marasmius oreades*. Current Biology, 29(16): 2758-2765.

Huang G H, Srikantha T, Sahni N, et al. 2009. CO_2 regulates white-to-opaque switching in *Candida albicans*. Current Biology, 19(4): 330-334.

Jedd G. 2011. Fungal evo-devo: organelles and multicellular complexity. Trends in Cell Biology, 21(1): 12-19.

Kiss E, Hegedis B, Varga T, et al. 2019. Comparative genomics reveals the origin of fungal hyphae and multicellularity. Nature Communications, 10(1): 4080.

Latgé J P, Calderone R. 2006. The Fungal Cell Wall. Berlin: Springer.

Leeder A C, Palma-Guerrero J, Glass N L. 2011. The social network: deciphering fungal language. Nature Reviews Microbiology, 9(6): 440-451.

Lew R R. 2011. How does a hypha grow? The biophysics of pressurized growth in fungi. Nature Reviews Microbiology, 9(7): 509-518.

Lin X, Alspaugh J A, Liu H, et al. 2014. Fungal morphogenesis. Cold Spring Harbor Perspectives in Medicine, 5(2): a019679.

Mao X M, Xu W, Li D H, et al. 2015. Epigenetic genome mining of an endophytic fungus leads to pleiotropic biosynthesis of natural products. Angewandte Chemie-International Edition, 54(26): 7592-7596.

Nagy L G, Varga T, Csernetics Á, et al. 2020. Fungi took a unique evolutionary route to multicellularity: seven key challenges for fungal multicellular life. Fungal Biology Reviews, 34(4): 151-169.

Naranjo-Ortiz M A, Gabaldón T. 2020. Fungal evolution: cellular, genomic and metabolic complexity. Biological Reviews, 95(5): 1198-1232.

Nagy L G, Kovács G M, Krizsán K. 2018. Complex multicellularity in fungi: evolutionary convergence, single origin, or both? Biological Reviews of the Cambridge Philosophical Society, 93(4): 1778-1794.

Niklas K J. 2014. The evolutionary-developmental origins of multicellularity. American Journal of Botany, 101(1): 6-25.

Ratdiff W C, Denison R F, Borrello M. 2012. Experimental evolution of multicellularity. Proceedings of the National Academy of Sciences of the United States of America, 109(5): 1595-1600.

Riquelme M. 2013. Tip growth in filamentous fungi: a road trip to the apex. Annual Review of Microbiology, 67(1): 587-609.

Rokas A, Mead M E, Steenwyk J L, et al. 2020. Biosynthetic gene clusters and the evolution of fungal chemodiversity. Natural Product Reports, 37(7): 868-878.

Steinberg G, Pealva M A, Riquelme M, et al. 2017. Cell biology of hyphal growth. Microbiology Spectrum, 5(2): 1-30.

Tao L, Du H, Guan G B, et al. 2014. Discovery of a "White-Gray-Opaque" tristable phenotypic switching system in *Candida albicans* roles of non-genetic diversity in host adaptation. PLoS Biology, 12(4): e1001830.

Taylor J W, Ellison C E. 2010. Mushrooms: morphological complexity in the fungi. Proceedings of the National Academy of Sciences of the United States of America, 107(26): 11655-11656.

Wang L Q, Lin X R. 2015. The morphotype heterogeneity in *Cryptococcus neoformans*. Current Opinion in Microbiology, 26: 60-64.

Yang E, Xu L, Yang Y, et al. 2012. Origin and evolution of carnivorism in the Ascomycota(fungi). Proceedings of the National Academy of Sciences of United State of America, 109(27): 10960-10965.

本章全部参考文献

第五章 真菌物种的遗传进化

　　达尔文认为所有生物具有共同的原始祖先，物种的进化演化呈连续性、辐射状发展，自然选择是物种适应性进化的直接动力，也是驱动新物种形成的直接动力。真菌物种的进化、演化也同样是自然选择的结果，体现在生殖方式进化、发育进化、表观遗传进化、基因组进化（包括线粒体基因组进化）等多方面，单独或协同促进真菌的环境适应与互作，并不断形成新的真菌物种。

第一节　自　然　选　择

　　自然选择是达尔文进化论的理论基础及核心，涉及内容可以概括为物种过度繁殖、生存竞争、遗传与变异和适者生存 4 个方面的内容。自然界中几乎所有生物都具有大量繁殖的倾向和能力，但不同生物生存所依赖的营养、生态位和配偶数量等自然资源是有限的。因此，种群内及种群间的不同生物必然会发生生存竞争。生物界还普遍存在可遗传的变异现象，表现为自同一双亲后代的不同个体之间，甚至通过克隆式无性繁殖产生的后代个体之间一般均存在差异，可遗传并具有进化优势的变异才会在物种中变得更加普遍，即处于竞争优势的生物得以保存，而处于劣势的生物则被淘汰。久而久之，在不同的时间尺度下，不同生物获得进化适应或形成新的物种。早期理论的形成主要基于代表种类的动物和植物观察而形成的，由于不同学者观察物种的对象不同等，导致形成不同的理论学说或争论。

一、自然选择的本质

　　自然选择曾有多种学说，查尔斯·达尔文（Charles Darwin）在 1859 年出版的 *On The Origin of Species*（《物种起源》）一书中描述的自然选择原理认为，每一物种所产生的个体远远超过其可能生存的个体，因而会反复引起生存竞争，于是任何生物所发生的变异，无论多么微小，只要在复杂变化的条件下有利于自身，就会有较好的生存机会，这样便被自然选择了。根据遗传原理，任何被选择下来的变种都具有繁殖其新类型子代的倾向。自然选择的原理及核心内容是竞争、可遗传变异（heritable variation）及适合度（fitness），本质是回答为什么选择、谁选择、选择什么及选择方式等问题。

　　如上如述，所有物种具有过度繁殖的倾向和能力，但生存空间和资源有限，因而存在营养竞争、生态位竞争、生殖竞争和逆境因子竞争等，从而导致优胜者生存的结局。不同个体间的竞争可通过直接或间接的方式发生，既可发生在种内也可发生在种间。总之，物种过度繁殖加上有限的自然资源条件是适者生存的选择原因（Lenski，2017；Li et al.，2021）。

　　关于谁选择的问题，自人类开始劳动以后，人类开展动植物驯化的人工选择将具有优良性状的个体挑选出来作为下一代的种源，所以人类是物种驯化的选择主体。虽然随着科技进步，人类对自然环境的改变可直接或间接地增加环境选择压力，如环境 CO_2 浓度的提高及对物种栖息境的改变，几乎会对所有或部分生物物种产生新的选择压力，从这个意义上讲，人类也是非驯化物种的选择主体。但严格意义上，自然条件下人类不是代理者或唯一的代理者，包括一切生物或非生物因素的自然才是选择的主体（谢平，2016）。

二、自然选择的分类

自然选择作用于可遗传的表型性状，选择压力可来源于环境中的任何因子，突出的表现是来源于不同个体间的生殖竞争。自然选择的目的或最终体现是为了获得最适的生存者，但这并不意味着自然选择总是定向选择。自然选择可分为以下多种形式。

（一）基于对某一性状的选择效应

基于对某一性状的选择效应，自然选择可分为定向选择（direction selection）、稳定选择（stabilizing selection）和分裂型选择（disruptive selection）（图 5-1）：①定向选择，又称正选择（positive selection）或达尔文选择（Darwinian selection），便于某一有利性状在进化中获得极值，从而能够占据整个群体；②稳定选择在于将某一理想性状维持在稳定的水平，而偏离该性状的个体在选择上均是不利的，因而会被淘汰；③比较极端的分裂型选择作用于物种分化的过渡时期，某一性状处于亚理想状态，选择导致理想性状向一个以上的方向发展。分裂型选择针对的性状既可能是数量性状，也可以是单变量性状，性状水平的高低分化有利于群体分离，因而代表着物种分化与形成的前奏。

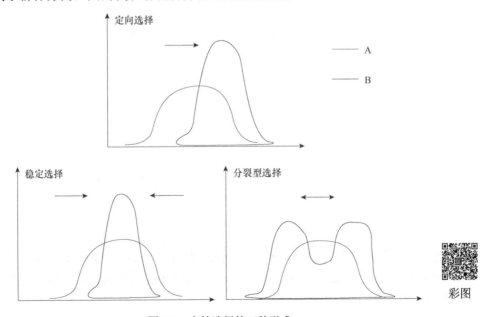

图 5-1　自然选择的三种形式
A. 初始种群的性状特征；B. 选择后种群的性状特征

（二）基于对遗传多样性效应的影响

基于对遗传多样性效应的影响，自然选择可以分为净化选择（purifying selection）或称负选择（negative selection）和平衡选择（balancing selection）。净化选择在于选择性去除随机突变引起的有害突变，从而实现稳定选择效应。单位点（single mutation）或遗传位点（genetic locus）变异均可导致有害突变，净化选择通过非随机交配（non-random mating）或遗传漂变（genetic drift）等不同策略达到清除有害突变的目的。尤其是后者，可以导致某一变异类型的彻底消失。与此相反，平衡选择倾向维持种群中存在一定程度的遗传变异，种群中等位基因的频率维持在突变频率之上。在复杂生态系统中，寄主和寄生物种群维持平衡选择将更有利于维系生态平衡。

（三）基于作用于物种生活史的不同阶段

基于作用于物种生活史的不同阶段，生物学家将自然选择分为生存选择（survival selection）和生殖选择（fecundity/fertility/reproduction selection）。前者在于选择提高物种生存的概率，而后者侧重于选择提高物种的繁殖率，甚至以牺牲寿命为代价。生殖选择还可以进一步分为性选择（sexual selection）、配子选择（gametic selection）及亲和性选择（compatibility selection）等（图 5-2）。

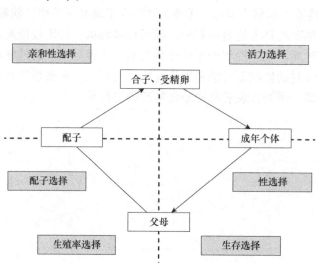

图 5-2　作用于有性生殖物种生活史的不同选择类型

（四）基于选择作用的单位

基于选择作用的单位，自然选择可为分为个体选择（individual selection）、基因选择（gene selection）和群体选择（group selection）。这些选择又称为自然选择的层次，将在下一节中重点阐述。

（五）基于竞争的资源种类

基于竞争的资源种类，自然选择可分为性选择（sexual selection）和生态选择（ecological selection）。同上述基于生活史不同阶段的性选择分类意义相同，此处的性选择主要体现为配偶竞争，这在物种自然选择与进化中发挥着重要的作用，在一些动物中甚至以牺牲生命为代价，获胜方获得交配权的残酷竞争方式在很大程度上促进了物种的适应性进化。除了性选择以外，针对其他资源的选择统称为生态选择，典型现象包括动物的杀婴现象（infanticide），以及社会昆虫蜜蜂、白蚁的蜂王/蚁王选择（kin selection）与竞争等。总之，自然选择又泛称为生态选择，涉及的性选择是一种特殊的机制（Mayr et al.，1972）。

三、自然选择的层次

自然选择的层次，或称单位，曾经存在多种争论，即自然选择是发生在基因层次、个体层次，或是群体层次的问题（李建会，2009；黄翔，2015）。达尔文进化论是构筑在个体水平上的自然选择理论，"同种的个体间必然进行剧烈的斗争，因为它们居住在同一区域、摄取同样的食物，并且还面临同样的危险"。因而，传统生物学家认为自然选择作用于个体层次，适应是为了有利于个体，从而导致个体间的选择（谢平，2016）。支持个体层次选择的突出代表是美国进化生物学家 Ernst Walter Mayr，他强烈反对基因层次的选择理论，认为基因不可能是选择的焦点，基因是由个体携带的，而个体的性状来自成千上万个基因及其相互作用。因此，自然选择不可能作用于一个基因，而是个体基因组的集体行动。不管一个基因有多么适应，携带该基因的个体若不适应这个基因便会消失。自然选择的是表现型而不是基因型，所以基因库中才得保存大量的遗传变异（Mayr，2001）。

达尔文进化论的核心是种内或种间个体之间的生存斗争，但多数动物的个体间演化出精妙的互助关系，如通过牺牲少数个体而改善或提高群体的适应性，从而可以促进物种的延续，这便引申出群体选择的问题，即群体层次的利他主义。达尔文认为在社会性的动物中，自然选择使个体服从整体利益，所选择出来的变异有利于整体（谢平，2016）。1962年，英国动物学家 Vero Copner Wynne-Edwards 正式提出群体选择的进化理论，对于具有社会结构及分工的一些物种来说，自然选择作用于群体而非传统的个体水平。当种群密度过高时，群体调控（population regulation）降低繁殖率是其理论的核心。然而，Wynne-Edwards 的学说多被批评为"幼稚的群体选择"（naïve group selection）理论，没有获得广泛的认可。美国哲学家及史学家 John Fiske 倡导动物协作的观点，即那些彼此合作的动物通常能够更成功地生存下去。尤其对于人类来说，利他主义（altruism）是人类进化的突出特征，愿意为他人牺牲个人的行为从根本上激发了人类文明的发展。同样地，也有学者反对基于利他主义的群体选择理论，如英国进化生物学家 George C. Williams 认为利他主义者的牺牲所导致的结果是欺诈者的繁荣。然而，总体来说，个体间协作有利于群体适应和进化是普遍存在的，但群体选择以个体选择为基础（谢平，2016）。

英国进化生物学家 Richard Dawkins 在 1976 年出版了 *The Selfish Gene*（《自私的基因》）一书，认为自然选择的不是物种群体，甚至不是个体，而是基因，即基因是自然选择的唯一合适单位或层次，个体和群体只是基因实现自己生存和繁殖目的的手段或载体。但基因存在多效性，部分基因的编码蛋白存在选择性剪切，以及某一基因在一种基因型中可能是有利的，但在另外的基因型中可能是有害的。尤其典型的与基因层次选择不对应的现象是关于社会性昆虫的问题，如蜜蜂和白蚁等，相同基因组体现为不同表型的现象。这些原因或现象均会导致基因与性状之间存在非唯一对应的关系，从而对于将基因作为自然选择的唯一层次提出了质疑（谢平，2016）。Dawkins 于 1982 年出版了 *The Extended Phenotype*（《延伸的表现型》）一书，在该书中他对将基因作为自然选择的唯一层次提出了折中的看法。他提出了"奈克方块"（Necker cube），或称内克尔立方体的迷惑性问题，即一个立方体图像从不同的角度观察时，会在视察中呈现不同的透视关系。同理，Dawkins 认为关于看待生命的问题，从基因角度看或从传统的个体角度看具有相似的结果。不少研究者据此认为，Dawkins 承认了从基因层次还是从个体层次看待自然选择实际上只是一个视角问题，似乎并无好坏或优劣之分。基因选择存在的疑问或困难是基因本体的认识问题，依据中心法则来理解生命现象，基因的产物是蛋白质，从而决定生物的性状。结合生物科学研究的不断进步，进化生物学家对于"基因"的概念提出了新的定义或解读：不能将基因仅定义为基因组中的一个组成单位，基因组上的每一片段都具有编码、表达、复制和遗传的特征，一个片段可以直接或间接地和其他片段相互作用（Shapiro，2009）。基于这样的认识，就可以清楚地知道基因组中的蛋白质非编码区可同样调控生物学性状，同样受自然选择而适应不同环境条件，即表观遗传因子同样参与基因选择，从而丰富了基因选择层次的内涵和外延。

四、物种进化的军备竞赛与堑壕战

自然选择的残酷事实及典型事例是"兔子跑得快是为了保命而狐狸跑得快是为了晚餐"。当然，一直得不到晚餐的狐狸也面临着死亡。这就是著名的红皇后假说（Red Queen hypothesis）的前提，也可称作军备竞赛（arms race）式的物种进化演化关系（Moller and Stukenbrock，2017）。不同物种为了生存，必须不停歇地最佳化才可以对抗捕食者或竞争者，但这种改变对于捕食者和被捕食者来说，两者的适合度（fitness）均没有增强。如上所述，相对于人工选择，自然是选择的主体，但人类的工、农、医业等生产及发展，在越来越多地导致军备竞赛式的物种淘汰、选择与进化。自 1928 年发现青霉素以后，大量抗生素的频繁应用导致抗药性菌株的产生，因而需要发掘新型的抗生素，并进入下一个抗性产生与发掘新型抗生素的循环。农业生产上，大量化学农药的使用对于不同病虫害来说可导致同样的"人工选择"式的军备竞赛。另一种典型事例是农业抗性品种的培育与应用，如抗稻瘟病水稻品系的培育与应用、转基因抗虫棉品系的培育与应用等，即针对作物抗性品系的应用，病原菌敏感品系不断被淘汰，从而产生新的致病品系（图 5-3A）。农作物抗性品系的培育与应用仍然是农业安全生产的重要保障，充分结合生态选择的原理可以缓解防治对象抗性产生的频次和水平，如保留易感品种"避难所"（refuge area）可以缓解病虫害抗性的快速产生。

与军备竞赛式协同进化与选择不同的是堑壕战式（trench warfare）的平衡选择（图 5-3B）。这种模式下，寄主和病原菌种群均维持着不同的抗病-致病互作等位基因的遗传多样性，因而不会发生迭代式的种群替换现象。在原始的生态系统中，平衡选择维系着不同种群的遗传多样性及物种多样性，从而有利于生态平衡。

自然选择是维系物种进化及生态平衡的核心驱动力，不同物种在不同环境条件下会发生程度不等、种类不同的自然选择模式，对这些问题的不断研究可以揭示自然选择的本质和规律。以不同真菌为对象研究物种起源、新物种分化、互作物种的协同进化，以及外来入侵物种的影响与干预等问题均具有重要的理论和现实意义。在人类文明不断发展的背景及现实状况下，人类行为对于自然环境的影响不断加大，从而直接或间接地影响自然选择的进程和结果，因而研究人为干预环境下真菌的进化演化特征也具有重要的生物学及生产应用意义。

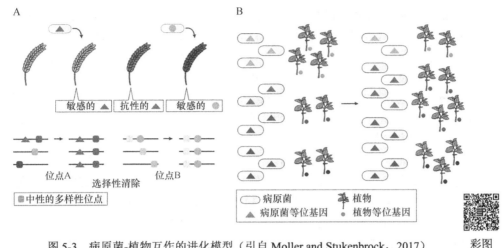

图 5-3　病原菌-植物互作的进化模型（引自 Moller and Stukenbrock，2017）

A. 军备竞赛式进化模型；B. 堑壕战式进化模型

（王成树）

第二节　真菌的生殖及进化

生殖是指生物体在一定条件下由亲代个体产生新的子代个体的过程。生殖是生物体的基本特征之一，不仅导致新个体的形成，还可以形成能抵抗胁迫环境和有利于散播的结构，是物种得以维持、繁衍和进化的基础。真菌是仅次于昆虫的第二大类真核生物类群，也是世界上分布最广泛的生物类群。为适应极其多样的生长环境，真菌的生殖方式也具有极大的多样性。可以简单分为无性生殖（asexual reproduction）、有性生殖（sexual reproduction）和准性生殖（parasexual reproduction）。许多真菌都具有或同时具有这几种生殖方式的能力，具有无性型和有性型，有性生殖世代和无性生殖世代构成了完整的生活史。然而，仍然有20%的真菌缺乏有性世代或者目前并没有观察到有性生殖过程，这一比例在子囊菌门中甚至高达 40%（Taylor et al.，1999；Dyer and Kuck，2017）。

一、真菌的无性生殖

真菌的无性生殖是指不经过两性细胞的结合，由母体直接产生新的个体。绝大多数真菌都能够通过无性生殖产生后代，真菌的无性生殖方式极其多样，包括出芽生殖（芽殖）、分裂生殖（裂殖）、无性孢子生殖等。其中最简单的无性生殖方式是芽殖和裂殖。

（一）芽殖和裂殖

大多数单细胞酵母真菌可以通过出芽或分裂方式进行增殖。最为著名的就是作为模式生物的芽殖型酿酒酵母（*Saccharomyces cerevisiae*）和裂殖型的粟酒裂殖酵母（*Schizosaccharomyces pombe*）。酿酒酵母在营养丰富的条件下以出芽的方式进行分裂，即在母体细胞的一端突起形成芽体，芽体成熟后与母体之间形成隔膜，脱离形成新的个体

（Herskowitz，1988）。芽殖酵母细胞分裂生成的两个细胞体积大小不等，是不等分裂。在裂殖酵母的分裂过程中，母体细胞的一端或两端逐渐伸长呈现圆柱体的形状，并进行有丝分裂。随后在接近母体中间部位产生隔膜，形成两个大小相同的子代细胞（Hagan et al.，2016）。

芽殖酵母和裂殖酵母从生长到形成子细胞的无性生殖过程，实际上也是细胞周期循环过程。酵母的细胞周期与高等动植物细胞类似，也包含 G_0 期、G_1 期、S 期、G_2 期和 M 期（Herskowitz，1988；Juanes，2017）。酵母中参与细胞周期调控的基因称为 CDC（cell division cycle）基因。许多参与细胞周期调控的基因及其调控机制在酵母和高等生物中高度保守。因此，利用酵母细胞进行细胞周期及其调控机制的研究，在细胞周期研究领域占有重要的地位，相关领域的许多突破性成果来源于酵母的研究。裂殖酵母中的 CDC2 基因是酵母中第一个被鉴定的 CDC 基因，其表达一个 34kDa 的蛋白质，因而也被称为 p34^{cdc2}，p34^{cdc2} 在裂殖酵母细胞周期调控中起着关键的作用（Nurse，1975；Beach et al.，1982）。芽殖酵母中的 CDC28 是第二个被鉴定的 CDC 基因，CDC28 基因的突变导致细胞停留在 G_1/S 或 G_2/M 交界处（Hartwell et al.，1970，1973）。随后的研究发现，p34^{cdc2} 和 p34^{cdc28} 是同源物，都是蛋白质激酶，而其活性依赖于与周期蛋白（cyclin）的结合，因而这一类激酶被命名为周期蛋白依赖性激酶（cyclin-dependent kinase，CDK）。CDK 在细胞周期过程中起着核心调控作用，不同种类的 CDK 和不同的周期蛋白结合，构成不同的 CDK 激酶复合体。CDK 蛋白在细胞周期中的含量相对稳定，而周期蛋白含量则呈现周期性的变化，使得 CDK 激酶在细胞周期的不同时期表现出活性，对细胞周期的不同时期进行调节（Beach et al.，1982）。

（二）无性孢子生殖

除了芽殖和裂殖这两种最简单的无性生殖方式，许多真菌还可以通过产生无性孢子的方式进行无性生殖，无性孢子是不经过两性细胞结合而产生的孢子。无性孢子是许多真菌生活史中的重要环节，类似于植物的种子，不仅有繁殖、散播和侵染的作用，还可以帮助真菌抵抗和渡过不良环境。真菌无性孢子包括游动孢子（zoospore）、孢囊孢子（sporangiospore）和分生孢子（conidium）等。游动孢子和孢囊孢子主要由低等真菌，如壶菌门（Chytridiomycota）、毛霉亚门（Mucoromycotina）和捕虫霉亚门（Zoopagomycotiaa）等真菌产生，而分生孢子主要在高等丝状真菌中产生。分生孢子是真菌中最常见的无性孢子，分生孢子的发育过程、形状、大小和结构极其多样。目前对分生孢子的产生及其调控研究大多集中于一些模式真菌，如构巢曲霉（*Aspergillus nidulans*）、烟曲霉（*Aspergillus fumigatus*）、粗糙脉孢菌（*Neurospora crassa*）等。

（三）分生孢子的产生及调控

分生孢子的产生是一个复杂的发育过程，涉及大量基因的时序性表达和多个细胞分化事件，并受到多种环境因素的影响（Park and Yu，2012）。在构巢曲霉中，分生孢子是在一个被称为分生孢子梗（conidiophore）的特殊发育结构上产生的（Adams et al.，1998；Yu，2010）。分生孢子的形成可以分为几个不同的阶段。分生孢子梗从一个细胞壁特化加厚的足细胞开始，足细胞分枝形成气生菌丝，气生菌丝伸长停止后，其顶端开始膨大形成多核的顶端囊泡（vesicle）。囊泡中的多细胞核进行分裂，通过类似出芽的方式，在囊泡表面形成初级小梗（metula，梗基），每个梗基上再长出 2 或 3 个单核的次级小梗（phialide，瓶梗）（Adams et al.，1998）。瓶梗通过多轮不对称有丝分裂产生单核的分生孢子链（图 5-4）。由

于分生孢子抗逆性强并易于散播，对于真菌抵抗胁迫
环境并占领新的生态位具有重要意义。

分生孢子的形成受精确的时序性基因调控，许多
调控因子在不同阶段起着调控作用（图 5-5）。其中
BrlA、AbaA 和 WetA 被认为是构巢曲霉分生孢子发
育的中心调控因子，它们构成分生孢子梗发育的中心
转录级联系统。brlA 基因的激活被认为是分生孢子
梗发育的第一步。brlA 基因的缺失不能形成顶端膨
大的分生孢子梗和后续的其他产孢结构，形成类似
"bristle-like"的表型而得名（Clutterbuck，1969；Boylan
et al.，1987）。如果其在营养细胞中过表达 brlA 基因，
可以使菌丝顶端生成有活性的分生孢子（Adams et al.，

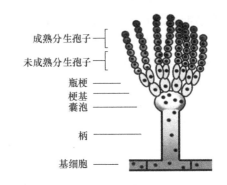

成熟分生孢子
未成熟分生孢子
瓶梗
梗基
囊泡
柄
基细胞

图 5-4 构巢曲霉分生孢子的发育模式图
（引自 Park and Yu，2012）

1988）。brlA 基因座中包含两个相互重叠的转录单位：brlAα 和 brlAβ，这两个转录单元在分
生孢子形成过程中起着不同的作用（Prade and Timberlake，1993；Han and Adams，2001）。
作为含锌指结构域的转录因子，BrlA 可以调控自身及其他多个相关基因的转录（Adams et
al.，1988）。在梗基发育后期，也就是分生孢子形成的中间阶段，BrlA 激活 abaA 基因的表
达，AbaA 是调控瓶梗正常发育和行使功能的关键因子（Sewall et al.，1990；Andrianopoulos
and Timberlake，1994）。abaA 基因的缺失可以形成正常梗基，但是不能在梗基上正常发育
形成瓶梗，而是形成长链状细胞，类似于算盘（abacus-like）形状而得名（Han and Adams，
2001）。abaA 基因的过表达会导致菌丝生长的停止，并且使细胞液泡增加，但是并不能形
成分生孢子（Han and Adams，2001）。AbaA 是一个可以结合特定 DNA 序列的转录因子，
在许多发育调控基因的启动子中都发现了 AbaA 的结合位点，包括 brlA、abaA 自身基因
（Boylan et al.，1987）。在分生孢子形成后期，AbaA 蛋白激活 wetA 基因，WetA 的一个重要
功能是参与调控关键细胞壁成分的合成（Marshall and Timberlake，1991），wetA 基因的缺失
会导致分生孢子在发育的最后阶段自溶，造成分生孢子梗头部出现小液滴，看上去像湿了一
样而得名。wetA 基因的过表达可以抑制菌丝的生长并导致高度分枝的细胞的生成。WetA 蛋
白也激活了一系列孢子特异性基因的表达。分生孢子发育的中心调控因子 BrlA、AbaA 和
WetA，既是一个顺序激活的时序调控的级联系统，又存在可以调控自身表达的正反馈调控环
路，从而确保其大量、快速的表达，以有效地激活下游基因（Mirabito et al.，1989）。

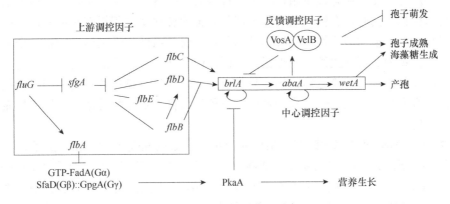

图 5-5 构巢曲霉分生孢子产生的调控通路（引自 Park and Yu，2012）

在分生孢子形成的中心调控因子上游，还存在一系列的基因参与调控，其中研究得较为透彻的是 *fluffy* 基因座，*fluffy* 基因座突变株最普遍的表型是生长出不能分化的气生菌丝，因菌落形态为大的棉花样白色绒毛状（fluffy）而得名。该基因座有 6 个基因，分别命名为 *fluG*、*flbA*、*flbB*、*flbC*、*flbD*、*flbE*，它们是分生孢子发育起始及 *brlA* 基因活化所必需的（Wieser et al.，1994）。还有许多其他基因的突变会影响构巢曲霉分生孢子的形成，如 *stuA* 和 *medA* 基因（Chung et al.，2015）。

分生孢子的产生除了受到上述中心产孢途径的控制外，还受到与之相互拮抗的营养生长信号途径所抑制，在营养生长期间抑制 *brlA* 基因的激活。由 G 蛋白介导的信号转导途径有 FadA（Gα）-SfaD（Gβ）::GpgA（Gγ）途径，其通过调节 cAMP-PKA 信号促进真菌的营养生长，抑制真菌的发育和 *brlA* 基因的表达（Yu，2006）。此外，多种环境因素，包括营养胁迫、光照及水-空气界面的形成等，都可以影响真菌分生孢子的产生。

以构巢曲霉为模式生物研究真菌分生孢子产生，极大地加深了对真菌无性生殖遗传调控机制的认识，但是仍然有许多重要的问题亟待解决。真菌是如何感知信号从营养生长阶段转变为无性发育阶段？无性孢子的形成是真菌对不利环境的反应还是其生活史内部调控作用的结果？胞外或胞内信号激活无性发育的具体机制是什么？产孢调控途径在进化上具有多大程度的保守性和普遍性？细胞如何在无性生殖和有性生殖这两种方式上做出选择等。

虽然无性生殖可以使生物体花费更少的能量，快速增长生物量，占领生态位，但是无性生殖所产生的子代缺乏遗传多样性，容易积累有害突变，一旦所处环境发生剧烈变化，对其环境适应性将是极大的挑战（Roach et al.，2014）。生物在漫长的进化过程中进化出了有性生殖，有性生殖过程存在基因重组，有利于消除有害基因突变，产生更多遗传多样性的子代，更好地适应环境（Zeyl，2009；Lee et al.，2010；Roach et al.，2014）。由于其独特的优势，有性生殖逐渐成为高等生物的主要生殖方式，被子植物中无性生殖的物种占 1%，而只有 0.1% 的动物物种进行无性生殖（Roach et al.，2014）。

二、真菌的有性生殖及其进化

（一）有性生殖概述

有性生殖是真核生物特有的基础生命繁殖方式，该生殖方式在从属于不同进化地位的真核生物中广泛存在。在有性生殖过程中通过减数分裂进行同源重组，能够极大地丰富后代的遗传多样性。同时，有性生殖有利于消除有害遗传突变并积累有利突变，这些过程大大增加了物种对环境的适应性，保持物种的种系优势。虽然有性生殖过程是一个极其复杂的过程，不同物种的有性生殖方式也极其多样。但是从遗传物质的角度看，有两个非常保守的标志性事件：一个是染色体倍化；另一个是减数分裂。染色体倍化和减数分裂是生物有性生殖的根本基础，也是保证物种繁衍、染色体数目稳定和物种适应环境变化而不断进化的基本前提。

有性生殖过程早期的关键步骤是交配识别（mating recognition），交配识别之后，进行细胞-细胞融合产生合子（zygote）（Fraser et al.，2004）。产生合子的过程也可以分为质配（plasmogamy）和核配（karyogamy）两个阶段：质配是指两个带核的细胞相互融合；核配是质配之后两个细胞核融合并导致染色体的倍化。在许多低等真菌中，核配在质配之后立刻发生，但是在许多高等真菌中，这两个过程是分开的。质配后形成一个双核状态，直到性结构发育成熟之后才进行核配。例如，在担子菌门的新生隐球菌（*Cryptococcus neoformans*）的有性生殖过程中，经过细胞融合之后，进行细胞形态转换产生双核的性菌丝，性菌丝逐渐延伸，在一些性菌丝的顶端膨大发育成担子菌门真菌的标志性结构——担子，然后在担子中进行细胞核融合。细胞核融合之后，进行减数分裂，产生单倍体的配子（gamete）（Iwasa et al.，1998）。真菌有性生殖产生的配子主要是有性孢子，通过减数分裂产生的具有遗传多样性的有性孢子，对于真菌的环境适应性及物种进化具有重要意义（Sun et al.，2017）。而且由于孢子体积小、易散播、抗逆性强，有利于真菌度过不良环境或占领新的生态位，其也成为一些病原真菌的主要感染繁殖体（Wyatt et al.，2013；Huang and Hull，2017）。

有性生殖是一个受到精确调控的复杂生物学过程，而一些模式真菌由于具有完整的有性生殖周期，遗传操作相对简单，也成为研究有性生殖的良好材料（Wallen and Perlin，2018）。近年来，对酿酒酵母、构巢曲霉、粗糙脉孢菌、白念珠菌（*Candida albicans*）和新生隐球菌等模式真菌的有性生殖及其调控机制研究，为揭示有性生殖的起源和进化、染色体倍性变化、交配型基因和生殖方式的转变等问题提供了重要线索。本节主要以真菌中物种最多的门——子囊菌门的模式菌酿酒酵母、白念珠菌和担子菌门的模式菌新生隐球菌为例介绍真菌的有性生殖（Bennett and Turgeon，2016；Coelho et al.，2017）。

（二）交配型基因座

交配识别是有性生殖早期的关键步骤，而交配识别的前提是如何确定真菌的性别（sexual identity），在真菌中通常称为交配型（mating-type）。真菌的交配型通常由交配型基因座（mating-type locus，MAT）控制（Fraser and Heitman，2003；Hsueh and Heitman，2008）。不同物种交配型基因座的大小和结构差别很大，一般含一个或多个开放阅读框，编码产物参与调控不同交配型细胞间的细胞识别、细胞融合、有性发育、减数分裂等过程，因此交配型基因座是调控真菌有性生殖的关键（Fraser and Heitman，2003）。

大多数真菌中具有一对决定其交配型的基因座，一般以 *MAT1-1*、*MAT1-2* 命名，有些物种命名为 *MATα* 和 *MATa*。交配型基因座内的基因一般同源性较低，因此不称等位基因而叫作等位变体（idiomorph）（Metzenberg and Glass，1990）。子囊菌门物种交配型基因座通常编码含 α-domain、HMG domain 或 HPG domain 的转录因子基因。担子菌门物种交配型基因座通常包含了编码交配型特异性转录因子（称为 *HD* 基因座）、性信息素和性信息素受体（称为 *P/R* 基因座）。只有一对交配型基因座，交配发生在两种互补交配型的菌株之间的有性生殖方式属于双极交配系统（bipolar mating system）（图 5-6）（Fraser et al.，2004；Heitman et al.，2014；Sun et al.，2019）。在一些担子菌门真菌中，是由两个不连锁的交配型基因座决定交配型：一个基因座中含编码交配特异性转录因子的基因；另一个性基因座包含能够编码性信息素和性信息素受体的基因。交配仅发生在两个交配型基因座上的基因均不同的菌株之间，属于四极交配系统（tetrapolar mating system）（图 5-6）（Fraser et al.，2004；Heitman et al.，2014；Sun et al.，2019）。

单倍体的酿酒酵母细胞包括 **a** 和 α 两种交配型。交配型基因座位于第三条染色体中间部位，约为 0.7kb，两端都有一个和 *MAT* 同源的基因座 *HML* 和 *HMR*（图 5-7），决定交配型的 *MAT* 称为活性盒（active cassette），*HML* 和 *HMR* 为沉默盒。**a** 细胞的交配型基因座编码 homeodomain 转录因子 **a**1，而 α 细胞的交配型基因座编码 α-domain 的 α1 蛋白和

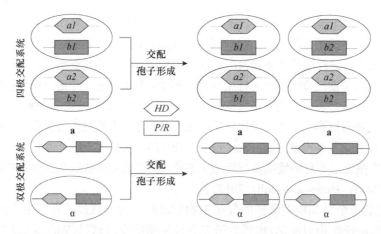

图 5-6 双极交配系统和四级交配系统示意图（引自 Zhao et al.，2019）

homeodomain 的 α2 蛋白（Hicks and Herskowitz，1977；Johnson，1995；Haber，1998，2012）。这三个转录因子通过调控 a-特异性和 α-特异性基因的表达进而调控酿酒酵母的有性生殖，这些基因包括编码性信息素、性信息素受体的基因（Casselton，2002；Bennett and Turgeon，2016；Wallen and Perlin，2018）。

　　白念珠菌长期以来一直被认为是一种不能进行有性生殖的二倍体，但是随后的研究也发现其基因组中存在交配型基因座，被命名为 *MTL*（mating-type-like locus）（Hull and Johnson，1999；Hull et al.，2000），存在 a 和 α 交配型。白念珠菌的交配型基因座大小为 9kb（图 5-7），*MTL* 中除了编码 a1、α1 和 α2 蛋白的基因和酿酒酵母同源，还存在另一个

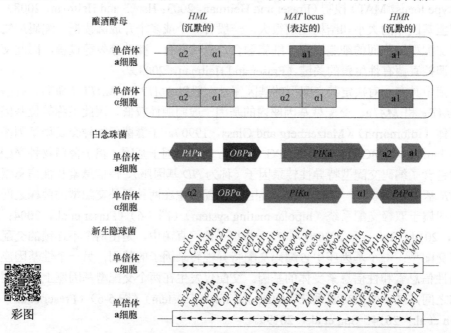

图 5-7　酿酒酵母、白念珠菌和新生隐球菌的交配型基因座（引自 Bennett and Johnson，2005；Wang and Lin，2011；Wallen and Perlin，2018；Kumar et al.，2019）

新生隐球菌图例中，方框中的箭头方向表示基因转录方向；红色标记基因（含箭头）为信息素基因，绿色标记基因（含箭头）为信息素受体基因

编码含 HMG 结构域的转录因子 **a**2。此外，白念珠菌交配型基因座中还存在 *PAPa/PAPα*，*PIKa/PIKα* 和 *OBPa/OBPα*（图 5-7）。

相对于酿酒酵母和白念珠菌，新生隐球菌中的交配型基因座比较大，超过 100kb，包含基因超过 20 个，包括性信息素、性信息素受体、含 homeodomain 的转录因子 Sxi1α 或 Sxi2**a**，以及 mating-MAPK 信号通路的部分组分的编码基因（图 5-7）（Idnurm et al.，2005；Ni et al.，2011；Wang and Lin，2011）。α 细胞分泌 α 性信息素（Mfα），可以结合 **a** 细胞表面的受体 Ste3**a**，**a** 细胞分泌 **a** 性信息素（Mfa），可以结合 α 细胞表面的受体 Ste3α（McClelland et al.，2002）。性信息素结合相应的受体后，激活 mating-MAPK 信号通路，促使不同交配型的细胞发生融合。细胞融合后，来自 α 细胞的转录因子 Sxi1α 和来自 **a** 细胞的转录因子 Sxi2**a** 形成复合物，能够激发后续的菌丝形成和产孢等有性发育过程（Hull et al.，2002，2005）。编码性信息素、性信息素受体和转录因子 Sxi1α/Sxi2**a** 的基因被认为是隐球菌的性别决定基因（Stanton et al.，2010）。

（三）异性生殖和同性生殖

真菌作为物种众多的一大生物类群，其有性生殖方式也具有极大的多样性。根据有性生殖过程是否需要不同交配型细胞的参与，可以简单分为异性生殖（bisexual reproduction）和同性生殖（unisexual reproduction）。异性生殖和同性生殖有着一些类似的关键生物学过程，包括染色体的倍化、有性发育、减数分裂和重组子的产生，但是在交配识别和染色体倍化方式上有着明显的区别。在一些真菌中这两种生殖方式都存在甚至可以相互转换（Ni et al.，2011；Ene and Bennett，2014）。

1. 异性生殖 异性生殖在真菌中也常称为异宗配合（heterothallism），异宗配合需要与互补交配型的细胞融合才能进行有性生殖，表现为自交不孕（Ni et al.，2011；Whittle et al.，2011）。根据交配型基因座的数目对数可分为双极异宗配合和四级异宗配合（图 5-8A）：双极异宗配合由一对互补的交配型基因座控制，每一个单倍体细胞基因组中只含有一个交配型基因座，交配发生在具有互补交配型的个体间；四级异宗配合由两个不连锁的交配型基因座决定它们的交配型，交配只有在两个交配型基因座上的等位基因都相反的个体间才能进行。

信息素/信息素受体在异性生殖的交配识别中起着关键作用。在酿酒酵母中，单倍体 **a** 和 α 两种交配型，分别分泌 **a** 性信息素（又称 **a** 因子）和 α 性信息素（又称 α 因子）。**a** 因子结合 α 细胞表面的受体（Ste3），α 因子结合在 **a** 细胞表面的受体（Ste2）上。激活下游的 mating-MAPK 信号通路，引发交配应答（Casselton，2002；Wallen and Perlin，2018）。诱导 **a** 细胞和 α 细胞极性生长，向信息素源方向形成所谓的 shmoo 结构，最终在顶端接触进行细胞融合，经过质配和核配后形成二倍体 **a**/α 合子。在特定环境条件下，如氮源缺乏，二倍体 **a**/α 细胞可以进行减数分裂，在子囊中形成 4 个单倍体的子囊孢子（图 5-9A）（Bennett and Turgeon，2016；Wallen and Perlin，2018）。

白念珠菌和酿酒酵母同属子囊菌门，这两个物种在异性交配识别过程类似，但是整个过程也存在明显差异。白念珠菌的交配不仅受到交配型基因座的控制，而且还受到 white-opaque 形态转换的调控（Tao et al.，2014）。white 阶段细胞呈圆形，在固体培养基上形成圆顶菌落，opaque 阶段细胞呈杆状，菌落为扁平状。研究发现，opaque 阶段 **a** 细胞与 α 细胞的交配能力约为 white 阶段的 10^6 倍（Miller and Johnson，2002）。白念珠菌是二倍体细胞，对于 **a**/α 杂合型二倍体细胞需要发生纯合化，产生 **a**/**a** 细胞或 α/α 细胞，纯合型细胞

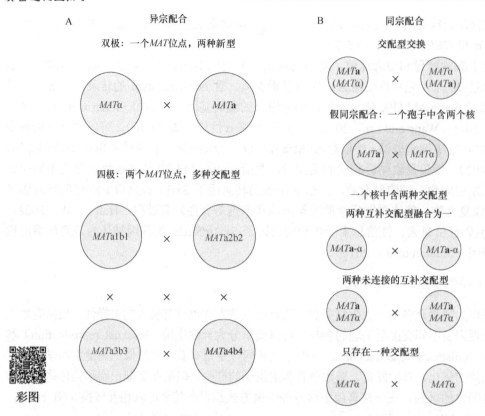

图 5-8　真菌的异宗配合模式（A）和同宗配合模式（B）（引自 Ni et al.，2011）

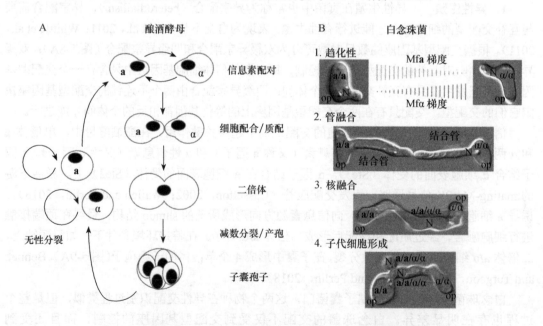

图 5-9　酿酒酵母（A）和白念珠菌（B）的交配识别及异性生殖过程
（引自 Heitman et al.，2014；Bennett and Turgeon，2016）

N. 细胞核；op. 灰菌细胞

发生 white-opaque 转换。opaque 状态的 **a/a** 和 α/α 细胞交配也依赖于性信息素/性信息素受体识别系统，经 mating-MAPK 信号通路，激活交配结合管形成相关的基因（Scaduto et al.，2017）。**a** 细胞和 α 细胞生长出交配接合管，沿着性信息素浓度升高的方向延伸，伸长到一定程度后相互接触，并在它们顶端发生融合。细胞核也在交配接合管中移动，在顶端接合部进行核融合，形成四倍体 **a/a**/α/α。在两细胞交界处产生第一个四倍体的子细胞（图 5-9B）（Heitman et al.，2014）。但是到目前为止，还没有在白念珠菌中发现减数分裂过程，而是通过染色体丢失的方式回复到二倍体或近二倍体状态，因此白念珠菌的生殖方式不是严格意义上的有性生殖，而是一种准性生殖（parasexual reproduction）（Bennett and Johnson，2003，2005；Hickman et al.，2015）。

2. 同性生殖　　同性生殖是指只需要一种单倍体菌株就能完成的有性生殖方式。同性生殖由于不需要互补交配型细胞的参与（Lin et al.，2005；Roach et al.，2014），能够克服寻找异性细胞的障碍，可以极大地提升真菌在自然界中进行有性生殖的潜能。真菌中常见的同性生殖方式是同宗配合（homothallism），即发生交配的两个细胞的交配型是相同的，表现为自交可孕（Ni et al.，2011）。

　　同宗配合也有多种模式（图 5-8B），研究得较为清楚的是酿酒酵母中的交配型转换（mating-type switching）模式，**a** 母细胞经过交配型转换形成 α 子细胞，然后 α 子细胞和 **a** 母细胞进行交配（Hicks and Herskowitz，1977）。在酿酒酵母中，交配型基因座两端还有一个和 *MAT* 同源的基因座 *HMLα* 和 *HMR**a***（图 5-7），决定交配型的 *MAT* 称为活性盒（active cassette），能置换 *MAT* 盒的 *HMLα* 和 *HMR**a*** 为沉默盒，不具有转录活性。同宗配合转换型（homothallic switching，HO）核酸内切酶能在 *MAT* 盒上切割形成双链缺口，然后通过同源重组修复，以其中一个沉默盒作为供体，实现活性交配型基因座的转换，从而使一种交配型转换为另一种交配型（Hicks and Herskowitz，1977；Wilson et al.，2015）。这一同宗配合模式使来自同一个菌落的细胞在发生交配型转换后进行交配。因此，也有观点认为这种交配型转换模式实际是异宗配合。同宗配合的另一种模式是假同宗配合，也叫作次级同宗配合，是指单个细胞中同时含有两种互补交配型的单倍体细胞核，因此表现为可以自发地进行有性生殖（Ni et al.，2011）。

　　在白念珠菌中也发现了同性交配的现象。白念珠菌 **a** 细胞能同时表达 **a** 和 α 信息素，同时 **a** 细胞还表达 *BAR1*（barrier to the alpha factor response）基因，*BAR1* 基因编码可以降解 α 信息素的蛋白酶，从而抑制了细胞的交配。而当 *BAR1* 基因缺失时，**a** 细胞在自身分泌的 α 信息素的诱导下发生 **a** × **a** 同性交配。另外，加入少量的 α 细胞，由于 α 细胞能分泌 α 信息素，也能诱导 **a** × **a** 同性交配（Alby et al.，2009；Lee et al.，2010）。最近的研究发现，营养饥饿和氧化压力可以通过激活 **a** 细胞中 *MTLa2* 基因和 α 信息素的表达，进而诱导 **a** 细胞形成交配接合管并进行同性交配。表明环境压力可以驱动白念珠菌的同性生殖（Guan et al.，2019）。

　　除了同宗配合，真菌中还存在不依赖于交配的同性生殖方式。对这一同性生殖方式的认识主要来自对新生隐球菌的研究。和酿酒酵母类似，新生隐球菌也包含 **a** 和 α 两种交配型，具有双极交配系统。在大多数情况下，隐球菌主要通过出芽的方式进行无性生殖，但是在特定的条件下能够进行有性生殖（Kwon-Chung，1976a，1976b；Lin et al.，2005；Wang and Lin，2011）。新生隐球菌的异性生殖很早就被发现（Kwon-Chung，1976a，1976b；Kwon-Chung and Bennett，1978），异性生殖需要 **a** 和 α 两种交配型细胞的识别和融合。然而在自然界中新生隐球菌是 α 交配型占比超过 99%，暗示在自然界中 α-a 异性生殖发生的概率很低（Heitman，2011）。由于同性生殖只需一种交配型的细胞，因此被认为是自然界中隐球菌有性生殖的主要方式。新生隐球菌的同性生殖过程一开始也被称为单倍体结实过程（haploid fruiting），由于产生的孢子都是一种交配型，一直被认为是无性生殖。直到 2005年，Lin 等发现该过程涉及减数分裂，会发生高频率的遗传重组和倍性改变，而且重组频率与异性生殖相当，并且减数分裂特异性重组酶 Dmc1 的缺失会抑制孢子的产生，表明同性生殖属于有性生殖。

新生隐球菌的同性生殖过程不同于酿酒酵母和白念珠菌，其染色体的倍化不需通过细胞-细胞融合过程，主要通过一种细胞周期调控方式——核内复制来实现染色体数目的加倍（Parrott et al.，1989；Oyama et al.，1992；Fu et al.，2015）。核内复制是指细胞在完成基因组完整复制过程却不进行细胞分裂从而导致染色体多倍化的现象（图 5-10）。对新生隐球同性生殖及调控的认识也为真菌的有性生殖起源和进化研究提供了新的线索。

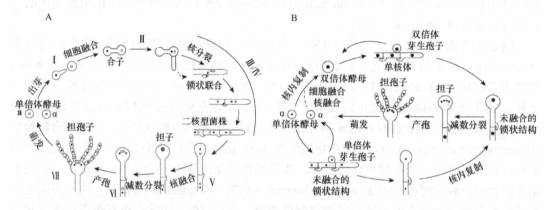

图 5-10　新生隐球菌的异性生殖（A）和同性生殖过程（B）（引自 Zhao et al.，2019）

（四）有性生殖的信号通路

在有性生殖过程中，不同交配型细胞之间的相互识别依赖于信息素受体系统（Bender and Sprague，1989）。酿酒酵母的性信息素及其信号转导通路是研究得最为透彻的，也是单细胞生物通过性信息素进行交配识别和有性生殖的典型范例（Fields，1990；Marsh et al.，1991；Reed，1991）。

如前所述，a 和 α 交配型酿酒酵母中分别分泌 a 性信息素（Mfa）和 α 性信息素（Mfα），两种性信息素都是由基因编码其相应的前体蛋白经过加工而成的小肽（Wagner et al.，1987；Wagner and Wolf，1987）。Mfa 的 C 端含有保守的 CAAX 基序（A 为脂肪族氨基酸，X 代表任意氨基酸），该基序对于性信息素的加工和法尼基化修饰至关重要（Betz and Duntze，1979；Thorner，1985；Anderegg et al.，1988）。

性信息素受体是定位于细胞表面的 G 蛋白偶联受体（GPCR）（Clark et al.，1988；Fujimura，1989）。G 蛋白包含 α、β、γ 三个亚基，其中 α 亚基具有 GTP 酶活性。受体结合相应的性信息素后，与 G 蛋白 α 亚基偶联，促使 α 亚基结合的 GDP 被 GTP 交换而被激活，从而导致 α 亚基和 βγ 亚基分离。α 亚基或者 βγ 亚基激活下游的组分（Nomoto et al.，1990；Alvaro and Thorner，2016）。在酿酒酵母中，Mfα 结合 a 细胞表面的受体 Ste2，Mfa 结合 α

细胞表面的受体 Ste3（Hagen et al.，1986）。βγ 亚基激活 Ste20，Ste20 磷酸化并激活 MAPK 通路中的三个核心激酶：Ste11（MAPKKK）、Ste7（MAPKK）和 Fus3（MAPK），这三个核心激酶都结合在支架蛋白 Ste5 上（Choi et al.，1994），从而促进信号传递的高效性和特异性（Winters and Pryciak，2019）。另外，Ste5 还可以通过 Far1 导致细胞周期停滞（Chang and Herskowitz，1990）。Fus3 激活转录因子 Ste12，进而激活一系列交配相关基因的表达（Kirkman-Correia et al.，1993）。βγ 亚基还可以通过 Far1、Cdc42、Cdc24 导致细胞的极性生长（Strazdis and MacKay，1983；Fujimura and Yanagishima，1984；Hagen and Sprague，1984；Leberer et al.，1997）（图 5-11）。

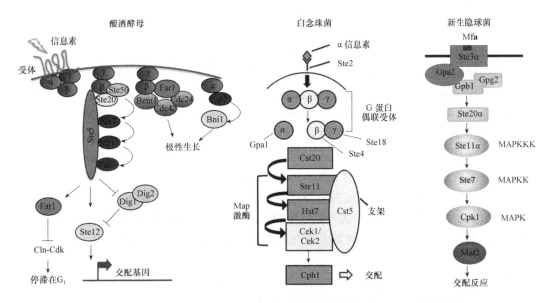

图 5-11　酿酒酵母、白念珠菌和新生隐球菌的性信息素-MAPK 信号通路

（引自 Bennett and Turgeon，2016；Scaduto et al.，2017；Zhao and Lin，2021）

交配-MAPK 信号通路广泛调控真菌的有性生殖过程，信号通路的三个核心激酶组分在许多真菌物种中都被鉴定，而该通路下游转录因子往往存在物种的特异性（图 5-11）（Davidson et al.，2003）。在新生隐球菌中，交配-MAPK 激活的下游转录因子是 Mat2，其能够识别性信息素应答元件激发 α 和 a 细胞之间的细胞融合，进而促进有性菌丝的产生，经过有性菌丝的发育、减数分裂、有性孢子产生最终完成有性生殖周期（Lin et al.，2010；Kruzel et al.，2012）。

性信息素及其受体一直被认为是真菌有性生殖过程的关键信号分子，然而最近的研究发现，性信息素及其受体的敲除，并不影响新生隐球菌的同性生殖（Hsueh and Shen，2005；Gyawali et al.，2017）。一个多肽类群感效应分子 Qsp1 对新生隐球菌的有性生殖至关重要，并且是减数分裂所必需的，研究还进一步鉴定了响应 Qsp1 信号的关键转录因子 Cqs2（Tian et al.，2018），关于 Qsp1 信号通路的具体机制还有待进一步研究。

（五）有性生殖的起源和进化

有性生殖是真核生物所特有的生命繁殖方式，有性生殖的起源和进化一直以来都是生物学家感兴趣的科学问题。目前认为，最早的生命诞生不晚于 35 亿年前，最早的真核生物诞生于约 23 亿年前，而最早的有性生殖可以追溯到 12 亿年前。可见在生命诞生后的大部分时间内，无论是原核生物还是真核生物，都采用无性生殖的方式进行繁殖。直到今天，只有部分真核生物，特别是高等真核生物采用有性生殖。相对于无性生殖，有性生殖过程可以发生遗传重组，产生遗传多样性的子裔，从而更好地适应复杂多变的环境，因此有性生殖是生物进化的重要推动力（Zeyl，2009）。但是，有性生殖也需要生物体承担风险和代价，它需要双亲相互配合产生后代，消耗时间和能量（Roach et al.，2014）。生物为什么会进化出有性生殖，并成为高等生物的主要生殖方式呢？目前有不同的假说，近年来，对一些模式真菌的有性生殖及其调控的研究，为揭示有性生殖的起源和进化、染色体倍性变化、交配型基因和生殖方式的转变等重要问题提供了新的线索。

尽管有性生殖的起源目前还无定论，但是一个广为接受的共识是最后的真核共同祖先（last eukaryotic common ancestor，LECA）是可以进行有性生殖的，而 LECA 是从最早真核共同祖先（first eukaryotic common ancestor，FECA）进化而来。有学者认为，最早的有性生殖过程中，染色体的倍性变化很可能是通过核内复制的方式实现的，随后通过类似原始准性生殖的方式丢失染色体，从而回到单倍体的状态。在随后的进化过程中，出现细胞-细胞融合、减数分裂和不同的性别，形成可以进行有性生殖的 LECA。LECA 再进化，最终形成极度多样性的现代有性生殖（图 5-12）。近年来对新生隐球菌 α 同性生殖的研究，认为新生隐球菌可能保持了早期真核祖先有性生殖的重要性征（不依赖于细胞融合而是借助细胞周期调控提高染色体倍性），认为同性生殖是 LECA 采取的有性生殖方式，在同性生殖的基础上，最终进化形成现代多样的有性生殖方式（Heitman，2015；Fu et al.，2019；Sun et al.，2019）。

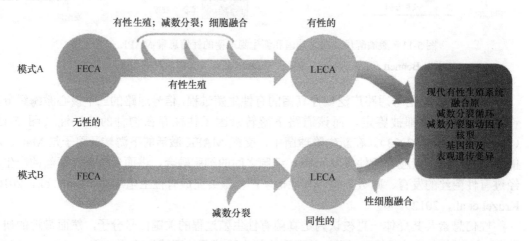

图 5-12　有性生殖的起源和进化示意图（引自 Fu et al.，2019）

对于有性生殖方式的进化，目前仍然没有统一的定论。相对于异宗配合，真菌同宗配合和无性生殖可能更容易积累有害突变，因而理论上异宗配合可能比同宗配合更利于促进物种进化。有研究认为，曲霉菌的有性生殖进化方式表现为由自交可孕向自交不孕方向进化（Peterson，2008）。一些同宗配合的真菌仅在一种交配型存在的条件下就能完成有性生殖过程，如新生隐球菌的同性生殖过程，该类型的生殖方式与原始有性生殖方式更为符合，被推测可能是同宗配合的最初模式。异宗配合涉及不同交配型基因和不同的性别参与，在进化起源上可能晚于同宗配合。然而，对脉孢菌属真菌的生殖方式及物种进化关系的研究认为，脉孢菌的祖先很可能是采用异宗配合方式进行有性生殖，逐渐向同宗配合有性生殖方式的方向进化（Nygren et al.，2011）。对既可同宗配合也可异宗配合生殖的异旋孢腔菌（*Cochliobolus heterostrophus*）的交配型基因座进行的测序分析认为，自交可孕的同宗配合可能从自交不孕的异宗配合方式进化而来（Yun et al.，1999）。由于真菌物种的多样性和有性生殖方式的多样性，针对不同的物种，使用不同的研究方法，通过不同的研究视角，可能得出不同的结论。

真菌有性生殖方式的多样性实际上反映了有性生殖过程中，染色体倍性变化方式的多样性。相对于染色体倍性变化，减数分裂可能是更为保守的有性生殖标志事件。减数分裂的过程十分复杂，在这一过程中，染色体只复制一次而细胞连续分裂两次，因此减数分裂后细胞染色体数目会减半。减数分裂过程在处于进化地位的真核生物中极为保守，暗示其起源于共同的祖先（Loidl，2016；Fu et al.，2019）。一直以来，减数分裂的起源是进化生物学上重要的问题，其起源也存在多种假说。早期观点认为，减数分裂的产生是为了消除有害基因，促进有利基因的保留（Muller，1964；Bernstein，1977）。但是该假说的质疑者认为，减数分裂能够确保种群的长期进化优势，但是在压力条件下，减数分裂并不能让后代或种群在短期内获得对压力耐受的优势表型。也有假说认为，减数分裂的起源是为了产生重组修复来应对 DNA 损伤（Bernstein，1977；Radman et al.，1995；Argueso et al.，2008）。DNA 的损伤修复确实是生物所必需的能力，但是质疑者认为在更早的原核生物中，就已经存在强大的 DNA 修复能力，从而保证其在紫外辐射等各种严苛的早期地球环境中生存。Cleveland 于 1947 年提出假说认为，最初减数分裂的产生是为了消除全基因组复制（核内有丝分裂或核内复制）导致的染色体倍性增加，而性别及性别依赖的有性生殖周期在后续的进化中逐步产生。随后多个研究者独立地提出了类似假说，该假说的一个重要观点就是减数分裂的形成早于性别的发生（Wilkins and Holliday，2009；de Vienne et al.，2013）。

真菌有性生殖及其进化仍然是一个有待深入研究和探索的神秘领域。随着越来越多的真菌基因组测序的完成，基因组信息的挖掘及 CRISPR-Cas9 等多种分子遗传操作技术的普及，对真菌有性生殖的研究也必将在广度和深度上继续突破，这也为真核生物有性生殖的起源和进化这一重要的科学问题提供了更多新的观点和视角。

（何光军、刘慧敏、胡鹏杰、王琳淇）

第三节　真菌发育进化

不同于高等动植物，真菌虽然不具有典型的组织、器官分化，但由于真菌种类多样，从单细胞酵母到多细胞菌丝，乃至形成大型有性子实体结构，形态多种多样，涉及复杂的发育调控与适应性进化选择（Lin et al.，2015；Riquelme et al.，2018）。除了子囊菌或担子菌类酵母菌以出芽方式实现从孢子到孢子的发育繁殖方式外，大部分真菌以菌丝状（mycelial thallus）形式存在，即通常称为丝状真菌，这类真菌通过无性繁殖，实现从孢子经菌丝、产孢结构到孢子的生长发育过程；或经过有性生殖，分化形成有性生殖结构，经减数分裂产生单倍体孢子。期间，除了细胞壁合成具有真菌特异性，细胞器稳态维持及细胞凋亡等发育调控机制与其他动植物具有高度的进化与功能上的保守性。对一些种类的植物病原真菌［如稻瘟病菌（*Magnaporthe oryzae*)］、昆虫病原真菌［如绿僵菌（*Metarhizium* spp.)］和线虫捕食真菌来说，特殊侵染结构，如附着胞（appressorium）或捕食器官（trapping device）的发育形成是不同寄生真菌成功感染不同寄主的前提。本节重点阐述真菌不同生殖结构分化发育，以及真菌感染或寄生/捕食器官发育调控机制在进化上的保守性及专化性。

一、真菌无性发育进化

（一）形态转变

酵母状真菌和丝状真菌形态不同，但生长发育时表现出的共同点是极性生长（polarized growth）。对于形状规则或不规则的真菌孢子来说，孢子萌发（germination）或出芽（budding）起始位点不是随机的，首先在胞内建立极性生长的轴点（axis），作为发芽/出芽的起点进行极性生长、极性维持，以及去极性化循环而不断生长发育（Lin et al.，2015）。虽然真菌门的基部谱系（basal lineage），如微孢子虫（Microsporidia）、隐菌门（Cryptomycota）和壶菌（Chytridiomycota）等真菌，以类似单细胞的形式生长繁殖，但酵母式出芽和菌丝状生长在进化上的先后性或优越性仍不清楚，而多数种类的真菌在生长发育的不同阶段，或不同营养条件下能够发生形态转变（morphological switch），即酵母状和菌丝状发育交替进行。最为典型是人类病原真菌白念珠菌（*Candida albicans*），由酵母态转变为菌丝态是其侵袭感染的重要保障（Boyce and Andrianopoulos，2015）。而其他一些种类的人类病原真菌如荚膜组织胞浆菌（*Histoplasma capsulatum*）、马尔尼菲青霉（*Talaromyces marneffei*）、粗球孢子菌（*Coccidioides immitis*）和皮炎芽生菌（*Blastomyces dermatitidis*）等在腐生状态下为多细胞菌丝状，而致病阶段转变为单细胞的酵母状，从而可以逃避巨噬细胞等免疫抗菌反应（Boyce and Andrianopoulos，2015）。昆虫病原真菌，如子囊菌类的绿僵菌和白僵菌等也具有类似的现象，即当孢子在寄主体表萌发、菌丝侵入昆虫血腔后，会由菌丝态转变为酵母态，细胞成分中的　-葡聚糖等下降，从而可以逃避寄主免疫识别与细胞免疫抗菌效应，同时作为快速繁殖手段而占领昆虫血腔（Wang and Wang，2017）。

（二）形态转变调控

目前研究表明，真菌形态转变调控在进化上具有保守性，涉及类似细菌的双组分信号识别（two-component signaling）、G 蛋白偶联受体（G-protein coupled receptor，GPCR）介导的丝裂原活化蛋白激酶（mitogen-activated protein kinase，MAPK）途径、钙信号通路，以及保守的转录因子调控等（Boyce and Andrianopoulos，2015）。例如，跨膜的Ⅲ型杂合丝氨酸激酶（class Ⅲ hybrid histidine kinase），包括丝氨酸激酶（histidine kinase）和应答调节子（response regulator）两个结构域，在丝状真菌形成转变过程中发挥重要的保守作用（Jung et al.，2012a）。该系统不仅在不同真菌中高度保守，同时保守存在于细菌和不同植物中（Hérivaux et al.，2016）。另外，除了 GPCR 信号途径的保守因子外，涉及形态转变调控的下游因子在不同真菌中也具有高度的保守性，如 Velvet 家族的转录因子参与形态转变调控等（Boyce and Andrianopoulos，2015）。多数真菌形态转变的调控途径仍不完全清楚，进化过程中形成的物种特异性调控机制是可以预见的，如研究发现金龟子绿僵菌编码的黏着蛋白（adhesin）MAD1 参与菌丝-酵母状虫菌体的形态转变（Wang and St Leger，2007a）。MAD1 的同源蛋白在不同真菌中的相似性低、分化程度高，这种由黏着蛋白参与调控真菌形态转变的现象仍有待在其他真菌中进行验证。有意思的是，白念珠菌形态转变的关键转录因子 WOR1 在其他丝状真菌中也不具有很好的保守性（Huang et al.，2006）。

（三）无性产孢调控

丝状真菌形态分类的重要依据是产孢结构形态、无性孢子形态与大小等。因而，真菌产孢结构分化与无性孢子发育调控在真菌进化与新物种形成过程中具有重要的因果关系。真菌孢子形态多样、大小各异，子囊菌类真菌无性的分生孢子，或称气生分子孢子（conidium，于固体培养基质表面产生的孢子）为单核的单倍体，而处于真菌界进化基部真菌的孢子一般为多核，如丛枝状菌根真菌的孢子一般包含存在遗传变异的多个细胞核。即便是相对简单的子囊菌类真菌孢子的形态与大小的进化规律与形成机制也仍不清楚。更为复杂的是一些子囊菌，如玉米炭疽菌（*Colletotrichum graminicola*）能够同时形成球形和镰刀形的两种分生孢子（Nordzieke et al.，2019）；昆虫病原真菌牯牛降绿僵菌（*Metarhizium guniujiangensis*），以及柱孢绿僵菌（*M. cylindrosporum*）也能分别形成长棒状和短梳/棒状的分子孢子（Li et al.，2010；Mongkolsamrit et al.，2020）。这些真菌中，两种形态分生孢子同时形成的机理及进化意义仍不清楚。

以模式真菌构巢曲霉（*Aspergillus nidulans*）等为对象的研究，很好地揭示了真菌产孢调控的机理，并且不同保守调控因子广泛存在于不同丝状真菌中（Timberlake，1991；Oiartzabal-Arano et al.，2016）。真菌产孢起始由上游发育激活（upstream developmental activation，UDA）信号途径诱导，UDA 蛋白将胞外信号由极性菌丝尖端传导到细胞核，实现产孢结构（conidiophore）分化及产孢（Oiartzabal-Arano et al.，2016）。涉及的胞外信号是多样的，包括空气、光照、环境胁迫因子（碳氮匮乏或高渗透压等），以及胞内化合物因子，如二苯醚（diorcinol）及杂萜类化合物作为胞外扩散因子而促进产孢结构的分化（Rodríguez-Urra et al.，2012；Oiartzabal-Arano et al.，2016）。通过化学诱导筛选到系列不产孢子的曲霉突变子，称为毛状突变子（fluffy mutant），鉴定到系列相关基因 *FlbA*～*FlbE* 和 *BrlA*，其中 FlbA 为 G 蛋白信号转导的调节子，FlbB～FlbE 及 BrlA 均为不同蛋白质家族、高度保守的转录因子（Ojeda-López et al.，2018）。BrlA 属于中心发育通路（central developmental pathway，CDP）的中心调控因子，不同转录因子可结合 *BrlA* 的启动子区，形成反馈调控的关系（Oiartzabal-Arano et al.，2016）。这些转录因子均高度保守地存在于不同丝状真菌中，说明真菌产孢调控在进化上的保守性（Ojeda-López et al.，2018）。如上所述，曲霉产孢还需要胞外扩散的小分子化合物，称为 FluG 因子（FluG factor），由谷氨酰胺合成酶（glutamine synthetase）参与合成（Lee and Adams，1994；Rodríguez-Urra et al.，2012）。*FlbA*～*FlbE* 和 *BrlA* 等绒毛突变菌株均产生 FluG 因子，一方面说明这些转录因子不参与 FluG 因子的合成，另一方面说明真菌产孢与次级代谢小分子合成相关联。后来研究发现，构巢曲霉编码的甲基转移酶基因 *LaeA* 作为次级代谢的全局性调控因子也参与调控真菌产孢（Keller et al.，2005；Keller，2019），进一步说明真菌产孢与次级代谢的关联性。

真菌无性发育过程中的形态发生还伴随着不同细胞器的生成、稳态维持与降解，细胞壁的合成，以及真菌细胞凋亡等发育调控（Riquelme et al.，2018）。除了细胞壁合成为不同真菌特有并受保守途径调控外（Latgé et al.，2017），细胞壁动态调控与真菌细胞凋亡等同其他动植物的发育调控具有高度的保守性，如能量摄入限制（calorie restriction，CR）可以延长寿命这一现象，从酵母、线虫、果蝇、老鼠到人类均高度保守存在，其中 NAD 依赖的去乙酰化酶 Sirtuin 2 在不同生命体中发挥着 CR 相关的类似功能（Guarente and Picard，2005）。对于酵母来说，CR 既影响母细胞的存活寿命（chronological lifespan），也影响生殖寿命（reproductive lifespan，能够产生子细胞的数量）（Kaeberlein and Powers，2007）。对于丝状真菌来说，研究发现培养基丰富时可加速菌种/菌落退化（degeneration），表现为产孢下降或丧失，次级代谢产物合成下降或丧失，有性生殖能力丧失，病原真菌致病毒力下降等特征（Drake et al.，1998；Jirakkakul et al.，2018；Lou et al.，2019；Silar，2019）。进一步研究表明，真菌退化表现为生命老化现象，涉及线粒体 DNA 糖基化修饰、线粒体功能紊乱及细胞活性氧稳态失衡等（Wang et al.，2005；Li et al.，2008，2014）。

　　现有关于真菌无性发育调控与进化机制的认识多基于以子囊菌为代表的研究成果，作为双核亚界（Dikarya）的担子菌类真菌无性发育阶段一般不产生孢子，涉及其菌丝生长发育的研究多以蘑菇类真菌编码、分泌纤维素、木质素降解相关酶系为主，揭示不同糖苷水解酶与基质降解效率及菌丝发育速率的关系等。近年来使用 CRISPR-Cas9 技术进行担子菌基因组编辑实现了技术突破，随着担子菌分子遗传研究的深入，可逐步揭示担子菌与子囊菌等真菌无性发育调控与进化的保守性和特异性。

二、真菌有性发育进化

　　前述章节中阐述了真菌有性生殖方式的进化与调控，即真菌通过交配型位点（mating-type locus，MAT）调控有性生殖方式，基于互补 MAT 位点在单倍体中的分布情况，真菌有性生殖方式包括同宗配合、异宗配合及假同宗配合等（Lee et al.，2010；Ni et al.，2011）。在不同尺度的进化史上，不同谱系的基部真菌首先以有性生殖方式进行繁殖，再进化为以无性生殖为主的方式，这些内容本节不再赘述。

（一）有性生殖结构类型

　　真菌有性发育的典型特征是形成形态各异的有性生殖结构——子实体（fruiting body），子实体发育进化是真菌进化生物学研究的重要内容之一（Hibbett，2007；Nagy et al.，2011）。作为双核亚界的子囊菌和担子菌均具有形成子实体的能力，但在结构上具有显著的区别，相对于微小的子囊菌子实体，蘑菇类担子菌形成的子实体肉眼可见，单个子实体重量可从克级到吨级。研究发现子实体形态及其营养模式是蘑菇类担子菌多样化进化的主要驱动力（Sánchez-García et al.，2020）。

　　子囊菌的子实体又称为子囊果（ascoma，复数 ascomata），一个子囊果内包括数目不等的子囊（ascus），每个子囊内均产生 8 个子囊孢子（ascospore）。子囊果根据包被与子实层的关系可以分为子囊盘（apothecia）、酒囊形子囊果（perithecia）、闭被子囊果（cleistothecia，多称闭囊壳）、裸被子囊果（gymnothecium）与假被子囊果（pseudothecia）等类型。子囊果一般称为子囊菌的子实体，而虫草类子囊菌可形成形态各异、由致密菌丝形成的子囊座，不同形态子囊果埋生于子囊座表面（Schmitt，2011；郑鹏和王成树，2013）。子囊果形态是子囊菌早期分类的主要依据之一，如具有子囊盘式子囊果真菌分在盘菌纲（Discomycetes），具酒囊形子囊果真菌分在核菌纲（Pyrenomycetes），具闭被子囊果真菌分在不整囊菌纲

（Plectomycetes）等。当然，这些基于子囊果形态的分类系统不够准确，如发现核菌纲真菌可分别具有单壁或双壁的子囊，因而前期建立的一些真菌纲也很快被整合或放弃使用了（Schmitt，2011）。

随着基因序列的运用，多基因分子系统学分析比较可靠地建立了不同真菌的分类地位及系统进化关系，建立了代表性的真菌门、亚门及不同纲和不同科之间的关系，基于获得的进化关系可以考究不同真菌子实体形态的协同或趋异进化关系（James et al.，2006；Hibbett et al.，2007）。就子囊果形态来说，尚没有规律显示哪种子囊果具有进化上的优先权。相反，同一纲中的子囊菌有性生殖可产生不同形态的子囊果，如新的盘菌纲（Pezizomycetes）和锤舌菌纲（Leotiomycetes）真菌均可产生至少三种子囊果形态，包括开放式的子囊盘、酒囊形子囊果和闭囊壳；而散囊菌纲（Eurotiomycetes）真菌还能另外产生假子囊果（pseudothecia）。但圆盘菌纲（Orbiliomycetes）和星裂菌纲（Arthoniomycetes）真菌多只产生酒囊形子囊果等（Schmitt，2011）。所以子囊菌类真菌子实体形态分化既有协同进化（convergent evolution），也表现出趋异进化（divergent evolution）的关系。

担子菌子实体也称担子果（basidiocarp 或 basidioma，复数 basidiomata），担子果上形成子实层（hymenium），在其上形成担子（basidium），每个担子上可着生由减数分裂产生的 4 个担孢子（basidiospore）。子实体形态上有柄伞形（pileate-stipitate）、无柄伞形（pileate-sessile）、向上翻转形（resupinate）、珊瑚状（clavarioid-coralloid）、耳形（auriculate，或 ear-shaped）及闭室腹菌形（gasteroid）等，不同子实体形态的担子菌具有分类上的关联性，并表达出协同进化的特征（Hibbett，2007）。就伞菌纲（Agaricomycetes）担子菌来说，有柄伞形子实体的担子菌占绝对优势，经多次进化、演化而分化出其他类型子实体类型的担子菌（Sánchez-García et al.，2020）。针对鬼伞科（Psathyrellaceae）担子菌开展系统进化与子实体形态关联分析的结果表明，该科真菌从子实体非自溶（non-deliquescent）向自溶（deliquescent，autodigesting）形式的方向进化（Nagy et al.，2011）。

（二）有性生殖结构发育调控

关于真菌子实体结构发育的调控研究多以不同子囊菌为代表，如粗糙脉孢霉（*Neurospora crassa*）、构巢曲霉（*Aspergillus nidulans*）、大孢粪壳菌（*Sordaria macrospora*）和虫草菌（*Cordyceps* spp.）（郑鹏和王成树，2013）。研究发现，不同 *MAT* 基因不仅影响真菌有性生殖，也影响不同子实体结构的形成（Lu et al.，2016）。真菌有性生殖是在无性生长的特定条件下启动的，受到多种环境因子的共同作用。因此，参与环境应答的基因也影响真菌的有性生殖及子实体形成。构巢曲霉在光照条件下不能够形成子囊壳，其 *fphA* 基因编码光敏色素（phytochrome），负责感应红光，抑制红光下的有性发育，该基因缺失会导致红光条件下闭囊壳的大量形成。进一步研究发现，FphA 可以与 LreA、LreB 和 VeA 相互作用，共同形成核定位的光控复合体（light regulator complex），协调构巢曲霉中无性发育与有性发育之间的平衡（Purschwitz et al.，2008；Yu and Fischer，2019）。粗糙脉孢菌的两个转录因子WC-1和WC-2蛋白（分别为 LreA 和 LreB 的同源转录因子）结合形成 white collar复合体（WCC），作为蓝光受体感受外界蓝光刺激，参与昼夜节律调控及有性生殖结构的形成，*WC1* 突变体的子囊壳颈部（perithecial neck）失去向光性分布的能力，表现出对光刺激的不敏感，被称为 blind phenotype（Oda and Hasunuma，1997）。次级代谢也影响真菌无性产孢，研究发现粗糙脉孢霉和大孢粪壳菌的多个还原性聚酮合成酶（polyketide synthase，

PKS）基因表达水平在子实体形成时特异性上调，其中一个基因的突变可造成粗糙脉胞菌子囊壳形成缺陷（Nowrousian，2009）；构巢曲霉 LaeA 作为多种次级代谢的全局性调控因子，也参与对其有性生殖的调控，且这种调控作用具有双效型：一方面抑制光照条件下形成闭囊壳，另一方面又对黑暗条件下的闭囊壳发育起促进作用（Keller，2019）。高度同源的 LaeA 蛋白广泛存在于不同子囊菌中，预示着子囊菌类真菌的子实体结构发育调控具有进化上的保守性。

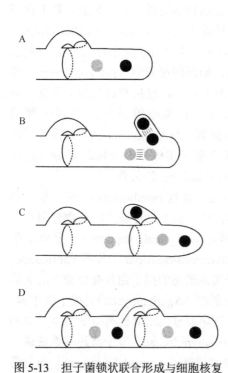

图 5-13 担子菌锁状联合形成与细胞核复制、分配模式图（引自 Jung et al.，2018）

A. 顶端异核细胞起始；B. 异质细胞核独立进行有丝分裂，其中一个细胞核沿钩状分岔的方向进行有丝分裂；C. 异质细胞核被分隔，一个子细胞核移入钩状结构；D. 钩状结构的顶端与后方第二个细胞融合并传入一个异质细胞核

不同于子囊菌菌丝融合、质配、核配、有丝分裂及减数分裂的有性生殖过程，担子菌有性生殖过程中首先形成锁状联合的结构，或称扣子体（clamp connection）。互补交配型菌丝进行胞质融合，但细胞核维持独立，同步进行有丝分裂，双核菌丝的顶端可形成往回分岔的钩状结构，其中一个细胞核沿菌丝的延长方向进行有丝分裂，另一个细胞核则沿钩状分岔的方向进行有丝分裂（其中一个子细胞核移入钩状结构中），两者有丝分裂完成后皆有菌丝间隔（septum）在中间形成，将两个子细胞核分隔，最后钩状结构的顶端与后方的细胞（菌丝顶端的第二个细胞）融合，形成具有异质双核的两个子细胞（图 5-13），异核菌丝的形成是担子菌启动有性生殖的前提（Jung et al.，2018）。虽然锁状联合在所有担子菌中均会发生，但其发育调控机理仍缺乏深入的认识。以模式担子菌裂殖菌（*Schizophyllum commune*）为对象的研究揭示细胞骨架蛋白——肌动蛋白（actin）在细胞核分裂与移动中发挥着重要的作用，同时参与肌动蛋白环（actin ring）的形成而促进细胞间隔的形成（Jung et al.，2018）。

三、寄生真菌附着胞发育进化

不同动植物病原真菌在感染寄主的过程中，孢子萌发后菌丝尖端会发生形态分化，形成侵染结构——附着胞（appressorium）。这些特殊侵染结构的发育与形成是不同病原真菌成功感染不同寄主的重要前提，获得良好研究的包括植物病原真菌稻瘟病菌（*Magnaporthe oryzae*）及昆虫病原真菌绿僵菌（*Metarhizium* spp.）等。当然，不是所有病原真菌均形成该特征性的侵染结构，不同寄生真菌侵染结构的发育进化，既包括侵染结构发育调控机理的保守性及特异性进化，也包括侵染结构获得、丧失或相似结构逐步进化的现象与规律。

（一）植物病原真菌附着胞分化调控

稻瘟病菌的侵染起始于孢子附着于叶片、萌发并在一端产生芽管。萌发后 4h 形成的隔膜将附着胞和芽管（germ tube）分隔开；附着胞的黑化在 8h 后肉眼可见；16h 后，附着胞内的膨压开始产生，并在 24h 内穿透水稻叶片（Meng et al.，2009）。以稻瘟病菌为对象的研究表明，多条信号途径参与寄主识别、附着胞分化、成熟与寄主体壁穿透。首先，Pth11 类的 GPCR 识别寄主信号后与小 G 蛋白 MagA/MagB、MgB1 或 Mgg1 结合，通过 Pmk1（与酵母 Fus3 同源的 MAPK）调控附着胞分化（Wilson and Talbot，2009；Li et al.，2012；Brown et al.，2018）。保守的腺苷酸环化酶（adenylate cyclase）Mac1 参考调控的 cAMP-PKA（protein kinase A）信号途径调控附着胞的成熟，包括膨压的形成及正常穿透等（Wilson and Talbot，2009；Ryder and Talbot，2015）。维持细胞壁完整性的 MAPK Mps1（酵母 Slt2 同源蛋白）途径同样不影响附着胞分化，但对于附着胞穿透及菌丝入侵生长具有重要作用（Li et al.，2012）。另外，组氨酸-天冬氨酸激酶 Sln1（histidine-aspartate kinase）在附着胞膨压感知和穿透过程中发挥着重要的作用（Ryder et al.，2019）。研究表明，钙离子信号及 Osm1（酵母 Hog1 同源蛋白）渗透压应答途径也参与调控附着胞的正常功能（Li et al.，2012）。这些蛋白激酶被磷酸化后一般具有入核活性，可直接同下游转录因子结合而调控不同靶标基因的表达。

进一步的研究发现，细胞骨架蛋白 septin 也参与调节稻瘟病菌附着胞的成熟及对寄主体壁的穿透能力（Dagdas et al.，2012）。在侵染钉（penetration peg）形成时，骨架蛋白 F-actin 首先快速聚合，促进发挥穿透功能菌丝的极性生长，而 F-actin 的重建需要与形态发生相关的酶——septin GTPases 参与（Ryder and Talbot，2015）。荧光定位结果显示，稻瘟病菌中的 septin 蛋白定位在附着胞侵染钉，呈大约直径 6μm 的圆环分布，并与 F-actin 有较好的共定位。稻瘟病菌的 septin 环由 4 个关键 septin 蛋白构成：Sep3、Sep4、Sep5、Sep6，分别是酿酒酵母 Cdc3、Cdc10、Cdc11、Cdc12 的直系同源基因（van Ngo and Mostowy，2019）。septin 环能固定 F-actin，使其在附着胞基部形成环形网状结构。septin 环可以作为侵染钉横向扩展的阻碍物，将与 F-actin 聚合相关的蛋白（arp2/3 复合体的组分 Las17）束缚在固定位置（Ryder and Talbot，2015）。这些研究结果表明，septins 在控制附着胞分化过程中发挥着重要的作用。稻瘟病菌在进入植物上皮细胞之前不能摄取任何能量，因而附着胞发育、膨压产生，以及侵染钉形成所需要的能量都来自菌体本身。最近研究结果表明，附着胞分化所需能量及渗透势形成主要来自孢子内糖原和脂滴的降解，脂滴的主要成分甘油三酯降解形成甘油，是膨压形成的主要成分（Martin-Urdiroz et al.，2016）。糖原在孢子内非常丰富，在孢子萌发时则被快速消耗（Thines et al.，2000）。

（二）昆虫病原真菌附着胞分化调控

进化基因组研究表明，子囊菌类的昆虫病原真菌，如绿僵菌和白僵菌等由植物病原真菌进化而来（Shang et al.，2016；Wang and Wang，2017）。然而相对于稻瘟病菌，昆虫病原真菌绿僵菌附着胞形成调控机理认识相对滞后，但已有的研究表明，罗伯茨绿僵菌（*M. robertsii*）等具有类似稻瘟病的调控机制。例如，针对不同昆虫寄主，不同的 GPCR 蛋白参与寄主识别，主效 *GPCR* 基因缺失后，突变菌株在不同昆虫体表均不形成附着胞（Gao et al.，2011；Shang et al.，2021）。针对 4 个酵母同源的 *MAPK* 基因进行敲除，附着胞诱导结果表明，同稻瘟病菌类似，*Fus3* 和 *Slt2* 同源的 MAPK 基因缺失影响罗伯茨绿僵菌形成附着胞，而 *Hog1* 和 *Img2* 同源的 *MAPK* 基因敲除不影响绿僵菌形成附着胞（Chen et al.，2016）。主效 *GPCR* 基因 *MrGpr8* 缺失影响 Fus3-MAPK 正常入核，但不影响 Slt2-MAPK 入核，胞外添加 cAMP 不能恢复 *MrGpr8*

突变株重新产生附着胞（Shang et al.，2021）。另外，针对绿僵菌的不同研究表明，影响绿僵菌孢子的脂滴积累及降解的基因缺失，一般均显著降低绿僵菌体表感染的杀虫毒力，如脂滴表面蛋白 Mpl1 等影响分生孢子脂滴积累，从而影响附着胞膨压的形成（Wang and St Leger，2007b；Chen et al.，2018b）。Atg8 细胞自噬基因既影响附着胞形成，也影响脂滴降解（Duan et al.，2013）；不同磷脂代谢相关基因会影响脂滴表面的磷脂单分子层而调控脂滴的稳态，从而影响甘油三酯降解及甘油积累，继而参与调控附着胞膨压形成（Gao et al.，2016；Chen et al.，2018c）；而直接影响绿僵菌胞内甘油三酯合成的基因缺失也同样影响附着胞及其正常膨压的形成（Gao et al.，2013，2016；Huang et al.，2019）。

总体上，稻瘟病菌和绿僵菌的附着胞发育调控因子具有进化上的保守性，如不同 MAPK 激酶的相似作用机制。但两类病原真菌附着胞形成的调控机理也存在差异，尤其是上游信号蛋白 GPCR 的种类及功能存在高度分化特性而呈现物种特异性。不同于稻瘟病菌，细胞骨架蛋白 septin 等对于绿僵菌附着胞分化、膨压形成及穿透能力的影响仍不清楚。而对于稻瘟病菌来说，脂滴稳态调控对于附着胞成熟的作用与功能仍需要深入研究。

四、食线虫真菌捕食器官的发育进化

已经描述的食线虫真菌包括真菌界 4 门中的 400 余种，根据其侵染方式，又可分为线虫捕食真菌、内寄生线虫真菌、卵和孢囊寄生真菌与产毒真菌等（Liu et al.，2009）。捕食线虫真菌的菌丝可以发育分化成特殊的捕食器官（trapping device）而捕食线虫，这些捕食器官可分为 6 类，包括收缩性及非收缩性环（constricting/non-constricting ring）、黏性柱（adhesive column/hyphae）、无柄或有柄黏性球（sessile/stalked adhesive knob）和黏性菌网（adhesive net）等（Liu et al.，2009，2012；Yang et al.，2012；梁连铭等，2019）。进化关系上，捕食器分化的先后顺序一直存在争论。以分化形成不同捕食器官的线虫捕食菌为对象，多基因系统进化结合化石样本的分子钟分析表明，肉食真菌由腐生真菌进化而来，其中形成收缩性环的真菌首先分化，后陆续形成黏性菌网、非收缩性环、有柄黏性球、无柄黏性球及黏性柱类捕食真菌（Yang et al.，2007，2012）。而内寄生性的线虫寄生菌，如明尼苏达被毛孢（*Hirsutella minnesotensis*）孢子在线虫表面萌发后可直接穿透线虫体壁，入侵感染方式如同子囊菌类的昆虫病原真菌。进化关系上，被毛孢类的线虫寄生菌也同白僵菌和绿僵菌等昆虫病原真菌的关系最近（Lai et al.，2014）。

能够产生黏性菌网的寡孢节丛孢（*Arthrobotrys oligospora*）是线虫捕食真菌的主要研究对象，该菌形成的捕食环由三个细胞组成，当线虫通过时环状细胞瞬时膨大（ring cell inflation）、收缩而捕食线虫，该过程的调控机理仍不清楚，推测这一过程涉及信号识别与转导、能量代谢、细胞壁合成、甘油浓度和细胞骨架的瞬时调控等（Yang et al.，2011；Liu et al.，2012）。当细胞瞬时膨大时，环形细胞坚硬的细胞壁如何扩张一直困扰着科学家。电镜显微观察表明，不同营养菌丝细胞、捕食细胞具有双层细胞壁，瞬时膨大时，外层细胞壁破裂，而内层折叠的细胞壁冲胀形成新的细胞壁结构（Liu et al.，2012）。与环捕德氏霉（*Drechslerella brochopaga*）形成收缩性环不同（Liu et al.，2014），长孢隔指孢菌（*Dactylella leptospora*）等线虫捕食真菌形成三细胞的非收缩性环，这两类捕食器官的发育进化，以及寡孢节丛孢形成捕食网结构的捕食器官的分化调控机制仍需进一步研究。

真菌种类多样，有些种类在进化过程中还能"模拟"（mimic）植物开花的形态而形成

"假花"（pseudoflower）。例如，枯萎镰刀菌（*Fusarium xyrophilum*）能够系统感染多年生黄眼草（*Xyris* spp.），开花的形态能够吸引昆虫进行孢子传播（Laraba et al.，2020）。柄锈菌（*Puccinia monoica*）感染南芥属（*Arabis*）植物叶片后，能将叶片"转化"为植物花的形态而吸引昆虫进行孢子传播，或借助昆虫携带不同交配型的配子而促进真菌有性生殖（Roy，1993）。毫无疑问，这些真菌的特殊发育形态也是物种长期进化适应及选择的结果。

（王成树）

第四节　真菌表观遗传调控与进化

表观遗传学的发展极大地丰富了生物生长发育的遗传调控内容。表观遗传是指在基因组 DNA 序列没有发生改变的情况下，基因表达发生变化，从而引起表型变化，并且这种改变是可遗传的。表观遗传系统严密而精确地调控了生物体内不同基因在特定时空的激活和沉默，使特定表达产物在特定时空产生，并有序地发挥生物学功能。表观遗传概念的引入，对于我们深入和全面地理解真菌发育、致病、遗传及环境互作等机制具有重要意义，也为理解生物进化提供了全新的视角。

表观遗传的主要机制包括组蛋白修饰、DNA 甲基化和非编码 RNA 调控三个方面，这三种机制在真菌中均有报道。

一、真菌组蛋白修饰及其调控功能

在真核生物细胞核中，组蛋白 H2A、H2B、H3 和 H4 每两个分子一起形成八聚体，外围缠绕 DNA 双螺旋分子，形成核小体（nucleosome）。组蛋白 H1 则结合在核小体之间的 DNA 上，核小体进一步层层缠绕、折叠、压缩形成染色质（chromatin）。组蛋白的 N 端可以发生甲基化、乙酰化、磷酸化和泛素化等共价修饰，这些修饰可影响染色质的压缩程度，进而影响转录因子与 DNA 的结合能力，以及通过招募转录激活复合物或沉默复合物等方式调控相应区域基因的表达。组蛋白同一位点的不同修饰、不同位点的多种修饰之间相互协调或拮抗，构成一张精密的基因调控网络，形成丰富的"组蛋白密码"（Jiang et al.，2009）。在真菌中，有关组蛋白修饰的功能和调控机制研究主要集中于组蛋白甲基化和乙酰化。

（一）组蛋白甲基化

组蛋白 H3 和 H4 是两种常见的、可以发生甲基化修饰的组蛋白，它们的 N 端赖氨酸（lysine，简写为 K）或精氨酸（argine，简写为 R）残基经组蛋白甲基转移酶催化，可以加上一个由 *S*-腺苷-L-甲硫氨酸（*S*-adenosyl-L-methionine，SAM）提供的甲基基团（Brosch et al.，2008）。催化甲基化修饰反应的酶称为组蛋白赖氨酸甲基转移酶［histone lysine（K）methyltransferase，HKMT］，或称蛋白精氨酸甲基转移酶[protein argine（R）methyltransferase，PRMT]。针对模式生物，如果蝇、小鼠等的诸多研究表明，组蛋白甲基化修饰能为一些与基因表达相关的效应蛋白提供信号或停靠位点，从而使得相应区域的基因表达激活或沉默，进而影响生物生长发育、响应环境胁迫和与其他生物的互作等（Venkatesh and Workman，

2013）。此外，组蛋白甲基化是一个可逆过程，目前已经在人、果蝇、酵母等多个物种中发现能将组蛋白赖氨酸位点甲基化移除的组蛋白赖氨酸去甲基化酶［histone lysine（K）demethyltransferase，HKDM］。

真菌中已发现的组蛋白赖氨酸甲基化修饰位点包括 H3K4、H3K9、H3K27、H3K36、H3K79 和 H4K20，并且各位点均可发生 1、2、3 甲基化修饰（me1/2/3）。这些位点的甲基化修饰大都由一类含有 Set［Su（var）3～9，enhancer-of-zeste and trithorax］结构域的 HKMT 催化形成（Brosch et al.，2008）。其中，H3K4、H3K9、H3K36 的 HKDM 也已被发现（Allis et al.，2007）。甲基化修饰对基因转录的调控依赖甲基化的位点及其甲基化修饰程度。下文根据已有研究对这几个位点所对应的 HKMT、HKDM 和涉及的生物学功能进行逐一阐述。

1）H3K4 甲基化由 COMPASS 复合物（complex proteins associated with Set1）催化形成。COMPASS 是一个在真核生物中高度保守的蛋白质复合物，最早在酿酒酵母（*Saccharomyces cerevisiae*）中发现，在哺乳动物和拟南芥中分别鉴定出多个类似的复合物（Shilatifard，2008；Jiang et al.，2011）。COMPASS 复合物由具有甲基转移酶活性的 Set1 蛋白（KMT2），以及三个共同发挥底物识别作用的结构蛋白 Swd3、Bre2 和 Swd1 组成（Ruthenburg et al.，2007）。H3K4 去甲基化在真菌中由两种酶负责：一类是 KDM1 蛋白，负责 1、2 甲基化去除，在人、果蝇和裂殖酵母中均有同源物；另一类是含 JmjC（Jumonji C）结构域的 KDM5 蛋白，负责 2、3 甲基化的去除，在果蝇、酿酒酵母和裂殖酵母中有同源物（Allis et al.，2007）。H3K4 甲基化在真菌生长发育、次级代谢、抗逆和致病方面均有作用。在酿酒酵母中，已报道 H3K4 甲基化参与 DNA 损伤修复、细胞凋亡和抗药性的产生等（Ruthenburg et al.，2007；South，2013；Walter et al.，2014）。在粗糙脉孢菌（*Neurospora crassa*）中，时钟基因 *frq*（frequency）的表达受 H3K4me3 调控，维持正常节律（Raduwan et al.，2013）。在构巢曲霉（*Aspergillus nidulans*）和植物病原真菌禾谷镰刀菌（*Fusarium graminearum*）中，具有 H3K4 甲基化修饰的次级代谢基因簇所对应的次级代谢产物合成直接受到该修饰水平调控（Liu et al.，2015；Gacek-Matthews et al.，2016）。尤其对于植物病原真菌禾谷镰刀菌来说，脱氧萎镰菌醇（deoxynivalenol）和黄色镰刀菌素（aurofusarin）合成相关基因转录激活依赖 H3K4 甲基化的存在，该修饰直接影响这两种毒素的合成，进而影响对小麦籽粒的侵染能力（Liu et al.，2015）。在稻瘟病菌（*Magnaporthe oryzae*）中，H3K4 甲基化修饰参与调控稻瘟病菌侵染结构附着胞的形态发生，影响真菌的致病力（Pham et al.，2015）。在昆虫病原真菌罗伯茨绿僵菌（*Metarhizium robertsii*）中，KMT2 蛋白能对转录因子 *cre1* 启动子区域进行 H3K4me3 修饰，从而激活其表达，进而激活 Cre1 下游疏水蛋白基因 *hyd4* 的表达，促进昆虫病原真菌附着胞和侵染毒力的形成（Lai et al.，2020）。

2）H3K9 甲基化由组蛋白甲基化酶 SUV39（suppressor of variegation 3-9）家族负责，是 HKMT 中最大的一个家族。在裂殖酵母中，Clr4 是 SUV39 的同源蛋白，负责 H3K9 甲基化修饰；而在粗糙脉孢菌和构巢曲霉中，Dim5 负责这一修饰（Brosch et al.，2008）。H3K9 去甲基化在真菌中同样由两类酶负责，1、2 和 2、3 去甲基化分别由 KDM1 和 KDM4 负责，后者在酿酒酵母中的同源蛋白为 Rph1（Allis et al.，2007）。H3K9 甲基化常被认为是一个基因表达抑制性的表观修饰，它与 DNA 甲基化和异染色质形成有着密切关系，往往起到维持基因组稳定性的作用。在粗糙脉孢菌和烟曲霉（*Aspergillus fumigatus*）中，该修饰的缺失导致真菌生长缓慢、产孢受阻，且对杀菌剂更加敏感（Palmer et al.，2008；Basenko et al.，2015）。此外，分布于真菌次级代谢基因簇 H3K9 甲基化，能抑制相关次代产物的合成

（Reyes-Dominguez et al.，2010）。在植物病原真菌灰霉病菌（*Botrytis cinerea*）中，H3K9甲基化修饰还参与致病基因的表达调控，这些基因功能涵盖了植物表面识别、体内定殖、抗氧化胁迫、毒素（葡双醛毒素）合成及响应植物免疫反应等（Zhang et al.，2016b）。

3）H3K27甲基化在真菌中由PRC2（polycomb repressive complex 2）复合物催化形成。在粗糙脉孢菌中，PRC2复合体由具有甲基转移酶活性的Set7和另三个协同作用的蛋白Eed、Npf和Su（z）12构成（Aramayo and Selker，2013）。其中，Npf并不是必需的，但对染色体端粒区和亚端粒区的局部H3K27me3形成却至关重要（Jamieson et al.，2013）。和H3K9甲基化一样，H3K27甲基化也被认为与基因沉默密切相关（Jamieson et al.，2013；Dumesic et al.，2015）。真菌的次级代谢基因簇常具有H3K27me3修饰，相应的次代产物合成也受到该修饰调控。例如，禾谷镰刀菌在低氮环境下能大量产生类胡萝卜素，而去除H3K27me3后，突变菌株无论在高氮还是低氮环境下都能大量产生类胡萝卜素（Connolly et al.，2013）。植物共生真菌羊茅香柱菌（*Epichloe festucae*）在普通培养基上生长时，黑麦草神经毒素和麦角生物碱（ergot alkaloids）合成通路相关基因，受H3K27和H3K9甲基化修饰，表现为沉默状态，而人为去除这两种修饰，则会激活这些基因的表达（Chujo and Scott，2014）。

4）H3K36甲基化修饰由一个从酵母到人类均十分保守的Set2蛋白催化形成。事实上，Set2还是一个RNA聚合酶Ⅱ互作蛋白，能够在转录延伸的过程中与RNA聚合酶ⅡC端结构域相互作用（Venkatesh and Workman，2013）。而它催化形成的H3K36甲基化修饰也是在转录延伸过程中产生的。在酵母中，Set2负责1、2、3所有程度的甲基化。然而在高等生物，如果蝇、人类体内，还有其他类型的甲基转移酶负责H3K36甲基化。在果蝇中，Mes4负责1、2甲基化，Set2负责3甲基化；而在人类中，Nsd1负责三种甲基化，Nsd2、Whsc1、Smyd2、Setmar等都负责2甲基化，Ash1L负责3甲基化（Venkatesh and Workman，2013）。Ash1蛋白同源物在丝状真菌中也有鉴定，被认为与Set2协同作用进行H3K36甲基化。H3K36me1/2和H3K36me2/3去甲基化在真菌中分别由KDM2和KDM4完成，前者在酿酒酵母中同源物为Jhd1（Allis et al.，2007）。H3K36甲基化对真菌基因的激活与沉默都有作用（Bicocca et al.，2018；Janevska et al.，2018b）。水稻恶苗病菌（*Fusarium fujikuroi*）和构巢曲霉的部分次级代谢产物合成受到该修饰调控（Gacek-Matthews et al.，2016；Janevska et al.，2018a）。

5）H3K79甲基化修饰由Dot1（disruptor of telomeric silencing 1）催化形成，这是唯一一类不含Set结构域的HKMT。迄今为止，仅发现这种负责H3K79甲基化修饰的甲基转移酶，在进化上十分保守（Vlaming and van Leeuwen，2016）。Dot1最早是在酿酒酵母中筛选与染色体端粒区沉默有关的基因时被发现的，随后在哺乳动物中发现了酵母Dot1的同源物Dot1L，并发现Dot1L存在于一个名为Dotcom的大分子复合物中，其成员还有Mll融合蛋白。在酵母中的研究表明，Dot1催化形成的H3K79甲基化能阻止Sir蛋白（一类异染色质形成相关蛋白）结合该修饰所在的DNA区域，导致此区域不能形成异染色质，从而使得该染色质区段处于转录活化状态（van Welsem et al.，2008；Kitada et al.，2012）。

6）在真菌中，H4K20甲基化修饰仅在裂殖酵母中有所报道（Wang and Jia，2009），在酿酒酵母中未被发现。而在丝状真菌中，尽管有文献提到粗糙脉孢菌具有H4K20甲基化修饰（Lewis et al.，2010），但尚未有针对这一修饰的研究成果报道。在果蝇和哺乳动物中，H4K20甲基化由两类HKMT负责——KMT5A和KMTB/C。前者负责H4K20 1甲基化修饰，后者负责2、3甲基化修饰。然而，在裂殖酵母中仅发现一种H4K20甲基转移酶，命名为Set9，其负责全部1、2、3甲基化修饰（Wang and Jia，2009）。H4K20甲基化修饰的作用与其甲基化程度密切相关。在裂殖酵母中，H4K20 甲基化修饰的功能研究不多，但也有一些成果。例如，裂殖酵母的 H4K20me2 也与 DNA 损伤修复有关，此修饰是细胞分裂检查点的关键——如果在检查点探测到 DNA 损伤，就会使得 H4K20 二甲基化和 H2A 磷酸化修饰位点暴露，有助于和 Crb2（一类 DNA 损伤检查点蛋白）的结合，从而启动损伤修复反应（Wang and Jia，2009）。

7）真菌中已发现的组蛋白精氨酸甲基化修饰位点有 H3R2 和 H4R3（Ryu et al.，2019）。酿酒酵母中存在 Hmt1（Rmt1）和 Hsl7 两个 PRMT，分别与人类第一类 PRMT（PRMT1）和第五类 PRMT（PRMT5）具有同源性。Hmt1 可催化 H3R2me1 和 me2a（非对称二甲基化），参与转录延伸与 mRNA 出核，同时也影响 rDNA 和端粒区域异染色质的建立和维持；Hsl7 可催化 H4R3me2s（对称二甲基化），参与转录抑制，并且可与组蛋白去乙酰化酶互作，共同发挥基因表达抑制的作用。在构巢曲霉中鉴定到 RmtA、RmtB、RmtC 三个 PRMT，RmtA 和 RmtC 分别与人源 PRMT1 和 PRMT5 同源，而 RmtB 是丝状真菌特有的（Brosch et al.，2008）。

（二）组蛋白乙酰化

组蛋白乙酰化修饰主要发生在 4 种组蛋白（H2A、H2B、H3 和 H4）特定的赖氨酸残基上，在调控染色质结构和基因表达中发挥重要作用。组蛋白乙酰化是可逆的翻译后修饰，其动态平衡由组蛋白乙酰转移酶（histone acetyltransferase，HAT）和组蛋白去乙酰化酶（histone deacetylase，HDAC）共同调节。组蛋白赖氨酸侧链含有氨基，在生理条件下带正电荷，从而能够与含有磷酸基团的 DNA 紧密结合；赖氨酸被 HAT 乙酰化后使得正电荷被中和，无法与 DNA 紧密结合，染色质结构松散，利于转录因子结合 DNA；同时，乙酰化的赖氨酸能与转录激活复合体结合，促进转录。与此相反，HDAC 则使组蛋白去乙酰化，与带负电荷的 DNA 紧密结合，染色质致密卷曲，基因的转录受到抑制。

（三）组蛋白乙酰转移酶

组蛋白乙酰转移酶是一类催化乙酰辅酶 A 的乙酰基向组蛋白赖氨酸的 ε-氨基基团转移的酶系。根据催化区域的序列同源性和底物特异性，可将真核生物组蛋白乙酰转移酶 HAT 分为 5 个家族：GNAT（Gcn5-related N-acetyltransferases）、MYST（MOZ，Ybf2/Sas3，Sas2，Tip60）、p300/CBP、基础转录因子（basal TF，包括 TFIID）和核受体辅因子（nuclear receptor cofactors）（Jeon et al.，2014）。其中，Gcn5、Hat1、Esa1、Rtt109 等组蛋白乙酰转移酶在真菌中研究较多。

1）GNAT 家族成员与酵母乙酰转移酶 Gcn5（general control non-derepressible 5）有很高的同源性。Gcn5 因最初在酵母中发现常规调控氨基酸合成信号通路而得名；当缺乏氨基酸时具有 GCNs 突变的酵母菌株无法去抑制氨基酸生物合成基因的表达，随后研究证实 Gcn5 是一种转录相关的组蛋白乙酰转移酶。从酵母到丝状真菌，Gcn5 显示出高度进化保守的酶特异性。Gcn5 催化组蛋白 H2B N 端的赖氨酸残基 K11、K16，以及组蛋白 H3 的 K9、K14、K18、K23、K27 位点的乙酰化。Gcn5 作为催化亚基可与不同的调控因子结合，组成 3 个结构功能更为复杂的染色质修饰复合物：SAGA（Spt-Ada-Gcn5-acetyltransferase）、ADA（Ada2-Gcn5-Ada3）和 SLIK/SALSA（SAGA-like）。在酵母中发现 Gcn5 调控细胞周期、细胞对环境胁迫的响应及假菌丝的发育（Zhang et al.，1998；Xue-Franzen et al.，2013；Wang et al.，2015a）。在许多丝状真菌中，如曲霉属真菌、植物病原真菌稻瘟病菌、昆虫病原真菌球孢白僵菌（*Beauveria bassiana*）等，已鉴定到酵母 Gcn5 的同源蛋白，这些组蛋白乙酰转移酶参与调控真菌生长发育、次级代谢、细胞自噬和致病性等功能（Canovas et al.，2014；Lan et al.，2016；Cai et al.，2018b；Liang et al.，2018）。通过对启动子区域所在的染色质组蛋白 H3K14 和（或）H3K9 进行乙酰化修饰，Gcn5 可激活粗糙脉孢菌蓝光诱导基因（Grimaldi et al.，2006）和工业丝状真菌里氏木霉（*Trichoderma reesei*）纤维素酶基因的表达（Xin et al.，2013）。在人体条件致病菌新生隐球菌（*Cryptococcus neoformans*）中，Gcn5 对于真菌适应宿主环境条件及致病性是必需的（O'Meara et al.，2010）。对细菌-真菌互作研究发现，真菌 Gcn5 可能成为细菌作用的靶点，从而引发真菌组蛋白乙酰化状态的改变。例如，在与链霉菌互作的过程中，构巢曲霉 SAGA/ADA 复合物介导的 H3K9 和 H3K14 乙酰化水平升高，诱导真菌次级代谢产物苷色酸的产生（Nutzmann et al.，2011）。小麦穗部微生物菌群的生防细菌能够分泌大量抑菌活性物质——吩嗪-1-甲酰胺（phenazine-1-carboxamide），该活性物质能进入植物病原真菌禾谷镰刀菌的细胞内，与 Gcn5 结合，抑制病原真菌的组蛋白乙酰化，从而抑制病菌生长、致病和毒素合成（Chen et al.，2018a）。值得注意的是，GNAT 家族的组蛋白乙酰转移酶可催化的底物范围较广，包括非组蛋白底物。在 DNA 损伤刺激下，Gcn5 乙酰化组蛋白去甲基化酶 Rph1，使得 Rph1 出核并通过自噬途径降解，从而解除 Rph1 对 DNA 损伤基因的抑制（Li et al.，2017）。稻瘟病菌接触、识别水稻后，一部分组蛋白乙酰转移酶 Hat1（隶属 GNAT 家族）迅速去磷酸化，在热激蛋白 Ssb1 帮助下进入细胞质中，对细胞自噬中的核心蛋白 Atg3 和 Atg9 进行乙酰化，实现对细胞自噬的精准调控，进而控制功能性附着胞的形成（Yin et al.，2019）。

2）MYST 家族的命名是根据其 4 个成员 MOZ（monocytic leukemia zinc finger protein）、Ybf2/Sas3（something about silencing 3）、Sas2（something about silencing 2）［也称 KAT8（lysine（K）acetyltransferase 8）］和 Tip60（tat interacting protein 60kDa）的首字母排序而来。MYST 是组蛋白乙酰转移酶中最大的家族，具有丰富多样的生物学功能。该家族酶结构特点是都有两个保守区域，即甲基化的赖氨酸结合区域和锌指结构域。在真菌中研究最多的 MYST 组蛋白乙酰转移酶是 Esa1（essential Sas2-related acetyltransferase 1，也称 KAT5）、Sas2 和 Sas3。在酵母中，组蛋白 H4 核小体乙酰转移酶（nucleosome acetyltransferase of histone H4，NuA4）是以组蛋白 H4 和 H2A 为靶标的乙酰化酶复合体，其催化核心 Esa1 主要负责组蛋白 H4 的 K5、K8、K12 和 K16 乙酰化，对于 DNA 修复和细胞周期进程是必需的（Allard et al.，1999；Clarke et al.，1999；Lin et al.，2009）。除此之外，构巢曲霉 Esa1 能激活多种次级代谢产物合成基因簇的表达（Soukup et al.，2012）。Sas2 是 SAS 乙酰转移酶复合物（SAS2P-SAS4P-SAS5P）的催化核心，负责乙酰化 H4K16，调控转录沉默、DNA 复制和细胞周期进程（Zou and Bi，2008）。在昆虫病原真菌罗伯茨绿僵菌中敲除 Sas2 的同源基因，导致全基因组 H3 乙酰化水平降低，并促使沉默（silent）次级代谢产物基因上调表达（Fan et al.，2017）。Sas3 是 NuA3 复合物（nucleosomal acetyltransferase of histone H3）的催化核心，负责乙酰化组蛋白 H3，对病原真菌（稻瘟病菌、禾谷镰刀菌、球孢白僵菌）的生长、形态发育、毒素合成和致病性至关重要（Kong et al.，2018；Wang et al.，2018a；Dubey et al.，2019）。除此之外，MYST 家族的组蛋白乙酰转移酶也可催化非组蛋白底物，如 Esa1 能介导 NuA4 平台蛋白 Eaf1 的乙酰化，使 NuA4 复合物与染色质重塑复合物 SWR1 结合，直接调控条件致病菌白念珠菌酵母-菌丝形态转换的基因表达（Wang et al.，2018c）。

3）p300/CBP 家族蛋白仅存在于动物细胞，而真菌特有的结构相似蛋白是 Rtt109

(regulation of Ty1 transposition gene product 109)（Tang et al.，2008）。与其他已经发现的乙酰转移酶（针对组蛋白灵活的 N 端尾巴进行修饰）不同，Rtt109 负责乙酰化 H3K56 位点；H3K56 位于 H3 的 N 端 α 螺旋结构域内，靠近核小体 DNA 的进出口（Schneider et al.，2006；Han et al.，2007）。另外，Rtt109 的催化活性需要组蛋白伴侣 Vps75 或 Asf1 的协助，Vps75 或 Asf1 可以提高 Rtt109 的酶活性；Rtt109-Vps75 复合物主要催化 H3K9 和 H3K27 的乙酰化，而 Rtt109-Asf1 是 H3K56 乙酰化催化的复合体（Zhang et al.，2018）。缺少 H3K56 乙酰化修饰的细胞易发生 DNA 损伤及染色质重排，这与该修饰在 DNA 复制叉的稳定及核小体成熟中发挥的作用相关。因此，Rtt109 在维持基因组稳定性、DNA 复制和 DNA 损伤修复中发挥重要作用（Driscoll et al.，2007；Chen et al.，2008）。在白念珠菌中 Rtt109 对于white-opaque 形态转变及病菌在产生大量活性氧的宿主巨噬细胞中存活十分重要（da Rosa et al.，2010；Stevenson and Liu，2011）。在球孢白僵菌中 Rtt109 影响产孢能力、孢子的疏水性和真菌的杀虫毒力（Cai et al.，2018a）。

（四）组蛋白去乙酰化酶

根据序列同源性和系统发育进化关系，真核生物组蛋白去乙酰化酶主要可以分为四大家族（Verdin et al.，2003）。① I 类去乙酰化酶与酵母 Rpd3 具有同源性，包括 HDAC1、HDAC2、HDAC3、HDAC8。② II 类 HDACs 与酵母 Hda1 具有同源性，包括 HDAC4、HDAC5、HDAC6、HDAC7、HDAC9 和 HDAC10，其根据催化区域的不同又可分为两类：II a 类具有一段催化区域，包括 HDAC4、HDAC5、HDAC7 和 HDAC9；II b 类具有两段催化区域，主要包括 HDAC6 和 HDAC10。 I 、 II 两家族成员具有一定的序列同源性，而且催化位点均含有锌离子，为锌依赖型。③ III 类去乙酰化酶是沉默信息调节因子 Sir2（silent information regulator 2）或 Sirtuin（Sir2-like protein）家族。④ IV 类家族仅有一个成员 HDAC11，功能研究较少。

1）I 类去乙酰化酶 Rpd3（reduced potassium dependency 3）是酵母中发现最早的去乙酰化酶，参与形成了两种不同大小的调控复合体 Rpd3L 和 Rpd3S。通过共阻遏蛋白的招募作用，Rpd3L 复合物定位于基因的启动子区域从而抑制基因的转录；而 Rpd3S 则定位于基因编码区域并且不需要 DNA 结合蛋白的招募。Rpd3 能在热激、渗透压力和氧化胁迫条件下分别调控各胁迫诱导基因的表达（Alejandro-Osorio et al.，2009）。组蛋白乙酰化酶 Esa1 及去乙酰化酶 Rpd3 通过调节自噬发生关键蛋白 Atg3 的乙酰化水平，从而实现对自噬过程的动态调控（Yi et al.，2012）。在假禾谷镰刀菌中发现 Rpd3L 复合物对真菌生长、活性氧积累和致病性至关重要（Zhang et al.，2020）。

2）II 类去乙酰化酶 Hda1（histone deacetylase 1）主要参与调控真菌次级代谢产物的合成（Lee et al.，2009b；Studt et al.，2013）。另一种去乙酰化酶 Hos2（Hda one similar 2）在真菌中研究较多。Hos2 作为 Set3 复合物的催化核心，对组蛋白 H3 和 H4 进行去乙酰化，从而在 DNA 损伤修复中抵消乙酰转移酶 Esa1 的作用（Torres-Machorro et al.，2015）。Set3/Hos2 复合物在不同病原菌中的调控作用不同。在白念珠菌中 Set3/Hos2 复合物通过削弱 cAMP/PKA 信号通路作用抑制酵母-菌丝形态转变（Hnisz et al.，2010）。Hos2 对玉米黑粉菌（*Ustilago maydi*）的二态性转变也是必需的；Hos2 作为 cAMP-PKA 信号通路的下游组分直接调控交配型基因的表达（Elias-Villalobos et al.，2015）。玉米圆斑病菌炭色孢腔菌（*Cochliobolus carbonum*）Hos2 影响胞外解聚酶的分泌，进而影响植物组织穿透（Baidyaroy et al., 2001）。在稻瘟病菌中 Tig1（TBL1-like gene required for invasive growth 1）、Set3、Snt1（DNA binding SaNT domain protein 1）和 Hos2 作为核心组分组成了 Tig1 复合物，*tig1* 突变后真菌对氧化胁迫更加敏感，并且在产孢和致病性上有严重缺陷（Ding et al., 2010）。球孢白僵菌 Hos2 直接去乙酰化 H4K16，间接修饰 H3K56 和 H2A-S129，进而影响 DNA 损伤修复、抗氧化胁迫、细胞周期、产孢和毒力等诸多方面（Cai et al., 2018c）。

3）Sirtuin 家族作为诱发转录沉默的转录因子被归为Ⅲ类去乙酰化酶，其酶催化活性依赖细胞辅酶 NAD^+（烟酰胺腺嘌呤二核苷酸）。*Sir2* 是唯一从古菌到人类都高度保守的基因。Sir2 可在酿酒酵母结合型位点（HML 和 HMR）、端粒区域及 rDNA 重复区引发基因沉默（Blander and Guarente, 2004）。H3K9、H3K14 和 H4K16 是 Sir2 诱导基因沉默的关键位点（Imai et al., 2000）。Sir2 与组蛋白乙酰转移酶 Sas2 拮抗，竞争结合组蛋白 H4K16 位点，形成异染色质与常染色质的边界（Kimura et al., 2002；Rodriguez et al., 2014）。敲除 *Sir2* 基因后菌株呈现出多种表型，包括基因沉默缺陷、DNA 重复区的重组频率增加、细胞周期检查点缺陷、染色质不稳定等表型（Imai et al., 2000）。Sir2 与细胞的寿命相关，是酵母在饮食限制下延长寿命的关键蛋白（Lin et al., 2000；Campisi et al., 2019）。丝状真菌 Sirtuin 家族同源蛋白参与调控菌丝生长和次级代谢产物合成（Kawauchi et al., 2013）。Sirtuin 蛋白在真菌致病性方面的作用仅在新生隐球菌、光滑念珠菌（*Candida glabrata*）和稻瘟病菌有报道（Elias-Villalobos et al., 2019）。在新生隐球菌中敲除 *Sir2* 基因可降低致病性，但是具体机制不清楚（Arras et al., 2017）。在光滑念珠菌中，Sir2 抑制侵染所需的 EPA（epithelial adhesin）黏附素基因的表达。光滑念珠菌是烟酸营养缺陷型，不能合成 NAD^+，其感染的宿主泌尿道烟酸水平低，因此 Sir2 由于缺乏 NAD^+ 而不能被激活，从而使得 EPA 黏附素基因不再受到 Sir2 的抑制，帮助病原真菌黏附和侵染（Domergue et al., 2005）。在稻瘟病菌早期侵染过程中，Sir2 通过去乙酰化失活组蛋白去甲基化酶 JmjC，从而上调超氧化物歧化酶的表达以应对宿主植物产生的活性氧（Fernandez et al., 2014）。

二、真菌 DNA 甲基化修饰及其调控功能

DNA 甲基化主要发生在基因组 DNA 胞嘧啶 5′碳位（5mC），是真核生物体内第二种重要的表观调控机制。一类结构保守的 DNA 甲基转移酶（MTase）负责针对胞嘧啶修饰添加甲基基团，形成 5mC，由此改变 DNA 与 DNA 结合蛋白的结合作用，或招募其他蛋白，进而对基因表达产生重大影响。另外，DNA 甲基化与其他表观遗传因素（如组蛋白甲基化）还能发生相互作用，共同发挥基因表达调控功能（Rountree and Selker, 2010）。在真菌中一共发现了五类 MTase，分别为 Dim-2、RID、Drm2、Dnmt5 和 Masc。Dim-2 与 RID 在进化树上归属一个分支，其余三种蛋白属于另一进化分支（He et al., 2020）。这些酶介导的 DNA 甲基化在真菌的生长发育、次级代谢、生物互作等方面产生重要影响。

在生长发育方面，由于真菌 DNA 甲基化常见于转座区域、重复序列和异染色质区，发挥基因沉默的作用，因此能够帮助维持基因组稳定性，保证真菌正常的生长发育。在粗糙脉孢菌中，DNA 甲基化酶 Dim-2 可被招募到 H3K9me3 区域，帮助进一步形成异染色质（Rountree and Selker, 2010）。研究表明，稻瘟病菌营养生长阶段，基因组的 DNA 甲基化分布会经历动态变化，相对于菌丝阶段，孢子和附着胞阶段基因组甲基化水平大幅度减少（Jeon et al., 2015）。DNA 甲基化比例被干扰的栗树枝枯病菌（*Cryphonectria parasitica*）会

出现菌落形态变化（So et al.，2018）。

真菌次代产物基因簇基因的 DNA 甲基化水平与次级代谢产物合成紧密相关，在链格孢菌（*Alternaria*）、黑曲霉（*Aspergillus niger*）、支孢样支孢霉（*Cladosporium cladosporioides*）、蕉孢壳菌（*Diatrype*）、黄暗青霉（*Penicillium citreonigrum*）和细脚棒束孢（*Isaria tenuipes*）中，使用 MTase 抑制剂降低 DNA 甲基化水平后，均可诱导原本沉默的次级代谢基因表达，产生相应的次级代谢产物（Williams et al.，2008；Fisch et al.，2009；Wang et al.，2010；Asai et al.，2012）。相反，在黄曲霉（*Aspergillus flavus*）中类似的处理却会降低黄曲霉素产量（Yang et al.，2015，2016），说明 DNA 甲基化的存在对黄曲霉素合成十分必要。

生物互作研究表明，DNA 甲基化对多种病原真菌的致病力有很大影响。在罗伯茨绿僵菌中敲除 Dim-2 后，突变株对宿主昆虫的毒力显著下降（Wang et al.，2017）。在黄曲霉中，DNA 甲基化与侵染能力却呈正相关（Yang et al.，2016）。白念珠菌侵染过程中，形态转变相关基因的表达也受到 DNA 甲基化调控（Mishra et al.，2011）。

三、真菌小 RNA 及其调控功能

小 RNA 是生物体内长 20～30nt 的非编码 RNA 片段，通过在转录水平或转录后水平抑制靶标基因表达，引起 RNA 干扰（RNA interference，RNAi）效应，从而参与调控生物体的生长发育、物质代谢、免疫反应、维持基因组稳定性、抵御病毒入侵等生命活动（Elbashir et al.，2001）。丝状真菌粗糙脉孢菌是用于研究真菌小 RNA 生成及作用的重要模式生物，研究发现了多种小 RNA 的产生途径，阐明了丝状真菌中的 RNA 干扰机制。针对其他真菌，如隐球菌、毛霉、曲霉等的研究，也发现 RNA 干扰现象的广泛存在，并在基因防御方面发挥重要作用。

小 RNA 的产生一般是经过 RNase III核酸内切酶 Dicer 切割内源性或外源性的双链 RNA 而来，生成的小 RNA 进入以 Argonaute（AGO）家族蛋白为核心的沉默干扰复合体 RISC（RNA-induced silencing complex），随后伴随链离开沉默干扰复合体，从而激活 RISC，指导链在复合体中指导目标 mRNA 的降解、翻译抑制等（Meister and Tuschl，2004；Sontheimer and Carthew，2004）。机体中还存在一种以 RdRP（RNA dependent RNA polymerase protein）为核心的扩增机制，可以将少量的初级小 RNA 扩增生成大量次级小 RNA，以达到大规模 RNA 干扰的作用。

（一）参与真菌小 RNA 生成的蛋白质类别

1. Dicer 蛋白　　Dicer 是一种核酸内切酶，属于 RNase III家族，主要负责切割双链 RNA 生成小 RNA 前体。序列分析发现 Dicer 在低等到高等生物的进化过程中高度保守，自 N 端到 C 端分别为 1 个 DexH/DEAH（RNA 解旋酶）结构域、1 个 PAZ（pinwheel argonaxizwille）结构域、2 个 RNase III结构域（磷酸二酯键活性）和 1 个双链 RNA 结合域 dsRBD（double-stranded RNA binding domain）（Meister and Tuschl，2004）。PAZ 结构域可以同单链 RNA（ssRNA）发生低亲和性相互作用，帮助 Dicer 识别具有长度为 2nt 的 3′端突出臂的双链 RNA（dsRNA），然后由两个 RNase III结构域形成的单催化中心剪切双链 RNA 成终末产物。

2. AGO 蛋白　　AGO（argonaute）蛋白在真核生物中高度保守，含有 PAZ 和 PIWI

结构域。PAZ 结构域负责结合 RNA，PIWI 结构域负责蛋白质之间的相互作用，且 PIWI 只存在于 AGO 家族，有 RNase H 核酸内切酶活性（需要有 Mg^{2+} 参与），在 RISC 复合体中发挥剪切 mRNA 的功能。PAZ 能识别 siRNA 3′端两个突出的碱基，是 RISC 中单链小 RNA 的结合位点，之后 RISC 在单链小 RNA 的指导下特异识别靶标 mRNA，然后 PIWI 对靶标 mRNA 进行剪切（Parker et al.，2005；Hutvagner and Simard，2008）。

3. RdRP 蛋白　　RdRP（RNA dependent RNA polymerase）蛋白是一种 RNA 聚合酶，它以 RNA 为模板合成互补链 RNA，是 RNAi 的主要信号扩增分子（Cogoni and Macino，1999）。RdRP 主要分为两种：一种在病毒中用于复制病毒基因组；另一种存在于真核生物中，参与形成 RNA 沉默过程中涉及的双链 RNA。真核生物中研究最多的 RdRP 是粗糙脉胞菌中的 QDE-1 及拟南芥中的 RdRP-6，它们都参与了 RNA 沉默，能够以单链 RNA（ssRNA）为模板合成 RNA（Sugiyama et al.，2005）。

（二）真菌中小 RNA 介导的 RNAi 现象

1. 营养生长阶段的 RNAi 现象——压制　　粗糙脉孢菌在营养生长阶段会出现一种转基因诱导的基因沉默现象，最初由 Romano 和 Macino 发现，他们将粗糙脉孢菌内源基因 *al-1* 的同源片段转入粗糙脉孢菌后，发现 *al-1* 基因的表达受到抑制，他们将这种现象称为压制（quelling）（Romano and Macino，1992）。研究人员通过研究粗糙脉孢菌 quelling 功能缺失（quelling-deficient，qde）突变株，分离到三个与压制效应有关的基因：*qde-1*、*qde-2* 和 *qde-3*，之后的研究证明了 quelling 是一种 RNAi 现象。*qde-1* 突变株不能合成正常的 RdRP 蛋白，而 RdRP 是其他真核生物 RNAi 所必需的蛋白，说明 RdRP 和某种 RNA 分子参与了 quelling 途径。*qde-2* 基因编码一个含有 piwi-PAZ 结构域（argonaute）的蛋白，该蛋白是真核生物 RNA 沉默途径中一个必要的保守组分。*qde-3* 基因编码 DNA 解旋酶蛋白，证明了 DNA 的结构对压制现象的发生有重要影响。

已有的研究表明，RNAi 现象由异常 RNA（aberrant RNA，aRNA）引起，在粗糙脉孢菌中，aRNA 的产生需要 QDE-1 和 QDE-3 的参与。研究人员证实 QDE-1 同时具有 RdRP 和 DdRP 活性，即 QDE-1 利用其 DdRP 酶活性来合成 aRNA，再利用其 RdRP 酶活性，以 aRNA 为模板合成 dsRNA。重复的转座子及核糖体 DNA 位点能够通过 QDE-1 和 QDE-3 产生异常的 aRNAs，单链的 aRNAs 被 QDE-1 转换成双链 RNA（double-strand RNA，dsRNA）前体，dsRNA 在 Dicer 蛋白的作用下被切割成双链 siRNA。siRNA 结合并激活含有 QDE-2 蛋白的 RISC，通过碱基配对定位于同源 mRNA 转录本上，诱发 mRNA 降解。siRNA 不仅能引导 RISC 切割同源单链 mRNA，而且可作为引物与靶标 RNA 结合，并在 RNA 解旋酶的作用下解链成正义链及反义链，反义 siRNA 与 RISC 在 RdRP 作用下，通过类似 PCR 扩增合成更多新的 dsRNA，新合成的 dsRNA 再由 Dicer 切割产生大量的次级 siRNA，从而使 RNAi 的作用进一步放大，最终将靶标 mRNA 完全降解。

2. 有性生长阶段的 RNAi 现象——非配对 DNA 诱导的减数分裂基因沉默　　在粗糙脉孢菌生殖生长阶段会发生非配对 DNA 所诱导的减数分裂基因沉默（meiotic silencing by unpaired DNA，MSUD）。减数分裂过程中，非配对 DNA 的存在会发生 MSUD，非配对 DNA 的产生主要是由于亲本一条链的缺失或增加了一段 DNA，减数分裂基因沉默对非配对 DNA 的检测和抑制，可用于防范减数分裂时期基因重组事件，如缺失、多拷贝（Shiu et al.，2001）。

通过紫外诱变后筛选 MSUD 缺陷突变株，以及通过对 RNAi 相关蛋白的序列保守性分析和缺失突变菌株的功能鉴定，在粗糙脉孢菌中获得了与 MSUD 相关的蛋白，分别为行使 RdRP 功能的 SAD-1（suppressor of ascus dominance-1）（QDE-1 的类似物）和 SAD-2，起 AGO 作用的是 SMS-2（supperssor of meiotic silencing-2），起切割作用的是 DCL-1 或 SMS-3，并且也需要 QIP 的参与。虽然 MSUD 途径有许多地方依然不是很清楚，但简要的模式为在减数分裂阶段，非配对 DNA 区域转录出异常 RNA，异常 RNA 被行使 RdRP 功能的 SAD-1 转化成 dsRNA，然后被 DCL-1 切割生成小 RNA，小 RNA 进入以 SMS-2 为核心的 RISC 复合体，指导转录后同源基因沉默，SAD-2 可能在 MSUD 中招募 SAD-1 进入适当的位置而行使功能。

3. DNA 损伤诱导的小 RNA 产生——qiRNA　　研究者发现粗糙脉孢菌在人为添加 DNA 损伤剂时，能产生一类小 RNA——qiRNA。qiRNA 主要源于 rDNA 位点，以 DNA 损伤诱导产生的异常 RNA 为前体，由 RNA 依赖的 RNA 聚合酶 QDE-1、DNA 解旋酶 QDE-3 及 Dicer 酶类似物（DCL-1 和 DCL-2）加工生成（Lee et al.，2009a）。DNA 损伤后，异常 RNA 的生成并不需要依赖于 DNA 的 RNA 聚合酶 Ⅰ、Ⅱ、Ⅲ，而 QDE-1 和 QDE-3 在此过程中起重要作用（Aalto et al.，2010）。quelling 中的小 RNA 和 qiRNA 的产生虽有不同机制，但都是由高度重复的 DNA 区域所产生。在不能产生 qiRNA 的菌株中发现其 DNA 损伤敏感性和蛋白质表达上升，这些结果表明，qiRNA 可能帮助 DNA 损伤后的自我检测，以维持 DNA 损伤后细胞周期的进行。

4. 非依赖 Dicer 的小 RNA 产生　　在粗糙脉孢菌中发现一种新型的小 RNA，它的生成不需要 Dicer 的作用，平均长度为 22nt，与 DNA 的两条链都具有相同的匹配度，5′端强烈偏好“U”，来自 50 个非重复的 DNA 区域，一般既可生成正义链也可生成反义链，这些区域包括基因序列和没有明显识别位点的非基因序列。与动物中非依赖于 Dicer 的 piRNA 不同（Thomson and Lin，2009），粗糙脉孢菌中的新型小 RNA 生成不依赖于任何已知的 RNA 干扰组件，称为 disiRNA（dicer-independent small interfering RNA），预示着存在一个全新、未知的小 RNA 生成路径。虽然其功能未知，但与 QDE-2 有一定的关联，意味着其行使功能需要经 RNAi 途径。

粗糙脉胞菌是最早发现存在 RNAi 的真核生物之一，其小 RNA 发生机制及相关功能的研究为进一步探索丝状真菌小 RNA 的发生和功能提供了很好的帮助，同时对了解物种进化机制具有重要的意义。新发现的一系列小 RNA 发生机制对研究真核生物的小 RNA 发生和作用起到一定的启发作用。但是，仍然有很多内容需要更进一步的研究。例如，有证据表明，miRNA 和 siRNA 诱导的沉默发生于 P 小体，但破坏 P 小体不会影响基因沉默（Liu et al.，2005）。P 小体存在的作用目前还不是非常清楚，miRNA 是否也普遍存在于真菌界中等问题的进一步解决，对于更好地了解真菌的小 RNA 具有很重要的作用。

（三）小 RNA 在真菌与宿主互作中的功能

近年来的研究发现，一些病原真菌有能力向宿主细胞转移 sRNA，并抑制宿主的免疫反应，从而达到成功侵染的目的（Weiberg et al.，2014；Wang et al.，2015b）。灰霉病菌感染了宿主植物之后，会向植物细胞转移 sRNA，通过 sRNA 装载到植物的 AGO1 蛋白上，沉默宿主植物的免疫基因，从而扰乱植物的免疫信号通路（Weiberg et al.，2013）。昆虫病原真菌也有这种现象，如球孢白僵菌在侵染按蚊的过程中能分泌一种名为 milR1 的小 RNA，并通过与囊泡结合以“搭便车”的方式进入昆虫细胞中，与昆虫 RNA 诱导沉默复合体中的 AGO1 蛋白结合来劫持宿主昆虫 RNA 干扰途径，选择性地靶向沉默宿主免疫基因。并且，在不同侵染阶段，milR1 的表达动态变化，以最大限度地利于真菌侵染（Cui et al.，2019）。

宿主也能向与其互作的病原真菌转运内源的 sRNA（LaMonte et al.，2012；Zhang et al.，2016a）。在棉花中富集的 miR166 和 miR159 可以转移到大丽轮枝菌（*Verticillium dahliae*）菌丝中，下调两个与致病性相关的靶基因。这些研究揭示了植物宿主也能利用跨界（cross-kingdom）RNAi 策略来抑制病原真菌的毒力。携带靶向病原真菌毒力基因的 sRNA 的转基因植物和农作物对病原真菌表现得更为耐受，因此利用宿主诱导的基因沉默（host-induced gene silencing，HIGS）现象可抵御病原真菌感染，为植物保护应用提供了新思路（Nowara et al.，2010；Nunes and Dean，2012）。

（王历历、赖屹玲、王　燕、王四宝）

第五节　真菌基因组的进化

同其他物种相同，真菌进化及物种形成是其适应不同环境的自然选择结果（Nielsen，2005）。作为地球上种类数量次于昆虫的真核生物，不同的真菌广泛分布于地球上的不同环境条件，从极地、高山、陆地到海洋等。基于已经鉴定的真菌种类，目前至少可以将真菌分为 8 门，进化关系上，微孢子虫（Microsporidia）和隐真菌门（Cryptomycota）处于进化树的基部，而双核亚界（Dikarya）的子囊菌门（Ascomycota）和担子菌门（Basidiomycota）真菌出现得相对较晚（图 5-14）（Stajich，2017）。真菌一直是物种进化树分析和构建的重要对象，科学家一直期望对每一科真菌中 2 种以上的代表真菌种类进行基因组测序，获得的数据既可以促进真菌进化树的构建，以便于回答真菌基因组水平的进化特征、协同进化，也可以帮助揭示环境/寄主相关联的特异性进化规律。

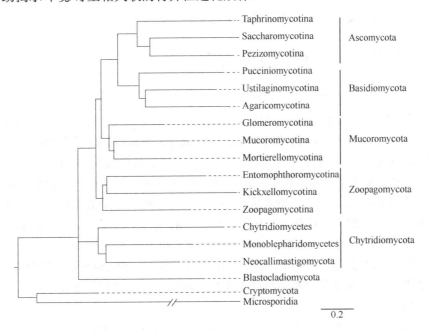

图 5-14　不同真菌亚门的进化（引自 Stajich，2017）

一、真菌基因组的研究历史

物种基因组解析是遗传和分子遗传学研究的基础，第一个被全基因组测序并报道的真核生物是 1996 年完成的酿酒酵母（*Saccharomyces cerevisiae*）（Goffeau et al.，1996）。紧随其后，2001 年完成了微孢子虫门真菌兔脑原虫（*Encephalitozoon cuniculi*）、2002 年完成模式真菌裂殖酵母（*Schizosaccharomyces pombe*）、2003 年完成模式真菌粗糙链孢霉（*Neurospora crassa*）、2004 年完成木质纤维素降解菌白腐菌（*Phanerochaete chrysosporium*）、2005 年完成模式真菌构巢曲霉（*Aspergillus nidulans*）、烟曲霉（*Aspergillus fumigatus*）和米曲霉（*Aspergillus oryzae*），以及植物病原真菌稻瘟病菌（*Magnaporthe oryzae*）等（Galagan et al.，2005a）。2005 年之前完成基因组测序的真菌通常以模式真菌、代表性的人类或植物病原菌为主，一般由大的研究机构主导完成，主要手段是 Sanger 测序，基因组图谱的质量一般较高（Stajich，2017）。2005 年之后，随着二代测序技术（next-generation sequencing，NGS）的出现及广泛应用，测序成本不断降低，各种真菌基因组获得了广泛的测序。美国能源部联合基因组研究所（Joint Genome Institute，JGI）发起了 1000 种真菌测序的计划（Grigoriev et al.，2014；Stajich，2017），真菌基因组的测序不再局限于少数大的研究机构，一些实验室也开展了自己的测序工作，目前获得基因组测序的真菌种类达数千种（Naranjo-Ortiz and Gabaldon，2019；Torres et al.，2020）。

我国科学家首先完成的真菌包括系列昆虫病原真菌：罗伯茨绿僵菌（*Metarhizium robertsii*）、蝗虫专化菌蝗绿僵菌（*M. acridum*）、蛹虫草（*Cordyceps militaris*）、球孢白僵菌（*Beauveria bassiana*）及冬虫夏草（*Ophiocordyceps sinensis*）（Gao et al.，2011；Zheng et al.，2011；Xiao et al.，2012；Wang and Wang，2017），以及线虫捕食真菌寡孢节丛孢（*Arthrobotrys oligospora*）等（Yang et al.，2011）。近年来，陆续完成多种非模式植物病原真菌和食用菌的基因组研究，有力地促进了真菌遗传与进化的研究。

二、真菌基因组大小与结构特征的多样性

已经获得测序的真菌基因组表现出的显著特征是不同真菌之间存在明显的基因组大小及编码基因数量的差异。从大小仅 2Mb 的专性寄生的微孢子虫，到 2Gb 的锈菌类植物病原真菌，而虫霉类昆虫病原真菌蝇噬虫霉（*Entomophaga aulicae*）的基因组甚至达 8Gb，远高于一些动物或植物基因组的大小。编码基因数量方面，从仅编码 1800 个基因的兔脑原虫到编码达 35 000 多个基因的弹球属（*Sphaerobolus*）真菌，而大部分真菌编码基因数量在 11 000 个左右（Stajich，2017）。同其他物种类似，基因组大小与其编码基因的数量并不存在明显正相关关系，如冬虫夏草菌的基因组达 120Mb 左右，是其近缘种广义虫草菌基因组大小（平均约 40Mb）的 3 倍左右，但冬虫夏草菌编码基因数量（7000 左右）远少于其他虫草真菌编码基因的数量（平均 10 000）（Hu et al.，2014；Shang et al.，2016）。同其他大基因组真菌相似，冬虫夏草菌基因组存在大量由转座子复制引起的重复序列（Stukenbrock and Croll，2014）。

不同真菌基因组大小及编码基因数量的显著变化是不同种类在长期进化过程中适应不同环境条件的进化结果，并随环境变化而始终处于动态的进化演化状态，表现出程度不等

的可塑性（plasticity）（Stukenbrock and Croll，2014）。微孢子虫类病原真菌于寄主细胞中高度专性寄主，因而存在大量的基因丢失现象，包括丢失了与能量代谢相关的细胞器线粒体和过氧化物酶体等，以及与氨基酸合成相关的大量基因均已丢失，而直接利用寄主细胞的能量及化合物等，从而导致其基因组大小及基因编码数量显著减少。而对于大多植物及动物病原真菌来说，近缘物种间的基因组扩张（expansion，既包括大小也包括编码基因的数量），与不同真菌适应寄主种类的多少存在很大的关联性，即编码基因数量多的病原菌，不同蛋白质家族数量扩张，一般能适应和感染更多种类的寄主（Raffaele and Kamoun，2012）。针对寄主范围不同的绿僵菌进行比较及进化基因组分析表明，绿僵菌物种由寄主狭窄的专性菌经中间过渡物种，向广谱菌方向进化，其间伴随着基因及蛋白质家族数量的不断扩增（Hu et al.，2014）。对于镰刀菌（*Fusarium*）类植物病原而言，广谱寄生的尖孢镰刀菌（*F. oxysporum*）不同菌株、不同物种间存在条件性可丢失的染色体（conditionally dispensable chromosome，或称为 accessary chromosome；supernumery chromosome），由于该染色体上存在大量与致病相关的基因或基因簇，因而该染色体的获得与否既影响镰刀菌的基因编码数量，也影响病原菌的寄主范围（Ma et al.，2010，2013）。染色体倍性（ploidy）的变化可显著影响真核生物的基因组进化，大多数真菌以单倍体的形式存在，具有有性生殖方式的真菌可形成二倍体，真菌物种中很少存在多倍体，导致个别染色体的丢失或获得的机理或进化压力仍不清楚。在酿酒酵母（*Saccharomyces cerevisiae*）中发现了全基因组复制现象，紧接发生了染色体倍性的下降，一些多拷贝基因的选择性丢失与酵母菌物种进化相关（Stukenbrock and Croll，2014）。酵母菌可分别以单倍体、二倍体或非整倍体形式存在，分别具有不同的环境适应优势，具体哪种形式具有更强的适应优势很难简单地下结论（Zorgo et al.，2013）。

真菌基因组结构在进化、演化过程中还存在基因密度不同的区化（compartmentalization）特征，即部分区间编码基因很少、多富含转座子（transposable element，TE）重复序列，而其他区间的基因分布高度集中，各自涉及的基因在进化速率上存在显著不同，即双速度基因组（Two Speed Genomes）学说（Torres et al.，2020）。以植物病原真菌为对象的研究发现，病原菌编码的效应子（effector）基因多成簇分布于重复序列或亚端粒区域，受强烈的正选择（positive selection），从而可以快速进化，以便适应寄主的抗性进化（Dong et al.，2015）。但越来越多的研究表明，植物病原真菌中的效应子与 TE 区间不一定紧密相连，因而对"双速度基因组"提出了质疑（Torres et al.，2020）。但基因密度不同、区段进化不同的"马赛克式"（mosaic）基因组特征是广泛存在的，如植物或动物中与免疫相关的基因也经常聚集成簇，并分布于动态变化区域。

三、真菌基因组结构多样性进化的驱动因素

导致真菌基因组结构多样性的直接原因是环境相关的自然选择结果，有多种驱动因素，"因果关系"（cause-effect）相互交叉或制约（Nagy et al.，2017）。

（一）基因突变

毫无疑问，基因突变是所有生物进化、演化的直接驱动因素。种群基因组学分析表明，同种真菌的不同菌株基因组之间存在大量的 SNP（single-nucleotide polumorphism）或插入

缺失 indel 位点（Cuomo et al.，2007；Mei et al.，2020）。选择压力分析表明，这些位点突变不是随机的，而与进化选择密切相关。尤其是病原真菌与寄主间的军备竞赛式（arms race）的进化选择：抗性寄主携带抗性基因可抑制病原菌的感染与致病，在这些选择压力下，病原菌中致病相关基因发生突变，形成能够克服寄主抗性的突变株，从而可以突破寄主抗性而导致寄主种群下降。在这些选择压力下，寄主抗性基因发生突变，从而形成新的具有新型抗病性的品系，如此循环而导致物种的进化、演化，或新物种的分化形成（Moller and Stukenbrock，2017）。所以，病原真菌致病相关基因及位点容易受正选择（positive selection），从而导致更高的突变频率。如上所述，植物病原真菌编码的效应子基因及其所在区间更易发生基因突变，从而促进物种进化。

对于适应极端环境条件的真菌物种来说，如耐热、耐盐或抗辐射等真菌，相关功能基因也是受正选择而突变适应的结果。嗜热毁丝菌（*Myceliophthora thermophila*）与太瑞斯梭孢壳霉（*Thielavia terrestris*）属于耐高温真菌，能够在 70～80℃的高温环境下保持稳定生长，具有重要的工业价值。针对这两种真菌的比较基因组分析显示，编码基因密码子的第3位 GC 含量显著高于其他真菌，推测与维持真菌基因组 DNA 在高温下的稳定性相关（Berka et al.，2011）。编码蛋白质序列分析发现，这两种嗜热真菌不含有在嗜热细菌蛋白中广泛存在的 IVYWREL 基序，表明真核生物与原核生物的耐高温适应性进化机制不同（Berka et al.，2011）。实验进化研究表明，真菌的适应性进化速率一般比较快速（de Crecy et al.，2009）。

（二）真菌生殖方式对基因组进化的影响

真菌生殖方式是影响基因组结构与进化的首要因素。如前所述，有性生殖是促进物种染色体倍性变化的重要驱动力，大部分真菌具有同动物和植物类似的有性生殖方式，但与大量动植物不同的是，多数真菌种类不具有典型的、常发的、严格专性的有性生殖阶段，相反多以无性克隆方式进行生长繁殖，从而较少发生遗传重组及基因组结构的变化（Ni et al.，2011；Taylor et al.，2015；Sun et al.，2017a）。由于有性生殖在真核生物中的普遍性，有性生殖在进化中被认为仅发生了一次，即真核生物分化之后形成了有性生殖（Ni et al.，2011）。就不同真菌来说，仍存在有性或无性繁殖发生先后的争论。对某一类群来说，是否仅有一种生殖方式也存在争论，甚至存在生殖方式与进化适应优劣性的争论（Whittle et al.，2011）。无论是子囊菌类的二极性（biopolar）或是担子菌类的四极性（tetrapolar）有性生殖方式，决定真菌有性生殖类型的交配型位点，或称为微小性染色体（mini sexual chromosome），在分布上存在两种不同的特征，即互补交配型位点既可同时分布在同一单倍体基因组中，也可分布在不同单倍体的基因组上，从而表现为同宗配合（homothallic）和异宗配合（heterothallic）的不同有性生殖形式（Ni et al.，2011）。显而易见的是，有性生殖方式的不同同样影响真菌基因组进化与结构。

由于缺少可见的或可人工诱导的有性生殖阶段，多数子囊菌曾一度被称为"半知菌"（Deuteromycetes）。目前的分类上，这部分真菌已经全部整合为子囊菌，因这些真菌的交配型位点及结构表现为同样的相似性。没有发现一些子囊菌的有性阶段不代表这些真菌完全不能进行有性生殖，只是因为特殊诱导条件难以发现或模拟。例如，不同于能够简单诱导进行有性生殖的构巢曲霉（*Aspergillus nidulans*），烟曲霉（*A. fumigatus*）一度被认为不能进行有性生殖，但后来发现在特殊逆境条件下，烟曲霉可以进行有性生殖（O'Gorman et al.，2009）。但就不同分类支系（lineage）来说，有性生殖发生的方式或先后也存在不同。例如，针对曲霉属真菌的基因组及生物学分析证明，构巢曲霉为同宗配合真菌，而烟曲霉等其他曲霉菌为异宗配合真菌（Galagan et al.，2005b）。基于有性生殖"祖先性"的假说，对于不同支系的真菌来说，一般认为处于进化基部（basal）的真菌多进行有性生殖，随着物种的分化，再分别以无性繁殖或准性生殖（parasexuality）为主。以脉胞菌属（*Neurospora*）真菌为对象的研究表明，有性生殖、克隆式的无性繁殖，以及准性生殖等均可发生于该类真菌（Taylor et al.，1999）。这一观点逐步在其他真菌中达到认可，由于环境不同，同一类型甚至同一种真菌可采取不同生殖方式，从而不同程度地影响真菌基因组进化及环境适应性。

（三）重复引起的点突变

以模式真菌粗糙脉胞菌为对象的研究发现一个重要的生物学现象，即基因重复引起的点突变（repeat-induced point mutation，RIP）（Selker et al.，1987）。RIP 发生在减数分裂的单倍体阶段，作用于长度至少为 400bp 且相似性大于 80% 的 DNA 序列，通过甲基化修饰，促进发生碱基位点 C:G 到 T:A 的颠换，这种突变容易导致终止密码子的出现，从而避免基因复制。因 RIP 只在有性生殖阶段发挥作用，通过分析 RIP 指数可以推测真菌是否具有或保持着有性生殖的能力（Baer et al.，2007）。RIP 机制在抵抗 TE 扩张、基因复制，以及保证基因组稳定性方面发挥着重要的作用。但其代价是阻止物种进化，因为基因复制也是物种获得新功能的手段之一（Raffaele and Kamoun，2012）。对粗糙脉胞菌基因组的分析显示，只有少量的高度相似的序列或基因，这表明 RIP 机制阻止了粗糙脉胞菌的基因扩张及基因组进化（Galagan et al.，2003）。

借助不断解析的大量真菌基因组信息，分析发现 RIP 现象存在于不同真菌中，如植物病原真菌禾谷镰刀菌（*F. grammminearum*）（Cuomo et al.，2007）、昆虫病原真菌蛹虫草菌（*Cordyceps militaris*）（Zheng et al.，2011）。与此相对应的是，这类真菌容易进行有性生殖，基因组及蛋白质家族不具有明显的扩张现象。相反地，广义虫草类的冬虫夏草菌虽然在野外也容易进行有性生殖，但基因组不存在 RIP 机制，从而导致其基因组存在大量的 TE，基因组显著扩张、结构基因数量相对近缘种显著减少，存在大量的假基因（Hu et al.，2013）。分析认为，这是物种进化适应的结果，推测由于该菌与寄主蝙蝠蛾幼虫具有长期（2～3年）的共生时间，与致病毒力相关基因的失活便于维持这种关系。针对寄主范围不同的绿僵菌进行分析，表明不同于广谱寄生的金龟子绿僵菌（*M. anisopliae*）或罗伯茨绿僵菌（*M. robertsii*），处于进化关系基部的专性寄生菌，如蝗绿僵菌（*M. acridum*）和白色绿僵菌（*M. album*）基因组具有维持 RIP 机制的特征，编码基因数量较少，推测这类绿僵菌具有维持有性生殖的潜力。RIP 机制是目前仅在真菌中发现的基因组防御策略。

（四）转座子活性

与其他物种类似，真菌基因组中 TE 数量的多少与活跃性可引进染色体重排、缺失、复制及序列多样性等。如上所述，部分真菌基因组的显著扩张均为 TE 扩张引起的。TE 可分为两种类型：Ⅰ型（Class Ⅰ）转座子，又称逆转座子（retrotransposon），这类 TE 可被转录为 RNA，RNA 再反转录为 DNA 而插入基因组中，表现为复制-粘贴模式（copy and paste）；Ⅱ型（Class Ⅱ）转座子，又称 DNA 型转座子，其编码的转座酶可将 TE 切割后再转移到基因组的其他位置，即表现切割-粘贴模式（cut and paste）。不同真菌基因组编码数量不等的Ⅰ型及Ⅱ型转座子，尤其是Ⅰ型转座子的大量存在，是导致部分真菌基因组大小显著扩张的主要因素，如冬虫夏草菌（Hu et al., 2013；Xia et al., 2017a）、白粉病菌（Spanu et al., 2010；Menardo et al., 2016）、小麦秆锈病（Duplessis et al., 2011）及黑松露（Martin et al., 2010）等。这些菌的基因组大小一般均达到100Mb以上，由于大量转座子的存在，Ⅰ型和Ⅱ型转座子在复制及转座过程中，均可以导致基因组和结构基因的突变。同近缘物种相比，虽然冬虫夏草菌的基因组显著扩张，但由于不同转座子在生长发育过程中处于活跃状态，导致大量假基因（pseudogene）的产生，结构基因数量反而显著少于其他真菌（Hu et al., 2013；张四维等，2018）。因而，同其他物种类似，真菌基因组中TE的数量及其活跃程度是影响真菌基因组稳定性及多样性的重要驱动因子。

同其他形式的基因突变具有多效性类似，转座子引起的基因失活、染色体结构变化等效应既可以是中性的、负面的，也可以是良性的，以便于提高真菌的环境适应性。转座子的生物学重要性包括促进新基因的形成、基因拷贝数的变化及效应子（effector）基因的多样性等（Stukenbrock and Croll, 2014）。由于基因组的防御性，TE的插入位点不是随机的，大多不会插入、突变看家基因（housekeeping gene）。以酿酒酵母为对象的分析发现，活跃逆转座子常在基因间区插入，因而不会引起"毒害效应"（deleterious effect）（Blanc and Adams, 2004）。防御TE转座及多倍化（multiplication）的策略还包括如上所述的RIP机制，重复序列中胞嘧啶甲基化修饰可以沉默TE的转录或促进转录延伸，以及抑制同源重组等（Bender, 1998）。除了DNA甲基化及RIP，真菌中的RNA干扰（RNA interference，RNAi）机制不仅可以防御RNA类真菌病毒的感染，也可以直接降解TE转录本而阻止Ⅰ型TE的扩张及插入（Obbard et al., 2009）。另外，RNAi可促进异染色质（heterochromatin）的形成，也从而可以抑制TE的转录（Stukenbrock and Croll, 2014）。

（五）水平基因转移

虽然仍缺少直接的分子证据，基于基因序列同源性及密码子偏好性等指标的分析表明，不同物种之间，甚至跨界物种间存在频繁的水平基因转移现象（horizontal gene transfer，HGT）。大量真菌基因组测序的完成，进一步地促进分析发现了由原核生物到真菌，以及由寄主到真菌的涉及不同功能基因的HGT事件，这是真菌新基因起源的重要因素之一（Mehrabi et al., 2011；Gardiner et al., 2012）。例如，小麦黄斑叶枯病菌（*Pyrenophora tritici-repentis*）会使小麦产生褐色斑病，在1941年之前未对小麦的生产造成严重的灾害，但之后这种致病菌成为美国乃至全世界小麦最严重的植物致病菌。研究发现，寄主选择性的次级代谢毒素 *ToxA* 基因从小麦叶斑病真菌（*Stagonospora nodorum*）经基因水平转移的方式转移到小麦黄斑叶枯病菌中，使后者获得新的致病毒力，从而造成严重的小麦病害，并且推测这一HGT事件发生的时间仅在1941年之后（Ciuffetti et al., 1997；Friesen et al., 2006）。次级代谢基因簇的HGT还存在于大量真菌之间，如发现蛹虫草合成虫草素（cordycepin）的基因簇通过HGT由构巢曲霉（*Aspergillus nidulans*）获得（Xia et al., 2017b）。球孢白僵菌合成的环肽类的白僵菌内酯（beauveriolide）也推测由HGT从曲霉菌中获得（Yin et al., 2020）。进化基因组分析表明，寄主范围不同的昆虫病原真菌绿僵菌由专性菌经中间过渡物种向广谱方向进化，这一过程伴随着大量的基因扩增以适应更多的昆虫寄主（Hu et al., 2014）。其中，水平基因转移是广谱菌寄主适应性扩张的重要策略之一（Zhang et al., 2019a）。广谱杀虫的金龟子绿僵菌（*Metarhizium anisopliae*）和罗伯茨绿僵菌（*M. robertsii*）等通过HGT获得破坏素（destruxin）合成基因簇（Wang et al., 2012），以及绿僵菌由昆虫寄主获得的、具有甾醇结合能力的蛋白质基因，可以保障绿僵菌在昆虫体内大量繁殖时维持细胞膜的完整性（Zhao et al.，2014）。所以，HGT 事件是真菌进化获得新基因，以及新的生物学功能的重要保障。

（六）染色体核型变化

真菌具有的另一个典型特征是核型（karyotype）多样化，主要由染色体内或染色体间存在插入、删除、复制及易位（translocation）等引起，可促进物种适应性进化，包括新种的形成（Stukenbrock and Croll，2014）。大量真菌基因组测序完成后，染色体结构的共线性（synteny）分析表明，不同近缘种甚至同种不同菌株之间均可存在程度不等的染色体片段易位、颠换（inversion）、缺失等变化类型（Hane et al.，2011）。另外还发现存在一种 meso-synteny 的变异类型，即某一保守区段内，两物种间的同源基因是同样存在的，但基因顺序（order）及方向（orientation）不同，这一现象广泛存在于不同真菌的保守次级代谢基因簇中。导致这一现象的原因推测是真菌减数分裂过程中染色体发生颠换（Hane et al.，2011）。

导致真菌染色体核型变化的典型现象是可丢失染色体的存在，目前主要在子囊菌中发现这种现象，即除了在不同子囊菌中均存在的染色体（核心染色体）外，还有一些染色体可存在或不存在于某一近缘物种或同种不同菌株的基因组中，即可丢失染色体，从而导致染色体条数的变化（Stukenbrock and Croll，2014）。例如，引起植物颈腐病的赤球丛赤壳（*Nectria haematococca*，无性型为 *Fusarium solani*）的基因组中，至少存在 3 条可丢失染色体（Coleman et al.，2009），而小麦地壳针孢叶枯菌（*Mycosphaerella graminicola*，现为 *Zymoseptoria tritici*）基因组包含 8 条可丢失染色体（Goodwin et al.，2011；Croll et al.，2013）。链格孢（*Alternaria alternata*）不同菌株具有植物致病与非致病两种类型，前者与后者相比，在染色体水平上多了一些小的额外染色体，这些染色体上分布着与致病相关的毒素基因（Mehrabi et al.，2011）。镰刀菌属（*Fusarium* spp.）包括 20 多种真菌，有腐生菌、机会性植物致病菌与致病菌。比较尖孢镰刀菌（*F. oxysporum* f. sp. *lycopersici*）、禾谷镰孢菌（*F. graminearum*）、轮枝状镰刀菌（*F. verticillioides*）及腐皮镰刀菌（*F. solani*）基因组的结果表明，除了核心染色体之外，尖孢镰刀菌还存在 4 个支系特异（lineage-specific，LS）的染色体，这些染色体富含转座子，并且存在大量与信号转导、效应蛋白及致病毒力相关的基因（Ma et al.，2010）。进一步分析显示，LS 染色体编码的基因与核心染色体编码的基因在 GC 含量与密码子偏好性上均存在差异，暗示这些 LS 染色体有着不同的进化起源，通过染色体转移而获得。混合培养尖孢镰刀菌致病菌株与非致病菌株能够使后者获得致病性（Ma et al.，2010）。这种现象有时也称为染色体水平的 HGT 事件，相对单基因或基因簇水平转移来说，染色体水平转移事件会导致受体菌获得更多的基因，感染致病等生物学性状也会发生显著的改变。

如上所述，真菌生殖方式当然也是影响染色体核型的重要因素，有意思的是，基于酵母菌亚门（Saccharomycotina）和曲霉菌的分析发现，无性繁殖及同宗配合生殖的真菌倾向于发生更高水平的染色体序列重排（Whittle et al.，2011）。虽然频繁进行有性生殖更容易同质化染色体长度，但频繁进行有性生殖的小麦地壳针孢叶枯菌和赤球丛赤壳却能表现出高度变异的核型，如上所述，主要是由于存在可丢失染色体（Stukenbrock and Croll，2014）。以不同动物及植物病原真菌为对象的分析结果对真菌染色体结构重排的生物学意义提出了质疑：染色体重排导致的毒害效应如何能够被稀有发生的、有利的染色体重排所平衡？以小麦地壳针孢叶枯菌为对象的种群分析表明，可丢失染色体由古老的核心染色体通过断裂-融合（breakage-fusion）的方式进化而来，可丢失染色体的快速进化在促进真菌适应进化过程中发挥着重要的作用（Croll et al.，2013）。

四、结语

真菌种类多、分布广，通过比较及进化基因组学研究，可以帮助人们更好地从系统生物学水平上了解真菌乃至其他真核生物的进化、演化过程。不同于其他真核生物，真菌基因组具有高度的可塑性，从基因水平的点突变、表观遗传突变、基因水平转移、基因簇水平的结构变化，到染色体水平的获得与丢失等现象均可发生，这些综合因素成为真菌适应性进化及物种分化的联合动力，从而促进真菌更好地适应多样化的寄主等环境条件。与人们对真菌种类的认识仍不充分相对应，真菌基因组进化的研究仍缺少较多的物种单元，尤其是极端环境条件下，如极地、岩石、高盐、高温、高紫外或高辐射等条件下生长繁殖的真菌，这些真菌基因组如何进化演化仍不清楚，因而需要不断地深入研究。

（王成树）

第六节　真菌线粒体基因组进化

线粒体（mitochondrion）是真核生物的一种半自主性细胞器，主要功能是合成 ATP，为细胞提供能量，同时也参与许多其他生理功能，如细胞凋亡、老化、离子平衡的维持等（McBride et al.，2006）。线粒体功能障碍（dysfunction）和氧化应激在衰老、癌症、年龄相关的神经退行性病变（如阿尔茨海默病、帕金森病）和代谢综合征中起主要作用（Bhatti et al.，2017）。线粒体还是一种高度动态变化的细胞器，在细胞内不断融合与分裂（fusion-fission），形成紧密连接的线粒体网络，维持其动态平衡，同时进行物质和信号交换，以维系线粒体群的均质性和正常功能（Calderone et al.，2015）。除此之外，线粒体也与细胞核和其他细胞器紧密联系，共同参与一些细胞生理和代谢的调节。在真核细胞的众多细胞器中，通过研究线粒体获得的诺贝尔奖是最多的（Xu and Li，2015）。

线粒体被普遍认为起源于寄生于真核生物共同祖先细胞内的远古细菌，很可能是某种α-变形菌。与自由生活的 α-变形菌相比，线粒体基因组只编码少数功能基因，而多数功能基因可能转移到了细胞核基因组，或被其他具有类似功能的核基因代替（Adams and Palmer，2003）。单亲遗传的线粒体基因组的遗传方式与细胞核基因组不同，不受减数分裂时核染色体重组的影响（Bullerwell，2012；Xu and Wang，2015）。线粒体基因组虽然明显小于细胞核基因组，但具有较高的拷贝数，因而是细胞总 DNA 的重要组成部分。线粒体 DNA 通常具有较高的 AT 含量（可达 70%~80%）、序列变异相对较快、具有保守的基因功能。线粒体基因组记载着生物从单细胞到多细胞、从低等到高等进化过程中丰富的历史信息，是研究物种起源与进化的重要材料。

真菌是自然生态系统中的重要生命组分，是多样性最为丰富的生物类群之一，本节将主要介绍以下几个问题：①完成线粒体基因组测序的真菌；②真菌线粒体基因组的基因组成；③真菌种间比较线粒体基因组学；④真菌种内比较线粒体基因组学；⑤真菌线粒体遗传；⑥真菌线粒体与细胞核 DNA 进化关系的比较。如本书第三章所述，本节内容聚焦在真菌界的生物，不涉及黏菌、卵菌等现已被划到其他界的生物。

一、真菌线粒体概述

真菌包含单细胞的酵母菌、菌丝状的霉菌和产大型子实体的覃菌（蘑菇）。全球真菌估计种数为 220 万～380 万种（Hawksworth and Lücking，2017），已被描述的约有 14.4 万种（Cannon et al.，2018）。在如此多的真菌中，除极少数种类外，几乎所有的真菌在其细胞内都含有线粒体。有些真菌还是研究真核生物线粒体的模式系统。例如，1964 年 Luck 和 Reich 在粗糙脉胞霉（*Neurospora crassa*）中发现线粒体 DNA 与细胞核 DNA 在超速离心中具有不同的浮力密度，提示它们具有不同的碱基组成。酿酒酵母（*Saccharomyces cerevisiae*）是研究线粒体基因表达过程中，线粒体与细胞核蛋白互作的常用模型生物（Grivell，1995）。真菌线粒体还与一些生物学现象直接相关。例如，在植物病原真菌［如栗疫病菌（*Cryphonectria parasitica*）］中，由于线粒体 DNA 突变导致的呼吸缺陷可能是产生低毒菌株的原因，而低毒菌株可作为对抗高毒菌株的一种生防策略（Bertrand，2000）。线粒体 DNA 还是某些杀菌剂的作用靶标（如 *cob* 基因是 QoⅠ类杀菌剂的作用靶点），这些靶位点的基因突变与抗药性的产生直接相关（Grasso et al.，2006）。线粒体形态还与人体病原真菌，如白念珠菌（*Candida albicans*）、新生隐球菌（*Cryptococcus neoformans*）和烟曲霉（*Aspergillus fumigatus*）等的致病性有关（Chang and Doering，2018）。

线粒体中存在 DNA 是由 Nass 和 Nass（1963）在鸡胚中首次发现的。该发现极大地促进了对线粒体起源、功能及生物合成的研究。近年来，越来越多的证据显示，利用线粒体 DNA 能够对真核生物进行物种鉴定，并开展进化相关的研究。例如，在动物物种鉴定中，*COI* 基因（真菌中通常称作 *cox1* 基因）已被国际生命条形码联盟确定为标准的条形码基因（Hebert et al.，2003）。线粒体序列也被广泛应用于人类群体起源和演化的研究（Nagle et al.，2017）。在真菌中，*cox1* 基因由于常含有很长的内含子序列，因此未被选作真菌物种鉴定的标准条形码（Xu，2016）。尽管如此，线粒体 DNA 已经显示出其在真菌系统发生和亲缘关系分析中的重要性。例如，利用线粒体 DNA，确认了马杜拉足肿菌（*Madurella mycetomatis*）隶属粪壳菌目（Sordariales）（van de Sande，2012），散囊菌纲（Eurotiomycetes）的单系起源（Eldarov et al.，2012）。许多研究显示，线粒体基因可反映与核基因基本一致的谱系关系，特别是在处理近缘物种的系统发育关系方面具有优势（Liang et al.，2017）。

二、已知线粒体基因组的真菌

公共数据库中记录最早的真菌线粒体基因组是粟酒裂殖酵母（*Schizosaccharomyces pombe*），于 1990 年提交。但在 2000 年前后各 10 年之内，真菌线粒体基因组数量只是缓慢地增加，年均发表的真菌线粒体基因组不足 10 个。到 2010 年时，已知线粒体基因组的真菌总数只有 75 种（图 5-15A）。随着新一代 DNA 测序技术的发展和测序成本的降低，真菌线粒体基因组的报道速度也在加快。2013 年至今，平均每年新报道 36 种真菌的线粒体基因组。截至 2019 年 6 月底，NCBI 细胞器基因组数据库已收录 334 种真菌的线粒体基因组，其中子囊菌最多（244 种，占比 73.1%），其次为担子菌（66 种，19.8%）（图 5-15B）。

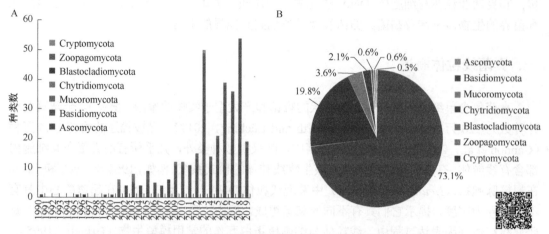

图 5-15　已知线粒体基因组的真菌种类数（A）及各类群真菌的比例（B）　　彩图

尽管近年来新报道的真菌线粒体基因组明显增多，但是仍有许多真菌类群尚无线粒体基因组数据（表 5-1）。例如，在子囊菌的 19 纲中，有 8 纲缺乏线粒体基因组数据；在担子菌的 18 纲中，有 12 纲缺乏线粒体基因组数据。对于绝大多数真菌类群，已知线粒体基因组的物种数量尚不及已知核基因组的物种数量。如果与各类群已知的真菌物种总数相比，已知线粒体基因组的真菌数量只能算是凤毛麟角。当然，两类生活在厌氧环境中的真菌（Neocallimastigales 和 Microsporidia）在进化过程中，可能永久地失去了线粒体和线粒体DNA（Bullerwell and Lang，2005）。

表 5-1　各类群真菌已知线粒体基因组的物种数及所占比例

门或亚门	纲	线粒体基因组	细胞核基因组	已知物种总数	百分比/%
Microsporidia	—	0	8	1 250	0
Cryptomycota	—	1	2	30	3.33
Blastocladiomycota	Blastocladiomycetes	2	4	220	0.91
Chytridiomycota	—	7	28	980	0.71
	Chytridiomycetes	3	20	—	
	Monoblepharidomycetes	4	2	—	
	Neocallimastigomycetes	0	6	—	
Mucoromycota	—	12	73	760	1.58
Glomeromycotina	Glomeromycetes	6	10	—	
Mortierellomycotina	Moretierellomycetes	1	7	—	
Mucoromycotina	—	5	56	—	
Zoopagomycota	—	2	21	900	0.22
Zoopagomycotina	—	0	5	—	
Kickxellomycotina	—	1	12	—	
Entomophthoromycotina	—	1	4	—	
	Basidiobolomycetes	0	—	—	

门或亚门	纲	线粒体基因组	细胞核基因组	已知物种总数	百分比/%
Entomophthoromycotina	Neozygitomycetes	0	—	—	—
	Entomophthoromycetes	1	—	—	—
Ascomycota	—	244	738	90 000	0.27
Pezizomycotina	—	141	648	—	—
	Arthoniomycetes	1	—	—	—
	Coniocybomycetes	0	—	—	—
	Dothideomycetes	8	144	—	—
	Eurotiomycetes	22	193	—	—
	Geoglossomycetes	0	—	—	—
	Laboulbeniomycetes	0	—	—	—
	Lecanoromycetes	30	8	—	—
	Leotiomycetes	11	42	—	—
	Lichinomycetes	0	—	—	—
	Orbiliomycetes	5	2	—	—
	Pezizomycetes	1	28	—	—
	Sordariomycetes	63	227	—	—
	Xylonomycetes	0	3	—	—
Saccharomycotina	Saccharomycetes	96	78	—	—
Taphrinomycotina	—	7	11	—	—
	Archaeorhizomycetes	0	—	—	—
	Neolectomycetes	0	—	—	—
	Pneumocystidomycetes	3	—	—	—
	Schizosaccharomycetes	4	—	—	—
	Taphrinomycetes	0	—	—	—
Basidiomycota	—	66	448	50 000	0.13
Agaricomycotina	—	56	371	—	—
	Agaricomycetes	51	345	—	—
	Dacrymycetes	0	6	—	—
	Tremellomycetes	5	20	—	—
	Wallemiomycetes	0	2	—	—
Pucciniomycotina	—	6	47	—	—
	Agaricostilbomycetes	0	—	—	—
	Atractiellomycetes	0	—	—	—
	Classiculomycetes	0	—	—	—
	Cryptomycocolacomycetes	0	—	—	—
	Cystobasidiomycetes	0	—	—	—
	Microbotryomycetes	3	—	—	—
	Mixiomycetes	0	—	—	—
	Pucciniomycetes	3	—	—	—

续表

门或亚门	纲	线粒体基因组	细胞核基因组	已知物种总数	百分比/%
Pucciniomycotina	Tritirachiomycetes	0	—	—	—
Ustilaginomycotina	—	4	27	—	—
	Exobasidiomycetes	3	—	—	—
	Malasseziomycetes	1	—	—	—
	Moniliellomycetes	0	—	—	—
	Ustilaginomycetes	0	—	—	—
分类地位不确定	Entorrhizomycetes	0	—	—	—
总计		334	约 1 320	144 140	—

注：本表采用 Spatafora 等（2017）的分类体系，将真菌分成 8 门 12 亚门 46 纲。线粒体基因组数参照 NCBI 细胞器基因组数据库（https://www.ncbi.nlm.nih.gov/genomes/GenomesGroup.cgi?taxid=4751&opt=organelle）。细胞核基因组数据参照 MycoCosm（https://genome.jgi.doe.gov/mycocosm/home）。已知物种总数参照《2018 世界真菌现状报告》（Cannon et al.，2018）。百分比指对应类群已知线粒体基因组数占已知物种总数的比例。本表所有统计数据截至 2019 年 6 月 24 日

三、真菌线粒体基因组的基因组成

尽管已知线粒体基因组的真菌数量不是很多，但这些真菌线粒体基因组的大小变化非常大，较小的如 *Rozella allomycis* 只有 12.1kb（James et al.，2013），较大的如 *Rhizoctonia solani* 达到 235.8kb（Losada et al.，2014），相差近 20 倍。近几年，真菌最大线粒体基因组的记录屡屡被刷新。例如，2013 年时双孢蘑菇（*Agaricus bisporus*）的线粒体基因组（135kb）是当时已知最大的（Férandon et al.，2013）。到 2020 年时，已有约 30 种真菌的线粒体基因组超过 135kb。2020 年报道的梯棱羊肚菌（*Morchella importuna*）和粗柄羊肚菌（*Morchella crassipes*）的线粒体基因组分别高达 272.2kb（Liu et al.，2020b）和 531.2kb（Liu et al.，2020a）。

不同真菌线粒体基因组的基因含量变化很大，较大的线粒体基因组往往具有较高的基因含量。尽管如此，真菌线粒体基因组中编码数量有限的基因，包括 15 种蛋白编码基因、2 种核糖体 RNA（rRNA）基因、数目不定的 tRNA 基因和 *rnpB*（表 5-2）。然而，即便是这些常见基因，也不一定总是出现在每种真菌的线粒体基因组中（表 5-3）。例如，*Podospora anserina*、*Pseudogymnoascus pannorum* 线粒体基因组中缺少 *atp9* 基因，该基因转移到了核基因组中（Ridder et al.，1991；Zhang et al.，2016b）。外囊菌亚门（Taphrinomycotina）（如 *Schizosaccharomyces* spp.）和酵母亚门（Saccharomycotina）（如 *Saccharomyces* spp.）的部分真菌，以及 *Rozella allomycis* 在其线粒体基因组中缺失了编码 NADH 脱氢酶（呼吸链复合体 Ⅰ）的基因。最近的一项研究对 246 种真菌的 303 个菌株的完整线粒体基因组进行分析，发现约 76% 的线粒体基因组（231/303 个菌株，或 187/246 个物种）含有编码核糖体蛋白 Rps3 的基因（Korovesi et al.，2018）。*rps3* 基因可以独立基因形式存在，或作为 *rnl* 内含子编码的基因存在（Korovesi et al.，2018；Wai et al.，2019）。在目前已知的真菌线粒体基因组中，都存在 *rnl* 和 *rns* 这两种 rRNA 基因。真菌线粒体基因组通常含 24 或 25 个 tRNA 基因，可转运所有 20 种氨基酸，但有些真菌可能缺失编码部分氨基酸的 tRNA 基因，如 *Hyaloraphidium curvatum* 和 *Spizellomyces punctatus* 分别只含 7 个和 8 个 tRNA 基因（Forget et al.，2002）。*rnpB* 基因目前只发现于部分子囊菌和接合菌中，而且呈零散分布状态，尚未见于担子菌和壶菌中（Zhang et al.，2019b）。上述这些常见基因的排列顺序在不同真菌

之间（尤其是担子菌）也会有很大变化。真菌线粒体基因的排列顺序受到重组（很可能是基因组内发生的非同源重组）、重复序列（尤其在基因间区）、可移动因子（包括内含子及其编码的蛋白）等的综合影响（Aguileta et al.，2014）。

表 5-2　真菌线粒体 DNA 中常见的基因及其功能

功能	基因名称
耦合电子传递-氧化磷酸化（ATP 合成）	
复合体Ⅰ（NADH-Q 还原酶）	*nad1*，*nad2*，*nad 3*，*nad4*，*nad4L*，*nad 5*，*nad6*
复合体Ⅲ（细胞色素还原酶）	*cob*
复合体Ⅲ（细胞色素氧化酶）	*cox1*，*cox2*，*cox3*
复合体Ⅴ（F_1F_0 ATP 合酶）	*atp6*，*atp8*，*atp9*
翻译	
核糖体 RNA	*rnl*（LSU），　*rns*（SSU）
核糖体蛋白	*rps3*
转运 RNA	*trnA*，*trnC*，…，*trnW*，*trnY*
RNA 加工	
RNase P RNA	*rnpB*

表 5-3　部分真菌线粒体基因组中含有的蛋白质编码基因

真菌类别	atp6	atp8	atp9	cob	cox1	cox2	cox3	nad1	nad2	nad3	nad4	nad4L	nad5	nad6	rps3	Code
Cryptomycota																
Rozella allomycis	●	—	●	●	●	●	●	—	—	—	—	—	—	—	—	4
Mucoromycota																
Rhizopus oryzae	●	●	●	●	●	●	●	●	●	●	●	●	●	●	—	1
Zoopagomycota																
Conidiobolus heterosporus	●	●	●	●	●	●	●	●	●	●	●	●	●	●	●	4
Blastocladiomycota																
Allomyces macro Ggynus	●	●	●	●	●	●	●	●	●	●	●	●	●	●	●	4
Chytridiomycota																
Hyaloraphidium curvatum	●	●	●	●	●	●	●	●	●	●	●	●	●	●	—	4
Spizellomyces punctatus	●	●	●	●	●	●	●	●	●	●	●	●	●	●	—	16
Ascomycota																
Candida albicans	●	●	●	●	●	●	●	●	●	●	●	●	●	●	—	4
Pseudogymnoascus pannorum	●	●	—	●	●	●	●	●	●	●	●	●	●	●	●	4
Isaria cicadae	●	●	●	●	●	●	●	●	●	●	●	●	●	●	●	4
Neurospora crassa	●	●	●	●	●	●	●	●	●	●	●	●	●	●	●	4
Saccharomyces cerevisiae	●	●	●	●	●	●	●	—	—	—	—	—	—	—	●	3
Schizosaccharomyces pombe	●	●	●	●	●	●	●	●	●	●	●	●	●	●	—	4
Tolypocladium inflatum	●	●	●	●	●	●	●	●	●	●	●	●	●	●	●	4

续表

真菌类别	atp6	atp8	atp9	cob	cox1	cox2	cox3	nad1	nad2	nad3	nad4	nad4L	nad5	nad6	rps3	Code
Basidiomycota																
Cryptococcus neoformans	●	●	●	●	●	●	●	●	●	●	●	●	●	●	●	4
Puccinia striiformis	●	●	●	●	●	●	●	●	●	●	●	●	●	●	●	4
Tilletia indica	●	●	●	●	●	●	●	●	●	●	●	●	●	●	—	4
Tricholoma matsutake	●	●	●	●	●	●	●	●	●	●	●	●	●	●	●	4

注：●表示在对应真菌的线粒体基因组中存在相应的基因，—表示不存在相应的基因。Code 指使用的遗传密码表，参考 NCBI 数据

除上述常见基因外，在真菌线粒体基因组中还可能存在编码其他蛋白的基因，如归巢内切酶、N-乙酰转移酶、氨基转移酶、DNA 聚合酶、RNA 聚合酶、反转录酶和未知功能的 ORF。这些基因可能独立存在于基因间区或插入某个常见基因的内含子中（由内含子序列所编码）。当以内含子 ORF 形式存在时，N-乙酰转移酶常见于 *cob* 内含子中（Wai et al.，2019），氨基转移酶常见于 *cox1* 内含子中（Zhang et al.，2017a；Wai et al.，2019），归巢内切酶（含有 GIY-YIG 或 LAGLIDADG 结构域）常见于多个基因的 I 型内含子中，反转录酶常见于多个基因的 II 型内含子中。DNA 聚合酶和 RNA 聚合酶通常由整合进线粒体基因组的质粒序列所编码（Hausner，2003）。在基因间区和内含子中均可能存在一些未知功能的 ORF。

在部分真菌中存在基因片段化现象。例如，*Rozella allomycis*、*Gigaspora rosea*、*Gigaspora margarita* 的 *cox1* 基因被分成两段（两段外显子被多个其他常见基因所分隔）；*Gigaspora rosea*、*Gigaspora margarita*、*Hyaloraphidium curvatum* 等真菌的 *rns* 基因也被分成两段（Nie et al.，2019）。*Shiraia bambusicola* 的 *atp6* 基因有两段分别位于不同 DNA 链上且都是不完整的（Shen et al.，2015），但是它们能够共同组成一个完整的 *atp6* 基因，所以也应该属于基因片段化现象。在某些真菌中还存在基因双拷贝现象。通常，一个拷贝是完整的，另一个是不完整的（可能是截短的或与其他基因组成一个较长的 ORF）。属于这类情况的有 *Sclerotinia borealis* 中的 *atp6* 和 *atp9*（Mardanov et al.，2014）、*Botrytis cinerea* 中的 *atp6*（KC832409）、*Phialocephala subalpina* 中的 *atp9*（Duò et al.，2012）。

对于蛋白质编码基因翻译使用的遗传密码，绝大多数真菌使用遗传密码表 4，但少数真菌使用通用遗传密码（遗传密码表 1）或遗传密码表 16。酵母亚门的部分酵母菌使用遗传密码表 3。这些密码表的差异见表 5-4。子囊菌和担子菌作为真菌的两大主要类群，在线粒体基因方面的主要区别是子囊菌的线粒体基因通常仅由一条链编码，而担子菌的线粒体基因通常由两条链共同编码（Aguileta et al.，2014），这可能有重要意义。在甲壳动物中，当将一个基因从一条 DNA 链转移到另一条 DNA 链后，可导致其快速进化，这可能是因为两条链有不同的突变幅度（Xia，2012）。

表 5-4　真菌线粒体遗传密码与通用遗传密码的差异

密码子	通用遗传密码（遗传密码表 1）	真菌线粒体遗传密码		
		遗传密码表 4	遗传密码表 3	遗传密码表 16
UGA	终止	色氨酸（Trp）	色氨酸（Trp）	—
TAG	终止	—	—	亮氨酸（Leu）
AUA	异亮氨酸（Ile）	—	甲硫氨酸（Met）	—

密码子	通用密码 （遗传密码表 1）	真菌线粒体遗传密码		
		遗传密码表 4	遗传密码表 3	遗传密码表 16
CUU	亮氨酸（Leu）	—	苏氨酸（Thr）	—
CUC	亮氨酸（Leu）	—	苏氨酸（Thr）	—
CUA	亮氨酸（Leu）	—	苏氨酸（Thr）	—
CUG	亮氨酸（Leu）	—	苏氨酸（Thr）	—

注：真菌线粒体遗传密码中仅标注与通用密码的差异之处

四、真菌种间线粒体基因组的比较

（一）真菌线粒体结构与大小差异

不同真菌的线粒体基因组除在前面所述的大小、基因组成、基因排列顺序和遗传密码方面表现出差异外，还在分子结构、碱基组成、内含子、基因间区、质粒、重复序列等方面存在差异。实际上，由于真菌种类繁多，真菌线粒体基因组可在任何能够列举出的特征上表现出差异。这充分体现了真菌线粒体基因组组成结构的多样性。

就分子结构而言，虽然多数真菌的线粒体基因组被组装成一个环状分子，但也有报道部分真菌的线粒体 DNA 为线性，如 *Candida parapsilosis*（Nosek et al.，2004）、*Candida subhashii*（Fricova et al.，2010）、*Hanseniaspora uvarum*（Pramateftaki et al.，2006）和 *Hyaloraphidium curvatum*（Forget et al.，2002）。*Spizellomyces punctatus* 的线粒体基因组较为特殊，由 3 个环状分子组成，大小分别为 58.8kb、1.4kb 和 1.1kb（Paquin et al.，1997）。由于线粒体复制机制方面的直接实验证据非常少，真菌线粒体 DNA 的线性构象有可能比我们想象的更普遍，甚至可能有多种分子构象（环状或线性，多联体或单体）并存（Lang，2018）。就碱基组成而言，虽然多数真菌线粒体基因组具有较高的 AT 含量（通常为 70%~80%），但也有个别真菌线粒体 DNA 的 AT 含量与 GC 含量相当或比 GC 含量低，如 *Glomus cerebriforme* 的 AT 含量为 53.3%（Beaudet et al.，2013）、*Candida subhashii* 的 AT 含量为 47.3%（Fricova et al.，2010）、*Malassezia furfur* 的 AT 含量只占 32.0%（GenBank 登录号 CP046241）。

影响线粒体基因组大小的因素除前面介绍过的功能基因数目外，还包括内含子、基因间区、质粒、重复序列等。线粒体内含子根据分子结构和剪接机制的不同可划分为 I 型（group I）和 II 型（group II）两大类（Saldanha et al.，1993）。真菌线粒体基因组中最常见的是 I 型内含子，而 II 型内含子在植物线粒体基因组中比较常见。I 型内含子通常有编码 GIY-YIG 或 LAGLIDADG 归巢内切酶的 ORF，II 型内含子通常有编码反转录酶的 ORF。这些内含子编码的蛋白质与内含子本身的转移（从有内含子的位点到无内含子的同源位点）有关，也可能参与内含子的剪接过程（Hausner，2012）。内含子可见于真菌线粒体蛋白编码基因和 rRNA 基因中，但尚未在真菌 tRNA 基因中发现内含子。*cox1* 基因往往比其他基因更易插入内含子。正是由于内含子的存在，许多真菌的 *cox1* 基因很难扩增，不适宜作为真菌通用 DNA 条形码基因（Dentinger et al.，2011）。例如，冬虫夏草的线粒体基因组含有54 个内含子，其总长度达到 106.5kb，占该菌线粒体基因组全长（157.5kb）的 67.6%（Kang et al.，2017）；其中，*cox1* 基因含有的内含子最多，14 个内含子的插入使 *cox1* 基因的长度达到 31kb，这已经接近于蛹虫草线粒体基因组的大小（Zhang et al.，2017b）。双孢蘑菇

（*Agaricus bisporus*）的线粒体基因组含有 46 个内含子，其总长度达到 61.1kb，占该菌线粒体基因组全长（135kb）的 45.3%；其中，*cox1* 基因含有的内含子最多，共 19 个内含子，占 *cox1* 基因长度（29.9kb）的 94.7%（Férandon et al.，2013）。最近，在粗柄羊肚菌（*Morchella crassipes*）的 *cox1* 中还报道了 3 个超长的内含子（分别为 36.3kb、27.1kb 和 14.5kb）（Liu et al.，2020a）。当然，也有部分真菌缺失线粒体内含子。例如，*Candida subhashii* 可能由于其较高的 GC 含量（52.7%）消除了内含子插入的识别位点，从而阻止了内含子的插入（Fricova et al.，2010）。裂褶菌 *Schizophyllum commune* 在其线粒体基因组中也没有内含子（GenBank 登录号 NC_003049）。

不同真菌线粒体基因组中所含有的内含子数目及插入位置可表现出非常大的变化，即使在亲缘关系较近的物种间也是如此。例如，虫草科的不同物种含有 1~29 个内含子（表 5-5），线虫草科的不同物种含有 1~54 个内含子（表 5-6）。对于这两科的物种，内含子数目与线粒体基因组大小都呈正相关关系（相关系数均为 0.99）。对于线粒体 rRNA 中的内含子，目前已有规范的命名规则（Johansen and Haugen，2001）。对于蛋白质编码基因中的内含子，之前通常根据内含子在基因中插入的先后关系依次命名（如 *cox1-i1*、*cox1-i2*、*cox1-i3*）。但是，物种 A 中的 *cox1-i1* 与物种 B 中的 *cox1-i1* 可能不是同一个插入位点，这不利于不同线粒体基因组间的直接比较。为此，我们最近提出了一套规范的线粒体蛋白编码基因中内含子的命名规则（Zhang and Zhang，2019a）。该命名规则根据选定的参考线粒体基因组确定内含子的插入位点，可直观地进行不同线粒体基因组的比较，同时也能体现内含子类型和插入相位。

表 5-5 虫草科已知线粒体基因组的真菌

物种	登录号	菌株	大小/nt	内含子数	参考文献
Akanthomyces muscarius	NC_004514	C42	24 499	1	Kouvelis et al.，2004
Beauveria bassiana	NC_010652	Bb13	29 961	3	Xu et al.，2009
Beauveria brongniartii	NC_011194	IMBST 95031	33 926	6	Ghikas et al.，2010
Beauveria caledonica	NC_030636	fhr1	38 316	7	无
Beauveria malawiensis	NC_030635	k89	44 135	13	无
Beauveria pseudobassiana	NC_022708	C1010	28 006	2	Oh et al.，2014
Cordyceps militaris	NC_022834	EFCC-C2	33 277	8	Sung，2015
Cordyceps tenuipes	MH734936	TTZ2017-3	66 703	29	Zhang et al.，2019c
Isaria cicadae	NC_041489	CCAD02	56 581	25	Fan et al.，2019
Isaria farinosa	MK512381	ARSEF3	24 225	1	Zhang and Zhang，2019b
Lecanicillium saksenae	NC_028330	CGMCC5329	25 919	1	Xin et al.，2017
Parengyodontium album	NC_032302	ATCC 56482	28 081	4	Yuan et al.，2017

表 5-6 线虫草科已知线粒体基因组的真菌

物种	登录号	菌株	大小/nt	内含子数	参考文献
Ophiocordyceps sinensis	NC_034659	CCTCC AF 2017003	157 539	54	Kang et al.，2017
Tolypocladium inflatum	NC_036382	ARSEF 3280	25 328	1	Zhang et al.，2017d
Tolypocladium ophioglossoides	NC_031384	L2	35 159	7	Huang et al.，2017

续表

物种	登录号	菌株	大小/nt	内含子数	参考文献
Hirsutella minnesotensis	NC_027660	3608	52 245	13	Zhang et al.，2016c
Hirsutella rhossiliensis	NC_030164	USA-87-5	62 483	13	Wang et al.，2016
Hirsutella thompsonii	NC_040165	ARSEF9457	62 509	13	Wang et al.，2018b
Hirsutella vermicola	NC_036610	AS3.7877	53 793	7	Zhang et al.，2017c

基因间区通常指常见线粒体基因之间的 DNA 序列，其中可能含有编码蛋白的 ORF。对于不同的真菌，其基因间区序列的长度差异很大，占线粒体基因组总长的比例也很不一样。例如，*Tolypocladium ophioglossoides* 基因间区总长 5.5kb，占该菌线粒体基因组全长的15.7%；*Hirsutella rhossiliensis* 基因间区总长 21.1kb，占该菌线粒体基因组全长的 33.8%（Zhang et al.，2017c）。不同酵母菌中基因间区的比例可为 5.1%~76.5%（Pramateftaki et al.，2006）。

质粒（plasmid）是染色体外具有独立复制能力的环状或线性双链 DNA 分子（Griffiths，1995）。质粒最初发现于细菌中，随后在真核生物中也发现了类似的分子。在真菌中发现的质粒基本上都是存在于线粒体中（被称作线粒体质粒）。真菌线粒体质粒可以是环状或线性分子，但以线性较为常见。插入真菌线粒体基因组中的质粒通常含有编码 DNA 聚合酶和/或 RNA 聚合酶的 ORF，末端有反向重复序列（Meinhardt et al.，1990）。质粒的插入是产生线性线粒体 DNA 分子的原因之一，如 *Candida subhashii* 很可能就是由于质粒插入导致的线粒体 DNA 线性化，而且在线性分子两端还保留着反向重复序列，并共价接合着蛋白（该结构类似端粒）（Fricova et al.，2010）。质粒的插入也可能引起某些线粒体基因或 DNA片段的重复，如 *Agrocybe aegerita* 的 *nad4* 基因由于质粒的插入而出现了 2 个拷贝（Férandon et al.，2008），*Agaricus bisporus* 线粒体基因组（全长 135kb）中插入了 2 个不同的质粒（总长 6.7kb），并引起了 4559bp 长片段的反向重复（Férandon et al.，2013）。插入线粒体基因组的质粒序列趋向于发生退化，退化严重的质粒难以被注释出来。

真菌线粒体基因组中还存在一些重复序列。有些真菌含有较高比例的重复序列，能够解释其较大的线粒体基因组，如在 *Rhizoctonia solani*（线粒体基因组总长 235.8kb）中，重复序列约占线粒体基因组的 34%（Losada et al.，2014）。然而，有些真菌中重复序列的比例较低，如在 *Sclerotinia borealis*（线粒体基因组总长 203kb）中，重复序列只占 6.6%，显然不是该菌线粒体基因组扩张的主要原因（Mardanov et al.，2014）。

以上这些影响线粒体基因组大小的因素在不同的真菌类群中所起的作用可能不同。例如，Himmelstrand 等（2014）比较了 20 种担子菌的线粒体基因组，发现基因间区和内含子的长度对线粒体基因组大小的影响较大；伞菌纲的线粒体基因组显著大于其他担子菌（$P<0.001$），主要归因于内含子编码的归巢内切酶和质粒 DNA 的整合。

（二）真菌线粒体进化

利用线粒体序列进行的系统发育分析可以为解决分类学问题提供许多启示。下文仍以虫草科和线虫草科为例。基于线粒体常见基因的核苷酸序列构建的系统发育树显示，虫草科白僵菌属（*Beauveria*）的 5 个物种聚成单独的一支（图 5-16A）。这与最近基于细胞核多基因片段对虫草科分类系统进行的调整一致（Kepler et al.，2017），即将白僵菌属从虫草属

（*Cordyceps*）分离出来，并处理成虫草科应该被认可的一个属。在 *Cordyceps* 这一分支中，中药中常用的蝉花暂时仍使用 *Isaria cicadae* 的名称，但多项独立的证据支持将其归入虫草属，而 *Cordyceps cicadae* 与蝉花可能不是同一物种，因此蝉花的学名有待今后进行处理并组合进虫草属（Fan et al.，2019）。目前，已有人建议将棒束孢属（*Isaria*）处理成虫草属的异名，因为该属的模式种粉棒束孢（*Isaria farinosa*）聚在虫草属模式种所在的分支中（Kepler et al.，2017）。实际上，曾被鉴定为 *Isaria farinosa* 的菌株其实包括多个不同的物种。*Isaria farinosa* 模式菌株 CBS 111113 已被处理为 *Cordyceps farinosa*（Kepler et al.，2017），其他馆藏菌株如 CBS 541.81 已被处理为 *Akanthomyces farinosa*（Kepler et al.，2017），CBS 240.32 和 262.58 已被重新命名为 *Samsoniella alboaurantium*（Mongkolsamrit et al.，2018）。编者建树使用的 *Isaria farinosa* 菌株 ARSEF 3 的分类地位尚不能确定，其应该不属于 *Cordyceps*，而可能属于 *Akanthomyces* 或 *Samsoniella*，后者是从 *Akanthomyces* 中新分离出来的一个属（Mongkolsamrit et al.，2018）。类似地，目前蜡蚧菌属（*Lecanicillium*）已被处理成

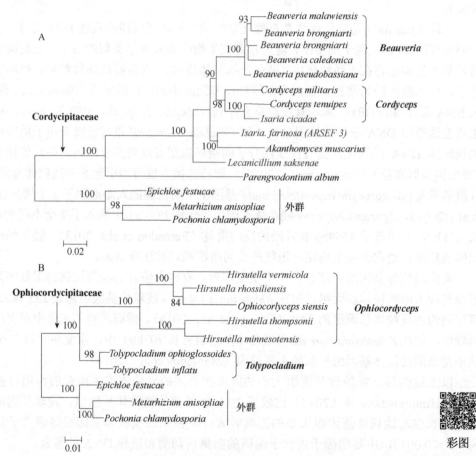

彩图

图 5-16　虫草科（A）和线虫草科（B）真菌基于线粒体序列的系统发育分析

虫草科的系统发育分析是基于 13 个常见蛋白（未包括 Nad5）的核苷酸序列，共 10 682 个核苷酸位点。线虫草科的系统发育分析是基于 13 个常见蛋白（未包括 Atp6）的氨基酸序列，共 3146 个氨基酸位点。两个科的系统发育分析均是使用 RAxML 软件构建的 ML（最大似然）树，图中仅显示节点支持度大于 70% 的支持度值。两个进化树均使用麦角菌科（Clavicipitaceae）的 3 个物种作为外群：*Epichloe festucae*（NC_032064）、*Metarhizium anisopliae*（NC_008068）和 *Pochonia chlamydosporia*（NC_022835）。虫草科和线虫草科物种的序列登录号和菌株号参见表 5-5 和表 5-6。红色显示的物种有待进行名称处理，或者其菌株需重新鉴定

Akanthomyces 的异名，因为该属的模式种 *Lecanicillium lecanii* 聚在 *Akanthomyces* 分支中（Kepler et al.，2017）。对于此处建树使用的 *Lecanicillium* 属的 2 个物种，*Lecanicillium muscarium* 已改名为 *Akanthomyces muscarius*，而 *Lecanicillium saksenae* 在现行分类系统中的地位尚无法确定（此前利用核基因开展的工作中未包括该物种），可能不属于 *Akanthomyces*（图 5-16A）。对于线虫草科已知线粒体基因组的 7 种真菌，基于线粒体常见蛋白氨基酸序列的系统发育分析发现，冬虫夏草与被毛孢属（*Hirsutella*）的 4 个物种聚在一起；弯颈霉属的 2 个物种聚在一起（图 5-16B）。该结果支持将 *Hirsutella* 处理为 *Ophiocordyceps* 异名的提议（Quandt et al.，2014），但 *Hirsutella* 的物种名称目前都还未被重新处理。

五、真菌种内线粒体基因组的比较

真菌线粒体基因组不但在物种间有差异，而且在物种内也有较大的变异。目前，研究人员已对部分真菌开展过种内比较线粒体基因组学分析（表 5-7）。这些研究使用的菌株数或多或少，但大都发现相同物种不同菌株的线粒体基因组存在大小差异，主要是由内含子数目的不同造成的，而在外显子序列上的变化较小（Xiao et al.，2017）。尤其在 *Annulohypoxylon stygium*、*Rhizophagus irregularis*、*Saccharomyces cerevisiae* 中，不同菌株的线粒体基因组大小变化都超过 15kb。该变化幅度已接近一些小型真菌线粒体基因组的大小。在开展过种内比较线粒体基因组学研究的真菌中，属于线虫草科的有 3 种（冬虫夏草、膨大弯颈霉和汤普森被毛孢），属于虫草科的也有 3 种（蛹虫草、蝉花和球孢白僵菌）。除膨大弯颈霉外，在其他 5 种真菌中都检测到了内含子数目的变化。具体来说，不同地域来源（捷克、奥地利、加拿大、尼泊尔和俄罗斯）的膨大弯颈霉菌株的线粒体基因组只相差 645bp，由 *trnW/trnP* 基因间区一段序列的有无引起内含子数目的变化（Zhang et al.，2017d）。其他 5 种虫草类真菌都因内含子的插入缺失多态性造成线粒体基因组大小的较大变化。例如，不同地域来源（四川、西藏、甘肃、云南、青海等地）的冬虫夏草菌株具有 54～59 个内含子，在线粒体基因组大小上出现 10kb 的变化幅度（侯俊秀，2016）。

表 5-7　开展过种内比较线粒体基因组学研究的真菌

物种	菌株数	线粒体基因组大小/bp	内含子数	参考文献
Annulohypoxylon stygium	6	131 996～147 325	45～49	Deng et al.，2018
***Beauveria bassiana*†**	6	28 816～32 315	2～5	张永杰等，2020
Candida albicans*	3	33 631～40 420	6	Bartelli et al.，2013
***Cordyceps militaris*†**	11	26 534～33 967	2～8	Zhang et al.，2017b
Eremothecium gossypii*	2	23 497～23 564	0	Xiao et al.，2017
Hirsutella thompsonii #	5	60 361～66 407	11～14	Wang et al.，2018b
***Isaria cicadae*†**	3	49 138～56 581	19～25	Fan et al.，2019
Kluyveromyces marxianus*	2	46 256～46 308	5	Xiao et al.，2017
Lachancea kluyveri*	5	50 137～53 726	6～9	Jung et al.，2012b
Lachancea thermotolerans*	9	21 893～25 121	2～4	Freel et al.，2014

续表

物种	菌株数	线粒体基因组大小/bp	内含子数	参考文献
Mycosphaerella graminicola	2	43 964	0	Torriani et al.，2008
*Naumovozyma castellii**（*）	5	25 683～27 282	3～4	Xiao et al.，2017
Neurospora crassa	19	N/A	10	McCluskey，2012
Neurospora crassa	4	64 687～64 850	10	Shuvo et al.，2017
Ophiocordyceps sinensis[#]	9	154 983～164 946	54～59	侯俊秀，2016
Podospora anserina	2	94 192～100 314	33～36	Cummings et al.，1990
Rhizophagus irregularis	5	70 783～87 754	25～31	Formey et al.，2012
*Saccharomyces cerevisiae**（*）	109	74 150～92 176	6～14	Xiao et al.，2017
*Saccharomyces paradoxus**（*）	15	66 527～71 690	5～11	Xiao et al.，2017
Tolypocladium inflatum[#]	5	24 973～25 328	1	Zhang et al.，2017d
*Torulaspora delbrueckii**（*）	7	28 793～31 507	3～5	Xiao et al.，2017
*Torulaspora franciscae**（*）	2	39 201	9	Xiao et al.，2017
*Torulaspora globosa**（*）	2	36 880～45 193	7～10	Xiao et al.，2017
*Torulaspora pretoriensis**（*）	2	33 343～35 557	6～9	Xiao et al.，2017
*Torulaspora quercuum**（*）	3	33 299～33 739	8	Xiao et al.，2017

注：加粗显示的 6 种真菌为虫草科或线虫草科，均由本书编者课题组完成。物种名称后标注†的为虫草科真菌，标注#的为线虫草科真菌，标注 的为酵母菌。有关 *N. crassa* 的两项工作都是比较野生菌株和突变菌株，因此菌株间差异不大

不同真菌的单核苷酸多态性（SNP）变异频率也有较大的变化范围。从全线粒体基因组水平看，球孢白僵菌的 SNP 频率是 1.24%（张永杰等，2020），大于蛹虫草的 0.7%（Zhang et al.，2017b）、蝉花的 0.1%（Fan et al.，2019）和膨大弯颈霉的 0.12%（Zhang et al.，2017d）。因此，真菌线粒体基因组的种内分化程度是因种而异的。

通过种内比较线粒体基因组学分析能够增加对相关真菌物种进化的认识。以蛹虫草为例，通过对 21 个蛹虫草菌株线粒体内含子位点的分析，共发现 7 种不同的内含子分布模式，其中在已知的 8 个内含子位点均存在内含子的分布模式代表蛹虫草最古老的线粒体基因型。结合系统发育分析发现，蛹虫草在进化过程中总体趋势是丢失线粒体内含子，但部分内含子可以"失而复得"，甚至"得而再失"（Zhang et al.，2015）。通过不同菌株线粒体DNA 序列的比较，也能够找到适于蛹虫草遗传分化分析的分子标记（Zhang et al.，2017b）。

六、真菌线粒体的遗传

虽然产生能量通货 ATP 是线粒体的主要功能，但线粒体也参与许多其他生物学过程，如代谢产物生物合成、离子稳态和细胞凋亡。近年来发现，线粒体 DNA 突变和线粒体缺陷与多种表型性状相关联，包括病原真菌的抗药性、宿主防御和毒力、酿酒酵母的核基因组稳定性和老化，以及植物的雄性不育。线粒体还与许多人类疾病相关，包括糖尿病、神经退行性变性疾病、癌症和生殖系统疾病。因此，线粒体的遗传和功能维持对健康细胞的重要性不言而喻。然而，在典型的动植物细胞中，线粒体 DNA 与细胞核 DNA 在遗传方面存在诸多不同。细胞核 DNA 遵守典型的孟德尔遗传规律，可通过有性繁殖进行遗传重组，

而线粒体 DNA 不遵守典型的孟德尔遗传规律，以克隆繁殖和单亲遗传为主。一个细胞内通常只有一个细胞核和一个或少数几个核基因组拷贝（取决于倍性及细胞核的数目），却有多个线粒体，每个线粒体又有非常多的线粒体基因组拷贝。核 DNA 的复制和分裂与细胞有丝分裂同步，经过复制的核基因组受到严密的调控而平均分配给子细胞，然而线粒体的复制和分裂与细胞有丝分裂并不同步，线粒体 DNA 随机分配给子细胞。

真菌线粒体的遗传与动植物不同（Xu and Li，2015）。在绝大多数进行有性繁殖的动植物中，线粒体进行单亲遗传（uniparental inheritance），尤其是遗传自母系亲本。与动植物中相对单一的母系遗传相比，真菌表现出多种多样的线粒体遗传模式：严格单亲遗传、双亲遗传、单亲和双亲混合遗传、重组线粒体 DNA 基因型等（Basse，2010；Wilson and Xu，2012；Xu and Wang，2015）。虽然真菌发生交配的两个配子之间通常要求有遗传差异，但它们往往缺乏形态上的差异，如子囊菌酵母和担子菌（包括担子菌酵母和丝状担子菌）。在子囊菌酵母［如酿酒酵母（*Saccharomyces cerevisiae*）和裂殖酵母（*Schizosaccharomyces pombe*）］中，接合子通常遗传来自双亲细胞的线粒体（进行双亲遗传），但双亲线粒体 DNA 基因型会在随后细胞通过出芽或裂殖进行分裂的过程中主动分离。在担子菌中，有性生殖通常通过两个单倍体菌丝（在丝状担子菌中）或两个大小相似的酵母细胞（在单细胞担子菌中）的融合来实现。有趣的是，在担子菌中发现了从单亲到双亲的多种线粒体遗传模式。与进行线粒体双亲遗传的子囊菌酵母不同，在担子菌酵母中，线粒体单亲遗传非常普遍。有证据显示，在进行线粒体单亲遗传的担子菌中，交配型位点通常起着重要作用。与子囊菌酵母和担子菌中的配子缺乏形态分化不同，丝状子囊菌的配子通常具有形态分化，但这种分化与交配型无关。每种交配型的丝状子囊菌都可以产生两种类型的配子：一种是较小的"雄性"配子，称作雄器；另一种是较大的"雌性"配子，称作产囊体。在有性杂交中，线粒体主要遗传自雌性的产囊体，这类似于动植物中的异形配子接合和线粒体母系遗传。

此外，即使在同一真菌内，有些因素（如不同的菌株、菌株组合、环境条件）也会影响线粒体遗传。例如，在紫黑粉菌（*Microbotryum violaceum*）的有性子代中，具有 a1 交配型的个体可从亲本之一继承线粒体（双亲遗传，后代比例 1∶1），但 a2 交配型个体主要遗传来自 a2 亲本的线粒体（单亲遗传）（Wilch et al.，1992）。新生隐球菌（*Cryptococcus neoformans*）在异性交配中，是单亲遗传，只遗传来自交配型 **a** 亲本的线粒体（Yan and Xu，2003），但在同性交配中，是双亲遗传（Yan et al.，2004，2007）。与新生隐球菌近缘的格特隐球菌（*Cryptococcus gattii*）既有单亲遗传，也有双亲遗传，取决于菌株和环境条件（Wang et al.，2015c）。有时候，取样部位的不同也会导致线粒体遗传模式的判断出现差异。例如，灰拟鬼伞（*Coprinopsis cinerea*）在营养亲和菌丝融合形成的菌落上，从单个细胞水平看，线粒体遗传是单亲的，因为每个细胞只遗传了一个亲本的线粒体 DNA，但从菌落整体水平看，线粒体遗传又是双亲的，因为不同的细胞虽都有相同的细胞核，却含有不同的线粒体 DNA 类型（Wilson and Xu，2012）。

七、真菌线粒体 DNA 与细胞核 DNA 进化关系的比较

在真核生物中存在的线粒体和细胞核这两套基因组的相对变异速率一直是人们感兴趣的话题。根据目前的研究，线粒体 DNA 的变异速率在多数植物中比核 DNA 慢，而在多数

动物中比核 DNA 快（Lynch et al.，2006）。Sandor 等（2018）系统总结了涉及真菌线粒体 DNA 与核 DNA 进化速率比较的 20 篇文献。这些研究多数是在种内水平进行的比较（15 篇），但也有个别研究是利用复合种或近缘物种开展的种间水平的比较（5 篇）；使用的研究方法包括 RFLP（5 篇）、多基因序列分析（9 篇）和全基因组序列分析（6 篇）。总结发现，与植物类似，多数真菌类群（15/20）的线粒体 DNA 进化速率比核 DNA 进化速率慢，而其他 5 个真菌类群的线粒体 DNA 进化速度与核 DNA 相当或比核 DNA 快。我们对两种虫草类真菌也开展过这样的比较。基于全基因组序列的比较，发现膨大弯颈霉核基因组的 SNP 频率（0.97%）约是线粒体基因组 SNP 频率（0.12%）的 8 倍（Zhang et al.，2017d）。通过对多个蛋白编码基因外显子区的序列比较，发现蛹虫草核 DNA 的变异频率约是线粒体 DNA 变异频率的 1.7 倍（SNP 频率 1.24% VS 0.71%）（张姝等，2019）。因此可见，真菌线粒体 DNA 变异速率慢于核 DNA 可能是一个比较普遍的现象。

八、结语

真菌种类繁多，但目前已知线粒体基因组的真菌还很有限，有些高等级分类阶元中尚无线粒体基因组数据。真菌线粒体基因组的变化范围（12.1～531.2kb）远超动物（14～20kb）和植物（180～600kb）（Lynch et al.，2006）。真菌种内也存在线粒体基因组的变异，主要是由内含子数目的不同引起基因组大小的差异，而在外显子序列上的变化通常较小。近几年，真菌新线粒体基因组的发表速率已在逐年加快。随着更多真菌线粒体基因组测序的完成，有助于进一步完善现行的真菌分类系统、解决疑难种的分类地位问题、提高对相关类群物种进化的认识。

目前开展过线粒体遗传研究的真菌还很少，需对更多真菌进行研究。此外，虽然真菌与动物的亲缘关系更近一些，但真菌在线粒体基因组方面与植物类似的地方更多。例如，不同于动物中较快的线粒体 DNA 变异，目前研究过的多数真菌与植物类似，都是线粒体 DNA 的变异速率慢于核 DNA；真菌和植物线粒体基因中普遍有内含子插入和较长的基因间区，而动物线粒体中少有内含子，并且基因重叠现象很普遍；在真菌和植物线粒体 DNA 中经常能检测到基因重组，而动物中很少见。今后，可在对更多真菌开展线粒体基因组测序的基础上，研究导致真菌在线粒体遗传和进化上不同于动植物的内在机制。

（张永杰）

本章参考文献

黄翔．2015．自然选择的单位与层次．上海：复旦大学出版社．

谢平．2016．进化理论之审读与重塑．北京：科学出版社．

Adams T H, Wieser J K, Yu J H. 1998. Asexual sporulation in *Aspergillus nidulans*. Microbiology & Molecular Biology Reviews, 62: 35-54.

Basse C W. 2010. Mitochondrial inheritance in fungi. Current Opinion in Microbiology, 13: 712-719.

Blander G, Guarente L. 2004. The Sir2 family of protein deacetylases. Annual Review Biochemistry, 73: 417-435.

Boyce K J, Andrianopoulos A. 2015. Fungal dimorphism: the switch from hyphae to yeast is a specialized morphogenetic adaptation allowing colonization of a host. FEMS Microbiology Reviews, 39: 797-811.

Brosch G, Loidl P, Graessle S. 2008. Histone modifications and chromatin dynamics: a focus on filamentous fungi. FEMS Microbiology Reviews, 32: 409-439.

Brown N A, Schrevens S, van Dijck P, et al. 2018. Fungal G-protein-coupled receptors: mediators of pathogenesis and targets for disease control. Nature Microbiology, 3: 402-414.

Bullerwell C E, Lang B F. 2005. Fungal evolution: the case of the vanishing mitochondrion. Current Opinion in Microbiology, 8: 362-369.

Fields S. 1990. Pheromone response in yeast. Trends Biochemistry Science, 15: 270-273.

Hawksworth D L, Lücking R. 2017. Fungal diversity revisited: 2.2 to 3.8 million species. Microbiology Spectrum, 5: FUNK-0052-2016.

Idnurm A, Bahn Y S, Nielsen K, et al. 2005. Deciphering the model pathogenic fungus *Cryptococcus neoformans*. Nature Reviews Microbiology, 3: 753-764.

Keller N P. 2019. Fungal secondary metabolism: regulation, function and drug discovery. Nature Reviews Microbiology, 17: 167-180.

Leberer E, Thomas D Y, Whiteway M. 1997. Pheromone signalling and polarized morphogenesis in yeast. Current Opinion in Genetics & Development, 7: 59-66.

Marsh L, Neiman A M, Herskowitz I. 1991. Signal transduction during pheromone response in yeast. Annual Review of Cell Biology, 7: 699-728.

Mayr E. 2001. What Evolution Is. New York: Basic books.

Mehrabi R, Bahkali A H, Abd-Elsalam K A, et al. 2011. Horizontal gene and chromosome transfer in plant pathogenic fungi affecting host range. FEMS Microbiology Reviews, 35: 542-554.

Moller M, Stukenbrock E H. 2017. Evolution and genome architecture in fungal plant pathogens. Nature Reviews Microbiology, 15: 756-771.

Ni M, Feretzaki M, Sun S, et al. 2011. Sex in fungi. Annual Review of Genetics, 45: 405-430.

Park H S, Yu J H. 2012. Genetic control of asexual sporulation in filamentous fungi. Nature Reviews Microbiology, 10: 417-430.

Reed S I. 1991. Pheromone signaling pathways in yeast. Current Opinion in Genetics & Development, 1: 391-396.

Riquelme M, Aguirre J, Bartnicki-García S, et al. 2018. Fungal morphogenesis, from the polarized growth of hyphae to complex reproduction and infection structures. Microbiology & Molecular Biology Reviews, 82: e00068.

Ryder L S, Talbot N J. 2015. Regulation of appressorium development in pathogenic fungi. Current Opinion in Plant Biology, 26: 8-13.

Shilatifard A. 2008. Molecular implementation and physiological roles for histone H3 lysine 4 (H3K4) methylation. Current Opinion in Cell Biology, 20: 341-348.

Taylor J, Jacobson D, Fisher M C, et al. 1999. The evolution of asexual fungi: reproduction, speciation and classification. Annual Review of Phytopathology, 37: 197-246.

Torres D E, Oggenfussc U, Croll D, et al. 2020. Genome evolution in fungal plant pathogens: looking beyond the two-speed genome model. Fungal Biology Reviews, 34: 136-143.

Wang C S, Wang S B. 2017. Insect pathogenic fungi: genomics, molecular interactions, and genetic improvements. Annual Review of Entomology, 62: 73-90.

Weiberg A, Wang M, Bellinger M, et al. 2014. Small RNAs: a new paradigm in plant-microbe interactions. Annual Review of Phytopathology, 52: 495-516.

Zhao Y, Lin J, Fan Y, et al. 2019. Life cycle of *Cryptococcus neoformans*. Annual Review of Microbiology, 73: 17-42.

本章全部参考文献

第六章 真菌种群的微进化

自达尔文时代起，"物竞天择，适者生存"的进化论观念便为人所熟知。而围绕着进化论又有许多有趣的故事，"先有鸡，还是先有蛋"的争论就是其中之一。一部分学者认为，一个新物种的产生，并非一蹴而就，而是一个渐变式的过程；还有一部分学者持保留意见，认为自然界中还存在着跃变式的进化机制。二者皆为现代进化生物学的重要部分，具有相互完善的整体性，前者阐述了物种微进化的机制，后者则描述了宏进化形成新种的过程。

第一节 微 进 化

微进化（microevolution）是指由突变、自然和人工选择、基因流动及遗传漂变所导致的种群中等位基因频率随时间的变化，又称"种内进化"，其强调的是种群内部个体变异不断累积至新物种形成前的过程。物种（species）作为生物分类的基本单位，通行的定义为物种是自然界中占有独特生态位的生殖集群，在生殖上同其他集群相隔离，即如果两个种群（population）之间存在阻断二者的进行可检测基因交流的巨大差异，则认为它们分属于不同的物种，而不同种群间的这种差异如何产生并发展的规律和机制则是微进化的研究核心。微进化是种间进化（或越种进化）的基础，其结果可导致与原种无主要遗传性状区别的亚种形成。

微进化的研究内容主要包括种群遗传结构（genetic structure）描述或（和）种群遗传进化驱动力分析。种群遗传结构表现为种群遗传变异分布的时空格局，包括基因种类与频率、基因型种类与频率、表型种类与频率，通常用基因的多态位百分数、平均杂合度和序列百分数、种群间的遗传距离及基因交流程度等参数量化种群的遗传结构。但这些完整变量的获得需要完整且动态地描述种群中全部个体的基因组及其所处的空间位置，极大地限制了相关研究的进展。因此群体遗传的实际研究中常常选择专注于某些种群中少数特定位点的进化，从而有利于得到简明而直观的进化规律。

研究微进化的生物学分支称为群体遗传学（population genetics），以哈迪-温伯格定律（又称遗传平衡定律）为理论基础，是一个高度数学化并综合理论、实验和实践工作的学科。哈迪-温伯格定律是指在理想状态下各等位基因的频率在遗传中保持稳定不变，主要用于描述群体中等位基因频率及基因型频率之间的关系。所谓的理想条件包括：①种群足够庞大；②种群个体间随机交配；③没有突变；④没有选择；⑤没有迁移；⑥没有遗传漂变。自然条件下的种群很难满足这些条件，但通过验证种群是否满足哈迪-温伯格定律可以度量其遗传结构偏移的程度，并对引起偏移的原因进行推论及进一步的实验验证或机制探究。

第二节　种群的遗传多态性

　　自然生物群体通常具有大量的遗传变异。在有性繁殖和异种交配的生物中，任何个体在遗传上都是不同的。在自然界的生物群体中，绝大部分基因座通常含有两个或多个等位基因，而存在两个和多个有着相当高频率（通常大于1%）的等位基因时就称为遗传多态性。某一基因座的遗传多态性是由各种突变产生的，如核苷酸替代、插入、缺失、基因转换和等位基因间的重组等。然而，大多数新突变基因由于遗传漂变或净化选择作用而从群体中消失，只有极少数的新突变被偶然地保留在群体中。

　　基因库是指所研究群体中所有个体全部基因的总和，是研究种群微进化的基础。真菌微进化的主要课题是研究真菌遗传多态性的产生和维持，以及群体水平上的进化机制。其形成机制是基因突变，评价遗传多态性的主要参数是基因频率、基因型频率及表型频率。真菌作为低等真核生物，其遗传物质的交流方式相较于动植物等更为复杂，包括有性生殖、无性生殖、准性生殖、质粒转移等，不同的遗传途径会对物种的遗传多样性及遗传结构有很大的影响。所以，在对某种真菌的微进化进行研究时，要明确该种真菌的遗传交流方式。

一、等位基因

　　等位基因是指位于一对同源染色体相同位置上控制同一表型不同形态的基因。以有性生殖产生的二倍体个体为例，在特定的常染色体位点上有两个等位基因：一个来自它的父本，另一个来自它的母本。

　　与其他遗传学领域一样，在真菌的微进化研究过程中，不同的等位基因同样是研究的重点。然而在这里"不同的等位基因"有着不同的含义，同一位点的等位基因可能有三种根本含义上的区分。

　　1）以来源为区分依据：同一位点的等位基因若是来自同一群体中不同的染色体，则将其判断为不同来源。例如，有性生殖中由不同配子结合产生的二倍体个体中指定位点的两个等位基因总是不同的来源。

　　2）以定位为区分依据：两个等位基因是否被依照不同的定位区分取决于它的含义。如果是指等位基因的DNA序列，那么如果它们有不同的DNA序列，它们在基因水平上进行区分，这种差异可能只有数千个核苷酸中的一个。然而，在进化研究中，学者经常关注等位基因的特定方面，并可能根据差异的性质选择将它们置于不同的定位。例如，如果研究的主题是蛋白质进化，此时可以认为，仅当它们的氨基酸序列不同时，在这个定位上两个等位基因是不同的（由于遗传密码的简并性，一些氨基酸序列相同的等位基因可能具有不同的DNA序列）。同样，这种不同可以进一步局限至仅关注特定定位点的氨基酸序列。这个定位也可以被认为是表型，还可以包括DNA序列、蛋白质序列、遗传决定的表型。

　　3）以祖先为区分依据：等位基因不共用一个共同的祖先等位基因时，因祖先而异。严格地说，当所有当代等位基因都有一个遥远的共同祖先时，来自同一位点的两个等位基因永远不会因祖先而不同。但在实际研究中，经常关注过去相对较短的时间，如果两个等位基因满足在过去的10代中没有共用一个共同的祖先等位基因的条件，那么就说它们来自不同的祖先。两个来自不同祖先的等位基因的定位可能因为突变导致相同或不同。

上述三种区分依据具有相关性。一对等位基因若来源相同，则它们在定位与祖先上也相同。而相同祖先的两个等位基因，可能由于突变而导致定位不同。如图6-1所示，在第 n 代得到具有三个核苷酸的等位基因，追溯到它们的祖先在第 $n-2$ 代，那么这两个等位基因在祖先上相同，因为它们都是同一祖先在 10 代以内的拷贝。但是它们却是不同的定位，因为在右侧的等位基因出现了 C 到 G 的突变。

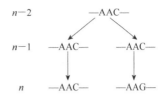

图 6-1 等位基因示意图

二、基因频率和基因型频率

在研究种群的微进化之前，首先要了解描述种群基因库的基本方式：基因频率、基因型频率和表型频率。基因频率是指在一个种群的基因库中，某个基因占全部等位基因的比例；基因型频率是指某种基因型个体占该群体个体总数的比例；表型即表现型，是基因和基因型的外在表现，表型频率是指某一性状在群体中所占比例，某些表型频率一定程度上可以反映群体内部对应基因和基因型的频率。

为了明确基因频率和基因型频率的关系，我们引入一个基因位点 A，假设该位点有两个等位基因 A_1 和 A_2，在种群中分离。根据含义上的区分，这两个等位基因在定位上是不同的。这样一来，群体中会有三个基因型：两个纯合子基因型（A_1A_1 和 A_2A_2），以及一个杂合子基因型 A_1A_2。设基因型 A_1A_1 的相对频率为 x_{11}，基因型 A_1A_2 的相对频率为 x_{12}，基因型 A_2A_2 的相对频率为 x_{22}，则 $x_{11}+x_{12}+x_{22}=1$。

而等位基因 A_1 的基因频率是

$$p=x_{11}+\frac{1}{2}x_{12}$$

等位基因 A_2 的基因频率是

$$q=1-p=x_{22}+\frac{1}{2}x_{12}$$

在这里，我们可以从两种不同的角度来认识等位基因的频率：一种是简单地作为所有 A 等位基因中 A_1 等位基因的相对频率；另一种则是从群体中随机挑选等位基因 A 的概率。后者随机挑选等位基因的过程可以分为两部分来理解：一是从群体中随机挑选一个基因型；二是从所选择的基因型中随机挑选一个等位基因。因为有三种基因型，我们可以把 p 写为

$$p=(x_{11}\times1)+\left(x_{12}\times\frac{1}{2}\right)+(x_{22}\times0)$$

大多数位点有两个以上的等位基因。在这种情况下，第 i 个等位基因的频率将称为 p_i。和之前一样，A_iA_j 基因型的频率称为 x_{ij}。对于杂合子，$i\neq j$，按照惯例，$i<j$。与两个等位基因的情况一样，所有基因型频率的总和必须等于 1。例如，如果有 n 个等位基因，那么

$$1=x_{11}+x_{22}+\cdots+x_{nn}+x_{12}+x_{13}+\cdots+x_{(n-1)n}$$

$$=\sum_{i=1}^{n}\sum_{j\geqslant i}^{n}x_{ij}$$

第 i 个等位基因的频率是

$$p_i=x_{ii}+\frac{1}{2}\sum_{j=1}^{i-1}x_{ji}+\frac{1}{2}\sum_{j=i+1}^{n}x_{ji}$$

同样地，这个等位基因频率有一个相对频率和一个概率两种解释方式。

在研究真菌的微进化时，相对于动植物更容易得到一个群体所有的等位基因频率，但有时也会遇上困难，如种群个体较为分散、种群基数庞大或是世代更替速率快等。这时就会抽取一个比较合适的样本量进行等位基因频率的估计。

第三节 随机遗传进化

无自然选择时通常认为物种的进化方向偏向随机无法预测，称为随机遗传进化，主要包括随机交配（random mating）、遗传漂变（genetic drift）、中性学说及迁移等受随机因素影响的进化过程。

一、种群随机交配

哈迪-温伯格定律描述了随机交配的二倍体种群中单个位点的平衡状态，该种群没有其他进化驱动力，如突变、迁移和遗传漂变。随机交配是指在一个有性繁殖的生物群体中，任何一个雌性或雄性个体与任何一个相反性别的个体交配的概率相等。也就是说，任何一对雌雄的结合都是随机的，不受任何选配的影响。例如，个体喜欢与亲属交配的种群不是随机交配的种群而是一个近亲繁殖的种群。A_1A_1 个体喜欢与其他 A_1A_1 个体交配的种群也不是随机交配的种群，而是选型交配。如果个体更有可能与近邻交配，而不是从整个物种中随机选择的配偶，那么地理因素也可以影响随机交配，如在真菌研究中，相邻菌落的亲缘性就要更接近一些。

在真菌的有性生殖过程中，大部分有性生殖的真菌为雌、雄同株，即同一个菌体上可以分化出雌、雄配子体，少数为雌雄异株。然而并不是所有雌雄同株的真菌都可以单株进行有性生殖。有些真菌单个菌株就可以完成有性生殖称为同宗配合（homothallism），而多数真菌为异宗配合（heterothallism），即单个菌株不能完成有性生殖，需要两个雌、雄配子体可以交配的菌株共同生长在一起才能完成有性生殖。因为雌雄同株的真菌，其子体皆来源于母体，那么其遗传背景是相同的，按照等位基因的分类方式属于相同来源，此处可将其简单理解为雌雄同体。

假设某有性生殖的菌株，其母体在基因位点 A 有两个等位基因 A_1A_2，基因频率分别为 p 和 q，随机交配要求我们从亲本世代中随机选择两个配子，那么子体的＋菌株和－菌株经过一轮随机交配后 A_1A_1 的基因频率为 p^2，A_1A_2 的基因频率为 $2pq$，A_2A_2 的基因频率为 q^2。

这里可以发现，仅用了一代，这个种群就达到了遗传平衡，而在雌雄异株的真菌中，同样过程则需要两代。举个极端的例子，基因位点 A，＋菌株的基因型全部为 A_1A_1，－菌株的基因型全部为 A_2A_2，且经过一代后，纯合子的概率为 0，而杂合子的概率为 1，再经历一代才能达到平衡。

二、遗传漂变

遗传漂变是指由于某种随机因素，某一等位基因的频率在群体（尤其是在小群体）中出现随世代传递波动的现象。图 6-2 是遗传漂变的计算机模拟结果。在 5 个相同的种群中，A_1 等位基因的频率为 p，共 100 代，每个种群的大小为 $N=20$，初始等位基因频率 $p=0.2$。图 6-2 形象地表现了遗传漂变的重要特征：一是基因漂变导致等位基因频率的随机变化；二是等位基因通过遗传漂变从群体中丢失；三是

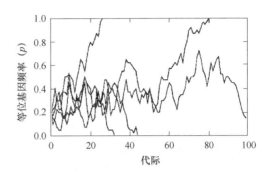

图 6-2　遗传漂变的计算机模拟结果

折线表示 5 个种群的等位基因频率在代际之间的变化

随机变化的方向是中性的，等位基因频率无向上下移动的系统规律。

遗传漂变能够导致某些等位基因的消失，另一些等位基因的固定，从而改变群体的遗传结构。在大群体中，不同基因型个体后代数的波动，对基因频率不会有明显影响。小群体的个体数少，如某基因位点 A 上有两个等位基因 A_1A_2，假设 A_1 基因频率占优而 A_2 等位基因罕见，即携带 A_2 等位基因的个体很少，若这些个体无后代，则 A_2 基因在子代中便会消失。遗传漂变的结果也可使一些基因的频率升高。这种漂变与群体大小有关，群体越小，漂变速度越快，甚至 1~2 代就造成某个基因的固定和另一基因的消失而改变其遗传结构，而大群体漂变则慢，可随机达到遗传平衡。

综上所述，遗传漂变能够通过两种方式影响随机进化的方向：一种是作为一种分离的力量，从种群中去除遗传变异。去除率与种群大小成反比，因此遗传漂变在大多数自然种群中是一个非常弱的力量。另一种是对新突变存活概率的影响，即使在较大的群体中这一影响也很明显。

三、中性学说

在分子群体遗传学的研究中，日本遗传学家木村资生于 1968 年提出的中性学说占有重要的地位。该学说认为，分子水平上的遗传变异在很大程度上是中性的，并且变异范围主要由突变速率和有效的群体大小来决定。因此，有可能通过比较观察到的和预测的遗传变异来验证中性进化这一假说。如果观察和预测值之间的差异很大，就有可能存在某种自然选择。

该理论被归类为非达尔文进化，因为这一理论认为大多数等位基因的替代是由于遗传漂变而不是自然选择。然而，该理论与传统的"进化论"并不冲突；相反，只是声称大多数替换对基因型的生存没有影响。这一学说的出发点是中性突变，但是这一类突变并不影响核酸和蛋白质的功能，对生物个体的生存既无害处，也无好处。这一类突变包括同义突变、非功能性 DNA 序列中发生的突变及结构基因中的一些突变。仅有少数几个非中性突

变受到自然选择的影响，并改变了物种对其环境的适应。

第一篇充分发展该理论的群体遗传学方面的论文是 1971 年由木村资生和太田朋子发表的"Protein Polymorphism as A Phase of Molecular Evolution"，文中以脊椎动物为研究对象，阐述了在被检测蛋白质中，每年氨基酸的替代率是基本恒定的，为中性学说提供了有力证据。进化的速率由中性突变的速率所决定，也就是由核苷酸和氨基酸的置换率所决定。它对于所有的生物几乎都是恒定的。木村资生认为，在表现型水平的进化中，进化速率有非常快的，也有像所谓"活化石"那样进化极慢的类型。但是，基因水平上进化速率几乎是一定的。

四、迁移

迁移（migration）是指有一部分个体新迁入导致其基因频率变化的现象。种群通过迁移可以产生基因流动，即等位基因在基因库之间的转移。在大多数狒狒物种中都可以观察到基因流动的典型例子。雌性狒狒最常与群中占优势的雄性狒狒交配，后代幼年的雄性狒狒几乎总是离开他们的出生群体，加入一个新的队伍以避免近亲繁殖。

设在一个狒狒大群体内，每代有一部分个体为新迁入者，其迁入率为 m，则 $1-m$ 为原有个体的比例。令迁入个体某一等位基因的频率为 q_m，原有个体的同一等位基因的频率为 q_0，则二者混合后群体内等位基因的频率 q_1 将为

$$q_1 = mq_m + (1-m) q_0 = m (q_m - q_0) + q_0$$

一代迁入所引起的等位基因频率变化 Δq 则为

$$\Delta q = q_1 - q_0 = m (q_m - q_0)$$

第四节　适应性进化

适应性进化（adaptive evolution）是指生物在分支发展过程中，局部结构和功能发生了变化，以适应特殊的环境。真菌生物虽被认为是最早的真核生物之一，但它们的进化仍在继续。真菌时刻受到其生存环境的制约，随着生活环境的改变，也需要不断适应环境的变化，真菌不断发展新的复杂代谢解决方案，以便快速生长，扩大分布范围，以更加经济的方式适应新的环境，取得生存竞争的优势。

一、适应性选择

在一个种群适应性进化的过程中，其核心就是群体的适应性选择（adaptive selection）。通常的自然条件下，维持一个种群的生存空间与食物是有限的，为了获取资源，种群内部的个体间势必会面临生存斗争。而在生存斗争中，具有有利变异的个体，相对容易在生存斗争中取得优势继而得以存活，反之，具有不利变异的个体则容易在生存斗争中失败导致死亡。所以，适应性选择的过程就是自然选择的过程。

自然选择是适应环境的最主要的进化力量，但是在自然环境中很难完整地观察到选择带来的种群变化的过程，这是由于大多数进化变异的速率比较缓慢。偶尔我们能够观察到自然选择的过程，或是因为选择强度非常大以至于种群结构迅速发生改变，或是如真菌、

细菌等微生物种群世代更替速率很短的情况。

二、适合度

在针对某个表型的适应性选择过程中，最简单的情况是单基因表型的突变产生的等位基因，而不同的等位基因所对应的表型，在面对同一选择压力时，其适应能力可能有所区别。

基因型的适合度（fitness）是指个体在种群生存的优势程度度量，适合度越大，存活和生殖机会越高，其是用来度量种群中个体优劣的指标。适合度是物种面对选择压力适应性进化能力的量化。

适合度的计算公式为

$$w = ml$$

式中，w 为适合度；m 为基因型个体生育力；l 为基因型个体存活率。

在适应性进化中，适应性选择后的频率与子代频率和适合度成正比。假设群体中某位点 A 等位基因 A_1A_1 和 A_2A_2，对应的适合度分别是 w_{11} 和 w_{22}。则基因型分别为 A_1A_1、A_1A_2、A_2A_2；基因频率分别为 p^2、$2pq$、q^2；适合度分别为 w_{11}、w_{12}、w_{22}；选择后频率分别为 $p^2w_{11}/\overline{w}$、$2pqw_{12}/\overline{w}$、$q^2w_{22}/\overline{w}$。

其中该群体的平均适合度为

$$\overline{w} = p^2w_{11} + 2pqw_{12} + q^2w_{22}$$

此时各基因型频率满足

$$\frac{p^2w_{11}}{\overline{w}} + \frac{2pqw_{12}}{\overline{w}} + \frac{q^2w_{22}}{\overline{w}} = 1$$

个体的适合度就是它对下代贡献的个体数或配子数。个体的适合度是该个体所有发育及生理过程的最终结果。个体间这些过程的差异表现为数量变异，因此它们都可作为数量表型来加以研究。这些数量表型的变异或多或少都反映适合度的变异，而适合度的变异理论上又可以分为不同组成表型的变异。每个成分发生变异都或多或少影响适合度。一般来说，整个适合度可分为两个主要成分：后代总数和后代质量。通常，群体及其中的个体表现往往受到较多因素的影响，因而要想获得适合度的准确定义则会遇到一些困难。有时必须将个体适合度与其亲本适合度分开。

另外，若群体大小在世代间保持恒定，则其中个体的平均适合度为 1。但是群体大小的增减或恒定都涉及其所处的环境，因而，适合度的问题也与环境有关。所以，简便起见，当研究适合度时，通常假定群体所处环境条件对适合度无影响。

在真菌的研究中，很难获得一个普适的描述菌落适应能力的数据，针对不同种的真菌与不同的选择压力，通常采用不同的评价方式，如菌落的数量、直径、代谢物的量等能够直观表现真菌对特定环境适应能力的数据。

三、适应的过程

一个种群在经历适应性选择时，种群的遗传结构通常会发生变化，新的等位基因被固定，不利表型的基因型频率下降甚至消失，一定时间内的具体变化程度视选择压力的大小和种群世代更迭速率而定。进化的基本含义是"进步性的发展"，但也并不否认"退步性的进化"，二者皆属于自然选择的结果。在这个过程中，种群生存竞争中处于劣势地位的个体可能会进行迁移，到达一个适合生存的新环境，从而获得足够的资源以维持生存，这一行为可能是主动的，也可能是由于一些外界因素导致的被动迁移。

而亚种的形成正是由于迁移后的种群相较于原种群总体差别较小，受所在环境影响，它们在某些表型上与原种群有所差别。亚种属于种内类群，是次于种的一个种级分类等级，同种生物不同亚种之间可以交配繁殖可育后代，亚种由于进一步的地理隔离导致生殖隔离而发展成为新的物种。

而在真菌等微生物的研究中，常用的一个种级分类为生理小种，又称菌株。菌株是指从不同来源的标本中分离而得到的相同菌种，表示任何由一个独立分离的个体通过无性繁殖而成的纯遗传型群体及其一切后代，同种微生物的不同菌株在形态上没有什么差别，在生理生化特性、致病性等方面存在差异，一定程度上可以客观反映该物种遗传多态性。

四、真菌对环境的适应

真菌的生长除受必要的碳源、氮源等营养物质的制约外，也与各种环境因子，如温度、湿度、光照等有关。总体来说，真菌的生长和其他微生物的生长一样，需要适宜的环境和良好的营养条件，但也存在一些特殊的真菌可以在某些极端的条件下存活生长甚至繁殖（Zack，2004）。

（一）温度

温度作为环境中重要的物理因素，在真菌数千万年的进化历程中占有重要地位。每种真菌存在各自的最低生长温度、最适生长温度和最高生长温度。顾名思义，最低生长温度和最高生长温度是真菌能够生长的极限温度，二者界定了真菌能够生长的温度区间，最适生长温度是指生长速率最高时的外界温度。一般真菌的最适生长温度为20～30℃，某些病原性真菌的最适生长温度为37℃。

根据真菌生长的温度条件，可将其分为嗜冷真菌和高温真菌。

嗜冷真菌通常存在于高山或极地土壤、高纬度地区及大洋深处，也存在于被冰、雪或冰川覆盖的地方。目前已经在南极发现超过250种真菌的存在，嗜冷真菌独特的生理特性及代谢机制使得其能够在南极地区大量生存、繁衍，对其进行研究不仅可以揭示其抗逆性机制，还有可能获得多种功能独特的生物活性物质。

高温真菌又可以分为嗜热真菌和耐热真菌。嗜热真菌是一类最低生长温度为20℃或20℃以上，最高生长温度为50℃或50℃以上的特殊真菌类群；最低生长温度在20℃以下，最高生长温度为50℃左右的真菌则被称为耐热真菌。嗜热真菌是一类分布广泛的真菌，在地球的热带、亚热带、温带、寒温带及湿润区和干旱区均发现有嗜热真菌的存在（Nilsson and Pelger，1994）。它们存在于各种高温环境中，如堆肥、土壤、沙漠、空气、动物身体、昆虫、发热电器和电缆、温泉及其他自热环境等。最早被发现并命名的两种嗜热真菌是 *Mucor pusillus* Lindt（1886）和 *Humicola lanuginose* Tsiklinsky（1899）。目前嗜热真菌的热稳定机制依然是研究的热门领域。

（二）湿度

真菌的生长需要高湿条件。低等真菌一般需要相当高的湿度才能正常生长，而较高等的真菌受环境湿度的影响较小。一般来说，大多数真菌处于95%相对湿度时活性最强，若于80%相对湿度左右能够生长，可称为耐旱性真菌。少数真菌可以在65%以下的湿度条件下生存，如在南极荒漠中生长的石生真菌。

真菌对干燥的敏感性主要源于其细胞壁，真菌的细胞壁对水具有可渗透性，干燥条件下水分会大量丢失。另外，水分过多对真菌的生长也有不利，环境中太多水分可能会淹没真菌，造成低氧或无氧环境，抑制其呼吸作用。除直接影响生存环境外，湿度也可作为季节参数之一对某些真菌的繁殖加以调控（Griffin，1963）。

当人体皮肤上有适合真菌生长繁殖的条件时，就容易发生癣病。例如，有些人易出汗，且未及时擦除，无法保持皮肤干燥，则容易感染真菌而发生花斑糠疹（花斑癣）。皮鞋、运动鞋局部透气性差易导致足部湿度和温度增高，若不注意足部清洁，易发生足癣，即俗称的脚气。

（三）酸碱度和渗透压

1. 酸碱度　相对于湿度来说，真菌对酸碱度的要求比较宽松，一般真菌在pH为3～9的条件下都能生长。环境pH可能会影响真菌对于某些矿质离子的吸收，真菌也可以通过分泌草酸、柠檬酸、苹果酸、琥珀酸等有机酸改变微环境pH。

2. 渗透压　大部分真菌都会在高渗状态下脱水死亡，只有少数真菌可以生存，这些真菌主要通过质膜和一些酶控制细胞内外物质交换速率，以保证胞质中代谢活动的正常进行。生态学中对于耐盐真菌的研究也是一大热点，主要集中于真菌植物共生体，如丛枝菌根真菌能与80%的高等陆生植物形成AM共生体。在AM共生体中，真菌的生存依赖于宿主植物提供的碳源，同时，AM真菌又协助宿主获得矿质营养，抵御包括高渗在内的不利环境。目前已经发现一些真菌抗高渗相关基因，如 *HOG1* 基因通过激活信号转导途径下游抗逆相关基因的表达以响应周围环境的渗透压胁迫（Sun et al.，2020）。

（四）光照

光照是高等真菌生长发育所需的重要环境因子，对调控真菌生理周期、形态变化及代谢有重要作用。不同种类的高等真菌对光的需求各异，光作为信号分子与促进高等真菌原基分化、子实体形成、色泽、形态、产量及代谢产物关系密切（Sun et al.，2020；Karpenko，2010）。

通常情况下，高等真菌菌丝在黑暗状态下即可生长，但完全黑暗不一定是菌丝生长的最佳环境，一定强度的散射光对部分高等真菌菌丝的生长起促进作用。真菌子实体不同发育阶段对光强也有相应的要求。

除光强外，光质对真菌也有调节作用。光质可以看作光的波长，不仅可以影响菌丝的生长速度，也可影响菌丝营养物质的合成，同时也能调控子实体的发育和合成代谢。不同高等真菌的最适光质不同，同一种高等真菌不同时期的最适光质也不相同。此外，研究发现一定的光周期也能促进真菌的生长。

光被真菌感受并产生调节作用的过程被称为光信号通路，该诱导机制与真菌胞内的光受体蛋白、转录因子和差异表达基因有关，但具体的分子间相互作用并未研究得十分清楚。

（五）氧含量和二氧化碳含量

1. 氧含量　　真菌大多为严格的好氧菌，需要在氧气存在的条件下才能生长。多数酵母和少数丝状真菌为兼性厌氧菌，有氧条件下进行有氧呼吸，没有氧气时可通过无氧呼吸获得生命活动所需能量，其对乳酸或乙醇有一定的耐受能力，但某些病原真菌侵入宿主后需要改变并适应宿主的氧环境（Singh et al.，2021）。极少数的真菌，如瘤胃厌氧真菌，生命活动不需要氧气参与。瘤胃厌氧真菌属壶菌纲，其在超显微结构和生物化学性质上与需氧真菌有严格的区分，分布范围较为广泛，不仅存在于反刍动物的消化道内，还存在于单胃草食动物的盲肠中，能分泌大量高活性纤维素酶、半纤维素酶，可以快速降解植物细胞壁中抗性最强的多聚体组分（Hess et al.，2020）。

2. 二氧化碳含量　　高浓度 CO_2 对一些真菌生长有刺激作用，但对大多数真菌的生长具有抑制作用，且不同真菌对 CO_2 的耐受程度不同，在实验室培养过程中需要加以注意。自然环境中，CO_2 浓度升高影响植物生理代谢过程，导致植物根系分泌物的总量和化学组成发生改变，进而可能影响土壤微生物群落结构和生态功能。CO_2 也可以通过溶于水形成碳酸，改变环境 pH 进而对真菌产生影响。

（六）其他极端环境

在漫长的进化中，一些真菌产生了十分突出的抗逆特性，可以在一些极端环境中生存。例如，从南极沙漠分离的菌株 *Cryomyces* 表现出典型的适应温度变化的能力，不仅能在南极永冻的条件下长期生存，还能在高达 90℃的温度下胁迫 1h 后正常生长。2008 年被送往宇宙的两株真菌 *Cryomyces antarcticus* 和 *C. minteri*，经过 565d 的外太空处理后依然有 12.5% 的存活率（Bijlani et al.，2021）。

2008 年研究者在切尔诺贝利核电站泄露遗址发现了一种能利用核辐射的真菌，它们以核辐射能为能源制造营养物质，且核辐射能够刺激这种真菌生长。日本福岛也发现了类似的辐射吞食菌，辐射改变了真菌细胞内黑色素的电子特性，这种真菌依靠被改造的黑色素将 γ 射线和 β 射线转化为生长所需的化学能。这些菌类对辐射具有耐受性，并能在体内积累放射性核素（Dighton et al.，2008）。辐射可能诱导某些关键基因的表达量改变，涉及微同源介导的基因重组，从而实现了真菌的适应性进化。

第五节　定　向　进　化

现代分子生物学技术日渐趋于成熟，许多曾经因受限于样本而无法解决的科学问题，如具有单基因突变菌株的研究，如今可以在实验室的条件下通过人工诱变，从而获得具有目的表型样本。这个过程被称为定向进化（directed evolution）。定向进化策略通常依赖于人工选择压力和多代循环扩增来改进突变体，能够在较短的时间内有效地改变菌株的某些表型，最终得到所需的复杂表型。其成功与否主要取决于两点因素，即产生功能多样化突变体的能力以及鉴定出真正表型改进突变体的筛选方法。

定向选择是指在实验室条件下模拟达尔文进化过程，通过随机突变和重组，人为制造大量的突变，按照特定的需要和目的给予选择压力，对菌种的随机变异实现定向淘汰，与环境相适应的基因型得以保存，从而筛选出具有期望特征的表型，实现分子水平的模拟进化。图 6-3 表示一个抗生素诱导烟曲霉产生耐药性的实验（Zhang et al.，2015），这一过程中烟曲霉通过无性生殖的方式传代。

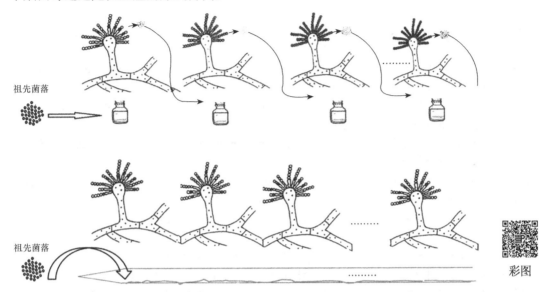

图 6-3　耐药烟曲霉的定向进化过程

红色代表有益突变，蓝色代表不利突变，颜色越深代表该突变对耐药性的影响越大。上方表示初代孢子被置入含有一定浓度抗生素的培养基中，在抗生素的选择压力下经过连续传代后，有益突变逐渐积累，最终形成具备一定程度耐药性的菌株。而下方表示没有抗生素的对照组在经过连续传代后，不同类型的突变随机产生与丢失，在无性生殖的条件下无法进行基因重组，不能有效地保留耐药性相关基因

实际上，在物种进化的过程中绝大多数效应较大的突变是有害的且是不完全显性的。它们只是通过突变进入种群基因库，但最终却经过定向选择被去除。

1960 年，Greenberg 和 Crow 发表了一篇里程碑式的论文，主要叙述了一项研究的结果，该研究的主旨是确定反复突变对种群的影响和近亲繁殖的有害影响主要是由于少数几个主要基因影响，还是由于一些单独影响较小的基因的累积活性。同时，这项研究示意效应较大的突变几乎都是隐形的，而小效应的突变几乎都是加性的。

对定向选择的描述给人的印象是，通过定向选择压力使最合适等位基因最终达到一个理想的频率，这对于中等频率的等位基因是可行的，但对于在种群中只有一个或几个拷贝的等位基因来说绝对不是正确的。这些等位基因受孟德尔定律的影响。可以发现，一个等位基因的单一拷贝的命运主要是由偶然决定的。如果它的频率适度，那么它的平均选择优势可以克服遗传漂变的影响。所以这里我们引入一个新的概念——选择强度，当物种群体中产生一个新的突变时，它的频率是 $1/2N$，在这种情况下如果想要由选择作用主导，那么选择强度就要大于遗传漂变的强度，否则在有限的种群中，一个新的有益突变会由于遗传漂变而丢失。所以这就要求在定向选择过程中对选择压力的选择强度要足够高，同时还不能超过种群的承受极限。

（杨恩策）

本章参考文献

Bijlani S, Stephens E, Singh N K, et al. 2021. Advances in space microbiology. IScience, 24(5): 102395.

Dighton J, Tugay T, Zhdanova N. 2008. Fungi and ionizing radiation from radionuclides. FEMS Microbiology Letters, 281(2): 109-120.

Foster M S, Bills G, Mueller G M. 2004. Biodiversity of Fungi, Inventory and Monitoring Methods. Amsterdam: Elsevier Academic Press.

Griffin D M. 1963. Soil moisture and the ecology of soil fungi. Biological Reviews of the Cambridge Philosophical Society, 38(2): 141-166.

Hess M, Paul S S, Puniya A K, et al. 2020. Anaerobic fungi: past, present, and future. Frontiers in Microbiology, 11: 584893.

Karpenko I V. 2010. Influence of light of different spectral composition on growth characteristics of microscopic fungi. Mikrobiolohichnyi Zhurnal, 72(6): 36-42.

Mueller G M, Bills G F, Foster M S. 2004. Biodiversity of Fungi: Inventory and Monitoring Methods. Burlington: Elsevier Academic Press.

Nilsson D E, Pelger S. 1994. A pessimistic estimate of the time required for an eye to evolve. Proceedings：Biological Sciences, 256(1345): 53-58.

Singh Y, Nair A M, Verma P K. 2021. Surviving the odds: from perception to survival of fungal phytopathogens under host-generated oxidative burst. Plant Communications, 2(3): 100142.

Sun S M, Chang W, Song F Q. 2020. Mechanism of arbuscular mycorrhizal fungi improve the oxidative stress to the host plants under salt stress: a review. The Journal of Applied Ecology, 31(10): 3589-3596.

Zhang J, Debets A J M, Verweij P E, et al. 2015. Asexual sporulation facilitates adaptation: the emergence of azole resistance in *Aspergillus fumigatus*. Evolution: International Journal of Organic Evolution, 69(10): 2573-2586.

第七章　真菌的协同进化

地球上没有生物是一个孤岛。所有的生物种群都经历了多种选择压力，大多数种群都是在与其他物种相互作用的过程中不断进化的。协同进化（coevolution）这一概念在 Ehrlich 和 Raven 于 1964 年发表的经典文章 "Butterflies and Plants: A Study in Coevolution"（《蝴蝶和植物：协同进化的研究》）中正式提出。协同进化一般是指相互作用的物种之间由自然选择驱动的相互适应的共同进化，即协同进化关系中的每个成员为了适应它与其他成员的互作都在不断进化。1980 年，Janzen 又对协同进化进行了严格的定义，他认为协同进化是一个物种的性状作为对另一个物种性状的反应而进化，而后一物种的这一性状本身又是作为对前一物种性状的反应而进化的。并强调其具有的三个特性：特殊性、相互性和同时性。随后，从生态学和进化生物学角度，学者主要把协同进化分为三大类别：成对的协同进化（pairwise coevolution）、扩散的协同进化（diffuse coevolution）和基因对基因的协同进化（gene-for-gene coevolution）。成对的协同进化强调的是两个物种之间发生的紧密协同进化，也可以称为"一对一的协同进化"，由于其定义极为严格，该类型在自然界中较少见，目前所知的是发生在寡食性甚至单食性的昆虫与其特定寄主之间，如黑燕尾蝴蝶（*Papilio polyxenes*）与具伞花序的胡萝卜类植物之间的关系（李典谟和周立阳，1997）。扩散的协同进化是指某一或多个物种的特征受到多个其他物种特征的影响而产生的相互进化现象（Howe，1983），这类协同进化强调选择压力复杂、来自众多其他物种，同时进化反应也改变了其他物种的选择环境。基因对基因的协同进化则强调进化发生在基因-基因相一致的物种间，如当宿主与寄生物存在抗性-毒力互补基因时（Thompson and Burdon，1992）。

第一节　种　间　关　系

生态系统是由生物群落组成的，而生物群落的核心是种间关系，明确种间关系是开展协同进化研究的关键。种间关系主要有三种类型：共生、对抗和竞争（Yoder，2016）。①共生关系又可具体分为偏害共生、偏利共生和互利共生。偏害共生是指一个成员受到伤害，而另一个成员既没有受到积极的影响也没有受到消极的影响，如植物的化感作用。而偏利共生关系中，一方受益，另一方既没有得到帮助也没有受到伤害，如生长在龟壳上的藻类。互利共生关系能使双方成员受益，如小丑鱼和海葵。其中，协同进化关系的种群间大多是互利共生关系。②对抗关系包括捕食和寄生，一般是一方受益（寄生物、捕食者），而另一方受到伤害（宿主、猎物）。③竞争关系中，双方为利用相同的资源斗争都会对另一方造成伤害。这些互作关系可能会随着时间、空间或生态环境的变化而在自然中发生变化，并且其改变结果对协同进化的发展趋势至关重要。在真菌中，我们根据物种间相互作用对每一物种的影响（有益"＋"或有害"－"），将协同进化物种的互作关系分为三大类，包括互利共生、对抗（含寄生和捕食）和竞争，并逐一举例示意（表 7-1）。

表 7-1　协同进化物种相互作用的主要种类

互作种类	对物种 1 的影响	对物种 2 的影响	举例
互利共生	+	+	植菌昆虫与共生菌；植物和菌根真菌；地衣真菌与共生藻；植物和植物内生菌
对抗（寄生/捕食）	+	−	宿主植物和植物病原真菌；昆虫（人类）和昆虫（人类）病原真菌；宿主真菌和菌寄生真菌；捕食线虫真菌和线虫
竞争	−	−	木腐菌争夺领地和营养；不同的病原物争夺同一宿主

一、互利共生

互利共生是协同进化物种最主要的共生方式，这种共生关系能使双方成员均受益。真菌与昆虫作为地球上种类最多的两大类群，在其生命进化的长河中，一些昆虫进化出了通过主动培养真菌作为食物的互利共生关系，这种互惠关系使得植菌昆虫和其共生真菌均能更好地利用资源、适应环境和占领新的生境。相同的共生方式也同样存在于真菌与植物之间。研究发现自然界中 97% 的植物都具有菌根，菌根（mycorrhiza）是植物与土壤真菌所形成的一种共生体（Harley，1989）。在这一共生体中，生活在植物根部的菌根真菌在获取必需的能量物质的同时又向植物的根系提供植物生长所需的无机物质。

二、对抗

（一）寄生/拟寄生

寄生物的生活史中有很大一部分是依附于寄主或在寄主体内进行的，寄生时宿主一般不会被立即或者直接杀死，如植物病原菌对宿主植物的寄生。拟寄生也是一种特殊的寄生方式，与真正的寄生不同的是，它最终会致使宿主绝育或死亡，如虫生真菌对昆虫的寄生（Ghoneim，2014）。寄生物与宿主间形成了特殊的协同进化系统。在宿主和寄生物相互作用的过程中，宿主的抗病性与寄主的感染性和毒力基因也在互相进化。1956 年，Flor 提出寄生物和宿主之间存在"互补基因系统"的概念，解释了基因不同的亚麻锈菌菌株能侵染部分亚麻品系，却不能侵染其他物种的现象。在此基础上，Mode（1958）建立了亚麻锈菌协同进化的数学模型，预测出具感染性的锈病菌株的选择会导致抗病宿主基因型频率的增加，同时这些抗病性更强的宿主转而会选择毒力更强的锈菌菌株。由此可见，协同进化是一个持续不断的过程，推动着生物多样性的形成，在寄生关系中有利于寄生物的生长繁衍，但严重干扰宿主的生长发育。一旦宿主灭亡，宿主特异性高的寄生物也会随之灭亡。

（二）捕食

捕食关系在动物世界中普遍存在，作为真菌的三大生存方式（腐生、共栖和捕食）之一，捕食在菌物的食物链能量和物质流动中也发挥着重要作用（Yang et al.，2007）。捕食线虫真菌（nematode-trapping fungi）是一类通过营养菌丝特化形成捕食器官来捕捉线虫的真菌，在全世界广泛分布。这类真菌可在土壤中营腐生生活，但当线虫猎物出现时它们会迅速转变为捕食者。那么这类真菌为何会进化出捕食生活方式呢？研究表明，捕食线虫真菌这种由腐生向捕食的生活方式转变是由营养水平和竞争造成的（Quinn，1987）。目前普遍接受的关于捕食真菌的起源假设认为捕食线虫真菌起源于富含有机碳但氮含量不足的环境中，需要通过捕捉线虫直接获得氮源从而在众多腐生真菌中获得竞争优势（Yang et al.，2012）。

三、竞争

在达尔文的《物种起源》中，竞争被视为生存斗争的一部分被首次提及（Darwin，1859）。Begon 等（1996）对竞争进行了具体定义：在资源有限（如光、水分、食物和空间等）情况下，有共同需要的生物之间产生相互阻碍或制约的作用，从而造成个体存活率、生长和繁殖能力降低的现象。在真菌中，以木腐菌为例，为了竞争领地和营养，拮抗的木腐菌会通过改变形态结构、产生挥发性和可扩散的化学物质来取得竞争优势（Hiscox et al.，2015）。

（范雅妮）

第二节　协同进化

一、基本概念

在阐述协同进化机制之前，需要先理解以下有关协同进化的术语。

（一）适合度

适合度（fitness）是衡量一个有机体长期生殖成功的指标，包括它的生存能力和繁殖速度。适合度的定义是复杂的且取决于生态环境（Proulx and Adler，2010）。从最普遍的意义上说，表型或行为策略的"绝对适合度"可以通过具有该表型的单个个体在其一生中产生的后代数量来衡量。

达尔文（1859）在《物种起源》中首次提到，适合度是衡量个体存活和繁殖成功机会的标尺，适合度越大，个体存活和繁殖成功的机会也越大，反之亦然。在此基础上，达尔文提出了适者生存的个体选择观点。由于种间相互作用中存在利他的相互作用如偏利共生等，这类互作反而增加了其他物种的适合度，用达尔文的这一理论无法合理解释，因此称达尔文的这一理论为"狭义适合度"。

个体的特征是由遗传和环境因素共同决定的。Williams（1966）认为无论有机体是否存活，一个基因应该倾向于任何有利于它在下一代延续的机制。在此基础上，出现了"广义适合度"的概念（Hamilton，1964a，1964b）。与狭义适合度衡量的尺度不同，广义适合度强调个体在后代中传递自身基因的能力。若基因能够成功复制自身并通过相关个体在全球传播，最大限度地把自身基因传递给后代的个体，则具有最大适合度。广义适合度的概念能很好地解释社会性昆虫中利他主义和社会等级制度的进化，如蜜蜂中大多数的个体放弃繁殖。因此，适合度是生物体或生物群体对环境适应的量化特征，只谈生物个体是不准确的。用适合度能够分析生物所具有的各种特征的适应性，并将其在进化过程中继续传递给后代的能力的指标。

选择的强度正是取决于个体间适合度的不同，称为"选择系数"（selection coefficient，s）。可以根据公式 $s=W'/W-1$ 来计算选择系数。其中，W' 为等位基因或不同表型的选择优势；W 为相对于野生型的适合度。因此，导致适合度增加的有益突变具有正选择系数，而有害突变的选择系数为负值。这种相对于其他个体的适合度称为"相对适合度"。明确适合度的概念后，有助于我们更好地理解协同进化。协同进化可以作为一个积极的或消极的过程发生，这正取决于一个物种对另一个物种的适合度效应即相对适合度的变化。协同进化物种的相互作用（共生、对抗和竞争）正是根据两个物种相互作用后双方的相对适合度改变结果划分的，如互利共生的双方均具有正选择系数。理解这些类型的相互作用及其适合度是理解协同进化结果的核心（Thompson，1982）。

（二）选择

所谓选择（selection），是环境条件作用下个体之间产生适合度变化的过程。作为达尔文适应性进化的基本机制，自然选择表明能最高效利用环境资源的生物体比具有相反特性的个体有更高的存活率和繁殖率。在各种选择模式历经了诸多争论之后（Dobzhansky，1970；Kaplan et al.，1989；Smith and Haigh，1974），可运用以下例子阐明目前普遍接受的自然选择的类型。

将二倍体种群中同一等位基因位点上的两个不同等位基因定义为 A 和 a，其中 A 是野生型，a 是突变型，f 表示适合度。①当 $f_{AA}=f_{Aa}=f_{aa}$，即三种基因型的适合度相等时，无选择作用。②当 $f_{AA}<f_{Aa}<f_{aa}$，即 a 表现为有利突变时，因具有最大适合度而被直接固定，此时发生定向选择（directional selection）作用。③当 $f_{AA}>f_{Aa}>f_{aa}$，即 a 表现为有害突变时，因适合度小而被清除，此时发生净化选择（purifying selection）作用。④当 $f_{AA}<f_{Aa}>f_{aa}$，即杂合子为有利变异，具有最高适合度时，此时平衡选择（balancing selection）起作用，因此该群体在该位点上不仅有利突变被平衡选择长期保留下来，并且还会保留两个甚至更多的等位基因数以维持最高的种群杂合度。

定向选择和平衡选择统称为正选择（positive selection），起维持有利变异的作用；净化选择又称为负选择（negative selection），起清除有害变异的作用。进化和选择息息相关，红皇后协同进化和军备竞赛式协同进化分别是由频率依赖选择和定向选择驱动的。

1. 频率依赖选择　　频率依赖选择（frequency-dependent selection）能维持种群中的遗传多样性，是一种由种群中特定表型或基因型的频率和该表型或基因型的适合度之间的关系所驱动的自然选择形式。频率依赖选择可以是正的，也可以是负的。当适合度是频率的负函数时，频率依赖选择是负的，负频率依赖选择是驱动对抗性协同进化的主要机制之一（Hori，1993；Neiman and Koskella，2009；Burdon et al.，2013）。Haldane（1949）以宿主-寄生物互作模型为例，首次提出有利于稀有基因型或表型的选择，可能驱动对抗性协同进化。他认为一种寄生物能不成比例地攻击普通宿主类型正是因为寄生物已经适应了利用一个普通宿主的资源。当宿主出现一种罕见的"生化表型"突变时，随之赋予了宿主很强的抗性，因为寄生物还没有机会适应这种罕见的宿主表型。由于罕见宿主不成比例地未被寄生物侵染，它们相对于被严重侵染的普通宿主具有较高的适合度，因此不会在很长时间内保持罕见。同时，寄生物降低了普通宿主的适合度，以至于普通宿主很快就变得罕见，其时间将取决于寄生物适应情况落后于宿主的变异程度（Dybdahl and Lively，1998）。这说明宿主的罕见性可以提供一种极佳的适合度优势，当宿主适应了原先不熟悉的宿主基因型时，这种优势就会消失，从而阻止了普通宿主基因型的固定，避免了罕见宿主基因型的丢失（Levin，1975；Clarke，1976；Jaenike，1977；Hamilton，1980；Hamilton et al.，1990）。与定向选择不同，负频率依赖选择有利于罕见的基因型，从而可保持高水平的遗传多样性。

2. 定向选择　　定向选择（directional selection）一词是由 Vanderplank（1963）在植物病害流行学中提出的新术语。以植物与病原物为例，如果人们引用一个抗病基因来育成新品种，这样的定向选择导致病原物群体的毒力发展，毒力小种（或基因）频率上升，因为只有与抗病基因相适应的毒力小种才能更好地存活。定向选择偏向选择更极端的表型值（如毒力或抗性），即将某一极端的变异保留下来而淘汰掉另一极端的变异，使种群朝某一变异方向逐步发展。定向选择可以是正的，即较大的表型值具有较高的适合度；也可以是负的，即其中较小的表型值具有较高的适合度。而定向选择被认为是军备竞赛式协同进化的主要选择来源。在定向选择下，相对适合度随着表型值的增加（正方向选择）或减小（负方向选择）而增加。Dawkins 和 Krebs（1979）认为，对协同进化的宿主和寄生物所施加的正方向选择可能会导致宿主对寄生物不断地产生更大的抗性，而寄生物则会通过不断增强毒力或进化出新的机制以逃避宿主免疫。基于定向选择的军备竞赛式协同进化模型并不像负频率依赖选择一样能产生罕见的优势，相反，宿主抗性和寄生物毒力是个体基因型的固有特性，而不取决于其他基因型的频率。在这种情况下，重复的选择性清除抗性宿主和毒力寄生物，将导致宿主和寄生物相互适应与进化。并且一方一旦被反适应克服，就不会再次产生抗性或毒力（Woolhouse et al.，2002；Burdon et al.，2013）。

（三）协同进化模型

目前普遍接受的关于协同进化的模型包括由频率依赖选择驱动的红皇后协同进化和定向选择驱动的军备竞赛式协同进化。它们的一个重要区别是通过军备竞赛能获得不断进化出新功能的潜力，如在对抗关系中进化出新的反适应性状，选择作用后的某一变异将固定下来，而其他变异将丢失（Kerns et al.，2008；Daugherty and Malik，2012）；而红皇后协同进化模型是完全基于负频率依赖选择，依赖于长期的遗传变异，避免基因型的固定，存在适应与反适应周期，但并不能刺激新功能的进化（Ebert，2008）。

1. 红皇后（Red Queen）假说　　红皇后一词来源于 Lewis Carroll 的《爱丽丝镜中奇遇记》一书，书中红皇后对爱丽丝说道："在这个国度中，必须不停地奔跑，才能使你保持在原地"。而自然界中的物种生存状况就像红皇后所言的情景，生物体可能需要不断进化适应周围的变化才能避免灭绝。进化生物学家提出的红皇后假说是指为了避免灭绝，物种（或种群）必须不断进化出新的适应性，以应对其他生物的进化改变。它作为解释协同进化的假说，特别强调了物种生存环境中的生物学因素，并指出当前的适应并不能保证未来的成功，具有大的进化潜力的物种才能获得长远的竞争优势。红皇后假说能较好地解释有性生殖的进化，当寄生物（或其他选择性因子）能专一性地选择常见的宿主基因型时，频率依赖选择有利于寄主群体的有性生殖，即宿主若能通过有性生殖重组产生新的基因型，则有利于增加适合度或适应性。此外，该假说描述了在数百万年里协同进化关系下的物种灭绝概率是相对恒定的，这与大部分化石记录是相一致的。物种间的相互作用使得物种在其生存期间绝灭的风险相对恒定：后代与祖先，新物种与老物种绝灭的机会几乎是相同的。一个物种的进化改变而导致另一个物种的灭绝的概率，应该独立于物种的生存历史。

2. 军备竞赛（arms races）　　当一个物种适合度的增加，降低了另一个物种的适合度时，就会发生对抗性协同进化。这种持续的对抗关系通常被称为军备竞赛式协同进化。这种类型的协同进化是由定向选择所驱动的，可以导致协同进化的双方相互获得新的适应。每个物种所使用的进化策略都是为达到减轻另一物种对自己造成的危害的目的，因此可能导致了永无止境的适应与反适应周期。军备竞赛通常表现为捕食者和猎物、宿主和寄生物之间的进化动力。最为典型的军备竞赛存在于捕食者和猎物系统中。军备竞赛理论由 Fisher（1930）首次提出，他指出：在进化过程中，随着捕食者不断提高捕食效率，在选择压力作用下猎物也会不断增强逃避捕食者的能力，由此形成了复杂的适应与反适应关系，促进二者持续不断地协同进化。例如，捕食者在进化中发展了利爪、锐齿、毒牙等多种工具，通过运用诱饵等方式提高捕食效率。相应地，猎物也发展出了保护色、拟态、假死等多种方式以有效逃避捕食者。

同一物种间同样存在着对抗协同进化，因为一个物种中不同的个体有着不同的进化利益，选择是针对个体起作用的，而不是种群或物种。由此，同一种群内的个体采用的进化策略，可能是选择以牺牲他人为代价来增加自身的适合度（Stewart and Pischedda，2016）。种内协同进化的军备竞赛可以包括任何拥有不同最大适合度策略的个体，也可以包括竞争的雄性或雌性之间的冲突（性内的冲突）、父母与子女之间的冲突、兄弟姐妹之间的冲突、性别之间的冲突（两性间的冲突）等。

综上所述，协同进化能使个体以最小的代价或成本实现自身在自然界中存活与繁殖后代（最大适合度），协同进化的双方处于不断的军备竞赛中，促进双方不断发展相互适应的共同进化。

二、分子机制及表征

（一）中性学说

1968 年日本遗传学家木村资生首先提出了分子进化的中性学说（the neutral theory），打破了一直以来以达尔文为代表的自然选择学说，进一步丰富了人们对进化生物学领域的理解。中性学说认为分子水平上的突变大多数是中性或近中性的，自然选择对它们不起作用，决定分子进化的因素是随机遗传漂变。所谓遗传漂变（genetic drift）是指在种群中发生的由于抽样误差造成的基因频率的随机波动（Ridenhour，2016）。遗传漂变是分子进化的基本动力，它对进化的影响与种群规模有关，其中较小的种群规模有最大的抽样误差。中性学说认为不受自然选择压力的中性突变，通过随机的遗传漂变在群体中得到固定和逐渐积累，可以实现种群的分化，从而导致新物种的出现。

King 和 Jukes（1969）进一步肯定了中性学说，提出导致分子水平上的突变大多数是中性的和近中性的原因主要有两方面：①存在同义突变，即密码子简并性的存在，致使密码子的突变并不引起氨基酸的替换；同时也存在氨基酸的保守替换，即物化性质相似的氨基酸之间的替换，如极性氨基酸替换另一个极性氨基酸，这种替换不影响蛋白质功能和性质。他们发现约 25% 的密码子变换为同义突变，并且氨基酸替换中保守替换可高达 68%。正是因为同义突变和保守替换不改变或很少改变分子的结构与功能，所以在选择上是中性的或近中性的。②生物体内的 DNA 非编码区和基因内含子区所发生的核苷酸替换及不翻译成蛋白质的假基因中所发生的变化，都不会影响蛋白质的功能或表达。

此外，中性学说还提出分子进化的速率由中性突变的速率所决定，也就是由核苷酸和氨基酸的置换率所决定。分子的进化速率恒定并不是严格的，而是漫长的时间内的平均值。基因不同，进化速率也不同，但同一基因的进化速率在不同物种中却是相同的。基于该理论，分子钟这一用来衡量不同物种间的进化关系的工具出现了。随着全基因组测序的发展，分子进化研究在探索物种的起源中发挥了越来越重要的作用。

但事实上，中性学说和达尔文的自然选择学说并不是对立的，可把中性学说看作在分子水平上对达尔文学说的补充和发展，以更好地理解生物进化。木村资生（1968）强调中性学说并不否认自然选择在决定适应进化过程中的作用，但他认为在进化过程中只有极少部分的 DNA 变化是为了适应，而大多数对表型无影响或影响很细微的分子替换（它们对生物的生存和繁殖并没有产生重大的影响）却是通过随机漂变在种内固定下来的。

（二）中性检验模型

自然选择和中性理论仍然存在争论。为了更好地明确二者在进化中发挥的作用，人们创建了几种常用的、在分子水平上自然选择的检验方法。

1. 基本概念　在介绍检验方法之前，需要先明确几个基本概念。

（1）选择性清除　选择性清除（selective sweep）也称为搭车效应，是指由于受选择的连锁效应和突变的自然选择，一个突变位点相邻 DNA 上的核苷酸之间的差异下降或消除，也就是有利突变产生后被正选择固定下来，而与此位点连锁的染色体区域，因搭车效应也被固定下来。因此，当完全的选择性清除发生时，在没有重组的情况下，群体里所有个体都只享有该有利突变及其连锁位点的变异所形成的这一单倍型，而其他单倍型都被清除掉（Kaplan et al.，1989）。

（2）瓶颈效应　瓶颈效应（bottleneck effect）是指由于环境的激烈变化，群体的个体数急剧减少，甚至面临灭绝，存活的少数个体的基因频率与原群体的基因频率发生显著的改变，类似于少数群体基因型通过瓶颈得以延续，这种由于群体数量的消长而对遗传组成所造成的影响称为瓶颈效应。

（3）基因流　基因流（gene flow）是指基因从一个种群迁移到另一个种群，使种群原有的基因频率发生改变（Ridenhour，2016）。基因流与个体迁移不同，它强调的是短暂个体的基因在它们所去的种群中得以遗传。举例来说，如果一个个体去到另一个种群并成功交配，然后又回到自己的种群，那么基因流动就可以在没有迁移的情况下发生。

（4）漂变平衡论　漂变平衡论（shifting balance theory）是 Wright 在 1932 年提出的关于物种适应性进化论，该理论研究了本地适应如何在亚种群中发生。认为当一个种群分裂成具有独特适应能力的亚种群后，紧接着基因流动的重新建立，适应性进化发生得更快。从本质上讲，复合种群中的各种群可能短暂地由于遗传漂变而变得不适应，但在经过一个不适应的表型空间后，能通过自然选择而获得一个新的更高的适合度峰值。一旦达到一个新的适合度峰值，基因流就可以向其他种群输出更多适合的基因型。

2. 检验方法　上述检验方法的统计学原理均以中性假设作为检验的零假设，当中性零假设被显著地拒绝时，则认为检测到了自然选择的信号。有 5 种常用的分子水平检验方法：基于群体内等位基因频率分布的中性检验、基于种群分化的检验、基于种内多态性（intraspecific polymorphism）和种内分歧度（intraspecific divergence）的比较检验、基于连锁不平衡（linkage disequilibrium）检验和基于编码序列非同义与同义突变的比值检验。

（1）Tajima's D　　由日本学者田田文雄（Fumio Tajima）创建的 Tajima's D，是针对群体内的等位基因频率被运用得最广的中性检验模型之一。Tajima 的理论依据是当把过多低频率等位基因（稀有等位基因）的存在视为定向选择时，选择性清除会削弱原有等位基因在群体中的频率，而使新等位基因以低频率补充进来成为稀有等位基因（Tajima，1989）。而中等频率的等位基因占主导时，则视为平衡选择的结果，或是种群大小在经历瓶颈时使稀有等位基因丢失。通过统计 DNA 总样本中分离位点（多态性的 DNA 位点）总数的标准化度量，以及成对样本之间的平均突变数，以计算两种遗传多样性测量值之间的差异并按比例调整，以便在中等规模的恒定大小的群体中预期它们是相同的。其检验目的是区分随机突变的 DNA 序列（中性）和在非随机过程中突变的 DNA 序列，在突变和遗传漂变之间的平衡中识别不符合中性理论模型的序列。因此，当 Tajima's D 值显著大于 0 时，推断存在瓶颈效应和平衡选择；当 Tajima's D 值显著小于 0 时，推断存在群体规模扩张和定向选择下的选择性清除的发生。只要 Tajima's D 值显著背离 0，就可能是自然选择的结果；而当 Tajima's D 值不显著背离 0 时，则支持中性零假说。

（2）Lewontin-Krakauer test　　当运用到基因组大尺度数据时，人们倾向使用 Lewontin-Krakauer test（Lewontin and Krakauer，1973）这一基于种群分化的检验方法。通过利用群体遗传分化系数 F_{st}（Wright，1931），根据群体间的分化程度来推断自然选择的作用。认为群体间的基因流会使大多数位点形成较为平均的遗传分化程度，除了一些明显的异常值。这些异常值大体上可以反映两个方向上的选择：适应性选择能在某些位点上产生异常的高水平遗传分化，而平衡选择则有可能产生低于平均水平的遗传分化。因此，比较异常位点与正常位点的遗传分化程度，就能推断出自然选择是否存在。

（3）基于编码序列比对的非同义与同义突变比值的中性检验　　根据中性理论，通常绝大多数的非同义突变都被视为有害突变，而在固定过程中被净化选择所淘汰；而同义突变被认为是中性或近中性的，而被随机遗传漂变所固定。据此，Kimura（1977）最先提出基于编码序列比对的非同义与同义突变比值的中性检验，在蛋白质编码基因中，每个非同义位点的非同义替换数（dN）小于每个同义位点的同义替换数（dS）即 dN<dS，若没有任何选择作用，则所有突变都是中性或近中性的，即 dN=dS。中性理论并不排斥净化选择（负选择）的作用，所以当 dN≤dS 时，可以认为大多数被固定下来的突变是中性或近中性的。反之，dN>dS 时，则认为非同义突变是有利突变而被正选择固定下来。通过检测 dN/dS（也写为 Ka/Ks）是大于、小于还是等于 1，能有效检测编码序列的自然选择作用。

（三）共物种形成

物种形成过程一直是进化生物学研究的核心内容之一（Darwin，1859）。随着物种形成概念的不断深入，共物种形成（co-speciation）的概念也被提出来了。共物种形成是指一个世系作为另一个物种形成事件的结果而（通过进化）形成物种的过程，它只与物种有关，它是两个紧密互作的物种间共进化的重要形式。共物种形成的概念源于法氏定则的提出。Fahrenholz（1913）提出寄生物和它们的寄主是同步形成物种的假设，即寄生物的系统发育应该反映宿主的系统发育。这个过程是由两个或两个以上的、具有生态关联的世系联合形成（共同进化）的，现在称之为平行分支进化（parallel cladogenesis）、共物种形成（co-speciation）或共系统发育（co-phylogeny）。共系统发育研究的是存在相互作用的生物间的进化历史，提出了宿主-寄生物系统发育一致性的假设，这也是共物种形成的结果。即如果没有其他因素干扰共物种形成过程，那么寄生物和宿主的系统发育树应该具有相同的拓扑结构（彼此完全成镜像，图 7-1）（Langerhans，2008）。

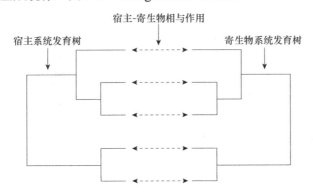

图 7-1　假定的寄生物和宿主的系统发育树证明了共物种形成（共系统发育）（引自 Langerhans，2008）

实际上，所有的系统发育都不是完全一致的。共物种形成过程受到了多种因素的干扰，如宿主的转换（寄生物在一个新的宿主物种上进化出生存能力）、寄生物成员的灭绝、寄生物独立于宿主形成了物种、寄生物无法定殖于一个宿主物种的所有后代上或者当宿主已经形成物种时寄生物也没有形成物种等（Paterson and Gray，1997；Johnson and Clayton，2004），这就导致了共物种形成很难被寻找到。其中，宿主的特异性是共物种形成的重要影响因素，如果寄生物不具有与宿主的强烈联系，那么宿主的差异就很有可能不会对寄生物产生很强的影响，而共物种形成也不会发生。

共物种形成不仅能增加物种的多样性，还能增强生物适应和利用其环境的能力，如菌根菌与其共生植物。协同物种之间各物种以种群为单元，以对方的进化选择因素为条件，持续地相互作用而引起相互物种形成。值得强调的是，只有相互变化引起的相互物种形成，才可看作共物种形成，共物种形成并非按同一进化速率进行，也并非一方的物种形成自动导致了另一方的物种形成。最著名的共物种形成的例子是囊鼠和它们的专性寄生物羽虱（Hafner and Nadler，1988），而在真菌中同样存在共物种形成事件。麦角菌科中植物内生菌与其禾本科植物宿主之间的共物种形成也是很典型的，它们之间存在明显的共进化关系（Page，1994；Paterson et al.，2004）。此外，冬虫夏草菌与其宿主蝙蝠蛾之间也存在共物种形成事件的发生（张姝，2013）。目前，随着系统发育数据和更复杂的建树方法的广泛使用，系统发育学在协同进化研究中发挥了越来越重要的作用。

（四）多物种协同进化

关于协同进化的研究大都集中在成对物种间的协同进化上，而自然界中能发生相互作用的物种体系通常涉及两个以上物种，即扩散的协同进化更为常见（Janzen，1980）。1994年 Hougen-Eitzman 和 Rausher 明确提出了扩散协同进化的一般定义，以及区分成对的和扩散的协同进化的特定标准。他们提出在一个由多个食草动物和一个宿主物种组成的系统中，需要同时满足以下三个条件，才能说明协同进化是成对的：①宿主对不同食草动物的敏感性（抗性）在遗传上是不相关的；②一个食草动物的存在与否不影响其他食草动物造成的损害量；③一个食草动物对植物适应性的影响不取决于其他食草动物的存在与否。如果其中任何一个条件不满足，则协同进化是扩散的。

在成对进化中，一对物种之间存在强烈的直接相互作用，且独立于其他物种的存在与否。而扩散进化则由间接的相互作用导致，一对物种之间的相互作用则会受到其他物种存在的影响（Gould，1988；Strauss et al.，2005；Wise and Rausher，2013）。扩散的协同进化意味着多个物种在相同或不同的营养水平上，可能同时对彼此施加选择性压力，并受到其他成分成员的变化的影响。扩散的协同进化也经常被用来解释各种性状的出现，如对大部分寄生生物有效的普适性防御机制的出现（Fox，1981；Futuyma，1983；May and Anderson，1983）。植物和草食动物之间存在一系列反复发生的相互适应事件，从而导致植物中产生了高度多样化的防御化合物，从而形成了与草食动物协同进化的适应策略（Ehrlich and Raven，1964；Gould，1988；Harborne，1988）。但由于多物种协同进化的复杂性及一个物种受多个物种协同作用，目前还尚未对其进行详尽的研究。以植物群落为例，几种类型的食草动物、替代寄主植物、潜在的竞争植物和可能直接对食草动物或植物做出反应的较高营养级物种都可能影响群落，一个群落成员引起的变化可能影响许多物种。

协同进化可以起源于地球上许多常见的物种相互作用，如物种间的资源竞争、捕食者与被捕食者的相互作用、宿主与寄生物的相互作用、植物与草食动物的相互作用，以及花与传粉者的相互作用等。随着测序技术和多组学方法的快速发展，越来越多协同进化的实例被逐一揭示。

（范雅妮）

第三节　共生协同进化

真菌能与自然界中许多生物形成互利共生关系，这是陆地生态系统生物多样性格局形成的重要驱动力，具有重要的生态学和生物学意义。研究表明，90%以上的植物可以与菌根真菌形成互利共生关系（Hodge and Storer，2015）。自然界中常见的还有地衣真菌和其共生藻/蓝细菌，以及禾本科植物和其内生菌的互利共生。不仅如此，几乎所有的动物都可以与微生物形成稳定的共生关系，如肠道微生物已经证明不仅能协助宿主分解食物和吸收营养，还参与宿主器官发育和免疫等方面，一些昆虫则进化出培育真菌作为食物的共生关系等。

一、真菌与植物共生

（一）菌根真菌

1885 年，德国植物生理学家和森林学家 Frank 第一次发现树木的根系可以和一些真菌菌丝共生结合。随后，他把树木根系和真菌的共生体命名为"菌根"（mycorrhiza）。在接下来的一个世纪里，众多学者对此共生体的侵染过程和共生关系开展了深入的研究。在维管植物中，这种关系被称为"菌根"；而在非维管植物中［植物细胞中存在与有根植物非常相似的真菌菌丝圈（coils）和/或丛枝的结构］则被称为"类菌根"（mycorrhiza-like）（Read et al.，2000），这种共生体几乎分布于所有的生态系统中。菌根真菌会为植物提供 80%的氮和 100%的磷（Jakobsen et al.，1992；Smith and Smith，2011；Luginbuehl et al.，2017），供给植物生长和繁殖，反过来真菌会从植物处获得 20%的有机碳化合物（Jakobsen and Rosendahl，1990）。菌根真菌在陆生植物养分吸收和抗逆境胁迫中起着至关重要的作用，并对微生物和植物群落的组成产生显著影响。菌根真菌也是陆地碳封存的主要驱动者，因而也是陆地植物进化学、生物学和生理学研究的重点对象。

自然界 80%以上的植物根系能与真菌形成菌根共生体。能够形成菌根的真菌广泛分布于球囊霉门（Glomeromycota）、毛霉菌门（Mucoromycotina）、子囊菌门（Ascomycota）和担子菌门（Basidiomycota）（Field et al.，2015；Orchard et al.，2017），这种互利共生的关系对于植物登陆和多样性形成很重要（Field et al.，2012）。根据宿主植物和共生结构的特征，共生菌根可以分为外生菌根（ectomycorrhiza）、丛枝菌根（arbuscular mycorrhiza）、内外生菌根（ectendomycorrhiza）、欧石楠类菌根（ericoid mycorrhiza）、浆果鹃类菌根（arbutoid mycorrhiuza）、水晶兰类菌根（monotropoid mycorrhiza）和兰科菌根（orchid mycorrhiza）。在长期进化过程中，不同的菌根真菌类群为适应与植物的共生生活方式，可能发生了趋同进化，从而形成了相似的共生体形态结构和生理特征。其中，丛枝菌根真菌（arbuscular mycorrhizal fungi，AMF）是最常见的菌根真菌，它能够占土壤微生物总含量的 10%以上（Fitter et al.，2011）。丛枝菌根中的球囊霉属真菌与植物的共生，最早可追溯到奥陶纪植物首次登上陆地之时。植物可以从真菌处获得可利用的矿质营养，同时给真菌提供碳水化合物（Lewis and Harley，1965）和脂质（Jiang et al.，2017；Keymer et al.，2017），这与迄今为止发现的植物与菌根真菌的联系十分相似（Smith，2009）。

结合细胞学、分子生物学和生理学的研究证据，可以证实早期的植物-真菌共生体的协同进化作用之一就是帮助无根植物完成从水生到陆地的迁移（Redecker et al.，2000），以及后续陆地植物多样性的形成（Selosse and Le Tacon，1998）。基于真菌大规模基因组测序和分子时钟的推测结果表明，真菌从腐生演化到共生经历了约 2 亿年。在该长期演化过程中，多数外生菌根真菌已经丢失了大多数腐生真菌祖先中编码木质素和纤维素降解酶的基因，同时大多也缺乏蔗糖转化酶和蔗糖转运蛋白编码基因（Miyauchi et al.，2020）。由此推测，腐生真菌向外生菌根演化的主要机制是通过糖基转移酶或水解酶基因丢失，限制了其对植物细胞壁的水解作用，从而使其能够适应植物根系环境。此外，每个独立进化的外生菌根谱系都进化出了物种特有的新基因，结合从家族祖先保留下来的基因一起发挥共生作用。

（二）细根内生菌

细根部内生真菌（*Glomus tenue*）会侵染苔藓植物（bryophytes）、蕨类植物（ferns）（Turnau et al.，2008）及维管植物的根（Orchard et al.，2017），它们产生丛枝的能力导致它们最初分类为丛枝菌根中的球囊霉属，但是它们的定殖形态有别于丛枝菌根真菌。

最近的研究表明，细根内生菌（fine root endophytes，FRE）是毛霉亚门真菌的成员（Orchard et al.，2017），与几个被 Field 等（2016）和 Rimington 等（2016）从苔类和石松

纲中鉴定的毛霉亚门真菌相关，这使得细根内生真菌成为唯一已知的除了球囊菌门之外能够产生丛枝的真菌。Orchard 等（2016）所做的宏基因组分析（meta-analysis）表明细根内生菌很可能是一个物种组，它存在于全球分布的很多生态系统并且可以侵染很多科的维管植物。在加拿大和新西兰，细根内生菌普遍存在于农作物和牧草物种的根部，它们已经可以与扰动环境或者极端环境下生长的植物及早期演替的植物建立联系（Turnau et al.，1999；Sigüenza et al.，2006；Orchard et al.，2016），并且给宿主植物提供生长优势。但是我们对于这类真菌和植物之间的关系、细根内生菌和丛枝菌根真菌进化的关系都知之甚少，如它们是如何在植物物种间，甚至是单个植物根段间演变成共存的（Orchard et al.，2017）。最近从蕨类植物 *Psaronius* 根幔二叠纪的化石标本中鉴定出了细根内生菌（Krings et al.，2017），由此引发了一个关于细根内生菌和丛枝菌根真菌之间进化关系的问题，而要解决上述问题，当务之急是需要建立有效的细根内生菌的研究方法。

（三）分裂营养型真菌

菌根真菌与植物根系共生多为互惠互利的关系，很少对植物造成危害。与之相反，自然界中很多真菌可以侵入植物体，靠宿主的养分营寄生生活，对植物产生严重危害。但在一些特殊条件下，对多数植物造成危害的病原真菌也可与另一些植物形成良好的共生关系。

常见的植物病原真菌炭疽菌（*Colletotrichum tofieldiae*）是西班牙中部高原上分布的一类拟南芥种群中特有的内生真菌。以拟南芥为代表的十字花科植物缺少菌根共生所需的植物信号通路，是少数没有菌根的植物之一（Hiruma et al.，2016）。缺磷条件下，拟南芥通过免疫反应启动磷酸盐饥饿反应（PSR）系统，诱导 *C. tofieldiae* 在根上定植，但不引起植株疾病，*C. tofieldiae* 可将大量磷酸盐转移到嫩枝上，促进植物生长（Hiruma et al.，2016）。但这种有益的共生关系仅在缺磷的条件下才存在，西班牙中部高原土壤极度缺磷和该拟南芥具有的先天免疫反应，即吲哚硫代葡萄糖苷代谢，是 *C. tofieldiae* 从植物致病菌向植物有益共生菌转变的重要驱动力（Hiruma et al.，2016）。在该合成途径缺乏的情况下，*C. tofieldiae* 成为危及拟南芥生命的一种病原体。基于基因组和转录组的研究表明，与拟南芥形成有益共生关系的 *C. tofieldiae* 和致病菌 *C. incanum* 亲缘关系较近，具有相似的基因组，并能够侵染相同的宿主植物。二者在 880Mya 才出现了如分泌效应蛋白减少、几丁质结合和次级代谢相关蛋白的扩展，以及致病性相关基因的有限激活等分化，这种基因库的细微改变并非基因库的大规模重塑，导致了 *C. tofieldiae* 从对植物致病到与植物共生的进化（Hacquard et al.，2016）。但由于这种进化发生的时间相对较短，*C. tofieldiae* 基因组中仍然保留大量与致病性或腐生相关的基因，使其可在适当的条件下恢复致病性（Hacquard et al.，2016）。

类似的情况是核盘菌（*Sclerotinia sclerotiorum*），一种广泛存在于双子叶植物中的病原菌。最近研究发现其可以在麦类、水稻、玉米等单子叶植物体内生长，对赤霉病、条锈病和稻瘟病的发生具有抵抗作用。作为一个活体营养物，内生核盘菌可通过修饰小麦抗病和光合作用相关基因的表达，提高 IAA 表达水平，影响宿主植物的生理代谢（Tian et al.，2020）。同时，也可通过直接或间接地影响植物微生物组的组成和功能，进而影响宿主植物的生长和抗病性（Tian et al.，2020）。

基于炭疽菌和核盘菌在不同寄主上表现出的"相反的生活方式"，即单个菌株在一种植物上是具有破坏性的病原体，而在其他植物上可作为植物的有益内生菌或共生菌存在，Tian 等（2020）提出了"分裂营养"（schizotrophism）这个术语用于描述这种现象。分裂营养现象在自然界中可能普遍存在，具有重要的生态学意义和农业应用价值。一方面，分裂营养微生物可能在调节自然生态系统的物种组成方面起重要作用。例如，在某些情况下，具有分裂营养内生菌的健康植物可能将这些内生菌传播到其他寄主植物上成为破坏性的病原菌，导致寄主植物种群衰退并被具有该内生菌的植物种群取代。另一方面，分裂营养现象也提示我们可通过如轮作、间套作等方式打破病原菌对单一寄主植物的寄生，并利用可能形成的有益内生菌体系增加作物抗病性和生长，或利用真菌病毒介导核盘菌毒力失活，从而获得具有内生菌潜能的低毒力核盘菌菌株等，促进环境友好型的生物防治剂的开发和利用。

（四）地衣共生体

地衣（lichen）是最典型的微生物共生体，是一类经过漫长生物演化形成的具有高度遗传稳定性的生物有机体，是由真菌（以子囊菌为主，少数是担子菌）和绿藻共生或者和蓝细菌共生形成的特殊共生体。地衣共生体中的蓝细菌/绿藻通过光合作用为其共生真菌提供营养物质，而共生真菌为与其共生的蓝细菌/绿藻提供了适宜的水分、养分、空间等生存环境，使得地衣具有顽强的生命力和极强的环境适应性（Huneck，1999；Piercey-Normore and Depriest，2001；Kaasalainen et al.，2017；魏江春，2018）。地衣被称为大自然的拓荒者，其分布面积约占陆地面积的8%，遍布南北两极、森林、草地、冻土、高山及荒漠等生态系统，在生态系统演替和物质循环过程中具有重要功能（Huneck，1999；Asplund and Wardle，2017）。构成地衣的真菌称为地衣型真菌，它作为地衣共生体的建群种，对地衣的形态、结构及繁殖具有重要影响，并且相对于共生的蓝细菌/绿藻具有非常多的物种多样性。因此，地衣学家认为地衣的系统分类地位属于真菌界，并将地衣型真菌的分类地位名称作为地衣的学名（魏江春，2018）。目前，全世界已报道的地衣约525属13 500种，其中约有13 250种（占98%）地衣属于子囊菌门（Ascomycota），另有约250种（占0.4%）地衣属于担子菌门（Basidiomycota）（李文超，2008）。

古生物学研究发现，早在6亿年前海洋中的藻类和真菌就已经形成相互依存的共生关系，它是真菌和藻类经过长期的演化形成的共生体，对于研究协同进化和物种形成具有重要意义（Yuan et al.，2005）。在漫长的进化过程中，真菌与蓝细菌/绿藻之间的相互作用使地衣产生了一些特有的性状及功能，如对共生菌和共生藻的生存均有利的形态及生理结构、能够合成某些地衣所特有的次生代谢产物等（Huneck，1999；Divakar et al.，2015；Nelsen et al.，2020）。地衣共生体最外面一层是由相互交织的真菌菌丝组成，可以保护共生藻细胞免遭强光照射及物理损伤；藻胞层是由藻类或蓝细菌细胞构成，这个部位具有足够的空间以储存空气和水分，有利于共生藻进行光合作用；髓层是由蛛网状疏松的交织菌丝所构成，其中的空隙可以容纳大量的水分和地衣特异的代谢产物（Huneck，1999；Piercey-Normore and Depriest，2001；Werth，2011）。这些独特的生理结构有效地保障了其在岩石、沙漠等极端环境条件下的生存。此外，地衣型真菌与藻类在协同进化的过程中形成了紧密的共生关系。大量分离实验表明，将藻类与真菌从地衣中分别分离出来培养，藻类能继续生长而真菌却死亡，说明地衣型真菌对共生藻有很大的生存依赖性（Huneck，1999；Piercey-Normore and Depriest，2001；Werth，2011）。因此，地衣共生体并非真菌与藻类的简单组合，而是二者在长期的相互作用及协同进化过程中形成的一种相互依赖并能够长期互惠的共生体（holobiont）。此外，地衣共生体与真菌的进化也具有一定关系，王海英（2008）分析了数百种地衣型和非地衣型子囊菌的基因数据，发现地衣共生体对子囊菌的演化具有一定影响，并推测真菌可能是以地衣共生体的方式登陆的，而地衣型真菌则可能是子囊菌的祖先（Lutzoni et al.，2001）。近期一项研究在欧洲第三纪琥珀中鉴定出 152 种新的地衣化石，发现大多数化石中的地衣型真菌具有子囊菌纲的特征，进一步支撑地衣型真菌与蓝细菌/绿藻协同进化的重要意义（Kaasalainen et al.，2017）。

二、植菌昆虫与共生菌协同进化

（一）植菌昆虫和昆虫菌业

植菌昆虫（fungus-growing insect）是指拥有种植、耕作、收获特定培植真菌的行为，以及与该真菌形成并维持相互依赖的营养关系的昆虫类群。由于真菌可以充分利用植物基质迅速生长，植菌昆虫便利用真菌的这一特性，逐渐进化出独立培植真菌的行为，并以所培植的真菌为食。昆虫菌业也就应运而生，它类似于人类的种植业，包含了种植、耕作、收获和营养依赖 4 个过程。由此，植菌昆虫和真菌形成了互利共生关系。昆虫为真菌提供了生长环境，促进共生真菌生长，真菌为昆虫的生长提供必要的营养，并促进幼虫发育、抵御外界环境的扰动、参与协助维持其体内免疫系统平衡并帮助完成昆虫重要的生活史过程，使得昆虫能够适应外界各种生态环境，从而占据地球上大多数的生态位（Biedermann and Taborsky，2011）。

昆虫菌业最早可以追溯到 5000 万年前，研究表明昆虫植菌行为的形成经历了至少 9 次独立进化事件，形成不同的植菌昆虫类群（Farrell et al.，2001；Mueller et al.，2001）。但这些进化进程并未使其植菌能力发生退化，表明这种植菌能力的进化是不可逆的（Mueller et al.，2005）。其中，Macrotermitines 亚科的白蚁及 Xyleborines 世系的甲虫仍然种植与其祖先一致的单系真菌类群，而 Attine 族的切叶蚁种植的真菌则属于多个独立的类群（Toki et al.，2012；Wang et al.，2015），并且这些类群的真菌亲缘关系很近。关于昆虫进化获得种植真菌能力的机制目前有两种假说：取食起源假说（可能适用于植菌蚂蚁类）及扩散起源假说（可能适用于植菌甲虫类）（Mueller et al.，2001）。取食起源假说认为昆虫最初摄取真菌作为普通的食物，随后变成了专性的食真菌昆虫，最终进化并适应了种植真菌的生活策略；扩散起源假说认为昆虫最初作为真菌的携带者协助真菌扩散。此外，也有人认为昆虫植菌行为最初产生于昆虫利用真菌产生抗生素（王琳等，2015）。

针对植菌昆虫与其培植真菌共生关系的协同进化研究，以往主要关注生态和遗传上的证据。随着更多植菌昆虫共生体系的发现，分子系统发育分析得到补充，对植菌昆虫与共生真菌的起源和进化关系研究更加准确，组学技术的发展有助于进一步解析真菌与昆虫共生关系协同进化的分子机制。其中，植菌蚂蚁、白蚁、虎杖象甲和小蠹虫是研究最多的共生体系。

（二）切叶蚂蚁与其共生菌

切叶蚂蚁（Attine ant）起源于赤道附近的南美，仅分布于阿根廷到美国南部一带。属于切叶蚁亚科（Myrmicinae）Attini 族，由一个单系类群组成，目前发现的 220 种植菌蚂蚁都属于该类群（王琳等，2015）。它在 5000 万年前就能够培植真菌，并进化出了腺窝结构，可以利用细菌分泌的抗生素来保护食物来源不被破坏。目前它们能够种植培养超过 230 种真菌，这些真菌主要属于环柄菇科（Lepiotaceae）的白环蘑属（*Leucoagaricus*）和白鬼伞属（*Leucocoprinus*）。而少数种类还选择培养其他子囊菌亚门（Ascomycotina）的真菌（Chapela et al.，1994）。

切叶蚂蚁的菌业可以划分为 5 个系统，包括低级菌业、珊瑚真菌菌业、酵母菌业、高级菌业和切叶蚂蚁菌业（Schultz and Brady，2008）。切叶蚂蚁有 Paleoattini 和 Neoattini 两个主要支系，前者包括低级菌业的 *Mycocepuus* 属和 *Myrmicocrypta* 属及珊瑚真菌菌业，后者包括低级菌业的少数物种、酵母菌业、高级菌业及切叶蚂蚁菌业（韩一多等，2019）。较为低等的切叶蚂蚁使用植物碎片、动物排泄物和尸体来作为真菌苗圃的基质，而高等切叶蚁（*Atta* 属和 *Acromyrmex* 属）使用新鲜树叶和花朵来培养真菌。切叶蚂蚁的共生真菌区系是垂直传递的，即新的种群是通过已交配的蚁后所携带其原来母巢真菌苗圃中的真菌孢子来获得"种子"资源，从而建立起新真菌菌圃（Mueller et al.，2005）。

低级菌业中蚂蚁和 *Leucocoprineae* 真菌可以完全独立生活，珊瑚真菌菌业中 Attine 族 *Apterostigma* 属中的 34 种蚂蚁早期也会培植 *Leucocoprineae* 属真菌，但是在 2000 万～1000 万年前，该菌业受到一些低级病原菌 *Escovopsis* 真菌的侵染，偶然获得了 *Pterulaceae* 属的真菌，并与之共生，成为唯一非 *Leucocoprineae* 的菌业。酵母菌业不同于其他菌业系统中的真菌菌圃，它不是以菌丝体的形式存在，而是由圆形瘤状结节组成，仅当真菌与蚂蚁互相联系时才会进行酵母相的生长，是典型的蚂蚁驯养的结果，该体系可以防御 *Escovopsis* 真菌侵染。蚂蚁与其共生的 *Cyphomyrmex* 真菌的进化时间间隔十分吻合（Mueller et al.，1998），进化时间间隔长达 500 万～2500 万年。直到高级菌业的出现，大约 2000 万年前，蚂蚁和真菌紧密共生，不可分割，真菌菌丝顶端开始出现具有营养功能的顶端结节 gongylidia，通常会被蚂蚁取食。到 1200 万～800 万年前，高级菌业进化到了切叶蚂蚁菌业，该菌业蚂蚁仅培植 *Leucoagaricus gongylophorus* 真菌，这种对于真菌作物的专一性选择使得切叶蚂蚁迅速占据生态位，发展出十分庞大的规模。此外，低级菌业、珊瑚真菌菌业和酵母菌业中蚂蚁的真菌作物都是双核单倍型，与野生型真菌一致。高级菌业和切叶蚂蚁菌业是多核多倍型，前者平均是二倍体，后者是 5～7 倍体（韩一多等，2019），这种从双核单倍型到多核多倍型的增加就是从低级向高级的进化表现。

从基因组水平上来看，能够培植真菌的蚂蚁在进化过程中表现出非常高的基因结构重排速率，这高于自然界中任何一个物种（Simola et al.，2013）。目前有证据显示切叶蚂蚁缺少精氨酸合成途径，精氨酸是昆虫生长发育所必需的，而其共生真菌的基因组含有合成植菌蚂蚁所不能合成的全部氨基酸的编码基因，包括精氨酸（Suen et al.，2011），因此推测植菌蚂蚁从其共生真菌获得了精氨酸。相应地，与昆虫共生的真菌则表现出糖类降解基因缩减、木质素酶基因丢失及几丁质合成能力提高等特征（韩一多等，2019）。基于微生物组学的研究发现不同植菌昆虫体系与由相同的优势成员所组成的细菌群落相关联，表明共生微生物与宿主昆虫存在趋同现象（Aylward et al.，2014）。这也暗示着植菌昆虫可能不仅与其培植真菌共生，还和其他微生物形成了多物种共生，组成了复杂稳定的多共生体系。

（三）白蚁与其共生菌

植菌白蚁是单系起源，在 3000 万年前开始驯化蚁巢伞属（*Termitomyces*）真菌，两者不能离开对方单独生存。白蚁可以调节蚁巢的温度和湿度，为真菌提供适宜的生长环境，并不断为菌梳提供新的生长基质；同时真菌可以帮助白蚁降解植物基质，并作为食物供给白蚁。植菌昆虫在长期进化过程中形成了独特的共生真菌传播方式，在白蚁真菌共生体系中存在垂直传播和水平传播。垂直传播仅发生在 Macrotermitinae 亚科进化最为高级的两个分支，其他真菌作物都是水平传播。

　　一个白蚁物种可以与多个真菌物种相互关联，目前已知有 330 种白蚁能够与真菌形成严格的互利共生关系。Aanen 等（2002）研究结果显示不同种类白蚁种群之间经常会进行真菌培养物的交流，这是白蚁获得真菌孢子的重要外部途径，也是白蚁最为原始的真菌获得方式。此外，在筑巢初期，白蚁会携带蚁巢伞属真菌形成的子实体喷射出的有性孢子，或携带结合了其他真菌的蚁巢伞属真菌孢子，用以构建新的真菌菌圃。当然，白蚁还可以通过将取食的真菌孢子经白蚁肠道排出，添加到新鲜的基质上来构建新的真菌菌圃，之后长出的小瘤状菌丝复合体可以作为食物为白蚁提供丰富的氮源、糖类及酶类，菌圃生长到一定季节也会产生子实体即可食用的鸡枞菌。随着白蚁和其共生真菌的进化，白蚁如小白蚁属（*Microtermes*）和东非白蚁（*Macrotermes bellicosus*）种群，会逐渐抛弃从外界真菌子实体获得孢子的方式，而是选择从母代继承共生真菌的垂直传播方式。

　　真菌与白蚁是互利共生的协同进化关系。1799 年，德国人就发现白蚁巢中存在真菌梳的大脑状结构，以及由真菌菌丝形成的白色小球结构。1906 年 Petch 发现菌丝形成的白色小球与 Gardner 在白蚁巢穴上采集到的大型蘑菇有关，并认为是白蚁培育了大型蘑菇。1941年，Heim 将这类真菌定义为蘑菇目（Agaricales）的蚁巢伞属。2002 年，Taprab 等通过分子系统发育分析发现蚁巢伞属的种类与其共生白蚁和白蚁的地理来源密切相关。2002 年，Aanen 等也发现所有白蚁和蚁巢伞菌的共生体都起源于一个共同的非洲祖先。在随后漫长的进化中两者不断进行相互作用并分化，使得它们种类丰富并在进化树上表现出高度的一致性，在较低的系统发育水平上蚁巢伞菌会发生频繁的宿主转换，即同一物种不同巢穴的白蚁可以培植不同种类的真菌，这与真菌共生体的水平传播一致。在较高的系统发育水平上，白蚁和共生真菌会表现出专化性，在系统发育树上共形成 5 个分支，两者一一对应，这说明白蚁会间接的选择真菌共生体的类型，蚁巢伞属真菌可能具有降解不同植物基质的潜力。

（四）虎杖象甲与其培植真菌

　　虎杖象甲在我国主要分布于四川、云南、湖北、江西和福建等地（Liang and Li，2005），主要以小溪河流边的虎杖丛为栖息地。*Euops* 属虎杖象甲 *E. chinensis* 属于 Curculionoidea 超家族 Attelabidae 科，它与青霉属真菌 *Penicillium herquei* 形成了一种典型的共生关系（Riedel，2002；Kobayashi et al.，2008）。该属虎杖象甲的特别之处在于幼虫发育过程是在雌虫编制的叶苞中进行，雌象甲用其带有锯齿的前足在其宿主虎杖叶片上切出一块条带状叶片，并用其头部特化结构在叶片上扎出排列整齐的小孔，随后将腹部储菌器中的共生真菌孢子接种至叶片上，用其后的 6 排刚毛将孢子刷入小孔中，然后将叶片折叠卷成叶苞（Sakurai，1985），并在卷叶过程中产卵于叶苞中。在完成切叶、接种、产卵、卷叶苞后，雌虫将叶苞连接主叶处咬断，叶苞掉入潮湿阴凉的土壤中，真菌开始生长并开始产生抗生素，雌虫则会开始下一个叶苞的制作。其幼虫会在叶苞中独自生长发育，并以共生真菌及叶片组织为食，发育成熟后，新成虫从叶苞中钻出，并钻入土中经过越夏、越冬至第二年出土开始下一个生活史循环。作为独居昆虫，雌虫不会出现主动照顾菌圃的行为，只能依赖于共生真菌产生的抗生素（＋）-Scleroderolide 来抑制微生物，保证叶苞菌圃健康发育（Wang et al.，2015）。而这种依赖于真菌的自我保护，相比于昆虫投入大量精力维护菌圃而言，在进化上更具有优势。这类共生也代表了一个新的昆虫与真菌共生类型及新的生态学机制。

虎杖象甲与其共生真菌为了相互适应而协同进化，虎杖象甲会进化出专门的储菌器官——储菌器，同时昆虫的腺体和生理行为都会发生适应性的改变。虎杖象甲的菌圃中生物量较低的"杂菌"与培植真菌共存，叶苞上如果没有 *Penicillium* 属真菌，叶片组织就会被杂菌侵染，虎杖象甲幼虫则不能健康发育，因此虎杖象甲与共生真菌间是互利共生的关系。在细菌群落方面，叶苞中细菌的组成与雌象甲有显著区别，其中 *Rickettsia* 和 *Serratia* 在雌虫不同发育阶段的叶苞和空白叶片样品中较为丰富。在真菌群落方面，昆虫致病菌 *Paecilomyces* 在空白叶片中较为丰富，但在叶苞中含量较少，这表明了 *P. herquei* 能够调节叶苞中的微生物群落来为幼虫发育创造适宜的环境。对于虎杖象甲不同发育阶段及其环境微生物组研究表明，新孵化出的虎杖象甲成虫体内能够检测到 *P. herquei*，可以推测共生真菌可以由虎杖象甲垂直传播（Lin et al.，2019），*P. herquei* 菌丝表面有特化的附属物为虎杖象甲提供营养，共生真菌为虎杖象甲提供了营养和化学保护。

（五）小蠹虫与其共生菌

小蠹虫属于鞘翅目小蠹科，分为树皮小蠹虫和蛀干小蠹虫两种类型，是一种钻木类的昆虫物种，起源于 9 亿～1.2 亿年前。多数小蠹虫会在将要死亡的树木木质组织中建立隧道，有些也会栖息在较大的种子、果实和叶柄处。起初仅幼虫阶段在木质组织中度过，后来进化为整个成虫阶段也生活在木质组织中，以躲避捕食者、风、极端温度和降水的威胁（Biedermann et al.，2017）。这类在木质组织中生活繁殖的昆虫，会与各种线虫、螨虫、真菌和细菌不断进行相互作用，因此小蠹虫也进化出了便于携带和传播这些微生物有机体的形态结构，如储菌器。对于缺少储菌器结构的小蠹虫，如小粒绒盾小蠹（*Xyleborinus saxesenii*），则会通过肠道携带共生真菌。由于木质组织内缺少营养和食物，在其中生存的小蠹虫幼虫便会首先选择以共生真菌 *Ambrosia* fungi 的孢子和菌丝为食，后期共生真菌通过分解木质素和纤维素为幼虫发育提供营养和食物。这些真菌通常会以菌丝的形式生长，但是在共生时它们会形成子实体结构，以供小蠹虫取食。作为回报，小蠹虫成虫也会在产卵沟的内壁上涂抹幼虫的粪便，给共生真菌提供营养。

虫道真菌是小蠹虫唯一饲养的，并作为食物来源的真菌，它从真菌中获得必需的维生素、氨基酸和甾醇（Mueller et al.，2005）。材小蠹族（Xyleborini）在培植真菌方面最具代表性，该族生活史差异较大，但都具有培植真菌的特征，且仅限于雌性。交配后，雌性分散到新的宿主底物上，在产卵沟内"种植"真菌并产卵，它们能够控制真菌的生长，并在一定程度上控制其种类组成。这种虫道菌圃一般是由丝状真菌、细菌和酵母组建成的多物种复合物，其中总会有一种真菌在菌圃中占主导地位，雌性甲虫通常只携带这种主要真菌，如果雌性死亡，菌圃很快就会被污染，最终导致幼虫死亡。

以南方松甲虫（*Dendroctonus frontalis*，SPB）为例，它能够与真菌 *Entomocorticium* sp. A（EsA）建立互利共生关系，真菌可以通过增加松树韧皮部的含氮量，提高其降解率，为发育中的幼虫提供营养，成年 SPB 会通过储菌器储存和携带 EsA，并会在宿主松树的内部树皮和韧皮部内挖掘产卵沟，用于产卵和接种 EsA。SPB 和 EsA 之间的互利共生关系会受到一种拮抗真菌 *Ophiostoma minus*（Om）的威胁，Om 会竞争掉 EsA，从而影响 SPB 幼虫的发育。为了维持这种共生关系，在进化过程中 SPB 也会与一种放线菌建立共生关系，这种放线菌在 SPB 的储菌器和产卵沟中大量存在，并且可以产生选择性抑制 Om 的抗生素 Mycangimycin（$C_{20}H_{24}O_4$），排除 Om 对互利共生体的危害。这种甲虫-真菌-细菌的三方关联是广泛存在的，也与早期关于真菌-蚂蚁的研究相似（Scott et al.，2008）。

　　另一个例子是 *Nicrophoru* 属的埋葬甲虫（burying beetles），它通过埋葬小型脊椎动物的尸体，为其繁育后代储存资源，这种行为与多种共生微生物相关，这些共生微生物包括具有抗菌特性的细菌和酵母，它们可以预先消化腐肉，从而合成加速幼虫发育的必要营养物质，并且能够保护幼虫繁殖地点不受有害细菌和真菌的破坏。埋葬甲虫亲本会通过肛门分泌物将这些共生微生物垂直传递给后代，以此来维持两者间长期的共生关系（Kirkendall et al.，2015）。

三、植物内生菌

（一）植物内生菌的定义

　　植物内生真菌（endophytic fungi）的概念是由 de Bary 在 1866 年首先提出的，他将希腊语"endo-"和"phyton"合成在一起，提出"endophyte"一词，并将内生真菌定义为生活在植物组织内的真菌，用于区分那些生活在植物表面的微生物 epiphyte，这一定义把植物病原真菌和菌根真菌都包含在内。随着研究的逐渐深入，这一概念被逐渐修订，根据其内涵分为狭义和广义内生菌两类，狭义的概念是指生活在健康植物茎、叶等地上组织中，并不引起植物形成显著病害的一类真菌（Carroll，1988；Gentile et al.，2005；Schardl et al.，2009）。广义的概念是指生活史中某一阶段或全部阶段生活于健康植物的组织和器官内，并不引起宿主植物产生明显病害的一类真菌（Petrini，1991；Rodriguez et al.，2009），包括一些营表面生的腐生菌、对寄主暂时没有伤害的潜伏性病原菌和菌根真菌。两个定义之间的区别在于前者更强调内生真菌与植物的互利共生关系。内生真菌在植物界是普遍存在的，它的宿主植物包括藻类、地衣、苔藓、蕨类、草本植物、灌木和高大乔木，其中与禾本科植物共生的内生真菌研究最多且最为常见。内生真菌与宿主的关系可以是互利、中性或有害的，包括暂时对寄主无害的病原菌和腐生菌，它们只有在诱发时才会危害宿主；还包括与植物通过长期协同进化形成共生关系的真菌，尤其是禾本科植物的内生真菌。关于内生真菌寄主和组织专一性，目前根据内生真菌来源和系统特征被划分成具有明显区别的两大生态类群：第一类是从禾本科植物内分离出来的禾草内生真菌（graminicolous endophytic fungi），它们与寄主会形成互利共生关系；第二类是非禾草内生真菌（non-graminicolous endophytic fungi），主要从树木和灌丛植物中分离出来，也包括部分从禾草中分离出来的内生真菌。此外，很多植物根部会有内生的暗色分隔真菌（dark septate endophytic fungi）。

（二）禾本科植物与内生真菌的协同进化

　　禾本科植物内生真菌是麦角类内生真菌，主要来自子囊菌门（Ascomycetes）麦角菌科（Clavicipitaceae）瘤座菌族（Balansieae）香柱菌属（*Epichloë*）的有性型 *Epichloë* 和无性型 *Neotyphodium*，以及与其亲缘关系较近的真菌（Stone et al.，2000），主要定植于冷季型和暖季型禾草的嫩芽和地下茎，它们在宿主体内多样性低但生物量高。

子囊菌门内生真菌起源于昆虫致病真菌（Spatafora et al.，2006），系统发育关系表明，麦角菌科的真菌不是单系进化，而是通过多次寄主变化（host jumping）进化的，在植物共生的麦角菌中还发现与其单子叶植物寄主有显著共物种形成（co-speciation）现象（张伟伟，2011）。这些真菌通过植物营养型昆虫取食植物导致的伤口进入植物组织并获得植物中的营养，真菌产生的分生孢子或子囊孢子在植物组织上萌发、生长、成熟，最后留在植物组织中。它们会利用从植物中获得的营养合成次级代谢产物生物碱，帮助植物抵御食草动物取食。通过比较 Epichloë 属的 10 个基因组和生物碱的基因簇发现，生物碱已经保存了特定的骨架结构，外围的基因可对生物碱骨架进行修饰，决定其药理特异性。在基因簇周围的基因通常富含转座序列和 AT，其很可能参与基因的缺失、重复和新功能的产生。此外 Epichloë typhina 产生的抗真菌活性物质 sesquiterpens 和 chokols A-G 可以帮助宿主抵御病原菌 Cladosporium phlei 的侵染（Kumar and Kaushik，2013），真菌还可产生激素来增强植物体内谷氨酰胺合成酶的活性，使生物量和分蘖数增加，种子饱满且多，发芽率高。内生真菌主要以垂直传播的方式通过种子在植物世代间传递，保障了遗传性状的延续，以及植物和内生真菌之间互利共生关系的持久稳定，Epichloë 也可水平传播（Rodriguez et al.，2009）。

杂交是无性内生真菌提高基因多样性和整体生存能力的一个重要机制，可以帮助内生真菌快速适应宿主的变异，同时宿主也更倾向于与杂交的内生真菌建立共生关系，因此杂交促进了两者的协同进化（Gentile et al.，2005）。内生真菌要想与宿主植物成功建立联系必须穿过宿主的物理屏障，此时内生真菌会产生更多的胞外酶如纤维素酶、蛋白酶、漆酶等降解植物细胞壁（Petrini et al.，1993），同时分泌解毒酶，降解植物产生的皂角苷和精油等起防御作用的代谢产物，帮助内生真菌成功入侵（Kusari et al.，2012），之后为了维持生存状态，互作双方都在形态、生理和分子水平等方面发生了变化。例如，E. festucae 在共生后，菌丝会与宿主叶片进行同步生长，但是其 NoxA 突变株则会在叶片中超分枝，不再平行于叶片轴排列；内生真菌为了保护自身免受宿主的氧化应激，会分泌大量的铜/锌超氧化物歧化酶（Tanaka et al.，2012）。从基因组水平上，禾本科植物内生真菌 Epichloë 平均含有 46% 的重复序列，它们积累的大量重复序列提高了自身基因组的适应性，同时在进化过程中基因组发生了显著的基因丢失，以此来适应菌和寄主之间的快速变化。

对 E. festucae 野生型和 MAP 激酶（sakA）突变体总转录本的高通量 mRNA 测序发现，敲除 sakA 基因使得内生真菌与宿主植物的关系由互利共生转变为致病性（Eaton et al.，2011），内生真菌生物量会增加，菌丝分枝显著增多，宿主植物对内生真菌生长的作用从限制生长变为促进生长，次级代谢产物合成的转录水平下调，水解酶和转运体的转录水平上调。感染 sakA 突变体的植物在发育过程中也发生了重大变化，它们失去顶端优势，过早衰老，参与植物激素信号转导和防御的转录本也发生了改变，参与花青素生物合成的转录本下调，这些影响与内生真菌和宿主之间互利共生关系的破裂相关，鉴于真菌-植物关联中的大部分代谢活性和信号转导将在转录后水平上进行调控，因此运用相关的代谢组和蛋白质组能帮助更好地理解内生真菌-宿主的互作。

（三）非禾本科内生真菌

非禾本科内生真菌主要从树木和灌丛植物中分离出来，它们的生活策略、系统发育、寄主偏好和定殖方式不同（Schulz and Boyle，2005）。此类内生真菌有两个主要的特征：一是包含超级多样化的真菌类群；二是通过水平传播方式与宿主建立联系，分布范围广。

非禾本科内生真菌是兼性内生真菌，包括镰刀菌属（*Fusarium*）、链铬孢属（*Alternaria*）、木霉属（*Trichoderma*）等多属真菌，与宿主植物不会密切地协同进化。在影响此类内生真菌的环境因素中，宿主对真菌致病性的抑制和内生真菌避免引起宿主防御反应的能力是内生真菌进化的重要因素。内生真菌定植植物后，植物会进化出一些机制控制内生真菌的致病性，通过产生许多具有防御作用的次生代谢产物调节内生真菌的生物活性（Tadych et al., 2015）。例如，蔓越莓果实中产生的次生代谢物喹啉和苯甲酸降低了菌丝生长，抑制真菌产生活性氧。从茶树中分离的典型内生真菌无花果拟盘多毛孢，其基因组编码了大量种类丰富的碳水化合物活性酶，其中参与果胶降解的蛋白质家族与其他菌相比发生了显著的扩张并且大多都可分泌到胞外，该菌中的转运蛋白家族和参考菌株相比也发生了扩张，这将提高其适应有限营养生态位及与宿主交流的能力。在生态作用方面，它们可以提高宿主的抗性，如可可树（*Theobroma cacao*）内生真菌可以显著抑制由疫霉（*Phytophthora*）引起的叶片变形死亡的病害（Arnold et al. 2003）。内生真菌 *Phoma glomerata* LWL2 和 *Penicillium* sp. LWL3，能够合成 GAs 和 IAA，在干旱和盐胁迫下提高了黄瓜的茎长、生物量、叶绿素含量和抗氧化酶活性（Waqas et al., 2012）。内生真菌木霉菌株 *T. ovalisporum*-DIS 70a、*T. hamatum*- DIS 219b 等，通过诱导胁迫响应基因的表达来提高可可树抗旱性（Bailey et al., 2006）。*Fusarium oxysporum* 和 *Cryptosporiopsis* 通过增加酚类代谢产物的浓度分别赋予大麦（*Hordeum vulgare*）和落叶松（*Larix decidua*）对致病病原物的抗病性。

此类内生真菌会在致病菌-共生体之间转换，*Diplodia mutila* 是解释致病-共生连续体的一个很好的例子。热带棕榈树（*Iriartea deltoidea*）的内生真菌 *Diplodia mutila*，会以菌丝或分生孢子的形式通过棕榈种子传播，在森林树荫遮蔽下生长时可以保护幼苗免受昆虫食草动物的侵害，当幼苗在充足的阳光下生长时，真菌会恢复致病性，并诱导植物叶片和茎的坏死，导致幼苗死亡。

（四）植物根内生真菌——暗色分隔真菌

植物根内生真菌——暗色分隔真菌（dark septate endophytes，DSE）泛指一群定植于植物根内的小型土壤真菌，包括功能和分类关系都不确切的多种真菌，它并不是一个科学的分类单元（刘茂军等，2009），之所以把它们归为一类，是因为它们存在一些共同的特征，如菌丝颜色较深（黑色或深褐色），具有明显的横隔，仅存在于健康植物根的表皮、皮层和维管束组织，能够在植物细胞内或细胞间隙形成"微菌核"，但是却不会引起植物组织明显病害特征、无性繁殖等。

DSE 没有宿主和栖息地的特异性，它们能与约 600 种植物建立联系，包括一些非菌根植物（十字花科、莎草科等），以及来自南极、北极、热带、温带和高山沿海平原的植物，DSE 常存在于针叶树或灌木的细根中。传播方式会显著影响互利共生体的进化和可持续性。DSE 通过断裂的菌丝和分生孢子进行水平传播，这种传播方式为拥有不同共生生活方式的真菌提供了侵染植物的机会，也影响着内生真菌与宿主互利共生关系维持的时间长短（Rodriguez et al., 2009）。它们侵染时首先会在根表面形成一个松散的菌丝网络，如白松（*Pinus glauca*）等一些苗木的根部，然后沿着根的主轴生长，同时进入皮层细胞，在细胞内形成排列紧密的厚壁细胞簇，即微菌核。

DSE 共生体的共生功能、系统发育关系和生态作用具有多样性的特点，在自然生态系统中发挥着重要作用。它倾向于定植在根系中较老的部分，可以从衰老或死亡的根细胞中将营养再循环到生活的根中，同时通过减少根际可利用碳来抑制病原体。另外，DSE 产生的黑色素参与了对食草动物有毒的次级代谢产物的合成，DSE 真菌细胞壁中的黑色素在极端温度和干旱下可以增强细胞壁的机械强度，保护菌丝并扩展其生态位。例如，Narisawa等（2004）发现白菜根在感染一种 DSE 后，细胞壁明显增厚。DSE 还包含许多生防细菌，提高了宿主植物抗病能力。

（刘金铭、葛安辉、曾 青、熊 超、张丽梅）

第四节 寄生协同进化

一、植物病原真菌

（一）植物病原真菌及寄生方式

自然界 70%～80%的植物病害是由病原真菌引起的。病原真菌通过寄生的方式严重限制植物生长，影响作物的正常发育，减少农作产量。不同的营养方式导致了不同的致病机制。自然界中，病原菌寄生的营养方式有三种，分别为活体营养寄生、半活体营养寄生和死体营养寄生（Brown and Tellier，2011）。

1. 活体营养寄生　活体营养型的病原菌必须依靠宿主生存。大多通过宿主的自然孔口或直接穿透宿主的表皮侵入，侵入后在植物细胞间隙蔓延，并形成的特殊结构——吸器来吸取宿主细胞内的营养物质，进而大量繁殖。例如，霜霉菌、白粉菌、锈菌等。

2. 半活体营养寄生　半活体营养型的病原菌侵染植物后，不仅可以从活体组织中吸收营养物质，而且当宿主死亡后，还能继续繁殖产生孢子。例如，一些能够导致植物出现叶斑病症状的稻瘟病菌。

3. 死体营养寄生　死体营养的病原菌宿主范围比较广泛，且腐生能力一般都比较强。通过从伤口或自然孔口侵入后，产生酶或毒素来杀死宿主的细胞和组织，从死亡的植物组织中仍能吸收养分，再进一步危害周围的细胞和组织，如菌核病病原菌等。

（二）病原真菌和宿主植物的互作机制

植物与病原真菌长期互作、协同进化的过程中，植物的抗病性和病原菌的致病性之间逐步形成了一种动态平衡的状态（王金生，1998）。

1. 真菌的效应分子　效应分子也称效应因子、效应子或效应蛋白，泛指能够选择性地结合其他目标蛋白和调节其生物活性的小分子蛋白。植物病原真菌在侵染宿主植物时会分泌多种效应分子，它们可以转移至植物体内而起作用，帮助抑制宿主植物的防御反应、调控宿主植物的信号通路，从而有利于真菌的侵染。植物病原真菌主要通过内质网-高尔基体的蛋白分泌系统来分泌效应分子（Panstruga and Dodds，2009）。它们分泌的效应分子主要包括病原菌相关分子模式（pathogen-associated molecular pattern，PAMP）、毒素蛋白及一些降解酶等。目前对植物病原真菌效应子的研究主要集中于模式真菌和已完成全基因组测序的真菌，如番茄叶霉病菌（*Cladosporium fulvum*）、稻瘟病菌（*Magnaporthe oryzae*）、尖孢镰刀菌（*Fusarium oxysporum*）、亚麻锈菌（*Melampsora lini*）等（陈琦光等，2016）。

真菌中编码效应分子基因也叫作无毒基因（avirulence gene，*Avr*），宿主植物中同样也存在相应的抗性基因（resistance gene，*R*）。植物病原真菌与宿主植物的互作过程，也是植物病原真菌 *Avr* 基因与宿主植物 *R* 基因间通过军备竞赛的协同进化过程。病原菌侵染植物后，植物 *R* 基因编码的蛋白作为受体，通过识别由病原菌 *Avr* 基因编码的激发子，促进一种激酶（如 pot 蛋白激酶）的活化，通过调节细胞内活性氧浓度，激活依赖于氧化还原反应的转录因子，促使防卫反应基因表达，最终使植物产生抗病反应。在互作的选择压力下，*R* 基因位点序列会发生重组等变异，通过提高基因多态性来应对病原真菌的选择压力；同时，*avr* 基因也会通过缺失等变异来不断克服植物变化的抗性（Anderson et al.，2010）。

2. 植物的防御机制　　植物病原真菌在侵染宿主植物时，也会引起植物的防御反应。植物长期暴露在微生物环境中，因此植物具有高效的先天免疫系统，每个植物细胞都能够识别微生物的信号并做出相应的反应（Cesari et al.，2014）。植物具有两种免疫受体：细胞表面的模式识别受体（pattern recognition receptor，PRR）和细胞内核苷酸结合与富亮氨酸重复受体（nucleotide-binding and leucinerich repeat receptors，NLR）（Jacob et al.，2013；Qi and Innes，2013）。此外，为了抵抗病原菌侵染，植物具有两种免疫防卫反应：①由病原菌相关分子模式（PAMP）触发的免疫（PAMP-triggered immunity，PTI），这一反应通过PRR 识别其中绝大多数病原菌的 PAMP，促使植物体内产生活性氧并使植物内免疫相关基因的表达量发生变化，从而帮助植物抵抗大部分病原菌；②由效应分子触发的免疫（effector-triggered immunity，ETI），其起始于细胞内部，当少数病原菌可以通过分泌效应分子来抑制 PTI 时，抗病基因编码的蛋白产物会识别病原菌分泌的效应分子并激发防卫反应。在此期间，一般会引起过侵染点附近的过敏性坏死反应（hypersensitive cell death response，HR）从而阻断病原菌的进一步侵染（Jones and Dangle，2006）。

宿主植物与病原真菌处于在长期相互竞争、协同进化的过程中。植物通过激活其先天免疫反应、利用角质层形成屏障、释放抗菌化合物及水解酶、引发过敏性坏死反应等方式来抵御真菌的入侵（van Esse et al.，2008；Lozano-Torres et al.，2012）。例如，植物分泌的几丁质酶促使真菌细胞壁降解释放几丁质，进而激活植物免疫受体，导致植物免疫防卫反应的发生。同时，真菌也能分泌可与几丁质结合的效应分子，以保护真菌细胞壁并干扰免疫受体的激活（de Jonge et al.，2010；Marshall et al.，2011；Mentlak et al.，2012）。例如，稻瘟病菌的效应分子 Slp1 通过与水稻几丁质结合蛋白竞争结合几丁质，从而抑制宿主植物PTI 介导的抗病性的发生（Mentlak et al.，2012）。

（三）病原菌和宿主植物的互作机制假说

作为植物病理学研究的热点内容，学者提出了很多关于病原菌侵染植物和植物抵御病原菌侵染的互作机制假说。从 Flor 最早提出的基因对基因（gene-for-gene）假说（Flor，1956，1971）认为植物的抗病基因和病原菌的无毒基因之间存在"一对一"的直接的互作关系，到 Dangl 和 Jones（2001）进一步完善的植物抗病基因和病原菌无毒基因之间同样存在间接互作的模式警戒假说（guard model），再到 Zigzag 理论（Jones and Dangl，2006）及诱饵假说（van der Hoorn and Kamoun，2008）的提出，针对它们二者互作的认知也在不断完善。目前，学术界较为认可的是 Zigzag 理论和诱饵假说，下文进行详细阐述。

1. Zigzag 理论　　Jones 和 Dangl（2006）提出了经典的"四阶段的拉链模式"，即 Zigzag

理论，阐述了植物与病原菌在互作过程中处于不断斗争的动态变化规律。可以将植物免疫系统用一个四阶段的"之"字形模型来表示（图 7-2）。第一阶段，PAMP 被 PRR 识别，导致 PTI 的发生，阻止了病原菌的定植。第二阶段，那些成功侵入植物的病原菌能通过分泌效应分子，干扰 PTI 从而进一步触发了效应分子引发的感病反应（ETS）。第三阶段，特定的效应分子被 NB-LRR 蛋白特异识别，激活了 ETI。ETI 是一种加速和放大的 PTI 反应，导致植物抗病性，通常在侵染点部位会发生过敏性坏死反应（HR）。第四阶段，在自然选择压力下，出现病原菌与植物类似军备竞赛的级联反应，病原菌会不断进化出新型效应分子以规避免疫蛋白的识别；同理，植物随之进化出新的免疫蛋白再次触发 ETI，如此循环往复（Jones and Dangl，2006）。

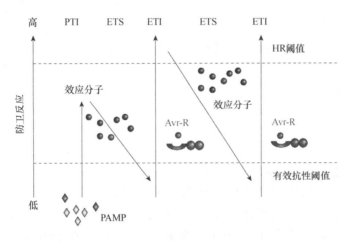

彩图

图 7-2　植物与病原菌互作的 Zigzag 理论（引自 Jones and Dangl，2006）

2. 诱饵假说　van der Hoorn 和 Kamoun（2008）提出的诱饵假说中，"诱饵"是指能特异性识别效应分子且本身不具有病害发生或抗性功能的 R 蛋白，它能模拟操纵效应分子的靶标从而使病原菌进入一个被识别事件的陷阱中。但"诱饵"只在感知病原菌效应分子时能限制病原菌的适生性，针对缺少功能性的 R 基因的种群，"诱饵"则对病原菌的适生性没有贡献。因此，诱饵假说解释了含有和缺少功能性的 *R* 基因的植物与警戒子避免被病原菌效应分子操控或提高病原菌的感知力之间的关系。

（四）锈菌与其宿主植物的协同进化

1956 年，Flor 在研究亚麻和亚麻锈菌的相互作用实验中，首次提出了基因对基因假说。发现当携带毒力基因的锈菌与具有相应抗性基因的植物相遇时，在不亲和互作中能观察到抗性反应。当无毒基因或抗性基因在亲和相互作用中不起作用或缺失时，可观察到易感反应。此外，对小麦条锈菌来说，其通过转主寄生和频繁的基因组重组获得高度多样性的效应分子和新的小种，并导致寄主不断"丧失"抗性，导致了这些病害不断暴发。因此，下文以锈菌为例重点阐述病原菌与植物的协同进化关系。

锈菌（rust fungi）是一类广泛分布的植物病原菌，属于担子菌门（Basidiomycota）真菌。锈菌种群庞大，全世界已记载的锈菌有 7000 余种（Helfer，2014）。锈菌全部为活体寄生菌，广泛寄生于被子植物、裸子植物和蕨类植物，可以引起许多重要作物和林木病害，严重威胁粮食和森林生产安全。锈菌生活史复杂，最多可产生 5 种类型孢子，而且某些锈菌经常在两种植物上发生转主寄主现象（曹支敏，2000）。

基于基因组的研究表明，担子菌门真菌平均基因组大小为 70.4Mb，而锈菌平均基因组大小为 305.5Mb（Tavares et al.，2014）。这表明锈菌和其他真菌相比展现出基因组增大的进化趋向，这种趋势可能与锈菌寄主专化性和复杂多样的繁殖方式有关。较大的基因组有利于锈菌在进化过程避免灭绝，同时有助于其在与寄主共进化中以更高的频率产生新的毒性类型以寄生到新寄主上（焦志鑫等，2016）。还有研究发现，锈菌转座子和重复序列的增加是其基因组显著增大的主要原因，转座子携带的基因及其产物可能是锈菌群体遗传和寄生专化性保持多样性的重要动力（Ramos et al.，2015）。在长期进化过程中，锈菌基因家族出现了大量的扩增或缺失，可能使其丢失了部分腐生性营养担子菌类所特有的某些基因，因而只能进行活体营养的专性寄生（Duplessis et al.，2011）。以锈病中最具代表性的小麦锈病为例，由柄锈菌属条形柄锈菌小麦专化型 *Puccinia striiformis* f. sp. *tritici* 引起的小麦条锈病，是最具毁灭性的小麦气传真菌病害之一。对条锈菌不同生理小种进行的全基因组分析，表明遗传重组是条锈菌进化产生新菌系的重要途径，条锈菌可在转主寄主如小檗上完成有性过程，并通过有性繁殖发生遗传上的毒性分离与重组。相比于其他病原真菌，条锈菌可以产生大量具有高度多样性的分泌蛋白，因此推测条锈菌在进化过程中通过产生多样化的效应蛋白来克服寄主免疫反应（Zheng et al.，2013）。条锈菌变异频繁导致的小麦品种抗性不断"丧失"是该病害不断暴发流行的根本原因。

锈菌和其寄主经过长期进化和相互适应，形成了密切的协同进化关系。由于锈菌具有专性寄生及转主寄生特性，协同进化受到多个寄主的影响，因而物种形成机制及驱动力更为复杂。Savile（1971）认为锈菌的物种形成主要是通过与其宿主植物的协同进化，伴随着锈菌的进化，它们的宿主植物也从蕨类植物开始逐步进化为裸子植物和被子植物。Hart（1988）进一步通过形态学分类的分析方法，提出了宿主转移和协同进化是锈菌在宿主上形成的两条途径。多数学者认为共物种形成（co-speciation）是锈菌与宿主协同进化的主要模式，这是因为锈菌与宿主间高度一致的系统进化关系，例如，寄生合欢属（*Acacia*）的锈菌 *Endoraecium* 和寄生蔷薇科植物的多胞锈菌科（Phragmidiaceae）均与其宿主协同进化，从而完成物种分化（Mctaggart et al.，2015）。但也有研究发现，锈菌与其宿主的系统进化关系并不完全吻合，认为宿主转移有可能是锈菌和宿主协同进化的主要模式。通过宿主转移，锈菌寄生到其他非宿主植物上，从而与原来的种群产生生殖隔离并逐渐形成新种或近缘种。对 20 个锈菌属核糖体和线粒体基因分析结果发现，锈菌起源于 161～70Mya，晚于其宿主植物的起源时间（Mctaggart et al.，2016），表明宿主转移而非协同物种形成是锈菌主要的进化模式。

二、动物病原真菌

真菌可以侵染昆虫、两栖类、哺乳类包括人类等动物并影响其健康，尽管这些病原真菌及其寄主各不相同，但是它们的共同特点是动物病原微生物及寄主在漫长的进化过程中逐渐形成了复杂且密切的关系，两者之间的互作与协同进化能够最大限度地提高自身的繁殖能力和最终的环境适应能力。昆虫是目前世界上已知物种最多的一类生物，而真菌的物种多样性仅次于昆虫，因此，下文主要论述昆虫及其病原真菌的互作类型、协同进化关系，以及两者之间协同进化的典型案例。

（一）动物病原真菌的寄生方式

作为自然界中种类最多的动物（尤其是昆虫）和真菌两大类生物在漫长的生命演化过程中逐渐形成了古老而复杂的关系，包括了寄生（内寄生、外寄生）和共生（互利共生、偏利共生），此外还包括了携播、噬菌、竞争和捕食等关系。

1. 内寄生　　内寄生真菌（endoparasitic fungi）也称为昆虫病原真菌（entomopathogenic fungi），是研究最广泛的昆虫相关真菌类群。这类真菌能侵入昆虫体内并可导致昆虫死亡，因此也被称为拟寄生，如壶菌门的雕蚀菌属（*Coelomomyces*）、接合菌门的虫霉菌属（*Entomophthora*）、干尸菌属（*Tarichium*）、子囊菌门的虫草属（*Cordyceps*）、白僵菌属（*Beauveria*）、绿僵菌属（*Metarhizium*）、座壳孢属（*Aschersonia*）、被毛孢属（*Hirsutella*）等（Dromph et al.，2001）。我国著名的中药冬虫夏草就是由冬虫夏草菌（*Ophiocordyceps sinensis*）侵染蝙蝠蛾幼虫而形成的复合体。这类真菌可从外壳、口部、呼吸管侵染昆虫，直接穿透寄主外壳的真菌往往有分泌壳质酶水解昆虫外壳壳质的能力。此外，昆虫进食带入肠道的真菌孢子也可以发育成为内部寄生菌，昆虫内部寄生菌以游动孢子囊、菌丝体、菌丝断片、酵母状细胞、孢子等各种方式在虫体内繁殖（Roy et al.，2006）。

2. 外寄生　　除了昆虫内寄生真菌外，还有一些寄生在昆虫体表的真菌，称为外寄生真菌（ectoparasitic fungi），主要分布在子囊菌中的虫囊菌目（Laboulbeniales）和接合菌中的毛菌纲（trichomycetes）。虫囊菌只需要吸收极少的营养便可以完成其生活史，对寄主的影响不大，通常不会造成昆虫的死亡（Santamaria，2000）。虫囊菌寄主专性化强，主要寄生于昆虫，少数寄生于蜘蛛或蜈蚣等节肢动物。一般只寄生在成虫上，有很多种不仅寄主范围狭窄，而且只在寄主身体的个别部位上寄生，有时雌、雄寄主身上的部位不同，有时只寄生于一种性别的寄主身上。而毛菌类是昆虫等节肢动物的寄生物或共生物，菌丝体以固着器附着在昆虫消化道或角质层上，并不侵入寄主组织内。人们对昆虫外寄生真菌生态意义了解不多，因此研究也不多。

（二）绿僵菌与寄主的协同进化

协同进化（coevolution）是指相互作用的物种彼此因为适应对方形状的进化而交互发生可遗传的改变。根据真菌与昆虫间的相互关系，协同进化可以分为两种类型，即互利的协同进化（mutualistic coevolution）和对抗的协同进化（antagonistic coevolution）。前面已经系统地论述了真菌与昆虫互利的协同进化关系，这里主要论述对抗的协同进化关系。对抗的协同进化通常发生在敌对关系的物种间，这种协同进化通常被比作一场"军备竞赛"，彼此的进化一般是为了达到克制对方的目的。在寄生者的毒力和寄主抗性的进化过程中，寄生者要成功侵染寄主，必须进化出足够的毒力，而寄主要逃过寄生者的侵染则必须不断地增强抗性，两者形成了一场永不停止的"军备竞赛"。

绿僵菌（*Metarhizium anisopliae*）是一种无处不在的昆虫病原真菌，可以杀死多种昆虫。宿主血细胞可以识别并摄取其分生孢子，但这种能力在菌丝体产生时丧失。不像细菌和病毒需要摄入才能致病，真菌可以直接穿透角质层。大约1%的已知真菌物种能够破坏昆虫的角质层，然后，基于细胞和体液等各种途径的昆虫免疫系统会被激活，识别并杀死这些病原真菌。但是为了成功侵染昆虫，病原真菌必须避免、破坏或者绕过昆虫免疫系统，因此它们也会不断进化，并开发改变细胞壁成分、消除与非自我识别相关的细胞表面成分等自身应对策略，从而允许菌丝体在血淋巴中自由循环。绿僵菌在响应宿主相关免疫反应时，会协同诱导或抑制一系列功能相关基因。例如，Wang 等（2006）发现绿僵菌在应对鳞翅目昆虫烟草天蛾（*Manduca sexta*）免疫反应时，其会转录表达一种叫作 Mcl1 的蛋白（绿僵菌胶原样蛋白），由于该蛋白亲水的负电荷性质对血细胞不具有吸引力，并掩盖了免疫原性 β-1,3-葡聚糖细胞壁结构成分，使其作为绿僵菌的抗黏附保护层抵御宿主的吞噬和包封作用，而不被昆虫免疫系统识别清除，最终达到杀死宿主的作用。

（三）冬虫夏草菌与寄主蝙蝠蛾协同进化

冬虫夏草是我国名贵中药材，是由冬虫夏草菌（*Ophiocordyceps sinensis*）寄生在蝙蝠蛾幼虫上长出的子座及幼虫尸体所形成的虫菌复合体，感染此种真菌的昆虫幼虫在冬天形成致密的菌核即"冬虫"，至次年春末夏初之际虫体头部长出子座破土而出，即"夏草"（Cheng et al.，2016；Li et al.，2020）。作为青藏高原特有的冬虫夏草，冬虫夏草菌与其寄主蝙蝠蛾长期协同进化形成了密切的种间关系，冬虫夏草菌的生存和有性繁殖高度依赖于寄主蝙蝠蛾幼虫，冬虫夏草菌和寄主蝙蝠蛾都属于嗜冷生物，真菌的繁殖周期与寄主昆虫的生命周期具有高度的同步性（Zhang et al.，2014）。真菌的子座发育季节和从子座释放子囊孢子的时间与寄主昆虫脱落角质层和易受真菌感染的时间一致，感染真菌的幼虫具典型的僵尸真菌特征，即在离土表 2cm 左右头部朝上死亡，真菌子座从虫体头部长出，在地面形成子座可育部分，以便真菌释放子囊孢子进行传播和扩散；寄主蝙蝠蛾物种多样性驱动了冬虫夏草菌的遗传分化（Zhang et al.，2014）。冬虫夏草菌在自然界的侵染循环约需要 3 年时间，有意思的是在人工模拟条件下，冬虫夏草菌侵染 3 龄小金蝙蝠蛾幼虫后，幼虫没有明显的症状，与健康幼虫一样发育到 8 龄，历时 6 个月左右，这种冬虫夏草菌与寄主长期共存的相互免疫机制尚不清楚，总之，冬虫夏草菌和寄主蝙蝠蛾两者间的进化存在高度协同性。

三、人类病原真菌

真菌是人体微生物组的重要组成部分，尽管肠道真菌研究得不多，但普遍认为肠道真菌对人的健康具有重要的作用。而人类病原真菌与昆虫病原真菌相似，是指能入侵人体引起感染的真菌，该类真菌能够造成人体感染并引发疾病。真菌侵染人体必须满足 4 个条件：可在人的体温下生长、绕过或穿透皮肤屏障、溶解并吸收器官组织营养及抵抗人体免疫系统的防御（包括体温的升高）（Kohler et al.，2017）。

（一）人类病原真菌与寄主的互作方式

在人体与病原真菌之间对抗协同进化过程中，病原真菌要成功侵染人类，必须进化出足够的毒力，而人类要逃避侵染则必须不断地增强抗性。人类本身具有强大的免疫系统，可以识别抗原，产生应答（活化、增殖、分化等）并将抗原破坏和清除，尤其是特异性免疫系统中的 T 细胞和 B 细胞在初次免疫应答过程中都会产生经抗原刺激活化、增殖淋巴细胞分化而来的记忆细胞，这种记忆细胞与初始（或未致敏）淋巴细胞不同，当再次遇到相同抗原时，可出现应答的潜伏期短、强度大、持续时间长的再次免疫应答。与此同时，人类病原真菌会通过进化出独特的毒力因子、细胞三态转化及有性生殖来躲避人体强大的免疫系统，两者之间长期协同进化的结果是绝大多数病原真菌感染对免疫力健康的人体不会导致死亡，但是对免疫力低下的人群，病原真菌致死率很高，如艾滋病患者和器官移植者的死亡主要是由于真菌感染引起的。

（二）新生隐球菌与人类的协同进化

新生隐球菌（*Cryptococcus neoformans*）是一种重要侵袭性病原真菌。据统计，2014年全球新发 22.3 万例新生隐球菌所引发的隐球菌脑膜炎，并导致 18.1 万人死亡。该菌生境宽泛，在土壤、鸽粪和桉树等环境中均能检测到其存在，导致其成为全球范围内的重要病原菌。隐球菌可以以干酵母状态或孢子形态，通过人体呼吸吸入的方式进入肺部，并通过血液进行肺外扩散，最终突破血-脑屏障，引发高致死率的隐球菌脑膜炎。为了高效地感染人类宿主，新生隐球菌具有进化出环境适应相关的毒力因子、细胞形态的可塑性及有性生殖等多种特征（白向征和王琳淇，2018）。

新生隐球菌的感染与胞外多糖荚膜和黑色素的形成等重要的毒力因子有关（Kozubowski and Heitman，2012）。多糖荚膜对于隐球菌有效抵抗宿主巨噬细胞的吞噬十分重要。而在自然生境中，多糖荚膜的形成作为关键的环境适应性策略参与了对干燥压力的耐受且抑制了隐球菌的天然捕食者阿米巴变形虫的吞食。作为新生隐球菌重要的毒力因子之一，黑色素可协助隐球菌抵抗免疫细胞产生的氧化自由基的杀伤。

细胞形态的可塑性可以协助新生隐球菌更好地适应多变的外界环境和宿主免疫反应，新生隐球菌存在包含酵母、巨细胞、性孢子、菌丝及假菌丝在内的多种形态，细胞形态的多样性可以帮助隐球菌适应外界和宿主环境，抵抗捕食者的侵袭及协助隐球菌种群扩张（Lin，2009）。事实上，这种通过细胞的形态转换以适应不同环境的生存方式，在许多病原真菌中都存在，且与病原菌感染过程高度相关。这说明，病原真菌通过不同细胞形态的转换来灵活地适应多变的生境/宿主环境，很可能是病原真菌广泛采用的一种生存策略。

新生隐球菌具有两种交配型（交配型 **a** 和交配型 α）（Lengeler et al.，2002）。两种交配型在环境中主要以单倍体酵母形态存在，其增殖方式主要为无性出芽增殖。然而在一些特定的环境因子刺激下，隐球菌可以进行有性生殖，包括 **a**-α 异性生殖与 α 同性生殖。由于自然界中超过 99%的菌株为 α 交配型，因而推测 α 同性生殖可能是隐球菌主要的有性生殖方式。而异性生殖发生时，α 交配型细胞和 **a** 交配型细胞之间融合，形成二倍体，然后进一步发育形成菌丝，产生担子，再经过减数分裂，形成有性孢子，完成异宗配合生殖过程。相比于 **a**-α 异性生殖，α 同性生殖并不依靠细胞融合而是通过核内复制（endoreplication）完成染色体加倍阶段，二倍体菌丝进而形成担子，借助减数分裂过程产生单倍体性孢子。由于有性生殖的核心生物学过程——减数分裂遗传重组可导致子裔遗传信息的多样性，故有性生殖被认为是隐球菌加速基因组微进化并加速高毒菌株和耐药菌株产生的一个重要策略。

新生隐球菌进化出适应环境及抵御人体免疫系统的策略，与此同时，针对新生隐球菌的假菌丝（低毒力、反毒力细胞形态）并不直接涉及对人体感染和致病，人体免疫系统也同样进化出对新生隐球菌感染的免疫应答策略（Kozubowski and Heitman，2012）。

（三）白念珠菌与人类的协同进化

白念珠菌（*Candida albicans*）是一种重要的条件致病真菌，通常存在于正常人口腔、上呼吸道、肠道及阴道中，一般在正常机体中数量少，不引起疾病，但当机体免疫功能或一般防御力下降或正常菌群结构失调时会转变为致病菌，对人体造成危害。据统计，每年由念珠菌引起的女性阴道感染病例数达 7500 万，鹅口疮病例数达 1300 万，血液和深部器官感染病例数达 40 万以上。尽管有抗真菌药物的治疗，但真菌菌血症的病死率仍很高，高达 40%～80%。与新生隐球菌类似，白念珠菌进化出独特的表型转化系统——细胞三态型转化，使其达到高效的侵染效率（王斌等，2010）。

白念珠菌进化出白色、灰色、不透明三种细胞生长形式，它们形成一个三稳定的表型切换系统，三种细胞形态在许多方面有所不同，包括细胞和菌落外观、交配能力、分泌天冬氨酸蛋白酶活性和毒性。在三种形态之间转换的能力对白色念珠菌的共生生活方式和侵染宿主的能力至关重要。灰色细胞表现出最高的天冬氨酸蛋白酶活性和引起皮肤感染的能力，且交配效率是白色细胞的 1000 多倍，但却低于不透明细胞的交配率（Tao et al.，2014）。这种表型转换使白念珠菌能很快适应环境或人体特殊部位、侵入组织内、逃避免疫监控和（或）发展为药物耐受。

白念珠菌也存在于健康人体的肠道中，呈现毒力较小的酵母状形态，不能感染人体；当白念珠菌由酵母状转化为菌丝体状态时，菌丝体可产生黏附蛋白，能附着并入侵细胞，引起感染并造成肠道损伤，而菌丝体状态的白念珠菌则会激活人体免疫系统通过 IgA 靶向真菌表面的黏附蛋白，促使白念珠菌从高毒的菌丝体状态切换回低毒的酵母菌状态，从而抑制疾病（Ost et al.，2021）。因此，白念珠菌与人体协同进化出既可以共生又可以寄生的复杂模式。

四、菌寄生真菌

菌寄生（mycoparasitic）是一种真菌寄生另一种真菌上的现象，也称为重寄生或超寄生（hyperparasitism），即活的真菌（寄主）被另外一种真菌（菌寄生真菌）所寄生，并充当其营养来源（Karlsson et al.，2017）。真菌间的寄生相互作用很常见，与植物病原真菌类似，真菌寄生包括活体营养寄生和死体营养寄生两类。

（一）寄生方式

1. 活体营养寄生　　活体营养菌寄生真菌可以从获得寄主细胞中摄取养料，一般仅能寄生于某一种或几种真菌，具有寄生专化性。活体营养菌寄生真菌可以通过侵染结构侵入宿主菌，如白粉寄生孢（子囊菌门子囊菌亚门）。首先寄生真菌能感知寄主并趋向生长，随后与寄主接触并识别，识别后产生不同的侵染结构，如附着胞、菌丝卷和钩状体，最后以机械侵入的方式或分泌胞外水解酶侵入寄主细胞内，吸收营养并导致寄主细胞畸变甚至溶解。在光学显微镜下观察可见菌寄生菌缠绕、附着在寄主菌丝上，寄主菌丝的原生质浓缩、液泡化、萎缩而最终消解；在电镜下观察可见寄主菌丝细胞壁被重寄生菌穿透并向寄主细胞形成指状吸器，通过吸器吸取菌丝体内含物。

2. 死体营养寄生　　死体营养菌寄生真菌通过分泌毒素杀死寄主细胞，再从死亡的寄主细胞中吸取营养物质。与活体营养相反的是，死体营养菌寄生真菌具有更大的破坏性，而且通常是非特化的，它们通常具有广泛的宿主范围。菌寄生真菌通过自身的 G 蛋白信号通路、cAMP 信号通路和丝裂原活化蛋白激酶级联反应，来识别寄主释放的细胞表面分子、次级代谢产物及其他小分子物质等信号，并释放裂解酶及毒性代谢产物，有效杀死真菌宿主，因此菌寄生真菌可以用于在农业上防治植物病原真菌。

（二）木霉与寄主真菌的协同进化

木霉是最典型的死体营养菌寄生真菌，哈茨木霉（*Trichoderma harzianum*）在模拟菌丝的塑料线周围不产生菌丝缠绕现象（Dennis et al.，1971），说明在菌寄生真菌和寄主之间存在着某种识别机制。Elad 等（1983）研究菌寄生真菌哈茨木霉和钩状木霉与寄主真菌立枯丝核菌（*Rhizoctonia solani*）相互作用时，发现立枯丝核菌细胞表面的凝集素可能在识别中起作用。木霉不同株系对齐整小核菌（*Sclerotium rolfsii*）侵袭力的差异取决于其分生孢子在齐整小核菌表面的附着，这种附着也是由凝集素引起的，说明木霉属和齐整小核菌间的相互识别是由凝集素介导的。Cortés 等（1988）将哈茨木霉和寄主真菌进行对峙培养时，无论哈茨木霉是否与寄主接触，其蛋白酶基因（*prb1*）和内切几丁质酶基因（*ech42*）都能高水平表达，而哈茨木霉在附着有凝集素纤维素膜上生长时，尽管能诱导菌丝缠绕和附着胞的形成，但这两种基因表达不上调，哈茨木霉中诱导这类水解酶的信号是独立于由凝集素-糖相互作用所介导的识别信号之外的。Prb1 和 ech42 的诱导是不依赖于物理接触，而是由寄主产生一种可扩散信号分子的激发。

在菌寄生过程中，寄生真菌通过 G 蛋白信号、cAMP 途径及 MAPK 级联等感知宿主真菌表面分子识别和侵染宿主，而最近对肉座菌目菌寄生真菌的基因组分析，揭示了一些菌寄生相关的基因家族显著扩展（Karlsson et al.，2017）。然而，同为真菌，对这种寄生关系及其协同进化研究的还很少。

（贾怡丹、刘　佳、范雅妮）

第五节　捕食与竞争协同进化

自然界中，构成群落的各物种此消彼长，维持着动态平衡。同一生境中，在资源利用上有较大相似性的物种争夺资源和空间时必然会有竞争。竞争是推动生物进化的关键因素，针对实验植物群落的研究表明竞争现象普遍存在（Schoener，1983）。实际上，无论是种内各个体之间，还是各物种之间都存在着生存竞争。尤其是捕食者和猎物之间，在不断进行着军备竞赛（Strickberger，1996）。竞争可以实现资源生态位的有效分离，使资源重新分配利用，提高资源利用有效性。竞争的结果主要有两种：一种导致竞争力弱的物种部分消亡或被取代；另一种是推动竞争各方或一方的进化，利于强烈竞争的物种在同一生态系统中共存（张晓爱等，2001）。本节以捕食线虫真菌和线虫及真菌间争夺领地和营养的竞争为例阐述它们的进化。

一、捕食线虫真菌与线虫

作为真菌的三大生存方式（腐生、寄生和捕食）之一，捕食在菌物的食物链能量和物质流动中起着重要作用（Yang et al.，2007）。捕食线虫真菌是一类非常古老的真菌，*Palaeoanellus dimorphus* 具有环状的捕食结构，是目前已知最早的具有捕食器官的真菌化石，距今已经有 1 亿年（Schmidt et al.，2008）。基于捕食线虫真菌的化石证据，Yang 等（2012）

利用圆盘菌纲捕食真菌的 ITS 序列及 5 个蛋白质编码基因（3 个看家基因和 2 个捕食相关功能基因）进行多基因分析，对捕食线虫真菌的起源时间进行了推测（图 7-3）。分析结果表明捕食线虫真菌的起源大约是 4.19 亿年之前，比线虫的出现晚了 5.5 亿～6 亿年。捕食真菌通过营养菌丝特化形成原始捕食结构后，继续分化出具有主动捕食行为的收缩环结构和被动捕食行为的黏性捕食结构。在二叠纪至三叠纪的第三次物种大灭绝期间，即 2.46 亿年前主动捕食的收缩环结构先一步分化出来。在三叠纪至白垩纪的第 4 次物种大灭绝期间，即 2.08 亿～1.98 亿年前黏性捕食结构产生并进一步快速分化成不同类型的捕食器官。正是由于物种大灭绝导致了大量腐殖质积累，生存环境的氮源严重匮乏，物种间的竞争愈发激烈。为了适应这种环境巨变，真菌进化产生了捕食器官，通过捕食线虫获得氮源，提高竞争能力。

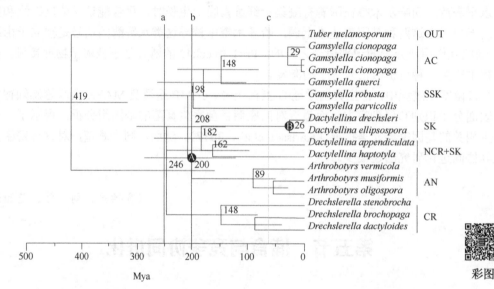

图 7-3　圆盘菌纲各类群的进化关系和起源分化时间（引自 Yang et al.，2012）

基于贝叶斯树及 3 个时间校准点运用 BEAST 构建年代图，3 个时间点分别为根节点（5 亿～3 亿年前）、节点 A（5 亿～1 亿年前）和节点 B（5 亿～2400 万年前）；红线 a 和 b 分别表示二叠纪—三叠纪（2.514 亿年前）和三叠纪—侏罗纪（2.014 亿年前）物种大灭绝事件，橙线 c 表示白垩纪—第三纪（6500 万年前）的物种大灭绝事件；SSK. 无柄黏性球；SK. 有柄黏性球；AN. 黏性菌网；AC. 黏性分枝；NCR. 非收缩环；CR. 收缩环；OUT. 外群

刘杏忠课题组整合了 18 株捕食线虫子囊菌（包括产生收缩环、非收缩环、黏性菌网、黏性球和黏性分枝的各个类群）的全基因组数据，通过比较基因组进一步分析了捕食线虫真菌的进化（张伟伟，2011）。交配型基因的进化关系的分析结果表明捕食线虫真菌的形成过程是由复杂的杂合过程形成的。通过单拷贝保守基因遗传距离分析，推测 *Datylella* 属可能是 *Gamsylella* 属和 *Arthrobotrys* 属杂合而来，*Gamsylella* 属是由 *Arthrobotrys* 属和 *Drechslerella* 属杂合而来。此外，捕食线虫真菌进化的过程中发生了基因家族中基因数量的显著扩张和减少的现象，如黏性蛋白基因家族显著扩张、次级代谢基因簇显著减少、丝氨酸蛋白酶家族显著扩张，表明捕食线虫真菌在不断适应线虫营养的利用。将捕食线虫真菌亲缘关系近的物种黑块菌（*Tuber melanosporum*）作为外群，鉴定出捕食线虫真菌特有的 962 个同源基因 groups（图 7-4），并且这些基因很多在别的物种中没有报道过，是一类特有的基因。由于捕食生活方式的特殊性，控制产生捕食器官的关键基因很有可能就存在于

这部分特有基因中,为捕食器官形态学发生的
分子生物学过程提供了新的线索。

二、真菌间领地和营养的竞争

　　木材内的真菌群落的结构和发育情况
很大程度上取决于种间的相互作用（Boddy
and Heilmann-Clausen，2008）。木腐菌是一
类生长在木材上，通过降解植物细胞壁中的
木质纤维素（含木质素、纤维素和半纤维素）
作为主要营养来源的真菌的总称。为了竞争
领地和营养，木腐菌在相互作用过程中，通
过快速的细胞分裂、分枝、菌丝聚集、气生
菌丝产生、自溶、色素产生、挥发性有机物
的释放、可扩散酶、毒素和抗真菌代谢物的
产生等多种复杂的形态、生理和生化变化，

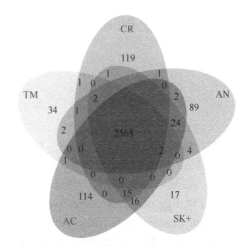

图 7-4　捕食线虫真菌各属核心基因组之间和黑
块菌的同源关系（引自张伟伟，2011）

SK+. 产黏性球的 *Dactylella* 属；AN. 产黏性菌网的
Arthrobotrys 属；AC. 产黏性分枝的 *Gamsylella* 属；CR. 产
收缩环的 *Drechslerella* 属；TM. 黑块菌外群

来达到拮抗目的（Griffith et al.，1994；Boddy，2000；Baldrian，2004；Hynes et al.，
2007；Woodward and Boddy，2008；Evans et al.，2008）。

　　两种或多种病原物同时攻击同一宿主的相互作用也是常见现象（Read and Taylor，
2001）。这种相互作用可能导致其中一种病原物的消亡或它们的共存，其结果则由毒力的差
异来决定。如果两种病原体的毒力相似，则可通过有效竞争以达到资源或空间的合理再分
配，从而实现共同感染（Nowak and May，1994）。昆虫病原真菌 *Zoophthora radicans* 和
Pandora blunckii 能够同时感染小菜蛾（Riethmacher and Kranz，1994）。Guzmán-Franco 等
（2009）发现这是由于它们产分生孢子的能力相近，并且小菜蛾幼虫内部的空间结构能允许
不同的物种支配不同的区域，从而缓解了病原菌间的竞争排斥。

　　纵观本章内容，协同进化是生物间相互作用和进化的重要方式，是通过连接相互作用
物种的基因组来维持生物多样性的主要动力之一（Thompson and Cunningham，2002），从
而成就了地球上的生命圈，也是创造生物多样性的主要途径之一，因为多样化的协同进化
选择可以导致物种的形成（Thompson，2005，2009）。协同进化的影响跨越了生态学、遗
传学和进化生物学的所有学科。事实上，历史和正在进行的表型进化和物种多样性很大程
度上也是协同进化的产物，均在生命发展历程中留下了深刻的记号。如果没有物种间互作
和协同进化，地球上的生命历史将被改写。

　　真菌作为自然生态系统中多样性最为丰富的生物类群之一，其与其他生物间的互作和
协同进化，不仅驱动了真菌的起源、进化及生态功能，而且也对其他生物的起源、进化和
分布格局等产生了显著影响。同时，通过分析协同进化过程中互作物种的适应特征与行为
变化，解释物种在不同生境中的适应对策。协同进化不仅加深了我们对种间关系及其机制
的认知，而且可以利用协同进化的策略，应用于有害生物治理、创新药物研发甚至生物技
术领域。当然，目前关于真菌与其他物种间的协同进化的研究还非常有限，更为详细和系
统的工作还有待进一步开展，尤其原位微环境中真菌与其他生物间的协同进化、多物种间
协同进化等。随着分子生物学技术及组学的发展，将帮助我们挖掘更多的互作生物及其互

作机制、明确物种进化的本质与过程，让它们能更好地为人类服务。

（范雅妮）

本章参考文献

韩一多，向梅春，刘杏忠．2019．植菌昆虫与其共生真菌协同进化分子机制．菌物学报，38（11）：1734-1746.

张晓爱，赵亮，康玲．2001．生态群落物种共存的进化机制．生物多样性，9（1）：8-17.

Aanen D K, Eggleton P, Rouland-Lefevre C, et al. 2002. The evolution of fungus-growing termites and their mutualistic fungal symbionts. Proceedings of the National Academy of Sciences of the United States of America, 99(23): 14887-14892.

Asplund J, Wardle D A. 2017. How lichens impact on terrestrial community and ecosystem properties. Biological Reviews, 92(3): 1720-1738.

Biedermann P H W, Rohlfs M. 2017. Evolutionary feedbacks between insect sociality and microbial management. Current Opinion in Insect Science, 1: 92-100.

Brown J K M, Tellier A. 2011. Plant-parasite coevolution: bridging the gap between genetics and ecology. Annual Review of Phytopathology, 49: 345-369.

Chapela I H, Rehner S A, Schultz T R, et al. 1994. Evolutionary history of the symbiosis between fungus-growing ants and their fungi. Science, 266(5191): 1691-1694.

Darwin C. 1859. On the Origin of Species. London: John Murray.

Duplessis S, Cuomo C A, Lin Y C, et al. 2011. Obligate biotrophy features unraveled by the genomic analysis of rust fungi. Proceedings of the National Academy of Sciences of the United States of America, 108(22): 9166-9171.

Ebert D. 2008. Host-parasite coevolution: insights from the *Daphnia*-parasite model system. Current Opinion in Microbiology, 11(3): 290-301.

Hacquard S, Kracher B, Hiruma K, et al. 2016. Survival trade-offs in plant roots during colonization by closely related beneficial and pathogenic fungi. Nature Communications, 7: 11362.

Hafner M S, Nadler S A. 1988. Phylogenetic trees support the coevolution of parasites and their hosts. Nature, 332(6161): 258-259.

Hiruma K, Gerlach N, Sacristan S, et al. 2016. Root endophyte *Colletotrichum tofieldiae* confers plant fitness benefits that are phosphate status dependent. Cell, 165(2): 464-474.

Jiang Y N, Wang W X, Xie Q J, et al. 2017. Plants transfer lipids to sustain colonization by mutualistic mycorrhizal and parasitic fungi. Science, 356(6343): 1172-1175.

Jones J D G, Dangl J L. 2006. The plant immune system. Nature, 444(7117): 323-329.

King J L, Jukes T H. 1969. Non-Darwinian evolution. Science, 164(3881): 788-798.

Lutzoni F, Pagel M, Reeb V. 2001. Major fungal lineages are derived from lichen symbiotic ancestors. Nature, 411(6840): 937-940.

Mctaggart A R, Shivas R G, van Der Nest M A, et al. 2016. Host jumps shaped the diversity of extant rust fungi (Pucciniales). New Phytologist, 209(3): 1149-1158.

Miyauchi S, Kiss E, Kuo A, et al. 2020. Large-scale genome sequencing of mycorrhizal fungi provides insights into the early evolution of symbiotic traits. Nature Communications, 11(1): 5125.

Mueller U G, Gerardo N M, Aanen D K, et al. 2005. The evolution of agriculture in insects. Annual Review of Ecology Evolution and Systematics, 36: 563-595.

Panstruga R, Dodds P N. 2009. Terrific protein traffic: the mystery of effector protein delivery by filamentous plant pathogens. Science, 324(5928): 748-750.

Petrini O. 1991. Fungal endophytes of tree leaves//Andrews J H, Hirano S S. Microbial Ecology of Leaves. New York: Springer: 179-197.

Rodriguez R J, White J F, Arnold A E, et al. 2009. Fungal endophytes: diversity and functional roles. New Phytologist, 182(2): 314-330.

Scott J J, Oh D C, Yuceer M C, et al. 2008. Bacterial protection of beetle-fungus mutualism. Science, 322(5898): 63.

Sung G H, Poinar G O, Spatafora J W. 2008. The oldest fossil evidence of animal parasitism by fungi supports a Cretaceous diversification of fungal-arthropod symbioses. Molecular Phylogenetics and Evolution, 49(2): 495-502.

Thompson J N. 2009. The coevolving web of life. American Naturalist, 173(2): 125-140.

Thompson J N, Burdon J. 1992. Gene-for-gene coevolution between plants and parasites. Nature, 360(6400): 121-125.

Wang L, Feng Y, Tian J Q, et al. 2015. Farming of a defensive fungal mutualist by an attelabid weevil. The ISME Journal, 9(8): 1793-1801.

Woolhouse M E J, Webster J P, Domingo E, et al. 2002. Biological and biomedical implications of the co-evolution of pathogens and their hosts. Nature Genetics, 32(4): 569-577.

Yang E C, Xu L L, Yang Y, et al. 2012. Origin and evolution of carnivorism in the Ascomycota (fungi). Proceedings of the National Academy of Sciences of the United States of America, 109(27): 10960-10965.

Yang Y, Yang E C, An Z Q, et al. 2007. Evolution of nematode-trapping cells of predatory fungi of the Orbiliaceae based on evidence from rRNA-encoding DNA and multiprotein sequences. Proceedings of the National Academy of Sciences of the United States of America, 104(20): 8379-8384.

Yoder J B. 2016. Coevolution, Introduction to//Kliman R M. Encyclopedia of Evolutionary Biology. Oxford: Academic Press: 314-321.

Yuan X L, Xiao S H, Taylor T N. 2005. Lichen-like symbiosis 600 million years ago. Science, 308(5724): 1017-1020.

本章全部参考文献

第八章　真菌宏进化

美国遗传学家 Goldschmidt 于 1940 年提出了宏进化（macroevolution）的概念，认为达尔文主张的通过自然选择积累的微小变异，只能在物种范围内解释进化过程。物种及种以上分类群的进化则需要大突变（macromutation）导致的显著表型变异，以形成新种、新属或新的高阶分类群。虽然宏进化的基础是微进化，但不能将宏进化简单地归结为微进化。特别是在较长的时间尺度上，宏进化比微进化更具有决定意义。只有将宏进化与微进化结合起来，才能对生物进化过程有更为全面和准确的认识。

第一节　宏进化的概念

一、宏进化的定义及与微进化的区别

宏进化也称为宏观进化，是物种及种以上高阶分类群在长时间尺度（地质时间）的变化过程。从定义上可以看出宏进化与微进化存在很大的区别。

一是研究对象不同。宏进化是以物种及其以上的分类群为研究对象，着重研究区分该分类群的特有特征及其起源与进化。而微进化是在种内个体和种群层次上研究进化改变。

二是时间尺度不同。宏进化是在较长的时间尺度（地质时间尺度）里发生的进化事件，少则几千年，多则几百万年，通常不能对其进行直接观测。而微进化是在较短的时间尺度（以世代为单位的生物学时间尺度）里发生的进化事件，因而可以进行直接观测。

三是研究方法不同。由于两种进化研究对象和时间尺度的不同，其研究方法也存在巨大差别。对于宏进化，主要依靠化石记录的形态学方面的比较，以及对 DNA 等生物大分子结构的比较来进行研究。对于微进化，则通常使用实验的方法探究其进化的机制和规律。相比于动物和植物，由于真菌化石记录较少，且系统发育关系有待进一步阐明，所以目前对真菌宏进化的研究相对不成熟。

二、系统发生

如果以时间为纵坐标，表型改变量为横坐标，某一瞬时存在物种为一个点，则该物种随着时间世代延续，就会在坐标系中构成一条由该点向上延伸的线，称为谱系（lineage）或分支（branch）。

生物进化主要包括两种过程，即前进进化和分支进化。①前进进化（anagenesis）是导致单一谱系中发生表型改变的进化过程，也称垂直进化（vertical evolution）或谱系进化（phyletic evolution）。前进进化在坐标系中表现为该物种所在的谱系发生倾斜（图 8-1）。当该物种因前进进化造成的表型改变足以判断为不同于原物种的新分类单元时，则称其为时间种（chronospecies）（图 8-2）。在该谱系内，由一个时间种过渡到相继的另一个时间种时，前一

个时间种终止而消失，但并不意味真正的谱系延续的终止，称为假灭绝（pseudoextinction）。②分支进化（cladogenesis）是指导致生物分类多样性（taxonomic diversity）增长的进化过程，即在一个物种之内分化出一个或多个新种，也称水平进化（horizontal evolution）。分支进化在坐标系上表现为分支的增多（图8-1）。由同一祖先分支形成的若干谱系，在坐标系中形成一个形似树枝的形状，称为进化枝（clade）（图8-2）或单系群（monophyletic group）。

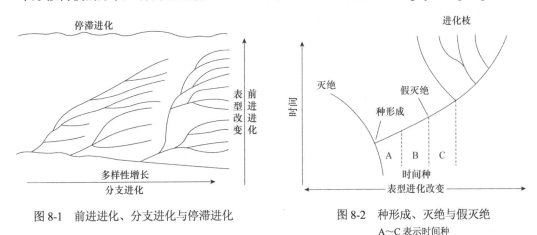

图 8-1　前进进化、分支进化与停滞进化　　　图 8-2　种形成、灭绝与假灭绝
　　　　　　　　　　　　　　　　　　　　　　　　　　　A～C 表示时间种

灭绝（extinction）指某个物种或高阶分类群的消失，在坐标系中表现为谱系延续的终止（图 8-2），也称真灭绝。系统发生（phylogenesis）指若干相关的谱系或进化支随着时间的进化改变。系统发生涉及多个相关的谱系，往往是某一个分类群（相当于一个进化支或系统树的局部）的各谱系单元的产生（分枝）、延续、中断（灭绝）的历史过程。也就是说，系统发生是通过前进进化、分支进化和灭绝而表现出的进化改变，包括平均表型的改变和分类学多样性的改变两方面（张昀，1998）。

三、停滞进化与活化石

如果生物结构复杂性程度和分类学多样性均未发生明显改变的进化过程，称为停滞进化或稳定进化（stasigenesis），其结果是形成活化石（living fossil），即在形态或生理上与一个化石物种相似，且这种相似性在地质年代上保持很久的一个现生分类群。例如，子囊菌门外囊菌亚门无丝盘菌纲的无丝盘菌属（*Neolecta*）就是一种典型的真菌活化石。需要注意的是，停滞进化是一种稳定性选择的动态化过程，而不应将停滞进化认为是没有进化。

第二节　进化速率与宏进化式样

一、进化速率

进化速率（evolutionary rate）是指单位时间内生物进化改变的量，涉及时间尺度和进化改变量尺度两方面。

（一）进化速率的时间尺度

衡量进化速率的时间尺度有两种：绝对地质时间和相对地质时间。

1）绝对地质时间是根据同位素测年方法测定的地质时间，常用百万年（megaannus，Ma）作为单位对其进行衡量，即 10^6 年，有时也记作 Myr（million years）或 Mya（million years ago）。

2）相对地质时间是指地质时代或地层单位所代表的时间，可查询地质年代表获得具体信息。通常选择最小的时代阶作为相对地质时间单位，但不同地质时代阶所代表的绝对时间长短不同。总体来说，除了第四纪，显生宙各时代阶所代表的绝对时间最短为 1Ma，最长约 20Ma，多数为 5～12Ma。

（二）进化速率的进化改变量尺度

进化改变量的衡量比较复杂，可以应用形态学尺度、分类学尺度和分子尺度对应三种进化速率，即形态学进化速率、分类学进化速率和分子进化速率。

1. 形态学进化速率　　形态学进化速率（morphological rate）是指单位时间内的形态改变量，可以表示为

$$v_形 = \frac{形态改变量}{进化时间} \tag{8-1}$$

为了便于不同对象的比较，需要将形态改变量的不同单位换算为统一的单位，一般使用达尔文单位，记作 d，1d 相当于每百万年改变形态值的一个自然对数单位。由此，形态学进化速率可表示为

$$v_形 = \frac{\ln X_2 - \ln X_1}{t_2 - t_1} \tag{8-2}$$

式中，X_1、X_2 分别表示时间为 t_1、t_2 时的形态值。

2. 分类学进化速率　　分类学进化速率（taxonomic rate）以分类单元（种、属、科）产生或消失的数量来衡量，一般可以表示为

$$v_分 = \frac{分类单元产生（消失）数量}{进化时间} \tag{8-3}$$

分类单元既可以包括前进进化（谱系进化）产生的时间种（对应谱系进化速率），也可以包括分支种形成产生的分类单元（对应系统发生速率）。

（1）谱系进化速率　　某一地质时间内的谱系进化速率（phyletic rate），即单位时间内一条谱系产生的时间种数目：

$$v_谱 = \frac{时间种产生数}{进化时间 \times 谱系数} \tag{8-4}$$

由于时间种寿命的长短反映了前进进化的快慢，我们可以用时间种寿命的倒数作为衡量谱系进化速率的标准：

$$v_谱 = \frac{1}{时间种寿命} \tag{8-5}$$

由于时间种实际上代表一定的形态改变量，因此谱系进化速率是形态学进化速率的另一种表达形式。对线系渐变论来说，宏进化是微进化的积累，种形成也是前进进化的积累，因此谱系进化速率具有重要意义；而间断平衡论不承认时间种，因此也不必计算谱系进化速率。

（2）系统发生速率　　系统发生速率（phylogenetic rate）涉及 3 个量：种形成（分支）速率（S）、种数净增率（R）和灭绝速率（E），其关系可以表示为

$$S = R + E \tag{8-6}$$

种数净增率（R）代表单位时间（t）内物种数目的对数增长（物种数目从 N_0 增至 N），单位为 Ma^{-1}，表示为

$$R = \frac{\ln N - \ln N_0}{t} \tag{8-7}$$

灭绝速率（E）代表单位时间（t）内灭绝的种数（N_e），表示为

$$E = \frac{N_e}{t} \tag{8-8}$$

3. 分子进化速率　　分子进化速率是指核酸或蛋白质等生物大分子在进化过程中碱基或氨基酸发生替换的频度，是测定生物大分子快慢的尺度，以年为时间单位。研究方法主要是通过比较不同种生物同源蛋白质氨基酸序列的变化，来推断蛋白质的进化速率，为生物进化提供一个时间表。

在计算不同生物之间同源（同种）蛋白质的分子进化速率时，首先要计算氨基酸差异比例。利用蛋白质之间氨基酸座位总数（N_{aa}）和差异氨基酸座位数（d_{aa}），计算差异氨基酸所占的比例（P_d），即

$$P_d = \frac{d_{aa}}{N_{aa}} \tag{8-9}$$

通过上述方法计算出的差异是根据现在的蛋白质计算出来的，反映的是蛋白质现存的差异，往往比实际氨基酸替换总数要小（如恢复突变、同一座位多次发生变化等，都会造成计算出的差异比例小于实际差异比例）。为了减少这种误差，Zuckerkandl 利用统计学方法进行了校正，用比较的两个蛋白质间每个氨基酸替换的平均数 K_{aa} 来代替：

$$K_{aa} = -2.3 \lg (1 - P_d) \tag{8-10}$$

分子进化速率（κ_{aa}）则可用每年、每个氨基酸的替换率来表示，对现存物种进行研究时应使用公式：

$$\kappa_{aa} = \frac{K_{aa}}{2T} \tag{8-11}$$

式中，T 为共同祖先分歧开始的年数，$2T$ 为进化时间。

对于化石研究则需要对时间进行修正：

$$\kappa_{aa} = \frac{K_{aa}}{2T - T_a} \tag{8-12}$$

式中，T_a 为古蛋白质的年龄。

蛋白质是以相对恒定的速率进化的，即在分子水平上进化速率是相对恒定的，且进化的速率与世代的长短、生存的环境条件及群体的大小等无关。木村资生根据自己和前人的研究结果，提出了 10^{-9} 是分子进化的标准速率，并把每年、每个氨基酸的座位的 1×10^{-9} 进化速率定为分子进化速率的单位，把 1×10^{-9} 称为 1 鲍林（Pauling）（沈银柱等，2020）。

（三）进化速率的特点

自然界中各种生物在进化历程中表现出明显的不平衡性。对生物个体而言，其各部分构

造、各种生理机能的进化速率有可能表现出不同，即进化过程中生物体性状各部分独自地进行变化，称为镶嵌进化（mosaic evolution）。镶嵌进化是进化理论中最重要的原理之一，它说明了在进化过程中，物种不是作为一个整体而是可以拆分开来进化的，即许多特征都是独立演化的。这个原理有力地证明了以单个特征的变化（甚至以造成这些变化的单个基因）作为研究对象，而不是以整个生物体作为对象去研究进化机理的方式是可行的（Futuyma，2013）。

宏观来看，不同生物类群由于所处地质年代和环境条件不同，其进化速率也表现出巨大差异。包括无丝盘菌、海豆芽、银杏在内的部分物种，谱系延续很长时间但没有明显的表型变化，属于停滞进化或低速进化；以马为代表的物种，约 2.5Ma（约 25 万代）产生一个新物种，属于中速进化；植物通过多倍化在较短时间内形成新种的现象则属于高速进化（沈银柱等，2020）。

二、宏进化式样

宏进化式样（macroevolutionary pattern）是指在一定时间内，一组谱系通过前进进化、种形成和灭绝过程所表现出来的特征。简而言之，就是系统发生的时间与空间特征。

以时间为纵坐标，以进化的表型改变量为横坐标描述物种进化，某一瞬时存在物种为一个点，可绘制出系统树（phylogenetic tree），又称进化树（evolutionary tree）。当前和过去存在的物种之间的亲缘关系可以直观地体现在这棵树上，从树根向末梢代表时间向度，下部主干表示共同祖先，大小分枝表示相互关联的谱系。宏进化式样则可形象地表现在系统树的形态上，包括枝干的延续和中断、分枝的方式和频率、分枝倾斜方向、枝干的空间分布特征等。

系统树是一个抽象的概念，它是由研究者根据各方面资料综合分析推断而成的。由于研究者掌握的资料不同，研究者所持有的进化观点不同，推断出的系统树形态结构也各有不同。因此，对于宏进化式样的理解尚有争议。

大量化石证据显示，生物的进化存在渐变演化的中间阶段。然而由于化石记录有限，诸多高阶分类群演化的中间阶段仍不清楚。在时间很接近的化石记录中，一些相似物种之间存在很小但是非常明显的差异特征。达尔文学说和现代综合进化论者认为产生这些差异的原因是化石记录的不完整。而 Eldredge 和 Gould 于 1972 年提出了另一种解释，他们认为造成这种现象的原因是物种在很长一段时间中表现为停滞状态（只有很少或者很难察觉的表型变化），穿插着出现从这种停滞状态向另一个停滞状态的快速转变。他们将这种进化式样称为间断平衡论，并将达尔文学说和现代综合进化论所主张进化形式称为线系渐变论（图 8-3）。

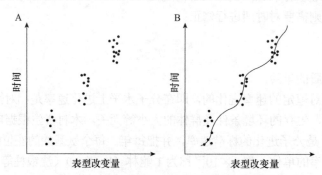

图 8-3　基于一套假想的化石记录的三种进化模式

A. 来自不同地质时期的化石在某个表型上的假想数值；B. 线系渐变；C. 间断平衡；D. 间断渐变

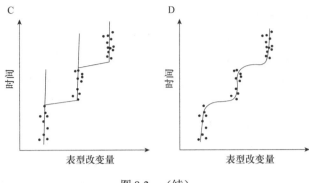

图 8-3 （续）

三、线系渐变论与间断平衡论

（一）线系渐变论

线系渐变论（phyletic gradualism）认为在进化树中各个谱系的倾斜是均匀的（图 8-4A），表明表型进化是匀速的、渐进的。进化改变主要由前进进化造成，而与物种形成无关，物种形成（分支进化）本身只是改变了进化的方向。

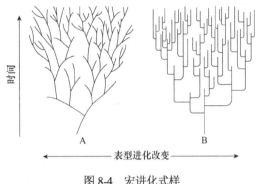

图 8-4　宏进化式样
A. 线系渐变；B. 间断平衡

线系渐变论的主要观点包括：①新种主要通过前进进化产生，谱系分支是前进进化的副效应，在进化中处于次要地位；②新种只能以渐进的方式形成，进化是匀速、缓慢的；③适应进化是在自然选择作用下的前进进化。

线系渐变论认为生物个体都能在一定的生存环境下发生变异，那些具有有利变异的个体能更好地适应环境，从而更有可能生存下来并繁殖后代，这就是达尔文"适者生存"的理论。线系渐变论者还主张生物个体在长时间的演化过程中，经过自然选择，其微小变异积累为显著的变异，以形成新的物种或新的高阶分类群，即自然选择只能通过积累轻微的、连续的、有益的变异而发生作用，不能产生巨大的或突然的变化，只能通过短且慢的步骤发挥作用，自然界没有飞跃。

（二）间断平衡论

Mayr 在对鸟类和其他动物的观察中发现，局限分布在邻近的、可能是亲本种地点的隔离种群，往往与其亲本种差异很大，甚至达到可被认为是不同物种或属的程度。他提出，在由某个物种少数个体建立且与该种主体断绝基因交换的地方种群中，遗传变异发生得非常快。这是因为在这样的种群中，某些基因座上等位基因的频率会因为抽样的偶然性（遗传漂变）而区别于亲本种群。其原因是这些少量的奠基者仅携带了亲本种群中的一部分等位基因，且频率不同，他称这种初始等位基因频率的改变为奠基者效应（founder effect）。由于基因之间的上位互作将影响适合度，这种基因座上等位基因频率的初始变化会改变与其互作的其他基因座上基因型的选择强度，因此选择将改变这些基因座的等位基因频率。这部分基因频率的改变又会进而引起对其他上位互作基因座变异的选择，形成一种"滚雪球"式的遗传变化，并最终导致生殖隔离的产生，称为边域物种形成（peripatric speciation）假说。这一假说意味着进化会在一个很有限的地理范围内快速发生，较合理地解释了化石记录中新种突然出现而找不到其祖先任何痕迹的现象，间断平衡论在此基础上发展而来。

间断平衡论（punctuated equilibria，PE）强调进化速率是不均匀的。他们认为进化过程是停滞（stasis），即所谓平衡状态，被快速变化不时地打断。在系统树上（图8-4B）则表现出谱系的显著倾斜（几乎呈水平方向，代表快速的表型改变）和几乎不倾斜（几乎垂直，代表表型几乎无改变）交替发生，表型进化是非匀速的，在种形成（分支）期间表型进化加速（跳跃），而在种形成后保持长时间的相对稳定，表型的进化改变主要发生在相对较短的种形成期间（Futuyma，2013）。

间断平衡论的主要观点包括：①新种只能通过谱系分支产生，不存在时间种（通过前进进化产生的表型上的可分别的分类单位）；②新种只能以跳跃的方式快速形成（量子种形成），新种一旦形成就处于保守的或进化停滞状态，直到下一次种形成事件发生之前，表型不会有明显变化；③进化是跳跃与停滞相间，不存在匀速、平滑、渐进的进化；④适应进化只能发生在种形成过程中，因为物种在其长期的稳定时期不发生表型的进化改变。

需要注意的是，间断平衡论和线系渐变论只是代表了两种极端观点，二者并不对立，且可能同时存在，快速的种形成和长期的进化停滞在自然界中都不乏实例，有待弄清的是哪一种进行式样在自然界中更普遍。此外，这两种假说均在对动植物进化的研究基础上产生，而在微生物中，宏进化的式样是否与动植物不同也有待进一步讨论。

将学者划分为"间断平衡论者"和"线系渐变论者"完全是人为的、不符合时间情况的。持极端的线系渐变论或间断平衡论观点的学者是少数，多数学者持有一种介于两者之间的观点。现代综合论的主要奠基者Wright、Mayr和Simpson都强调过种形成过程中的跳跃特征，甚至达尔文本人在认为生物进化是连续的、渐进的同时，也有表达过与间断平衡论非常相似的观点（张昀，1998）。Malmgren等于1983年提出间断渐进（punctuated gradualism）就是一种介于线系渐变论和间断平衡论之间的宏进化式样假说，也称为间断前进进化（punctuated anagenesis）。他们认为，化石记录中有许多谱系在多次长期停滞阶段之间发生了快速演化，却没有物种形成发生。这种假说与间断平衡论最大的区别在于，从一个停滞阶段快速演变到另一个停滞阶段的过程不需要种形成（Futuyma，2013）。

尽管间断平衡论解释了许多传统线系渐变论无法解释的现象和进化实例，但我们仍不能将其视为达尔文学说的替代理论，它只是后者的部分修正。研究过程中，我们不能只局限于某一种观点，而应用全面的观点了解生命史，不断揭示其进化的规律。

四、宏进化与微进化的联系

宏进化与微进化之间的联系至今仍存在较大争议，其争论的核心在于微进化是否能够解释宏进化。

Goldschmidt于20世纪40年代提出宏进化理论概念时，主张宏进化有自己的特殊原因和机制。20世纪70年代，间断平衡论者认为微进化是自然选择在种群内或谱系内引起的微小、没有重要意义的进化改变；宏进化通过种形成过程实现快速进化跳跃，所以认为二者是互相独立的，而且宏进化是自主的，也是重要的。因此得出结论认为微进化不能解释宏进化。主张宏进化自主性的主要理由包括：一是微进化靠小突变的积累，进化速率太慢，不能解释化石记录所显示的高阶分类群"快速"产生的事实；二是微进化是渐变过程，自然界中的种形成和高阶分类群起源是"跳跃"的；三是以微进化模式解释宏进化是简单的外推论，混淆两个层次的现象是简单的还原论。

然而不少学者反对夸大宏进化的自主性，Simpson 同意将进化区分为微进化和宏进化两个领域，但不主张将宏进化和微进化割裂开。他们认为微进化过程是宏进化现象的基础，微进化过程在一定程度上可以解释宏进化现象，不存在与微进化无关的宏进化过程。反对宏进化与微进化不匹配的主要理由包括：一是微进化速率有快有慢，在一定情况下，微进化通过自然选择、隔离分化同样可以导致高速率的进化；二是物种是由个体和种群组成的，没有理由认为突变、自然选择、遗传漂变等这些在个体和种群层次上的微进化机制不能解释种或种以上的分类单元的进化现象；三是物种和种以上的分类群不能构成与种群实质上不同的结构层次，因而微进化与宏进化不能看作两个独立的组织层次的现象。

深究双方争论的核心，其焦点在于是否存在宏进化的特殊机制。这个问题包含两个方面：是否存在能导致显著表型改变的遗传机制（大突变），以及如果存在，这种大突变能否，以及如何产生宏进化革新，从而导致新的分类群产生。

遗传学研究表明，导致大的表型改变的大突变是存在的，如一些发育调控基因突变在早期阶段只有微小的效应，而在发育后期则显示出大的表型效果。例如，果蝇的同源异形突变导致器官形成位置的改变，长触角的部位长出足，长平衡棒的部位长出多余的翅。因此导致大的表型改变的遗传机制确实存在，发育调控基因的突变可能是大突变产生的一种机制。

在自然选择作用下微进化过程能够产生适应的表型，而大突变产生的是显著偏离其祖先表型的"怪物"。Goldschmidt 本人及其支持者也承认，大突变产生的新表型往往是不适应的，甚至是畸形、不能生存或不育的。但 Goldschmidt 认为大突变也有可能产生有适应意义的特征，即可能产生"有希望的怪物"，它们会成为新分类群的祖先。支持 Goldschmidt 观点的学者认为，一种功能完善的器官适合度很高，但其中间状态要么是有害的，要么是无利的，因此其起源不可能是渐进的，在进化中产生任何中间过渡都很难经受自然选择的考验而发展。反对 Goldschmidt 的学者认为，大突变的概率很低，有利的大突变概率更少，特别是在同一种群内同时发生两个以上相同的有利大突变的概率就更加微乎其微（张昀，1998）。

目前，仍没有足够证据证明宏进化是通过大突变的特殊机制而实现的，但这并不等同于不存在宏进化的特殊规律。相信随着研究的进一步开展和深入，宏进化的机制必然会逐渐被人类所揭示。

第三节　宏进化趋势

一、进化趋势的概念

进化趋势（trend of evolution）是指在相对较长的时间尺度上，一个谱系或一个单系群的成员表型进化改变的趋向。趋向指变化的方向，是一个统计学概念，是许多个别成员不同变化方向的统计学（综合的）方向。因此，当我们说进化具有某种趋向时，指某一谱系或单系群的某种特征平均值（或极值）上具有某种持续的、方向性的改变，并不意味着定向或均向进化（unidirectional evolution）。

一个谱系在其生存期间表型进化改变的趋势称为微进化趋势（microevolutionary trend）。

亲缘关系相近的一组谱系或一个单系群在其生存期间的谱系分支，以及其后裔的平均表型变化趋势称为宏进化趋势（macroevolutionary trend）（张昀，1998）。

二、表型趋异与谱系趋异

从系统树上看，构成进化趋势的两个分量是表型趋异和谱系趋异。

1）表型趋异（phyletic divergence）是指后裔的平均表型相对其祖先表型的偏离，由于进化表型的改变，常常造成谱系的偏斜。

2）谱系趋异（phylogenetic divergence）是指一个单系群内代表不同进化方向的谱系之间，因种形成速率和种灭绝速率的差异而造成谱系的不对称性。如果某一进化方向的种形成速率大于或小于另一方向的种形成速率，或某一方向的灭绝速率大于或小于另一方向的灭绝速率，都会造成谱系的偏斜，进而造成后裔的平均表型相对于祖先表型的偏离（张昀，1998）。

根据 Vrba（1983）的分类，表型趋异和谱系趋异两个分量的不同组合可以形成 4 种情况（图 8-5）。

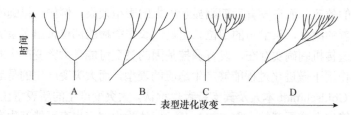

图 8-5　表型趋异与谱系趋异（引自张昀，1998）

A. 进化趋势既无表型趋异，也无谱系趋异，即没有进化趋势；B. 进化趋势仅表现为表型趋异，而无谱系趋异；C. 进化趋势仅表现为谱系趋异，而无表型趋异，不同谱系间物种净增率的差异是由于各谱系种形成速率和灭绝速率的差别造成的；D. 进化趋势表现为既有表型趋异，也有谱系趋异

三、被动趋势与驱动趋势

从动因上看，McShea 于 1994 年将进化趋势划分为被动趋势和驱动趋势。

1）被动趋势（passive trend）指分类群中谱系向两个方向的进化概率均等，但若某个方向上有不可逾越的界限，谱系的变异只能向另一个方向扩张，导致受限方向的极值不变，而另一方向的极值与均值一同改变（图 8-6A）。例如，哺乳动物体型均值和最大值随时间推移趋向于不断增大（Cope's rule）。比较祖先-后代种对显示，体型在两个方向上均发生了变化，但体型最小值受限于最小体型的限制（可能已经达到体型大小的功能底线），没有明显变化，属于被动趋势。

2）驱动趋势（driven trend）指分类群内谱系向某一方向变化的可能性远大于另一方向，即具有方向偏好性，因而性状的极值与均值一同改变（图 8-6B），又称主动趋势（active trend）。例如，在马科（Equidae）动物的体型变化中，不仅体型的最大值和均值趋于增加，最小值也在新生代逐渐提高，比较祖先-后代种对表明，体型增大出现的频率显著大于体型减小的频率，属于驱动趋势（Gregory，2008）。

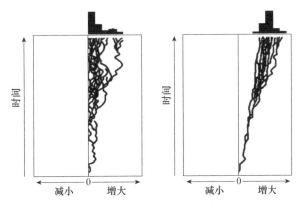

图 8-6　被动趋势（左）与驱动趋势（右）（引自 McShea，1994）

四、真菌的宏进化趋势

现有的 DNA 进化证据提示，真菌与动物和植物一样具有从水生到陆生的进化趋势。最早的真菌具有鞭毛结构，生活在水中，在约 4.6 亿年前真菌与植物几乎同时登陆，并失去鞭毛，现存的真菌物种多为陆生（邢来君，2010）。但这种趋势并非绝对，也有高等真菌，如子囊菌门的座囊菌纲（Dothideomycetes）格腔菌目（Pleosporales）的 *Dictyosporaceae* 属，重新适应水生生活（王如濛，2017）。生物的进化与环境的变化密不可分，化石记录显示在二叠纪—三叠纪集群灭绝之后一段时间（约 251.4Ma），真菌曾非常丰富，是当时地球上的主要生命形式。这可能是由于集群灭绝后大量动植物尸体为作为分解者的真菌提供了丰富营养。随着这些养分的消耗，真菌的数量也大量减少（Hochuli，2016）。

生物的进化也是不平衡的，反映在系统树上就是明显的不对称性，如在 14 多万个已知的真菌物种中，子囊菌门有 9 万多个物种，担子菌门有 5 万多个物种（McLaughlin et al.，2009），两者构成的双核亚界包括了大多数现存的真菌物种，表现出明显的谱系趋异。

第四节　宏进化的表现

一、复化式进化

复化式进化是一种由简单到复杂、由低等到高等的进化，是生物体形态结构、生理机能的综合而全面的进化过程。例如，真菌中的复杂多细胞起源，需要注意的是真菌的多细胞起源与动植物的多细胞起源是分别独立进行的，这是一种趋同进化现象。

二、简化式进化

简化式进化是生物复杂的结构转变为简单结构的进化方式，又称进化逆转（evolutionary reversal）或退化。例如，水生真菌向陆生真菌演化过程中失去鞭毛的现象。

三、特化式进化

（一）趋同进化

属于不同单系群的成员各自独立地进化出相似的表型，以适应相似的生存环境，即不同来源的谱系因同向的选择作用和同向的适应进化趋势而导致表型的相似，称为趋同进化（convergent evolution）或趋同（convergence，图 8-7A）。例如，水生动物中鲸鱼和鲨鱼的体型具有明显的相似性，但在亲缘关系上却分属哺乳纲和软骨纲（张昀，1998）。

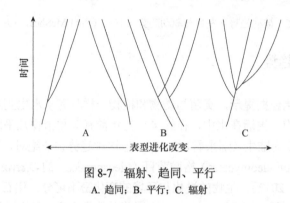

图 8-7　辐射、趋同、平行
A. 趋同；B. 平行；C. 辐射

这种现象在真菌中也非常常见。大灭绝后由于存在大量动植物尸体，真菌等分解者大量繁殖，当可降解的尸体减少时，部分真菌进化出食虫行为以获取足够营养。捕虫霉亚门（Zoopagomycota）的梗虫霉属（*Stylopage*）与子囊菌门（Ascomycota）的少孢节丛孢（*Arthrobotrys oligospora*）都可以形成黏性菌丝，是具有相似结构的捕食器官（capturing device）。当线虫接触黏性菌丝后，会被立即黏住并失去活动能力，黏性菌丝立即产生侵染菌丝从接触点侵入虫体吸收营养，杀死捕获的虫体。但它们分属不同的门，亲缘关系较远，说明这种相似的捕食行为是独立进化而来的，属于趋同进化。此外，这种通过菌丝腐生或寄生于机体进行细胞外消化的现象，在放线菌门（Actinobacteria）、卵菌纲（Oomycete）、寄生植物等生物中均可见到，但其依靠的结构相差甚远，也属于趋同进化（Yang et al.，2012）。

许多真菌在进化过程中为适应陆地生活均发生了鞭毛丢失，但丢失时间不尽相同，这也是趋同进化的典型例子。特别是蛙粪霉属（*Basidiobolus*），因为缺乏鞭毛和显著的表型特征，一直被放在虫霉目中。但根据 SSU rDNA 分析，它应当属于有鞭毛壶菌。且在核酸比较研究之前，在蛙粪霉属的细胞质内发现了类似于壶菌鞭毛基的细胞器（基体或动基体），而在其他接合菌中都没有发现这种细胞器。因此蛙粪霉属可能是在最近才丢失了鞭毛。此外，同样起源于后鞭毛生物的动物也在进化过程的不同时间丢失了鞭毛，这些鞭毛丢失的事件属于趋同进化（图 8-8）（Torruella et al.，2015）。

一些亲缘关系很远的地衣也是趋同进化的结果，地衣是真菌和藻类（或蓝细菌）形成的稳定互惠共生体。在这类共生体中，藻类含有光合色素，进行光合作用，为真菌提供能量；真菌从外界吸收水分和无机盐，提供给藻类，并将藻体包被在其中，以免强光直射导致藻类细胞干燥死亡。二者互相依存，不能分离。这些地衣内生真菌可能亲缘关系较远（分别属于担子菌和子囊菌），但都进化出相似的与藻类共生的机制，并形成相似的形态，属于趋同进化。

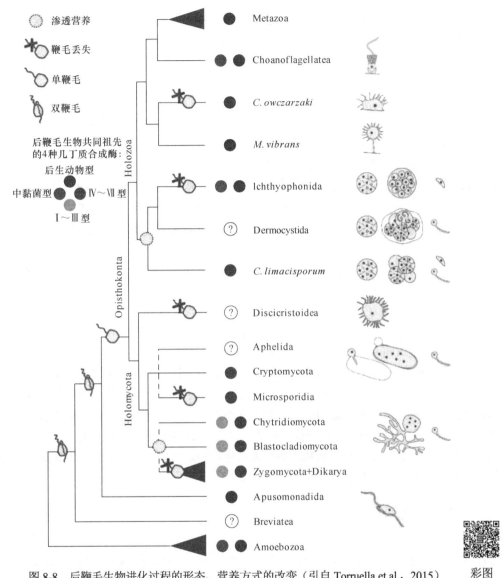

图 8-8　后鞭毛生物进化过程的形态、营养方式的改变（引自 Torruella et al.，2015）　彩图

（二）平行进化

同一或不同单系群的不同成员因同向的适应进化而分别独立地进化出相似的特征，称为平行进化（parallel evolution）或平行（parallelism，图 8-7B），即有共同祖先的两个或多个谱系，其后代发展了对相似环境的相同适应，谱系的进化方向与速率大体相近。

例如，地衣次生代谢产物的进化就属于平行进化。传统的地衣分类方法是依据形态学特征和次生代谢产物进行的，但分子证据发现很多有相似甚至相同次级代谢产物的真菌亲缘关系较远，反而一些次级代谢产物不同的物种亲缘关系较近，提示这可能是不同种地衣为适应相似的环境而各自独立进化产生的相似性状。且其祖先具有相似甚至相同的次级代谢产物（如地衣酸），说明这种现象应属于平行进化。

文字衣科（Graphidaceae）地衣的子囊座进化也属于平行进化。*Fissurina*、*Ocellularia*、

Graphis、*Topeliopsis*、*Thelotrema* 属的部分地衣均具有相似的 lirellate ascomata 子囊座结构，其两端的生长不受限制，从而可以产生更多的子囊孢子。但是根据分子证据可知这一特性是各自独立进化而来，且它们的祖先具有相似的圆形子囊座，应属平行进化（Plata and Lumbsch, 2011）。

（三）趋同进化与平行进化的关系

趋同进化和平行进化是一组容易混淆的概念，它们具有相似的进化结果，即为适应相似的生态位而进化出相似的特征，且都是经过独立的演化过程达到的。由于我们可以指定在两个谱系中分别来源于特定祖先的某一特征作为判断对象，理论上可以严格定义平行和收敛的进化趋势，并清楚地区分二者。当两个物种具有相似的特定特征时，如果二者祖先也具有相似性，则称平行进化；如果没有，则称趋同进化。亲缘关系是区别二者的重要依据，趋同进化常出现在亲缘关系较远的物种之间，涉及不同的发育途径；而平行进化常发生在近缘物种中，且它们一开始就有相似的发育机制。

然而，这种区别并不明确。由于所有生物都或远或近地有着共同的祖先，区别两者的条件是一个程度问题，那么寻找具有相似特征的祖先时应追溯到多远，以及这些祖先需要相似到何种程度才能判断为平行进化，这并没有统一的标准。因此，一些学者认为平行进化和趋同进化或多或少是无法区分的。但另一些学者认为，平行进化和趋同进化之间仍有许多重要区别，我们不应该回避这一问题（Futuyma, 2013）。

如果一个特征状态是两次或更多次独立进化所产生的，则称它是非同源相似的（homoplasious），不具有唯一的起源。鉴于共享这种特征的分类群并非都是从共同祖先继承这种特征，在系统发育上这类相似性具有很强的误导性。造成非同源相似的原因包括进化逆转、趋同进化和平行进化（Futuyma, 2013）。由于非同源相似的存在，有些时候不能依据共同的祖先特征（如有无鞭毛）来判断亲缘关系远近和进行分类，真菌分类方案的多次更改也与制定分类方案时缺乏对于非同源相似的认识有关。

（四）趋异进化

有同一个共同祖先的单系群成员适应于不同环境，向着两个或两个以上方向发展的进化过程称为趋异进化（divergent evolution），也称为分歧（divergence）。辐射（radiation）是一种特殊的趋异进化，指一个单系群的许多成员在某些表型性状上发生显著的分歧（图 8-7C）。它们具有较近的共同祖先，较短的进化历史，不同的适应方向，因而能进入不同的适应域（adaptive zone），占据不同的生态位。在系统树上表现为从一个谱系向不同的方向密集地分支，形成一个辐射状枝丛（进化支）。由于辐射分支产生的新分类群通常是向不同的方向适应进化的，所以又称适应辐射（adaptive radiation）。适应辐射一般发生于以下几种情况。

一是一个物种或多个物种完成了一个"进化革新"，即获得有进化潜能的新适应特征之后，进入新的适应域，从而发生大的适应辐射。

二是大规模的物种灭绝后，种间竞争压力减小，出现空的生态位，导致快速的种形成和适应辐射。

三是一个物种迁移到一个分散的、隔离的环境，或迁移到地形地貌复杂的环境中形成许多隔离的小种群（地理隔离），由于分歧选择和随机因素而发生适应辐射，在较短时间内形成适应于局部环境的性状分异的新种。

四是有竞争优势的外来物种进入新的生态系统，大规模排挤竞争劣势地方种的同时广泛分布于新地域的不同地区，并快速分歧形成适应不同环境的新种。

　　适应辐射常导致爆炸性多样化，对动物、植物的适应辐射有较系统的研究，但在微生物中的例子较少，可能是由于缺乏连续的化石证据及对完整系统发生过程的了解。但也有一些真菌进化的实例符合适应辐射的特点。例如，褐梅衣类地衣（parmelioid lichens）在白垩纪—第三纪交界逐渐形成，并在始新世、渐新世、中新世、上新世多次大量分歧，且出现大量多样化的时间与气候变冷的周期一致。其原因可能是此类地衣完成了一次进化革新，产生无孔且具有假杯点（pseudocyphellae）的上皮层，这种假杯点结构在寒冷气候中有利于气体交换，从而获得竞争优势。其结果产生了具有荔枝素、黑色素、地衣酸等不同次生代谢产物的褐梅衣类地衣，以适应不同的气候区（Divakar et al.，2013；Huang et al.，2019）。

　　由于真菌与其他生物复杂的寄生、共生关系，有时真菌的适应辐射与其他生物的适应辐射相关，表现出共辐射（co-radiation）的现象。例如，在奥陶纪，锤舌菌（Leotiomyceta）的快速多样化与有胚植物的快速多样化时间重合，这可能与氮吸收相关（Lutzoni et al.，2018）。

第五节　灭　　绝

　　任何物种都将会遭遇三种可能的命运之一：一是谱系长期延续而无显著的表型变化，即停滞进化；二是谱系延续，但因前进进化而改变为不同的时间种，即假灭绝，或因谱系分支形成新种；三是谱系终止，即灭绝。

一、灭绝的概念

　　灭绝（extinction）指某个物种或高阶分类群的消失。其标志是该物种或分类单元最后一个个体的死亡。自地球诞生以来，超过98%曾经出现过的物种已经灭绝。当环境发生剧烈变化而物种本身缺乏合适的变异来适应变化的环境，或由于其他物种的竞争与排挤，该物种在有限空间和有限可利用资源的条件下不能适应时，就会导致灭绝。

　　化石证据表明，生命史中的生物灭绝可分为两类，即常规灭绝和集群灭绝。

　　1）常规灭绝（normal extinction）指各个时期不断发生的灭绝，它以一定的规模经常发生，表现为各分类群中部分物种的替代，即新种的产生和某些旧种的消失，又称本底灭绝（background extinction）。

　　2）集群灭绝（mass extinction）指生命史上多次（重复）发生的大范围、高速率的物种灭绝事件，即在相对较短的地质时间内，一些高阶分类群所属的大部分或全部物种消失，从而导致地球生物圈多样性的显著降低。

二、生命史上的集群灭绝事件

　　生物集群灭绝是在一个相对短暂的地质时段中，在一个以上并且较大的地理区域范围内，生物数量和种类急剧下降的事件。生物集群灭绝要满足4个条件：一是达到具有实质意义的绝灭量值；二是具有全球范围内的广度；三是广泛涉及不同分类单元；四是限于相对短暂的地质时间内。

　　造成生物集群灭绝的可能原因很多，如星体撞击地球、火山活动、气候剧烈变化、海平面改变和空气组成变化等，但目前仍未有完全的定论。每次大灭绝事件都能在相对短时期内造成 80%以上的物种灭绝，但各次之间灭绝生物的比例有较大差别。由于微生物的多样性和数量很难推测和测定，这个概念主要是指宏观生物。根据古生物学和地质学的研究结果，每隔 2600 万～2800 万年，生物界就要发生一次大规模的物种灭绝。在显生宙，根据化石记录，地球上曾发生过至少 20 次明显的生物灭绝事件，其中有 5 次大规模的集群灭绝事件。

1）奥陶纪—志留纪灭绝事件：发生于 450～440Mya，约 27%的科与 57%的属灭绝，三叶虫开始没落。其直接原因是冈瓦纳大陆进入南极地区，影响全球环流变化，导致全球冷化进入安第斯—撒哈拉冰河时期，海面大幅度下降。

2）泥盆纪后期灭绝事件：发生于 375～360Mya 的泥盆纪—石炭纪过渡时期，持续了近 2000 万年，期间有多次灭绝高峰期。约 19%的科、50%的属灭绝，主要是海洋生物的灭绝，陆地生物受影响不显著。造礁生物消失，多种竹节石类、腕足动物、四射珊瑚灭绝。可能的原因是泥盆纪陆生植物大量繁育，其进化出的发达根系深入地表土之下数米，加速了陆地岩石土壤的风化，大量的铁等元素释放进入地表水，造成水系的富营养化大爆发，引起海底缺氧，海洋表层有机物沉降，使得全球碳循环中大气层的二氧化碳大量进入海底沉积层，大气中氧含量增加，二氧化碳的大幅减少，全球冷化进入卡鲁冰河时期所致。

3）二叠纪—三叠纪灭绝事件：发生于 252Mya 的二叠纪—三叠纪过渡时期，是已知的地质历史上最大规模的物种灭绝事件。约 57%的科、83%的属（53%的海洋生物的科、84%的海洋生物的属、96%的海洋生物的种，以及约 70%的陆地生物的物种）灭绝。许多动物门类整个目或亚目在此次灭绝事件中全部灭绝。曾普遍分布的舌羊齿植物群几乎全部灭绝，早古生代繁盛的三叶虫全部消失，对于植物的影响较不明确。可能成因包括西伯利亚大规模玄武岩喷发造成的附近浅海区可燃冰融化而大量释放温室气体甲烷，盘古大陆形成后改变了地球环流与洋流系统，真菌的繁衍高峰等。

4）三叠纪—侏罗纪灭绝事件：发生于 201.3Mya 的三叠纪—侏罗纪过渡时期。约 23%的科与 48%的属（20%的海生生物的科与 55%的海生生物的属），共 70%～75%的生物灭绝，包括当时大多数非恐龙的主龙类、大多数的兽孔目及几乎所有大型两栖类，其原因尚无定论。这次大灭绝事件使得恐龙失去了许多陆地上的竞争者，而非恐龙的主龙类与双孔亚纲则继续主宰海洋。

5）白垩纪—第三纪灭绝事件：缩写为 K-Pg 或 K-T 灭绝，即所谓的"恐龙大灭绝"，发生于 66Mya，约 17%的科、50%的属灭绝。虽然其灭绝程度在地球的五次大灭绝中只居第四，但由于完全毁灭了非鸟恐龙而令人所熟知，其成因一般认为是墨西哥尤卡坦半岛的陨石撞击。

此外，全新世灭绝事件是指于现今的全新世所发生的广泛及持续的灭绝或生物集群灭绝事件，是至今仍在进行的灭绝事件。涉及的灭绝集群包括植物及动物的科，如哺乳动物、鸟类、两栖类、爬行动物及节肢动物，大部分灭绝都是在雨林内发生。现今物种灭绝的速率估计是地球演化年代平均灭绝速率的 100 倍。现代的灭绝事件基本上是人类直接造成的影响。

集群灭绝之后往往伴随生物大规模的适应辐射，即生物大爆发。集群灭绝和生物大爆发都是生命演化史上的重要变革，形成了大毁灭和大发展。历史上的集群灭绝事件可能影响真菌物种的多样化，如在白垩纪—第三纪灭绝事件中，许多种地衣灭绝。但在灭绝事件后，由于竞争者大量死亡，空出新的生态位，幸存的部分地衣大量繁殖并出现适应辐射，占据不同生态位。

三、灭绝的原因

灭绝的原因是多种多样的，也导致灭绝发生的时间差异很大，可能在很短的时间内发生，如该物种的栖息地被有毒物质污染导致栖息地无法生存；也可能持续数千年或数百万年，如物种在竞争中失去优势而逐步减少直至灭绝。

（一）遗传和种群规模因素

种群规模及任何与可进化性相关的因素都可以影响灭绝。基因库的多样性使种群在短期的环境不利变化中存活概率更高，反之，导致遗传多样性降低的因素会增加物种灭绝的概率。

野外生物学家已提供丰富的经验证据，说明小种群比大种群更易遭受灭绝，生态学和遗传学论据也支持这一观点，这种导致小种群衰退直至灭绝的趋势可以用灭绝旋涡（extinction vortex，图 8-9）模型来解释。如果适应比有害突变的积累慢，种群就会灭绝。小种群每一代获得的有益突变较少，适应速率较慢，且轻微有害突变的固定也更容易。由此小种群规模减小和适应性减弱之间形成正反馈循环，最终导致突变消融（mutational meltdown）。

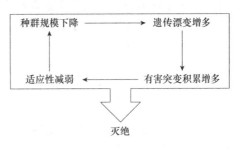

图 8-9　灭绝旋涡

种群瓶颈效应（population bottleneck）发生在种群经历了短暂的数量剧减后，种群的遗传信息完全来自少数存活下来的个体，其严重后果就是种群的遗传多样性非常低。当一个种群的数量显著下降时，种群中稀有等位基因将会丧失。由于种群的等位基因少且杂合性降低，如果拥有这些等位基因的个体不能存活，那么种群中所有个体的整体健康状况就会下降。

（二）基因污染

基因污染指对原生物种基因库非预期或不受控制的基因流动。主要是由于外来入侵物种、基因工程生物等与野生种群间不受控制地杂交，导致一些不需要的表型引入野生种群，可能导致灭绝。

（三）栖息地破坏和气候变化

栖息地破坏是目前物种灭绝的主要人为原因，其主要原因包括农业、城市扩张、伐林、采矿等人类活动。例如，北方毡状地衣（*Erioderma pedicellatum*）是大西洋两岸种，在挪威、瑞典和加拿大的新不伦瑞克省、新斯科舍省及纽芬兰曾一度非常丰富，但近年因人类活动大量减少。它与伪枝藻属共生，能够进行固氮作用。这种复杂关系导致它们之间的生态平衡十分脆弱，共生的伪枝藻属光合生物令该物种对酸雨及其他污染物特别敏感，大量伐林造成的微气候转变也会令其死亡。此外，入侵的草食性动物也是其数量大量减少的原因之一。*Gomphus clavatus* 在英国的野外灭绝也与栖息地破坏有关。

此外，在野外和有机农场中存在的 Sebacinales 目（一种担子菌），在传统耕地中则无法检测到，说明农业行为（如集约化生产）对土壤环境的影响也可能导致真菌的灭绝。同时提示我们，近年来气候和人类活动已经对土壤造成了巨大影响，在土壤及地下环境中可能存在的灭绝事件不可忽视（Veresoglou et al.，2015）。

（四）生存斗争

根据达尔文"生存斗争"学说，食物链中上层物种与下层物种之间的竞争，是相互控制、相互依存、有限制的竞争，因此因为生存斗争导致的灭绝事件不经常发生。但由于人类活动，外来物种入侵可能通过竞争、捕食、引入新的疾病直接影响本地物种，或通过破坏栖息地等间接影响本地物种，导致灭绝。

（五）疾病

致病性真菌可能是导致物种灭绝的重要原因。根据现代森林的消失模式，当森林逐渐衰弱时，病原真菌滋生，就会引起森林大规模死亡。化石证据显示，二叠纪岩层中发现了丝状微体化石，被认为是 *Reduviasporonites*，是现生丝核菌（*Rhizoctonia*）的近亲，而丝核菌可以对众多植物造成伤害，引起根、茎、叶等器官的病变。由此推测真菌病可能加速了二叠纪末森林的消亡速率，在二叠纪—三叠纪灭绝事件中起重要作用，称为真菌的繁衍高峰（fungal spike）理论（Hochuli，2016）。但也有学者认为研究中发现的微体化石是某种藻类而非真菌。

现在仍有许多物种因真菌病面临灭绝风险。例如，现代两栖类动物的灭绝速率远超历史上任何时期，且是一种全球现象。1998 年报道发现，这种快速灭绝的现象是壶菌目一种名为 *Batrachochytrium dendrobatidis*（Bd）的真菌引起的致死性壶菌病所致。Bd 是喜角质的真菌，生长在成虫的角质化的皮肤上，并最终使两栖动物的渗透压调节作用崩溃而导致动物死亡。这种疾病已导致 501 个物种数量大量减少（占所有两栖物种的 6.5%），其中 90 个物种可能已经灭绝，还有 124 个物种的丰度减少超过 90%。这是有记载以来发现的因非人物种而导致生物多样性下降最大的灭绝事件（Fisher and Garner，2020）。

（六）共灭绝

共灭绝（coextinction），或称灭绝的级联（extinction cascades），是指由于另一个物种灭绝而灭绝的现象，即由于某一物种的减少或灭绝，导致依赖其生存的物种灭绝。这种现象在寄生生活的物种中较常见，因此对于寄生生活的真菌有重要意义，如部分灵长类肺孢子菌（*Pneumocystis*）由于其宿主的大量减少而面临灭绝风险（Koh et al.，2004）。

第六节　宏进化的实验研究

由于微进化与宏进化的机制可能存在巨大差异，利用在微进化研究中常用的实验去研究宏进化的机制是不妥当的。因此，开发宏进化的实验研究方案对进一步理解宏进化有重要意义。虽然由于宏进化的时间尺度很长，很难通过实验对宏进化进行研究，但一些特殊的研究方法（如核移植）或研究对象（如微生物）可能突破时间尺度的限制。现在对宏进化的实验研究仍处于初步阶段，下文只做简要介绍。

一、祖先重建

研究宏进化最有效的方法是复原历史中的物种，这通常被认为是不可能的，但在一些特殊条件下可行。有两种可能的方法：祖先谱系的复活及对现代谱系进行操作以重建祖先谱系。

（一）化石的复活

一些极端条件下，物种可能长期保持静止，从而保留古老的状态。细菌和真菌的孢子可以在冻土，特别是高纬度地区的永久冻土层中生存较长时间。对相应年代冻土层进行培养分析可能获得来源于数万年前的物种样本。也有文献报道从距今3.5百万年的冻土和40百万年的琥珀中复活出细菌，但其可靠性仍存在争议。此外，一些在极低温度冻土中生存的微生物，代谢和生长非常缓慢，其进化速率也极其缓慢。虽然它们并非保持静止，但由于其极低的进化速率，可以为研究宏进化提供重要线索（Bell，2016）。

（二）利用化石基因组通过细胞工程复活

有一种思路是利用化石中保留完整的基因组信息，将其移植到近缘物种的去核卵细胞中，从而复活已经灭绝的物种。已有文献报道，将猛犸象的细胞核移植到小鼠去核卵细胞中且存活。但这一方法在伦理学上有较大争议，且仍有较多技术问题需要攻克。此外，真菌化石的鉴别较为困难，也为这一方法的应用造成了障碍（Bell，2016）。

（三）祖先序列重建

祖先序列重建（ancestral sequence reconstruction，ASR）是根据现存物种的信息和系统发育关系，反推其共同祖先的基因和蛋白质序列，合成该祖先序列并在模式生物中表达，并观察其产生的表型或进行相关实验（图8-10）。这种技术可以使实验进化突破时间的限制，从而研究更大时间尺度上的进化现象（Hochberg and Thornton，2017）。

二、实验进化

（一）人工选择

物种长期演变的特征及进化革新似乎超过了实验可以达到的极限，但物种的潜在变异范围可能远超常规状况下的变异范围。通过有系统的人工选择可以实现较大的表型改变，如许多动植物（特别是作物）已经与其野生祖先有着根本的不同。如果不了解这些动植物是人工选择的结果，我们很可能将它们与其野生祖先归为不同的物种，这说明人工选择的过程一定程度上可能可以模仿较长时间的宏进化过程。

（二）自然选择

自然选择往往不会产生人工选择那样迅速而显著的变化，因此似乎很难通过自然选择的实验达到较大的表型改变，选用微生物则可以克服这一问题。例如，细菌、酵母、藻类等数量大、

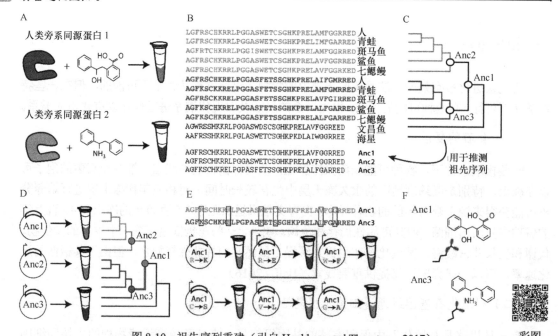

图 8-10　祖先序列重建（引自 Hochberg and Thornton，2017）　　　彩图

A. 识别有功能差异的旁系同源蛋白；B. 收集不同物种的同源序列进行多重序列比对；C. 推测系统发生过程；D. 合成、克隆、表达祖先蛋白质，鉴定功能；E. 比较功能改变前后序列，鉴定导致功能改变的序列变化；F. 推测该序列变化导致功能改变的机制

寿命短、繁殖快的微生物种群可以在短时间内对自然选择产生适应。再如，将绿藻置于无光环境中后，部分谱系可较迅速地进化出异养的营养方式，并在与祖先种的竞争中体现出巨大优势，从而替代原种。在高盐和低葡萄糖两种环境下培养酵母，可使两个谱系逐步分歧，并产生生殖隔离（Dettman et al.，2007）。这说明通过实验可以实现种以上的进化过程。

此外，当种群足够大时，还可以观察到一些罕见的突变，这些罕见的突变可能是所谓"进化革新"。例如，大肠杆菌产生利用柠檬酸盐的代谢途径、酿酒酵母出现多细胞起源等。这些实验为我们理解生命史上重要的进化事件提供了线索（Bell，2016）。

三、宏进化实验研究的局限性

上述"参考实验"对阐明宏进化的某些方面有非常大的价值。宏进化是种及种以上分类群的进化现象，现在的技术手段已经可以通过实验形成一定程度的生殖隔离，说明我们至少已经摸到宏进化的门槛。我们可以通过这些"参考实验"，利用简单模型系统中观察到的现象，推测在较大时间尺度上发生的宏进化是怎样的。

但通过实验研究观察宏进化现象仍有巨大局限性。宏进化的实验可以对已经发生的事实进行尝试复原。但生命史上的重大事件早已发生，它们比人类的寿命乃至人类历史还要长得多，加之冻土、化石中的记录非常有限，这使我们可能永远无法完整重现所有进化过程。通过微生物的实验进化可以阐明代谢过程等基本特征的演变，可以提供宏进化是否需要不同于微进化机制的线索。但宏进化研究更多的是多细胞生物的进化过程，对于进化生物学家最感兴趣的部分特征（如动植物的形态学特征），在大多数实验中难以实现。相信随着技术的进步，将有更多针对宏进化的系统实验方法产生，我们对宏进化的理解也将更加深入。

（杨恩策）

本章参考文献

沈银柱，黄占景，葛荣朝. 2020. 进化生物学. 4 版. 北京：高等教育出版社.

王如潇. 2017. 苍山水生子囊菌及其无性型多样性及系统学研究. 大理：大理大学硕士学位论文.

张昀. 1998. 生物进化. 北京：北京大学出版社.

Bell G. 2016. Experimental macroevolution. Proceedings of the Royal Society B-Biological Science, 283(1822): 20152547.

Dettman J R, Sirjusingh C, Kohn L M, et al. 2007. Incipient speciation by divergent adaptation and antagonistic epistasis in yeast. Nature, 447(7144): 585-588.

Divakar P K, Kauff F, Crespo A, et al. 2013. Understanding phenotypical character evolution in parmelioid lichenized fungi(Parmeliaceae, Ascomycota). PLoS One, 8(11): e83115.

Fisher M C, Garner T W J. 2020. Chytrid fungi and global amphibian declines. Nature Reviews Microbiology, 18(6): 332-343.

Futuyma D J. 2013. Evolution. Sunderland: Sinauer Associates.

Gregory T R. 2008. Evolutionary trends. Evolution: Education and Outreach, 1(3): 259-273.

Hochberg G K A, Thornton J W. 2017. Reconstructing ancient proteins to understand the causes of structure and function. Annual Review of Biophysics, 46: 247-269.

Hochuli P A. 2016. Interpretation of "fungal spikes" in Permian-Triassic boundary sections. Global and Planetary Change, 144: 48-50.

Huang J P, Kraichak E, Leavitt S D, et al. 2019. Accelerated diversifications in three diverse families of morphologically complex lichen-forming fungi link to major historical events. Scientific Reports, 9: 8518.

Koh L P, Dunn R R, Sodhi N S, et al. 2004. Species coextinctions and the biodiversity crisis. Science, 305(5690): 1632-1634.

Lutzoni F, Nowak M D, Alfaro M E, et al. 2018. Contemporaneous radiations of fungi and plants linked to symbiosis. Nature Communications, 9: 5451.

Mclaughlin D J, Hibbett D S, Lutzoni F, et al. 2009. The search for the fungal tree of life. Trends in Microbiology, 17(11): 488-497.

Plata E R, Lumbsch H T. 2011. Parallel evolution and phenotypic divergence in lichenized fungi: a case study in the lichen-forming fungal family Graphidaceae(Ascomycota: Lecanoromycetes: Ostropales). Molecular Phylogenetics and Evolution, 61(1): 45-63.

Torruella G, de Mendoza A, Grau-Bove X, et al. 2015. Phylogenomics reveals convergent evolution of lifestyles in close relatives of animals and fungi. Current Biology, 25(18): 2404-2410.

Veresoglou S D, Halley J M, Rillig M C. 2015. Extinction risk of soil biota. Nature Communications, 6: 8862.

Yang E C, Xu L L, Yang Y, et al. 2012. Origin and evolution of carnivorism in the Ascomycota (fungi). Proceedings of the National Academy of Sciences of the United States of America, 109(27): 10960-10965.

第九章 真菌分子进化的分析方法

长期以来，进化生物学研究主要依据化石证据和物种的形态特征来推断物种间的亲缘关系。但由于趋同进化现象，有时候亲缘关系很远的生物体也表现出很大的相似性。例如，散囊菌目的马尔尼菲青霉（*Talaromyces marneffei*）和爪甲团囊菌目的荚膜组织胞浆菌（*Ajellomyces capsulata*）都具有在不同温度条件下进行菌丝形态和酵母形态之间转换的能力。因而，依据形态特征的研究方法具有一定的局限性。而分子生物学的进步和测序技术的迅速发展，使得从生物大分子水平进行生物进化的研究成为可能。其区别在于：研究对象是 DNA 序列、氨基酸序列等分子水平上的信息，而不是物种的外在特征。

分子水平的进化研究具有传统方法不可比拟的优势。首先，无论是细菌、真菌、动物，还是植物的 DNA 都由腺嘌呤、鸟嘌呤、胸腺嘧啶和胞嘧啶 4 种碱基组成，并且使用同一套遗传密码来编码蛋白质。因而，可通过核酸和蛋白质序列差异比较所有有机体的进化关系。与之相比，生物体的形态极其复杂，很难找到可用于比较的共同特征。其次，DNA 的进化演变存在某种程度的规律性，因而能用数学模型来描述其变化，估计物种之间的进化距离，并可比较亲缘关系极远的生物体间的 DNA，这也是传统方法不可能做到的。最后，DNA 序列包含了物种绝大部分的进化史信息，比形态性状包含的信息多得多。

第一节 系统发生树的基本概念

共同祖先学说认为地球上的一切生命形式都有一个共同的起源，无论动物、植物、真菌，还是原核生物，都来自共同的祖先。进化生物学家试图用一种树状结构来描述地球上所有生命的进化历史，这棵树被称为生命树（tree of life）。这种描述具有共同祖先的各物种间的进化关系的树状结构被称为系统发生树（phylogenetic tree）。建立可靠的系统发育关系不仅是生物分类和命名的基础，也是阐明类群起源和扩散、探讨性状演化及揭示物种形成机制的前提。

在图论中，树是一种无向图，其中任意两个顶点间存在唯一的路径。也就是说，连通的无环图都称为树。树的分枝结构称为拓扑结构（topology）。系统发生树的拓扑结构由节点（node）和分枝（branch）组成。①节点分为内部节点（internal node）和外部节点（external node）：内部节点代表的是进化事件发生的位置或进化过程中的共同祖先；外部节点又叫作叶子节点，代表的是不同物种或是操作分类单元（operational taxonomic units，OTU）。②分枝是连接各节点的边，枝长（branch length）代表的是生物进化时间或进化距离。

利用树和嵌套括号之间的对应关系，可以将系统发生树由图形转换成计算机可读的 Newick 格式。之前已经提到，拓扑结构由节点和分枝组成，因此描述树状结构本质上就是表示节点和分枝的信息。Newick 格式通过圆括号的嵌套来表示节点的不同层级，并将分枝长度作为节点的属性，这样就可以表示一个完整的树。举例来说，图 9-1 的树可以表示为（（（A，B），（C，D）），E），加上分枝长度就是（（（A：2，B：3）：2，（C：2，D：1）：1）：1，E：6）。

一、有根树和无根树

根据拓扑结构的不同，系统发生树可以分为有根树（rooted tree）和无根树（unrooted tree）。有根树有一个根节点，代表所有其他节点的共同祖先，从根节点只有唯一路径经进化到达其他任何节点。无根树只表明了节点之间的关系，没有进化方向，但是通过引入外群（outgroup）或外部参考物种可以在无根树中指派根节点（图9-2）。

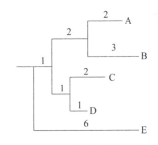

图9-1　系统发生树示例

A～E 代表不同的外部节点

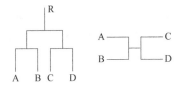

图9-2　有根树（左）与无根树（右）

R 代表根节点，A～D 代表其他的外部节点

二、真实树和推测树

对一定规模的分类群，可能的有根或无根树的拓扑结构数目很大。一个叶子节点数为 n 的有根二歧树，其可能的拓扑结构数如下（Felsenstein，1978b）。

$$(2n-3)!!=\frac{(2n-3)!}{2^{n-2}(n-2)!}\quad n\geqslant 2 \tag{9-1}$$

对 $n\geqslant 3$，无根二歧树的拓扑结构数为

$$(2n-5)!!=\frac{(2n-5)!}{2^{n-3}(n-3)!}\quad n\geqslant 3 \tag{9-2}$$

式中，n 个叶子节点的可能无根树数等于 $n-1$ 个叶子节点的可能有根树数。随着叶子节点数目的增加，可能的拓扑结构数会迅速增长。而到 $n=10$ 时则高达 200 多万无根二歧树和将近 3500 万有根二歧树。

这些拓扑结构中只有一种能正确地表示这些物种间真实的进化关系，这种正确的拓扑结构称为真实树（true tree）。用某一组数据和某种建树方法得到的树称为推测树（inferred tree）。推测树可能与真实树等同，也可能与真实树不同。当 n 较大时，推论出真实的系统发生树是非常困难的。

三、标度树与非标度树

标度树（scaled tree）指分枝长度与相邻节点差异程度（进化距离）成比例的树。而非标度树（unscaled tree）的分枝长度则与差异程度不成比例（图9-3）。这种表示法将叶子节点排成一条直线，而且在分歧时间已知或已估出时，还可把代表分歧事件的节点按时间尺度来排列。

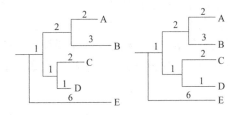

图9-3　标度树（左）与非标度树（右）

A～E 代表不同的外部节点

第二节　系统发生树的推断方法

推断系统发育树的主要任务是求出最优树的拓扑结构和估计分枝长度。基于分子水平的系统发育推断方法可以分为两大类，即基于距离的方法和基于离散特征的推断方法（Nei and

Kumar，2000）。

　　距离法的理论基础是最小进化原理（minimum evolution，ME）（Saitou and Nei，1986），这类方法首先构造一个距离矩阵来表示每两个物种之间的进化距离，然后基于这个距离矩阵，采用聚类算法对研究的物种进行分类。通过不断合并距离最小的两个节点和构建新的距离矩阵，最终得出进化树。距离法包括非加权算术平均组对法（unweighted pair-group method with arithmetic mean，UPGMA）（Sokal and Michener，1958）、邻接（neighbor-joining，NJ）法等（Saitou and Nei，1987；Takezaki，1998）。

　　基于离散特征的推断方法通过搜索各种可能的树，从中选出最能够解释物种之间进化关系的系统发生树，这类方法利用统计技术定义一个最优化标准，对树的优劣进行评价，包括最大简约法（maximum parsimony method）（Mount，2008）、最大似然法（maximum likelihood method）（Myung，2003）和贝叶斯法（Bayesian method）（Huelsenbeck and Ronquist，2001）。

一、距离法

（一）非加权算术平均组对法

　　非加权算术平均组对法（UPGMA）是一种简单的自底向上层次聚类的方法。它最初用来构建分类学表型关系图，即能反映出各物种间表型相似性的树（Sokal and Michener，1958）。但如果进化速率在不同物种间近似恒定（分子钟），也就是说进化距离与分歧时间之间存在近似的线性关系，则其也可用于构建系统发生树。

　　首先，我们需要构造一个距离矩阵来表示每两个物种之间的进化距离。对于核苷酸序列，进化距离为每位点发生的核苷酸替代数。当序列间亲缘关系较近时，每位点上的核苷酸替代数可以使用两序列间差异位点的比例来估计：

$$p=\frac{n_d}{n} \tag{9-3}$$

式中，n_d 和 n 分别为两序列间的不同核苷酸数和配对总数，p 为两序列间的距离。但由于一个位点上可能发生多次替代，p 距离会低估进化间的真实距离，因此需使用核苷酸替代模型对多次替代事件进行校正。一个最简单的替代模型由 Jukes 和 Cantor（1969）提出，该模型假设任一位点的核苷酸替换以相同频率发生，则进化距离 d 为

$$d=-\frac{3}{4}\ln(1-\frac{4}{3}p) \tag{9-4}$$

　　而在实际数据中，转换替代速率通常高于颠换替代速率，因此 Kimura（1980）提出了一种允许转换与颠换速率不同的模型，在该模型中进化距离估计为

$$d=-\frac{1}{2}\ln(1-2P-Q)-\frac{1}{4}\ln(1-2Q) \tag{9-5}$$

式中，P 和 Q 分别为两序列间的转换型对和颠换型对。

　　以上进化模型均假设各位点的核苷酸替换速率恒定。实际上，密码子第一、第二和第三位的替代速率是不同的。统计分析指出，替代速率变异近似地遵循 Γ 分布，则 Jukes-Cantor 模型和 Kimura 模型相应的 Γ 距离分别为

$$d=\frac{3}{4}a\left[\left(1-\frac{4}{3}p\right)^{-\frac{1}{a}}-1\right] \tag{9-6}$$

$$d=\frac{a}{2}\left[(1-2P-Q)^{-\frac{1}{a}}+\frac{1}{2}(1-2Q)^{-\frac{1}{a}}-\frac{3}{2}\right] \tag{9-7}$$

式中，a 为 $\varGamma$ 分布的形状参数。

本例中假设每位点替换速率相同，使用 Jukes-Cantor 模型，计算了 5 条序列（a~e）间的进化距离，距离值由如下矩阵形式表示。

	a	b	c	d
b	$d_{ab}=17.0$			
c	$d_{ac}=21.0$	$d_{bc}=30.0$		
d	$d_{ad}=31.0$	$d_{bd}=34.0$	$d_{cd}=28.0$	
e	$d_{ae}=23.0$	$d_{be}=21.0$	$d_{ce}=39.0$	$d_{de}=43.0$

d_{ij} 代表 i 和 j 之间的进化距离。

之后，进化距离最短的两条序列被最先聚类，在上述矩阵中 a 和 b 之间进化距离最短，$d_{ab}=17$。基于进化速率恒定的假设，可以认为 a 和 b 的聚合起始于一个与 a、b 间距离相同的分枝点，分枝点到 a、b 的进化距离为 $d_{ab}/2=8.5$。将 a 和 b 聚合成为一个复合单位（ab），则（ab）与其他叶子节点 k 之间的距离为

$$d_{(ab)k}=\frac{d_{ak}+d_{bk}}{2} \tag{9-8}$$

由此得到减一阶的新矩阵：

	(ab)	c	d
c	$d_{(ab)c}=25.5$		
d	$d_{(ab)d}=32.5$	$d_{cd}=28.0$	
e	$d_{(ab)e}=22.0$	$d_{ce}=39.0$	$d_{de}=43.0$

重复上述过程，直到只剩下两个分类学单位为止，详细计算过程不再赘述。聚类过程和最终结果如图 9-4 所示。

（ab）和 e 聚合为（abe）：

	(abe)	c
c	$d_{(abe)c}=30.0$	
d	$d_{(abe)d}=36.0$	$d_{cd}=28.0$

c 和 d 聚合为（cd）：

	(abe)
(cd)	$d_{(abe)(cd)}=33.0$

（二）邻接法

之前已经提到 UPGMA 法是基于碱基替代速率恒定这一假设的。因此，当不同分枝的碱基替代速率有较大差异时，UPGMA 法常产生错误的拓扑结构。假设有如图 9-5 所示的一个真实树。

可以看到，B 和 E 积累突变的速度更快，这时 UPGMA 法会错误地将 A 和（CD）分为一组而不是 A 和 B。在这种情况下需要使用允许碱基替代速率不同的方法，如邻接（neighbor-joining，NJ）法。

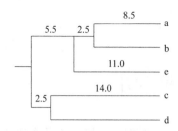
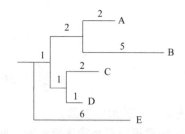

图 9-4　UPGMA 法构建系统发生树　　　图 9-5　碱基替代速率不稳定的一个真实树

A～E 代表不同的外部节点

邻接法由 Saitou 和 Nei（1987）提出，是基于最小进化原理的一种算法。最小进化原理是指当使用无偏倚的进化距离进行估计时，无论序列数多少，真实拓扑结构的总进化距离预期值是最小的（Rzhetsky and Nei，1993）。标准算法通过检查所有可能的拓扑结构或一定数量的接近真实树的拓扑结构，来确定最终的系统发生树。而邻接法并不检验所有可能的拓扑结构，而是通过确定距离最近（或相邻）的成对分类单位来使系统树的总进化距离达到最小，同时给出拓扑结构和分枝长度。该方法取消了 UPGMA 法所做的假定，认为在进化分枝上，发生趋异的次数可以不同。

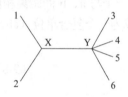

图 9-6　邻居示例

X 和 Y 为内部节点，1～6 为外部节点

邻接法的一个重要概念是邻居，即一棵无根树中 1 个节点所连接的两个分类学单位。将距离最近的两个邻居聚合起来看作一个新的分类学单位，这个新的分类学单位也可以和其他分类学单位成为邻居。不断合并距离最近的邻居单位，就可以得到最终的系统发生树。而接下来要解决的问题就是如何找到距离最近的邻居单位，也就是需要计算假设 i 和 j 为邻居时的总进化距离 S_{ij}，从而找到使总进化距离最小的邻居单位。举例来说，假设图 9-6 中的 1 和 2 为邻居，则有（Saitou and Nei，1987）：

$$s_{12}=L_{XY}+(L_{1X}+L_{2X})+\sum_{i=3}^{n}L_{iY}=\frac{1}{2(N-2)}\sum_{k=3}^{N}(D_{1k}+D_{2k})+\frac{1}{2}D_{12}+\frac{1}{N-2}\sum_{3\leq i\leq j}D_{ij} \qquad (9-9)$$

式中，L 为内部节点和外部节点之间的距离；D 为内部节点之间的距离；N 为分类学单位数目；k 为其他外部节点。

为了方便计算和编程，将 S_{ij} 替换为相对值 Q_{ij}：

$$Q_{ij}=(n-2)d_{ij}-\sum_{k=1}^{n}d_{ik}-\sum_{k=1}^{n}d_{jk} \qquad (9-10)$$

考虑所有分类学单位互为邻居的情况，就可以将距离矩阵转换为 Q 值矩阵。一旦最小的 Q_{ij} 被确定，假设为 Q_{fg}。我们就可以建立一个连接邻居 f 和 g 的新节点 u，从 u 到 f 和 g 的距离可以根据式（9-11）和式（9-12）计算：

$$d_{fu}=\frac{1}{2}d_{fg}+\frac{1}{2(n-2)}\left(\sum_{k=1}^{n}d_{fk}-\sum_{k=a}^{n}d_{gk}\right) \qquad (9-11)$$

$$d_{gu}=d_{fg}-d_{fu} \qquad (9-12)$$

下一步就是计算其他节点到新节点 u 的距离：

$$d_{uk}=\frac{1}{2}(d_{fk}+d_{gk}-d_{fg}) \qquad (9-13)$$

之后更新距离矩阵和 Q 值矩阵，重复上述过程，不断合并距离最近的邻居单位，直到所有分类学单位合并到一棵树中，这就是邻接树。为了帮助理解这个过程，以一个分类群数 $n=5$ 的距离矩阵为例。

<table>
<tr><td colspan="5" align="center">距离矩阵</td></tr>
<tr><td></td><td>a</td><td>b</td><td>c</td><td>d</td></tr>
<tr><td>b</td><td>5</td><td></td><td></td><td></td></tr>
<tr><td>c</td><td>9</td><td>10</td><td></td><td></td></tr>
<tr><td>d</td><td>9</td><td>10</td><td>8</td><td></td></tr>
<tr><td>e</td><td>8</td><td>9</td><td>7</td><td>3</td></tr>
</table>

<table>
<tr><td colspan="5" align="center">Q 值矩阵</td></tr>
<tr><td></td><td>a</td><td>b</td><td>c</td><td>d</td></tr>
<tr><td>b</td><td>−50</td><td></td><td></td><td></td></tr>
<tr><td>c</td><td>−38</td><td>−38</td><td></td><td></td></tr>
<tr><td>d</td><td>−34</td><td>−34</td><td>−40</td><td></td></tr>
<tr><td>e</td><td>−34</td><td>−34</td><td>−40</td><td>−48</td></tr>
</table>

可以发现，最小的 Q_{ij} 为 Q_{ab}，由此可以推测 a 和 b 是一对邻居。将 a 和 b 合并为 u，更新距离矩阵和 Q 值矩阵。

<table>
<tr><td colspan="4" align="center">第一次合并后的距离矩阵</td></tr>
<tr><td></td><td>u</td><td>c</td><td>d</td></tr>
<tr><td>c</td><td>7</td><td></td><td></td></tr>
<tr><td>d</td><td>7</td><td>8</td><td></td></tr>
<tr><td>e</td><td>6</td><td>7</td><td>3</td></tr>
</table>

<table>
<tr><td colspan="4" align="center">第一次合并后的 Q 值矩阵</td></tr>
<tr><td></td><td>u</td><td>c</td><td>d</td></tr>
<tr><td>c</td><td>−28</td><td></td><td></td></tr>
<tr><td>d</td><td>−24</td><td>−24</td><td></td></tr>
<tr><td>e</td><td>−24</td><td>−24</td><td>−28</td></tr>
</table>

可以发现 Q_{uc} 和 Q_{de} 均为最小值，此时可以合并 uc 或 de，这两种选择结果相同，我们先将 u 和 c 合并为节点 v。

<table>
<tr><td colspan="3" align="center">第二次合并后的距离矩阵</td></tr>
<tr><td></td><td>v</td><td>d</td></tr>
<tr><td>d</td><td>4</td><td></td></tr>
<tr><td>e</td><td>3</td><td>3</td></tr>
</table>

<table>
<tr><td colspan="3" align="center">第二次合并后的 Q 值矩阵</td></tr>
<tr><td></td><td>v</td><td>d</td></tr>
<tr><td>d</td><td>−10</td><td></td></tr>
<tr><td>e</td><td>−10</td><td>−10</td></tr>
</table>

这里将 v 和 d 合并为 w，得到最终的邻接树如图 9-7 所示。

邻接法的运算速度较快，适合于大型数据集和自举分析，是目前应用最广泛的一种距离法。但当序列差异很大时，将其转换为距离矩阵会使序列信息减少，故邻接法适用于进化距离不大、信息位点少的短序列。此外，该算法每迭代运算一次均只搜索最近邻居配对，对其他可能的配对不加考虑，最终只生成单一的最优树，可能会遗漏一些拓扑结构更合理的次优树。

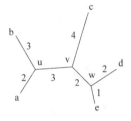

图 9-7　邻接树示例

二、基于离散特征的推断方法

（一）最大简约法

最大简约法（maximum parsimony method，MP 法）是基于奥卡姆剃刀原则（Occam's razor）而发展起来的一种构建系统发生树的方法，即核苷酸（氨基酸）替代数越少的进化关系就越有可能是物种之间的真实的进化关系（Fitch，1971）。该方法对所有可能正确的拓扑结构进行计算并挑选出所需替代数最小的拓扑结构作为最优的系统发生树，即最大简约树（maximum parsimony tree）。

用 MP 法构建系统发生树，首先需要判断信息位点。那些在所有分类学单位中都相同的核苷酸位点对 MP 法是无价值的，只有发生突变的位点能提供信息。且突变位点上只有一个分类学单位有不同的核苷酸也无用，这是因为该位点的核苷酸变化在所有拓扑结构中能被相同核苷酸替代数所解释。如果一个核苷酸位点能为构建 MP 树提供信息，那么该位点至少有两种核苷酸，并且每种核苷酸至少出现两次，这些位点被称为信息位点。举例来说：以下 5 条短序列（a. ACAA；b. TCAT；c. TCTC；d. ACCC；e. TCGT）中第 1，4 位为信息位点，第 2，3 位则不是。MP 法中只考虑信息位点而不考虑非信息位点。

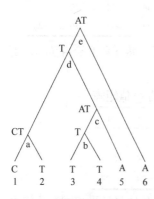

图 9-8　最小替换数计算示例

之后需要计算每棵树的核苷酸替代数。要确定每棵树的替换数目，就要从已知的外部节点上的核苷酸推断出内部节点上最可能的核苷酸。寻找内部节点的算法如下：如果一个内部节点的两个直接后代节点上的核苷酸的交集为非空，那么这个节点最可能的候选核苷酸就是这个交集；否则为它的两个后代节点上核苷酸的并集。当一个并集成为一个节点的核苷酸集时，通向该节点的分枝的某个位置必定发生一个核苷酸替换。故信息位点的最小替换数，就是并集的数目。考虑所有可能的树，统计每个位点的核苷酸最小替换数目，所有信息位点替换数的总和最小的树即最简约树。以图 9-8 为例，共有 AT（e）、CT（a）、AT（c）三个并集，故最小替换数为 3。

上例演示了如何计算一种拓扑结构的最小核苷酸替换数，但在实际工作中需要计算所有拓扑结构的最小替换数。之前已经提到，对分类学单位数为 n 的有根二歧树，可能的拓扑结构数是指数增长的（Felsenstein，1978b）。这个问题并非最大简约法独有，任何利用到最佳标准的方法均面临相同的问题。为了减少算法复杂度，目前主要使用分枝约束算法和启发式算法来减少算法搜索空间的大小。

分枝约束算法查找的树，首先是从只有两个物种组成的树开始（如果是无根树，从 3 个物种的树开始）；其次程序试着在合适的位置增加下一个物种，并对增加物种后的树进行替换数目的评价，迭代直到将所有的物种都加到树上。该算法是一个深度优先搜寻的过程。如果发现某一物种无论加在哪个位置，其替换数目都大于其他拓扑结构，则该分枝被约束，从而减少计算量。举例来说，如果树（（A，C），B）的最小替换数为 8，当 D 增加有 3 个可变位点，那么无论 D 加到哪个位置，最终的树替换数都不会少于 11。如果发现树（（A，B），（C，D））的最小替换数仅有 10，那么就可以确定（（A，C），B）上没有位置可以让 D 加上。分枝约束算法能让我们不必生成所有可能的树而又能得到最简约的树，从而减少计算时间。

启发式搜索算法不能确保能够找到最优解，但是能够使得计算速度大大提高。目前，关于这种使用启发式信息来引导构建进化树算法的方法非常多，使用较多的是分枝交换法（branch swapping）。通过子树分枝交换，把分枝嫁接到此步分析中找到的最好的那棵树的其他位置，而产生一棵拓扑结构和初始树相似的树。对于有 7 条序列的启发式搜索在第一轮会产生上百棵新树，计算最小替换数，其中比初始树替换数更少的新树被保留并在第二轮分析中被剪除和嫁接。重复这个过程，直到无法再产生比前一轮最小替换数更少的树，则此树为最简约树。

最大简约法可能会产生多棵简约树，此时通常选取一棵能概括这些简约树的一致树

（consensus tree）作为代表，常使用严格一致树和多数一致树。严格一致树通过形成一个连接多个分枝的内部节点，从而解决这些简约树在二分歧式样上的矛盾之处（图 9-9）。而多数一致树常用 50% 多数一致树，出现频率在 50% 以上的二分歧式样被采用，100% 多数一致树即等价于严格一致树。

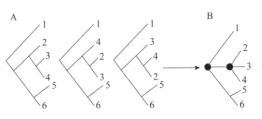

图 9-9　三棵简约树对应的严格一致树

（引自张丽娜等，2013）

A. 三棵不同的简约树；B. 严格一致树

　　最大简约法的优点在于，它不依赖于任何的进化模型，且对于分析某些特殊的分子数据如插入、缺失等非常有用。在分析的序列位点上没有回复突变或平行突变，且被检验的序列位点数很大时，MP 法能够推导获得一个非常可靠的进化树。但由于趋同演化、平行演化和祖征重现等现象的存在，核苷酸序列往往受到平行突变和回复突变的影响，导致 MP 法将不同起源的生物被归为相近生物，得出错误的拓扑结构。此外，对核苷酸替代速率显著不同的序列，MP 法往往出现长枝吸引现象，即替代速率快的序列会因为形成长枝而被错误地聚在一起（Felsenstein，1978a）。因此，最大简约法适用于相似度较高的近缘序列。

（二）最大似然法

　　最早将最大似然法（maximum likelihood method，ML 法）用于系统发生树推断工作的是 Cavalli-Sforza 和 Edwards（1967）对基因频率数据的分析。其后，基于核苷酸序列数据的分析，Felsenstein（1981）提出了一种用最大似然法构建系统发育树的算法。在 ML 法中，以一个特定的替代模型分析既定的一组序列数据，求出每一个拓扑结构的最大似然值，挑出其最大似然值最大的拓扑结构选为最终树。所考虑的参数不是拓扑结构而是每个拓扑结构的枝长，并对似然值求最大值来估计枝长。利用最大似然法来推断一组序列的系统发生树，需首先确定序列进化的模型，评价模型与数据的拟合效果可使用似然比检验、AIC 信息标准等方法。蛋白质的序列一般选择 Poisson correction（泊松修正）模型，而核酸序列一般选择 Kimura-2 parameter（Kimura-2 参数）模型。

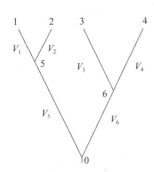

图 9-10　似然值计算示例

　　首先介绍如何计算似然值。单个位点的似然值是指在核苷酸替代模型中该位点每个核苷酸可能被替代或再现的概率的乘积，进化树的似然值就是所有位点似然值的乘积。以一个 $n=4$ 的有根树为例（图 9-10）。

　　已知序列 1、2、3 和 4 的某个位点（第 k 个位点）的核苷酸分别为 x_1、x_2、x_3 和 x_4。假设内部节点 0、5 和 6 的核苷酸为 x_0、x_5 和 x_6，相应分枝的核苷酸替代数为 V_m。再令 $P_{ij}(t)$ 表示给定位点由时间 0 时的核苷酸 i 变为时间 t 时的核苷酸 j 的概率，则一个核苷酸位点的似然函数为

$$l_k = g_{x_0} P_{x_0 x_5}(V_5) P_{x_5 x_1}(V_1) P_{x_5 x_2}(V_2) P_{x_0 x_6}(V_6) P_{x_6 x_3}(V_3) P_{x_6 x_4}(V_4) \tag{9-14}$$

式中，g_{x_0} 是节点 0 为核苷酸 x_0 的概率，常等于核苷酸 x_0 在整个序列中的相对频率。计算 $P_{ij}(V)$ 则需要使用特定的替代模型。例如，在转换概率大于颠换的模型中，就可以认为 A 和 G 所在的序列之间的关系较 A 和 T 更近。这里以参数较少的 Felsenstein（1981）替代模型为例：

$$P_{ij}(V) = \begin{cases} 1/4 + (1-g_i) \ e^{-v_m} & (j=i) \\ 1/4(1-e^{-v_m}) & (j \neq i) \end{cases} \tag{9-15}$$

式中，g_i 是核苷酸 i 在整个序列中的相对频率。

通过以上公式，可以计算一个核苷酸位点的似然值，将所有位点的似然值相乘就可以得到整个拓扑结构的似然值。通过改变枝长 V_m 可以使似然值最大化，最后选出最大似然值最大的拓扑结构即最大似然树。

在最大似然树的求解中，减少算法搜索空间的方法与最大简约树类似，这里不再赘述。还有一种减少算法复杂度的思路是减少树中每个内部节点的计算量，如通过使用衡量子树质量的向量来加速最大似然法（Stamatakis et al.，2002）。

最大似然法具有很好的统计学理论基础，是一个比较成熟的统计学方法。在进化模型选择合理的情况下，ML 法是与进化事实吻合最好的建树算法。对于最大简约法难以避免的长枝吸引现象，ML 法也具备一定的免疫力。其缺点是计算强度非常大，极为耗时。而且似然法并没有评估拓扑结构的优劣，而是假定分枝长度估计最精确的拓扑结构为最优树。实际上，系统发生所关心的是树的拓扑结构，分枝长度反而成为干扰参数，忽略分枝长度似乎更合理些。

（三）贝叶斯法

基于统计学规律运作的算法还有贝叶斯法（Bayesian method，BI 法）。与最大似然法不同的是，后者指定树的结构和进化模型，计算序列组成的概率，从而推断出对应的进化树。前者正好相反，是由给定的序列组成，计算进化树和进化模型的概率。

贝叶斯法首先涉及两个基本概念：树的先验概率（prior probability）和后验概率（posterior probability）。树的先验概率是指对进化树未进行任何观测时的概率，具体来说就是认为所有进化树都相同的可能性；树的后验概率是指通过观测，进化树的条件概率，即在给定的序列数据条件下，某进化树正确的概率。因而后验概率最大的进化树为最优树。

假定有 n 条序列，序列比对矩阵为 $\boldsymbol{X}$，τ_i 代表第 i 棵系统树的参数（包括分枝长度、拓扑结构及核苷酸替代模型参数），则树的先验概率为 $P(\tau_i)$，树的似然值为 $P(\boldsymbol{X}|\tau_i)$，利用贝叶斯公式可计算该树的后验概率：

$$P(\tau_i | \boldsymbol{X}) = \frac{P(\boldsymbol{X}|\tau_i)P(\tau_i)}{\sum_{j=1}^{B(n)} P(\boldsymbol{X}|\tau_i)P(\tau_i)} \tag{9-16}$$

式中，$B(n)$ 为所有可能的拓扑结构数，原理如图 9-11 所示。

要得到最优树，常规的方法是计算出所有可能的进化树的后验概率，对每个进化树还要考虑分枝长度与模型参数之间的组合，而这种方法的计算量非常大。因此只能采用后验概率的估算方法，最常用的是马尔可夫链蒙特卡罗（Markov chain Monte Carlo，MCMC）方法（Huelsenbeck and Ronquist，2001）。其基本思想是构造出一条马尔可夫链，该链的状态空间为统计模型参数和不变后验分布参数。链的构造由多步完成，每步

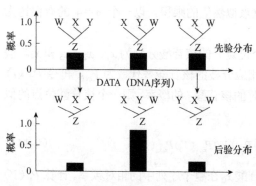

图 9-11 贝叶斯法的原理（引自张丽娜等，2013）

W、X、Y 为外部节点，Z 为内部节点

状态空间的状态都被推荐为链的下一个连接点。首先在状态空间中随机挑选一个状态作为链的当前态，随机扰动当前态各参数，从状态空间中推荐一个新态，计算推荐态的相对后验概率密度，若推荐态的后验概率密度高于当前态，则链的移动被接受，推荐态则作为下一循环的当前态。若推荐态的后验概率密度低于当前态，则计算推荐态与当前态后验概率的比例。该值接近1时接受推荐态，接近0时则拒绝推荐态。此时，当前态作为自身的下一个连接点。对上述过程重复若干次，最终马尔可夫链将停留在后验概率高的状态，某态的后验概率就是马尔可夫链停留该态的时间分值。

　　贝叶斯法和最大似然法紧密相关，它既保留了最大似然法的基本原理，又引入了马尔可夫链来模拟系统发生树的后验概率分布，使计算时间大大缩短，克服了最大似然法计算速度慢、不适用于大数据集样本的缺陷。此外，最大似然法的目的是寻找参数空间中的最高点，因而最终结果仅取决于某个点的数值。而贝叶斯法的分析结果则取决于所有可能的参数值，因而能得到比最大似然法更好的结果。

　　贝叶斯法和最大似然法都是选定一个进化模型，然后通过程序搜索模型和序列数据一致的最优系统树。但二者基本的不同在于，最大似然法是以观察数据的最大概率来拟合系统树，贝叶斯法是通过系统树对数据及进化模型的最大拟合概率而得到系统树；最大似然法给出的是数据的概率，而贝叶斯法给出的是模型的概率；最大似然法搜索单一的最相似系统树，贝叶斯法得到的是具有大致相等似然的系统树集合。另外，贝叶斯法得到的系统发生树不需要利用自展法进行检验，其后验概率直观地反映了系统进化树的可信程度。通过贝叶斯法，我们可以利用复杂的碱基替代模型快速而有效地分析大的数据。

（四）不同建树方法的优缺点

　　NJ法、ML法、BI法是目前主流的建树方法，MP法目前相对用得较少，每种方法都有它一定的优点，同时也存在着缺点。对于相同的数据集，推荐用两种及两种以上的方法构建系统发生树进行分析，互相比照。但这并不意味着不需要了解不同建树方法的区别。对于不同的拓扑结构，虽然利用自展法可以大致判断分枝是否合理，但自展值低的分枝并不一定就该舍弃。因此有必要比较几种建树方法，从而对特定的序列选择合适的建树方法。几种建树方法的比较如表9-1所示。

表9-1　几种建树方法的比较

方法	基本特征	适用范围	优点	缺点
NJ	不需要分子钟假设，是基于最小进化原理，进行类的合并时，不仅要求待合并的类是相近的，而且要求待合并的类远离其他的类	远缘序列，但进化距离不大，信息位点少的短序列	假设少，树的构建相对准确，计算速度快，只得一棵树，可以分析较多的序列，运行速度优于最大简约法	序列上的所有位点等同对待，且所分析序列的进化距离不能太大
MP	基于进化过程中碱基替代数目最少这一假说，不需要替代模型，对所有可能的拓扑结构进行计算，并计算出所需替代最小的那个拓扑结构，作为最优树	近缘序列，包含信息位点比较多的长序列，且序列的数目≤12	善于分析某些特殊的分子数据，如发生插入、缺失较多的序列	存在较多回复突变或平行突变时，结果较差。推测树不是唯一的，会出现长枝吸引而导致的建树错误

续表

方法	基本特征	适用范围	优点	缺点
ML	依赖于某一个特定的替代模型来分析给定的一组序列数据,使得获得的每一个拓扑结构的似然率都为最大值,然后再挑出其中似然率最大的拓扑结构作为最优树	特定的替代模型,有模型的情况下 ML 是与进化事实最吻合的树	在进化模型确定的情况下,ML 法是与进化事实最吻合的建树算法	所有可能的系统发育树都计算似然函数,计算量大,耗时时间长。依赖于合适的替代模型
BI	基因进化模型的统计推论法,通过后验概率直观反映出各分枝的可靠性,而不需要自展法检验	大而复杂的数据集	具有坚实的数学和统计学基础,可以处理复杂和接近实际情况的进化模型	对进化模型敏感,BI 法中指定的每个氨基酸的后验概率建立在许多假设条件下,实际上可能并不成立

第三节　系统发生树的统计检验

　　无论使用何种方法构建系统发生树,都必须确定拓扑结构的可靠性。但是由于真实拓扑结构未知,我们无法直接考察物种之间的系统发生关系,也就不存在评估系统发生树的绝对标准。因此,树的拓扑结构可靠性通常以检测此拓扑结构不同分枝的统计置信度来检验。统计学上用重复取样来排除随机误差的影响,常用的方法有两种:自展法(bootsrap method)(Felsenstein,1985)和刀切法(jackknife method)(Wu,1986;李建伏和郭茂祖,2006)。

　　自展法从原始序列中随机抽取一个位点后,再将该位点放回原序列,继续随机取样,直到新产生的序列长度与原序列相同为止。这样在每个序列中有些碱基被重复选择,而有些碱基未被选择,按这样的方法取出和原始数据序列数相同的新序列组成新的组。将所有的新序列组用某种算法生成多个新的进化树。将生成的许多进化树进行比较,所有新的树中相同拓扑结构最多的树被认为是最真实的树。树中分枝位置的数值表示该种结构占所有树中的百分比值,该值小于 75 的分枝被认为置信度较低,90 以上则较为可信。

　　刀切法是对原始数据进行“不放回式”随机抽取,从数据集里去除一部分序列数据或每次去掉一个分类群对象,然后对剩下的数据进行系统发育分析。两类检测方法的差别在于,前者是对全部数据进行“重置式”随机抽取,数据抽到的概率是相等的,且建立的新数据集和原始数据大小相等,而后者是“不放回式”抽取,产生的数据小于原始数据。

第四节　分歧时间估计及其理论基础

一、分子钟假说

　　分子钟(molecular clock)假说认为一个特定基因或蛋白质的进化变异速度,即一定时间内碱基替换或氨基酸突变的个数在不同物种中是基本恒定的,也就是说两个物种之间的遗传距离将与物种的分歧时间成正比。因此,可以基于序列的分歧度和序列的平均置换速率来估计进化速率恒定分枝的分歧时间，这类似于利用放射性同位素测定地质年代。

但需要注意的是，分子进化速率的恒定并不是在严密意义上成立的。对于氨基酸序列，不同种类的蛋白质进化速度并不相同。例如，进化最快的纤维蛋白肽与进化非常缓慢的组蛋白之间，进化速率有数百倍的差异。并且，对长期进化而言，基因不可能以恒定速率变化，因为一个基因的功能可能发生改变。受到进化选择压力的基因同义替代速率比非同义替代速率低得多，而在基因功能发生变化时，非同义替代速率又会超过同义替代速率。也就是说，分子钟并不是通用的。因此，验证分子钟假设，即检验系统发生树各分枝间的进化速率是否存在差异对分歧时间估计十分必要。

二、相对速率检验

由于无法直接比较两个物种的进化速率，我们需要利用第三个物种（外群）来比较两个物种的相对进化速率，这种检验方法称为相对速率检验（relative-rate test）。

假设系统发生树如图 9-12 所示，物种 C 是物种 A 和 B 的一个外群。实际上，A 和 B 物种的 DNA 序列来源于其祖先分类群 R。但因为无法得知 R 的状态，因此引入外群 C 来代替。记 d_{ij} 为物种 i 和物种 j 之间的每位点核苷酸替换数，则 d_{AC} 和 d_{BC} 可代表两个物种和祖先的遗传差异。

若进化速率恒定，d_{AC} 和 d_{BC} 的期望值应相等。事实上，d_{AC} 和 d_{BC} 都有随机误差，应进行统计学检验。相对进化速率检验的零假设为 $d_{AC}-d_{BC}=0$，即物种 A 和 B 分别与物种 C 的遗传差异相同，这时物种 A 和 B 有相同的

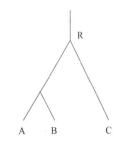

图 9-12 相对速率检验所用的模型树

进化速率。该检验假定核酸替代数目符合泊松（Poisson）分布，那么就可以用标准化正态分布来检验 A 和 B 两个枝系中核酸替代数是否相同，如果差异显著，则推翻零假设，即认为进化速率存在差异；反之则认为这两个分枝进化速率相同。一般情况下，d_{AR} 和 d_{BR} 要小于 d_{AC} 和 d_{BC}。因此，从理论上来说，选取参照外群的标准是选择的参照序列应该使 $d_{AC}-d_{BC}$ 能够很好地模拟 $d_{AR}-d_{BR}$，即选择与假定的祖先类群序列差异最小的外群。因此，相对速率检验往往依赖于物种间可靠的系统发育关系。

还需指出，相对速率检验是针对两个分枝 A 和 B 之间的分子钟检验，并不能据此推测分枝 C 有同样的替代速率。如需检验 3 个分枝的进化速率是否相同，必须补充新的外群。此外，相对速率检验并不能检测分枝内的速率变异。也就是说，如果分枝 A 和 B 的进化速率曾发生过变化，这些变化并不能被检测到。因此，在检验分子钟假说时，最好使用较多的物种。

三、分歧时间估计

假设通过相对速率检验，我们认为分枝 A 和 B 进化速率恒定，并且从以前的研究中获知该序列的进化速率为每年每位点 r 替换。为了得到分枝 A 和 B 间的分歧时间 T，对这两个序列进行比较，并算出每位点替代数 K，则有

$$r=\frac{K}{2T}\tag{9-17}$$

因此，分歧时间 T 估计为

$$T=\frac{K}{2r} \tag{9-18}$$

如果并不清楚该序列的进化速率，则可以通过加进第 3 个物种 C（它与物种 A 和 B 的进化速率恒定，且分歧时间 T_1 已知）来估计替换速率。设 K_{ij} 是物种 i 和 j 间每位点核苷酸替换数，则核苷酸替换速率估计为

$$r=\frac{K_{AC}+K_{BC}}{4T_1} \tag{9-19}$$

物种 A 和 B 间的未知分歧时间 T_2 约为

$$T_2=\frac{K_{AB}}{2r}=2K_{AB}\times\frac{T_1}{K_{AC}+K_{BC}} \tag{9-20}$$

需注意的是以上公式是基于物种 A、B 和 C 的进化速率恒定，也就是说需要引入新的外群进行相对速率检验。还需指出，分歧时间的估计受较大的随机误差影响。为减少这种误差，需使用更多序列。

第五节　物种树和基因树

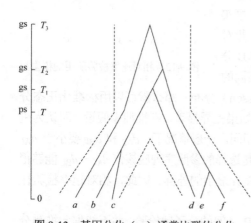

图 9-13　基因分化（gs）通常比群体分化
（ps）出现得早

6 个等位基因（a~f）的基因进化史用实线表示，
群体分歧则以虚线表示

表示一群物种进化历史的系统发生树称为物种树（species tree）。物种树中两个物种分歧的时间就是两个物种发生生殖隔离的时间。若系统发生树是根据来自各物种的一个基因构建的，得到的树与物种树会有明显区别，称为基因树（gene tree）。

第一个区别是基因树和物种树的分歧时间不同。当某一座位出现等位基因多态性时，基因分化可能比物种隔离出现得早（图 9-13）（Takahata and Nei，1985）。

第二个区别是基因树的拓扑结构也可能不同于物种树。图 9-14 显示了有 3 个物种时，物种树和基因树之间 3 种不同的关系及其出现的概率。在 A 和 B 中，物种树的拓扑结构与基因树相同。A 中基因的分歧时间大致等于群体的分歧时间；而 B 中基因 X 和 Y 的分歧时间远早于各自所属的群体的分歧时间。而在 C 中，基因树的拓扑结构与物种树不同。图中 t_0 是第一次物种形成事件发生的时间，t_1 是第二次物种形成事件发生的时间，$T_N=t_0-t_1$，N 则是有效群体大小。

当第一次物种形成和第二次物种形成的时间间隔 T 较短，而有效群体大小 N 较大时，得到错误的树 C 的概率将是相当高的。为了避免这种错误类型，在构建系统发生树时必须采用基于大量独立进化的基因位点的种群间遗传距离。

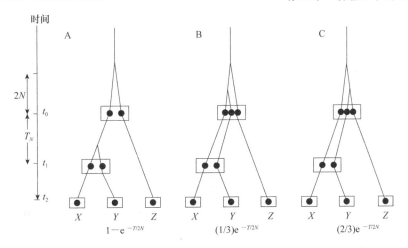

图 9-14 物种树（矩形）和基因树（圆点）之间的 3 种可能关系

图中公式代表物种树和基因树之间 3 种不同的关系出现的概率

同时应该注意，即使基因树的拓扑结构与物种树一致，如果检测的序列较少，构建的推测树也可能不同于物种树，这是因为核苷酸的替代是个随机过程。为了避免随机误差导致的错误，需要检测更多的核苷酸序列。

还需指出，当所研究的基因属于一个多基因家族时，基因重复可能对结果产生影响。例如，物种 1 和物种 2 各有两个基因，分别为 a_1、b_1 和 a_2、b_2。这些重复基因是物种隔离形成前的基因重复产生的（图 9-15）。构建系统发生树时，应使用直系同源基因，如 a_1 与 a_2，b_1 与 b_2；而不能使用基因重复产生的旁系同源基因。这是因为只有直系同源基因代表物种形成事件。在从基因树推导物种树时需格外小心这一点。

当然，研究基因树并不总是为了推导物种树。在研究多基因家族的进化时，了解成员基因的进化史十分重要，这时必须使用基因树。

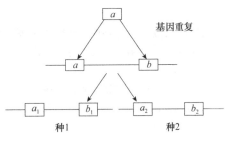

图 9-15 两个不同物种的重复基因

第六节 全基因组水平的系统发生树构建

上一节中已经提到，在构建系统发生树时必须采用基于大量独立进化的基因位点的种群间遗传距离，以避免得到错误的拓扑结构。而随着测序技术的发展和测序成本的降低，完成全基因组测序的真菌物种数量迅速增加，使全基因组水平的系统发生树构建成为可能。因此，为了尽可能地避免基因树与物种树拓扑结构不同导致的错误，研究者使用所有的单拷贝基因来构建全基因组水平的系统发生树。

全基因组水平的系统发生树的构建有两种基本思路：第一种方法是先构建单个基因的系统发生树，之后将这些基因树进行合并，获得最后的物种树。这种方法保留了单个基因的信息，能清楚地显示不同分枝上是否存在基因的冲突。我们可以从中获知是否存在潜在的杂交和未完全谱系分选。第二种方法就是将所有的单拷贝基因首尾连接，将连接后的序列当作一个基因考虑。优点是省去了合并基因树的过程，缺点是丢失了单个基因的信息。

为了帮助理解这个过程，接下来以篮状菌属7个物种的全基因组水平系统发生树构建为例。该树构建选择烟曲霉（*Aspergillus fumigatus*）作为外群，通过8个物种间的单拷贝保守基因构建系统发育树。首先，利用BUSCO散囊菌目数据库鉴定7个篮状菌属真菌及烟曲霉的单拷贝保守基因。在4191个候选基因中，共鉴定出3114个在全部8个物种中保守的单拷贝基因。然后，分别对每组单拷贝基因进行多序列比对，并将全部比对结果拼接后获得共计1 940 027个氨基酸位点。最后，采用最大似然法构建系统发生树，并通过1000次自展以评估每个分枝的可信度。在最后获得的系统发生树中（图9-16），每个分枝的自展值均为100%，说明7种篮状菌之间系统发生关系的推断较为可信。将最终构建的系统发育树与Samson等（2011）通过ITS、*BenA*和*RPB2*基因构建的篮状菌属系统发育树进行比较，发现相关篮状菌之间的亲缘关系相一致。

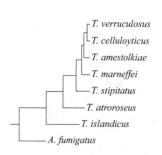

图9-16　篮状菌属物种的系统发育关系分析

（杨恩策）

本章参考文献

李建伏，郭茂祖. 2006. 系统发生树构建技术综述. 电子学报，34（11）：2047-2052.

张丽娜，荣昌鹤，何远，等. 2013. 常用系统发育树构建算法和软件鸟瞰. 动物学研究，34（6）：640-650.

Cavalli-Sforza L L, Edwards A W. 1967. Phylogenetic analysis. Models and estimation procedures. American Journal of Human Genetics, 21(3): 550-570.

Felsenstein J. 1978a. Cases in which parsimony or compatibility methods will be positively misleading. Systematic Zoology, 27(4): 401-410.

Felsenstein J. 1978b. The number of evolutionary trees. Systematic Zoology, 27(1): 27-33.

Felsenstein J. 1981. Evolutionary trees from DNA sequence: a maximum likelihood approach. Journal of Molecular Evolution, 17: 368-376.

Felsenstein J. 1985. Confidence limits on phylogenies: an approach using the bootstrap. Evolution, 39(4): 783-791.

Fitch W M. 1971. Toward defining course of evolution: minimum change for a specific tree toplogy. Systematic Zoology, 20(4): 406-416.

Huelsenbeck J P, Ronquist F. 2001. MRBAYES: Bayesian inference of phylogenetic trees. Bioinformatics, 17(8): 754-755.

Jukes T H, Cantor C R. 1969. Evolution of Protein Molecules. New York: Academic Press.

Kimura M. 1980. A simple method for estimating evolutionary rates of base substitutions though comparative studies of nucleotide-sequences. Journal of Molecular Evolution, 16: 111-120.

Mount D W. 2008. Maximum parsimony method for phylogenetic prediction. CSH Protocols. DOI: 10. 1101/pdb. top32.

Myung I J. 2003. Tutorial on maximum likelihood estimation. Journal of Mathematical Psychology,

47(1): 90-100.

Nei M, Kumar S. 2000. Molecular Evolution and Phylogenetics. New York: Oxford University Press.

Rzhetsky A, Nei M. 1993. Theoretical foundation of the minimum-evolution method of phylogenetic inference. Molecular Biology and Evolution, 10(5): 1073-1095.

Saitou N, Nei M. 1986. The number of nucleotides required to determine the branching order of 3 species, with special reference to the human-chimpanzee-gorilla divergence. Journal of Molecular Evolution, 24(1-2): 189-204.

Saitou N, Nei M. 1987. The neighbor-joining method: a new method for reconstructing phylogenetic trees. Molecular Biology and Evolution, 4(4): 406-425.

Samson R A, Yilmaz N, Houbraken J, et al. 2011. Phylogeny and nomenclature of the genus *Talaromyces* and taxa accommodated in *Penicillium* subgenus Biverticillium. Studies in Mycology, 70(1): 159-183.

Sokal R, Michener C. 1958. A statistical method for evaluating systematic relationships. University of Kansas Science Bulletin, 38: 1409-1438.

Stamatakis A P, Ludwig T, Meier H, et al. 2002. Accelerating parallel maximum likelihood-based phylogenetic tree calculations using subtree equality vectors. IEEE/ACM Supercomputing Conference: 1-16.

Takahata N, Nei M. 1985. Gene genealogy and variance of interpopulational nucleotide differnences. Genetics, 110(2): 325-344.

Takezaki N. 1998. Tie trees generated by distance methods of phylogenetic reconstruction. Molecular Biology and Evolution, 15(6): 727-737.

Wu C F J. 1986. Jackknife, bootstrap and other resampling methods in regression analysis. The Annals of Statistics, 14(4): 1261-1295.

第十章 真菌进化生物学应用

进化生物学的理论基础是生物进化论，生物进化论的核心是遗传与变异基础上的自然选择。进化生物学依赖于细胞学、生理学、古生物学、分类学、遗传学和分子生物学等的发展，也是这些学科研究成果的概括和总结，具有高度的综合性。

人类很早就利用进化生物学的原理为自己服务，就是用人工选择的方法来加速自然选择的进程，实际是人工进化，对动植物及微生物的驯化就是典型的例子。随着细胞学、遗传学等学科的发展，实现了遗传育种，在真菌学方面的应用主要是大型真菌的驯化与育种。分子生物学尤其是遗传工程的发展，利用各种现代分子生物学技术如电激法、基因枪法、同源重组及基因编辑技术等实现分子育种。由于真菌优良特性及合成生物学的进展，利用真菌底盘生物生产天然产物及酶工业化生产已成为现实。而真菌生存策略多样性使得真菌具有非常丰富的次级代谢产物和酶资源。本章在对真菌次级代谢产物结构与生物活性多样性论述的基础上，从真菌的驯化与育种、基因工程、合成生物学元件挖掘与底盘构建、分子进化与酶工程，以及从菌种选育到细胞工厂等方面进行系统论述，并总结了进化生物学在真菌中的应用进展。

第一节 真菌次级代谢产物多样性与应用

真菌物种资源十分丰富，据估计有 220 万～380 万种，是仅次于昆虫的第二大生物类群。其物种的多样性涵盖了从单细胞到多细胞的多种真核生物生命形式。在进化过程中，通过与周围环境及其他生物的相互作用，不同类群的真菌形成了独特的与环境高度适应的生存策略，如腐生、寄生、共生、捕食等。类似于植物，真菌通过产生次级代谢产物进行信息交流，对抗环境，抵御病害。不同真菌受自身所处生态位的影响，会产生不同结构功能的化合物。例如，生活在高温、高压、干旱等极端环境的真菌，会受到环境胁迫产生更为独特的次级代谢产物结构（Spiteller，2015）。庞大的物种数量、高度发达的代谢网络和化学防御体系，赋予了真菌产生种类丰富、结构类型独特、生物活性多样的次级代谢产物的能力，使真菌成为天然有机活性小分子的重要来源。据统计真菌来源的活性化合物数量占微生物来源活性物质的50%以上，是"创造系数"很高的天然产物资源（Berdy，2005）。本节将从植物内生真菌、海洋动物共生真菌及大型真菌三个不同生态位真菌的角度阐述真菌次级代谢产物的多样性。

一、植物内生真菌次级代谢产物结构及活性多样性

植物内生真菌一般是指寄生在健康植物的各种组织、器官内或者细胞间隙中，却不对寄主产生其他不利影响的真菌。其分布广泛，从海洋、沙漠、雨林、沼泽甚至南极和北极采集的苔藓、蕨类、藻类、裸子植物及被子植物中均有内生真菌的报道（Strobel，2018）。迄今为止，已经报道的植物内生真菌均为子囊菌。植物组织这些微小的栖息地，为内生真菌提供了多样的寄生环境，很可能孕育着尚未发现真菌资源，这对于真菌及其次级代谢产物多样性探

索是一个重要的思路。

共同进化的观点认为，内生真菌和植物寄主建立了复杂的互利互惠的共生关系。植物宿主为内生真菌供应生存所需的空间和营养，也为内生真菌提供稳定的生存环境，以抵挡外界的恶劣条件。同时，内生真菌代谢所产生的某些产物又可增强植物对某些病原体的免疫反应，以保护植物免受入侵病原体的伤害，并且可以帮助植物提高对外界压力的耐受能力，帮助植物更好地生长。另外，在内生真菌及其宿主植物的长期共同进化过程中，内生真菌通过遗传变异使自己适应了其特殊的微环境，包括将某些植物 DNA 吸收到其自身的基因组中，因此，许多内生真菌具有合成宿主植物次级代谢产物的能力（Stierle et al.，1993）。

植物内生真菌产生了化学骨架独特且复杂的多种结构类型，如萜类、聚酮、生物碱、酯类、甾醇、肽等。这些化合物具有优良的生物活性，如抗病毒、细胞毒、抑菌、抗浮游植物、酶抑制活性和抗炎等。

（一）生物碱

cryptocin（**1**[*]）产自雷公藤（*Tripterygium wilfordii*）的内生真菌 *Cryptosporiopsis* cf. *quercina*。结构中具有十氢萘及 tetramic 酸的结构片段，并具有很好的抗真菌活性，能有效抑制水稻稻瘟菌（*Pyricularia oryzae*）及其他植物病原菌（Li et al.，2000）。Botryane 类化合物 cytochalasin U（**2**）分离自 *Geniculosporium* sp. 6580，该菌为多管藻属（*Polysiphonia* sp.）红树林植物的内生真菌。该类化合物存在高度取代的 isoindolone 环，并在 C-3 位置发生了苯环取代（Krohn et al.，2005b）。ascomylactam A（**3**）是从红树林植物 *Pluchea indica* 内生真菌 *Didymella* sp. CYSK-4 中分离出一种新 13 元环大环生物碱，该化合物具有（6/5/6/5）四环骨架结合一个 13 元环结构，其对 HCT116 细胞、PC-3 细胞等具有中等的细胞毒活性（Chen et al.，2019）。

1   2   3

aspernigrin A（**4**）分离自狗牙根（*Cynodon dactylon*）内生真菌 *Cladosporium herbarum* IFB-E002，其具有抗白念珠菌（*Candida albicans*）活性（Ye et al.，2005）。吲哚衍生物类化合物 lolitrem B（**5**）分离自黑麦草（*Lolium perenne*）内生真菌 *Acremonium lolii*，研究发现该化合物具有神经毒性，可通过刺激大电导钙激活钾通道，引起牲畜颤抖。该化合物还对多种昆虫有活性，在农药研发上具有一定的前景（Miles et al.，1994；Mundayfinch et al.，1995；McMillan et al.，2003）。吡咯里西啶类化合物，尤其是带有氧桥的 1-氨基吡咯里西啶化合物是草类内生真菌的常见代谢产物，如 loline（**6**）生物碱分离自高羊茅（*Festuca arundinacea*）内生真菌 *Neotyphodium coenophialum*，具有抗无脊椎动物活性（Dougherty et al.，1998）。

vincristine（**7**）是分离自长春花 [*Catharanthus roseus*（L.）G. Don] 的内生真菌 *Fusariumo*

---

[*] 加粗数字表示该化合物的化学结构式在本章中的序号，下文同此

xysporum 的化合物，该化合物对 PC-6、KB-7D、HCT、ARO 和 KB/S 等多种细胞都具有良好的抑制活性（Chan et al.，2006；Ferlin et al.，2005；Nakamura et al.，2005；Lee et al.，2013）。cytochalasan 生物碱 chaetoglobosin U（**8**）分离自白茅（*Imperata cylindrical*）的内生真菌 *Catharanthus globosum* IFB-E019。该化合物对鼻咽表皮样肿瘤 KB 具有较强的细胞毒活性（Ding et al.，2006）。喹唑啉类化合物 alantrypinene（**9**）分离自九里香 [*Murraya paniculata*（Rutaceae）] 叶片里的内生真菌 *Eupenicillium* sp.，从结构上看，该化合物是邻氨基苯甲酸与 α-氨基酸缩合形成的喹唑啉类化合物。

（二）萜类化合物

植物内生真菌同样可以产生如倍半萜、二萜等结构丰富的萜类化合物。通过对药用植物青灰叶下珠（*Phyllanthus glaucus*）内生真菌 *Phomopsis* sp. TJ507A 液体培养基的代谢产物进行的深入研究，分离鉴定了包括 phomophyllin A（**10**）、phomophyllin B（**11**）及 phomophyllin L（**12**）在内的 2,3-*seco*-protoilludane 型、protoilludane 型和 illudalane 型等多种倍半萜结构类型，化合物 **10**、**11** 显示出对 β-淀粉样蛋白前体蛋白裂解酶 1（BACE1）的抑制活性（Xie et al.，2018）。从红树林内生真菌 *Rhinocladiella similis* 中纯化得到 10 种新的倍半萜衍生物，其中化合物 rhinomilisin A（**13**）和 rhinomilisin G（**14**）对小鼠淋巴瘤细胞 L5178Y 有中等的细胞毒活性（Liu et al.，2019b）。

对红藻（*Polysiphonia* sp.）内生菌 *Geniculosporium* sp.的培养物进行研究，从中分离到 11 种新的 botryane 倍半萜类化合物（Krohn et al.，2005）。该类化合物，尤其是 7-hydroxy-10-oxodehydrodihydrobotrydial（**15**）和 7-hydroxy-10-methoxydehydrodihydrobotrydial（**16**）对藻类 *Chlorella fusca*、细菌 *Bacillus megaterium* 和真菌 *Microbotryum violaceum* 存在中等抑制活性。大环单端孢霉烯族化合物 roridin A（**17**）和 roridin D（**18**）分离自 *Baccharis coridifolia* 内生真菌 *Ceratopycnidium baccharidicola*（Rizzo et al.，1997）。该类化合物是一类倍半萜毒素化合物，可以造成严重的牲畜中毒。从一株未鉴定的植物内生真菌 CR115 中分离鉴定了 15 个二萜化合物，该类化合物具有高度的结构多样性，其中 guanacastepenes A（**19**）、guanacastepenes G（**20**）对耐药的 *Staphylococcus aureus* 和 *Enterococcus faecalis* 具有显著的抗菌活性（Brady et al.，2000，2001）。

二萜化合物 periconicin A（**21**）和 periconicin B（**22**）分离自东北红豆杉（*Taxuscus pidata*）内生真菌 *Periconia* sp.，其中 periconicin A（**21**）对包括枯草芽孢杆菌、金黄色葡萄球菌、肺炎克雷伯氏菌和鼠伤寒沙门菌在内的革兰氏阳性和革兰氏阴性细菌表现出显著的抑菌活性（Kim et al.，2004）。异海松烷型二萜类化合物 libertellenone T（**23**）分离自拟南芥内生真菌 *Phomopsis* sp. S12，该化合物在 mRNA 水平下，能够抑制炎症因子（IL-1β、IL-6）的产生（Fan et al.，2020）。

（三）聚酮化合物

聚酮是指生物合成过程中由乙酰基（acetyl）与丙酰基（propionyl）聚合而成的一类次级代谢产物。植物内生真菌可以产生结构新颖，生物活性多样的聚酮类化合物。

对野茼蒿（*Crassocephalum crepidioides*）内生真菌 *Geotrichum* sp.进行研究，得到三个 isocoumarin 衍生物。活性评价显示，化合物 **24** 具有抗疟疾、抗结核和抗真菌活性（Kongsaeree et al.，2003）。对分离自桑树（*Morus alba*）的内生真菌 *Colletotrichum* sp. JS-0367 的培养物进行化学研究，从中分离并鉴定了蒽醌化合物 6-hydroxy-1,7-dimethoxy-3-methylanthracene-9,10-dione（**25**）和 evariquinone（**26**）。其中化合物 **26** 能抑制谷氨酸触发的细胞内 ROS 积累和 Ca^{2+} 流入，对谷氨酸诱导的 HT22 细胞凋亡具有强的保护作用（Song et al.，2018）。从巴戟天（*Morinda officinalis*）内生真菌 *Cytospora rhizophorae* A761 中分离鉴定了 4 种新型聚酮化合物异二聚体 cytorhizin A～cytorhizin D，这类化合物由 6/6/5/6/8 或 6/6/5/6/7 五环系统、多氧异戊基单元和二苯甲酮部分结合而成。其中 cytorhizin B（**27**）和 cytorhizin D（**28**）对 HepG-2、MCF-7、SF-268 和 A549 四株肿瘤细胞系有较弱的细胞毒活性（Liu et al.，2019a）。两个带有环氧结构的环己酮化合物 jesterone（**29**）和 hydroxyjesterone（**30**）从 *Fragraea bodenii* 的内生真菌 *Pestalotiopsis jesteri* 分离得到，其中 jesterone 对植物病原菌具有选择性抗真菌活性。Ambuic acid（**31**）是具有环氧结构的醌类化合物，分离自红豆杉科植物 *Torreya taxifolia* 的内生真菌 *Pestalotiopsis* sp.和 *Monochaetia* sp.，具有潜在的抗真菌活性（Li et al.，2001）。

Xanthoviridicatin E（**32**）和 Xanthoviridicatin F（**33**）是萘醌二聚体，分离自一株未知植物的内生真菌 *Penicillium chrysogenum*，能够抑制 HIV-1 整合酶的裂解反应（John et al.，2003）。酚酸类化合物具有良好的活性，pestacin（**34**）和 isopestacin（**35**）从诃子属植物 *Terminalia morobensis* 内生真菌 *Pestalotiopsis microspora* 中分离到，具有抗真菌和抗氧化活性（Strobel et al.，2002；Liu et al.，2011）。globosumone A～globosumone C 分离自 *Chaetomium globosum*（寄主植物为 *Ephedra fasciulata*），globosumone A（**36**）对肺癌、乳腺癌、中枢神经系统神经胶质瘤和胰腺癌有抑制活性（Bashyal et al.，2005）。graphislactone A 和 graphislactone G（**37** 和 **38**）分离自络石（*Trachelospermum jasminoides*）内生真菌 *Cephalosporium acremonium* IFBE007，其具有对 SW1116 的细胞毒活性（Zhang et al.，2005）。Rhizoctonic acid（**39**）分离自狗牙根（*Cynodon dactylon*）的内生真菌 *Rhizoctonia* sp.，具有抗 *Helicobacter pylori* 的活性（Ma et al.，2004）。

32 R = OCH₃
33 R = CH₃

34

35

36

37 R = H
38 R = Cl

39

醌类二聚体 aurasperone A（**40**）分离自狗牙根（*Cynodon dactylon*）内生真菌 *Aspergillus niger* IFB-E003。生物活性评价表明化合物 **40** 具有抑制黄嘌呤氧化酶活性（Campos et al.，2005）。sequoiatones C～sequoiatones F（**41**～**44**）分离自海岸红杉树 *Sequoia sempervirens* 内生真菌 *Aspergillus parasiticus*，生物活性评价表明，该类化合物具有细胞毒活性（Stierle et al.，2001）。sequoiamonascin A 和 sequoiamonascin C（**45** 和 **46**）分离自红树林内生真菌 *Aspergillus parasiticus*，对 MCF7、NCI-H460 及 SF-268 等细胞有中等的细胞毒活性（Stierle et al.，2003）。对内生真菌 *Aspergillus candidus* LDJ-5 的发酵物进行研究，分离鉴定了异戊烯基对三联苯化合物 prenylterphenyllin D 和 prenylterphenyllin H（**47** 和 **48**），在活性方面，prenylterphenyllin H（**48**）对变形杆菌表现出良好的抑制活性。

40

41 R₁ = CH₃　　R₂ = H　　R₃ = H
42 R₁ = H　　　R₂ = CH₃　R₃ = OH
43 R₁ = CH₃　　R₂ = H　　R₃ = OH
44 R₁ = H　　　R₂ = CH₃　R₃ = H

45

46

47

48

植物次级代谢产物对人类健康有着重要影响，许多天然产物如紫杉醇、鬼臼毒素、喜树碱等已在临床使用。但是植物生长周期长，成分含量低，限制了植物次级代谢产物的获取及应用。植物内生真菌可以通过自身产生诱导物质促进植物次级代谢产物的生物合成，而且其还能产生与宿主植物相似的次级代谢产物，并且具有产量高、可再生性强等特性，在活性天然产物的开发和获取方面具有重要价值。广泛开展植物内生真菌活性次级代谢产物的研究工作，一方面可以解决现阶段植物资源匮乏问题，另一方面可以提高药物产量，降低成本及药物售价，造福患者。此外，现阶段仅有极小部分内生真菌资源得到开发，许多资源尚处于研究空白状态，极多菌种无法分离得到。随着分子生物学手段及微生物培养手段的革新，将高通量测序技术及微生物分离培养技术相结合，发掘更多内生真菌资源，拓展其次级代谢产物库，为疾病的治疗提供更多途径。

二、海洋动物共生真菌次级代谢产物结构及活性多样性

海洋占地球总面积的 71%，其蕴藏着丰富的微生物资源。海洋微生物与海藻、各类无脊椎动物并称为海洋天然产物的三大来源。其中尤以海洋真菌最受关注。海洋真菌天然产物的报道始于 1945 年，Brotzu 从撒丁岛排污口附近的海水样本中分离得到了一株顶头孢霉 *Cephalosporium acremonium*（今命名为 *Acremonium chrysogenum*），并从中获得了迄今为止最为重要的海洋真菌来源的抗生素——头孢霉素 C（Bugni and Ireland，2004）。自此，海洋来源真菌的化学潜力开始引起人们的广泛关注。海洋环境条件恶劣，具有高盐、高压、低温、低照、寡营养等特点，为了适应这样的环境，海洋生物产生了与陆地生物不同的代谢系统和机体防御体系，因此在海洋生物及代谢产物中发现了许多化学结构新颖奇特的生物活性物质。

海洋真菌大都依附于某一种基质生存，因此海洋真菌依据来源被划分为海洋动物共生真菌、海藻分离真菌和海底沉积泥分离真菌等。海洋中生活着从微小的浮游动物到庞大的蓝鲸在内的各种动物类群。这些动物的表皮肠道为真菌提供了理想的栖息地。科学家从海绵、鱼类等动物中分离了多种共生真菌，并对其活性次级代谢产物开展了研究，其中研究最多的是海绵来源的共生真菌。

（一）生物碱及肽类

N-甲基四肽 andolide A 和 andolide B（**49** 和 **50**）分离自海绵 *Callyspongia* sp.来源的暗梗穗孢霉属真菌（*Stachylidium* sp.），分别对血管升压素受体 1A 和 5-羟色胺受体 5-HT2b 有良好的抑制活性（Almeida et al.，2016）。aspochalasin B（**51**）和 aspochalasin D（**52**）分离自斯里兰卡海域的海绵 *Demospongiae* sp.来源的曲霉属真菌 *Aspergillus flavipes*，其对枯草芽孢杆菌、金黄色酿脓葡萄球菌和耐甲氧西林金黄色葡萄球菌都有抑制活性（Ratnaweera et al.，2016）。海绵 *Phyllospongia foliascens* 来源的镰刀菌属真菌 *Fusarium lateritium* 的发酵物中分离得到 3 个吡咯烷酮化合物，其中化合物 **53** 对人体癌细胞 CNE1、CNE2、HONE1、SUNE1、GLC82 和 HL7702 有细胞毒性（Cao et al.，2017）。Buttachon 等从海绵 *Epipolasis* sp.来源的曲霉属真菌 *Aspergillus candidus* 中分离得到双吲哚苯环化合物 candidusin D（**54**）。活性实验测试表明，化合物对癌细胞 HepG2、HT29、HCT116、A549、A375、MCF7、U251 具有中等抑制活性（Buttachon et al.，2018）。ochrasperfloroid（**55**）分离自海绵 *Phakellia fusca* 来源的曲霉属真菌 *Aspergillus flocculosus*，其不仅能抑制脂多糖 LPS 诱导的 THP-1 细胞产生 IL-6，还能抑制 LPS-激活的 RAW 264.7 巨噬细胞产生 NO（Gu et al.，2019）。

49　　　　　50　　　　　51　　　　　52

53　　　　　54　　　　　55

（二）聚酮类化合物

gliomasolide A（**56**）是从海绵 *Phakellia fusca* 来源的粘鞭霉属真菌 *Gliomastix* sp. 中分离得到的十四元大环内酯类化合物，其对 Hela 细胞有中度抑制能力（Zhang et al.，2015）。在海绵 *Suberites japonicus* 来源的顶孢属真菌 *Acremonium* sp. 中分离得到的苯甲酮化合物 acredinone B（**57**），对胰岛素分泌细胞 INS-1 的细胞外 K^+ 电流有明显抑制作用（Kim et al.，2015）。tandyukisin B 和 tandyukisin D（**58** 和 **59**）是分离自海绵 *Halichondria okadai* 中哈茨木霉 *Trichoderma harzianum* 的十氢化萘衍生物。活性研究表明化合物 **58** 和 **59** 对 P388、HL-60 和 L1210 这三种癌细胞均有细胞毒活性（Yamada et al.，2015）。

56　　　　　57　　　　　58　　　　　59

Tian 等从海绵 *Callyspongia* sp. 来源的曲霉属真菌 *Aspergillus* sp. 中，分离出两个新的抗病毒活性的化合物 asteltoxin E 和 asteltoxin F（**60** 和 **61**）。两个化合物对 H3N2 病毒有显著的抑制活性（Tian et al.，2016）。Leman-Loubiére 等从海绵 *Sphaerocladina* 来源的炭团菌属真菌 *Hypoxylon monticulosum* 中得到 4 个次级代谢产物，其中 sporothriolide（**62**）对癌细胞 HCT-116、PC-3 和 MCF-7 均有毒性（Leman-Loubiere et al.，2017）。

60　　　61　　　62

asperchondol B（**63**）是从爱琴海采集的海绵 *Chondrilla nucula* 来源的曲霉属真菌 *Aspergillus* sp.中分离得到的没药烷倍半萜，其对金黄色葡萄球菌、粪球菌和屎肠球菌都有抑制活性（Liu et al.，2016）。trichodermanin C（**64**）是从海绵 *Halichondria okadai* 来源的哈茨木霉（*Trichoderma harzianum*）中分离得到具有 6/5/6/6 环结构的二萜化合物。该化合物对小鼠 P388 白血病细胞、人体 HL-60 白血病细胞和小鼠 L1210 白血病细胞均有一定的细胞毒性（Yamada et al.，2017）。eupeniacetal A（**65**）是分离自海绵 *Plakortis simplex* 来源的正青霉属真菌 *Eupenicillium* sp.中的杂萜化合物，活性评价表明，该化合物能够抑制诱导的 THP-1 细胞中 TNF-α 的产生（Gu et al.，2018）。

63　　　64　　　65

海洋被誉为"地球最后的宝藏"，具有丰富的真菌资源，截至 2021 年 3 月，WoRMS（World Register of Marine Species，http://www.marinespecies.org/）收录的海洋真菌共计 1734 种。海洋的特殊生境使海洋中自由生活及共附生微生物具有与陆生微生物不同的生理特性，并产生新颖结构的活性代谢产物，为新药筛选提供了丰富的模式结构化合物来源。因此充分挖掘海洋真菌活性次级代谢产物，对于海洋资源的开发应用、药物研发等都有重要的意义。

三、大型真菌次级代谢产物

大型真菌不同于低等真菌，具有更为复杂的次级代谢网络，能够产生一些特殊结构和生物活性的化合物，以提高自身的对抗不良环境的能力。目前大型真菌研究最多的次级代谢产物类型是萜类，尤其是倍半萜、二萜和三萜，下面列举几类代表分子。

（一）倍半萜

大型真菌含有丰富的倍半萜类化合物，如金针菇（*Flammulina velutipes*）不仅具有良好的营养价值，还包含丰富的药用成分。金针菇具有降低血压、降低胆固醇、抑制肿瘤的功效，在中国、日本、韩国等东亚地区备受青睐。研究发现，金针菇的大米固体发酵物中能产生花侧柏烷（cuparane）型、sterpurane 型、spiroaxane 型、开环花侧柏烷（seco-cuparane）型等多种倍半萜结构骨架（Tao et al.，2016；Wang et al.，2012），其中化合物 **66**～**69** 对 HMG-CoA 还原酶有中等强度的抑制活性，揭示了金针菇对于 2 型糖尿病改善效果的物质基础。

云芝（*Coriolus versicolor*）含有丰富的高度芳香化的杜松烷（cadinane）型倍半萜，mansonone E（**70**）对 U-937、A375.S2、MCF-7、HL-60、K-562 等多种癌细胞具有细胞毒性（Chen et al.，2011；Huang et al.，2013），并且对 *Staphylococcus aureus*、*Bacillus subtilis*、*Botrytis allii*、*Cladosporium cucumerinum* 等多种真菌细菌表现出较强的抑制活性（Shin et al.，2004；Overeem and Elgersma，1970；Boonsri et al.，2008）。裂褶菌（*Schizophyllum commune*）含有一类辛辣木烷型倍半萜 schizine A（**71**），该化合物是血苋烷（iresane）倍半萜与苯丙氨酸形成的亚胺型生物碱，对 EL4 细胞有很好的细胞毒活性，对 MCF-10A、PC-3 等细胞的细胞毒活性较弱（Liu et al.，2015）。桑黄（*Sanghuangporus lonicericola*）也含有一类 tremulane 型倍半萜（**72**），具有较好的舒张血管活性（Wu et al.，2010）。隐孔菌（*Polyporus volvatus*）中有一类重要的血苋烷倍半萜，该类化合物以单体形式存在，或者与异柠檬酸成酯，进一步形成异柠檬酸酯的二聚体，如具有抗炎作用的二聚体 cryptoporic acid D（**73**）（Wu et al.，2011）。蜜环菌（*Armillaria mellea*）具有丰富的原伊鲁烷（protoilludane）型倍半萜芳香酸酯。倍半萜部分具有 4/6/5 环骨架，如果芳香酸部分发生卤代如 melledonal C（**74**），化合物的细胞毒性将会增强（Misiek et al.，2009）。榆耳（*Gloeostereum incarnatum*）中有一类樱草烷（hirsutane）型倍半萜，其中化合物（＋）-incarnal（**75**）对 B16 黑色素瘤具有中等的细胞毒活性（Asai et al.，2011）。

（二）二萜

鸟巢菌能够产生一类特殊的化合物——鸟巢烷（cyathane）型二萜，如从非洲黑蛋巢菌（*Cyathus africanus*）和胡克黑蛋巢菌（*C. hookeri*）的固体发酵产物中分离得到的化合物 76～78，不仅具有优于阳性药氢化可的松的抗炎活性，而且具有显著的体外抗肿瘤活性及一定的抗菌活性。另外，在深入研究这些化合物的抗肿瘤实验中，发现其中两个新结构鸟巢烷型二萜化合物不仅能诱导正常肿瘤细胞的凋亡，而且还能够诱导 bax/bak 双缺失肿瘤细胞的凋亡。猴头菌（*Hericium erinaceus*）中也含有鸟巢烷型二萜化合物，且这些化合物多与木糖形成糖苷，其中 erinacine A（**79**）和 erinacine B（**80**）具有强促进神经生长因子合成活性（Kawagishi et al.，1994）。erinacine E（**81**）和 erinacine S（**82**）（Kawagishi et al.，1996；Chen et al.，2016）及 hericinoid C（**83**）（Chen et al.，2018）中木糖与苷元的活性位点结合发生重排形成新的碳骨架。erinacine E（**81**）具有神经保护作用，可以促进神经突触生长（Rupcic et al.，2018），且具有弱的抗痉挛特性（Saito et al.，1998）。erinacine A（**79**）和 erinacine S（**82**）可以减弱 5 个月大的雌性 APP/PS1 转基因小鼠中的 Aβ 斑块的堆积，明显增加大脑皮层胰岛素降解酶的水平（Chen et al.，2016）。化合物 erinacine J（**84**）中萜类部分的结构发生了变化，五元环发生了开环（Kawagishi et al.，2006）。

截短侧耳素（pleuromutilin，**85**）是从侧耳属真菌 *Pleurotus mutilus* 和 *P. passeckerianus* 等液体发酵物中分离得到的一种含有罕见的 5/6/8 环系的二萜类化合物，该化合物显示了显著的抗菌活性。以截短侧耳素为先导化合物进行化学合成得到了泰妙菌素（tiamulin，**86**）、瑞他莫林（retapamulin，**87**）等一系列具有更强抗菌效果的衍生物，该类化合物可以抑制细菌核糖体蛋白质的合成，抗菌谱独特，被广泛用作兽用抗生素，治疗多种革兰氏阳性菌及支原体感染（Poulsen et al.，2001；Sandargo et al.，2019）。茯苓（*Wolfiporia cocos*）中松香烷（aietane）二萜（**88**、**89**）的结构典型特征是 C 环芳构化，18 位甲基羧基化，其中化合物 **88** 对 A549、PC-3、Hela 等细胞具有细胞毒活性（Ukiya et al.，2013），并具有抗炎活性（Jang and Yang，2011）；化合物 **89** 具有抗细菌的活性（Sultan et al.，2008）。

（三）三萜

灵芝（*Ganoderma lucidum*）作为重要的药用真菌，化学和药理学研究一直广受关注。灵芝中含有丰富的羊毛甾烷型三萜、降三萜和杂萜（Isaka et al.，2013），并且通过活性研究发现，灵芝具有很好的抗 HIV、抗炎、调节血糖、提高免疫力、抑制胆固醇合成、保护肝等功效（Baby et al.，2015）。其中 ganoboninone A（**90**）具有抗疟原虫活性（Ma et al.，2014），ganoboninone G（**91**）具有抗细菌 *Mycobacterium tuberculosis* H37Ra 活性（Li et al.，2018）。化合物 ganoboninketals A 和 ganoboninketals C（**92** 和 **93**）侧链结构独特，C-24 位的酮羰基形成缩酮结构并与其他位置羟基成环形成的多环结构，对 A549 细胞有中等毒性，可以拮抗 LXR-β 受体，并且具有强的杀疟原虫活性。

桦褐孔菌（*Inonotus obliquus*）又称为白桦茸，是一种寄生在桦树上的药用真菌，该菌中四环三萜报道较多，有一类结构新颖独特的螺环三萜（**94**），细胞毒活性较强（Handa et al.，2010）。牛樟芝（*Antrodia cinnamomea*）中的 ergostane 类三萜化合物 antcamphin F（**95**）具有抗炎活性，扰乱糖皮质激素信号通路，引起糖皮质激素受体进入细胞核内，抑制促炎蛋白相关基因的表达，增强抗炎蛋白相关蛋白的表达，发挥抗炎作用（Huang et al.，2014）。

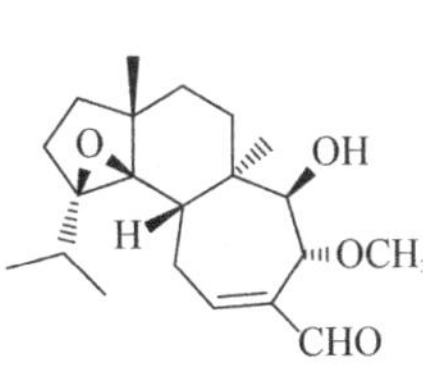

76 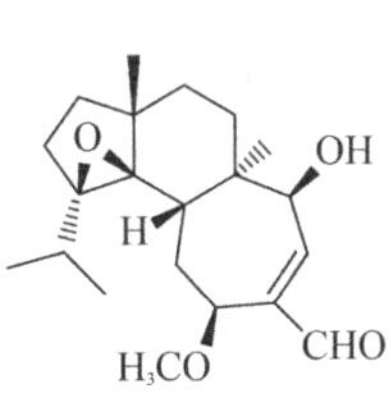　77 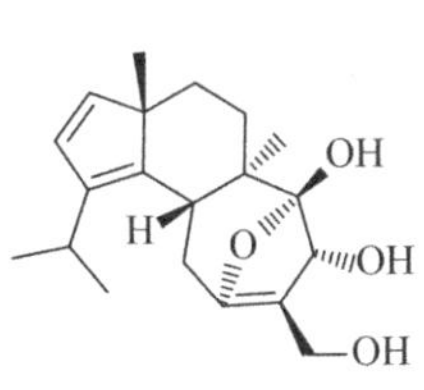　78 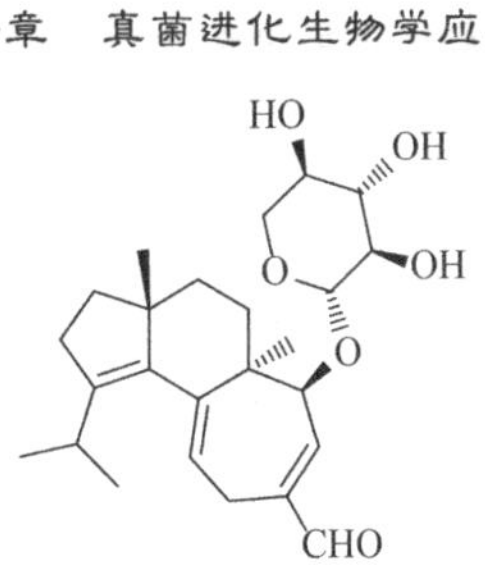　79

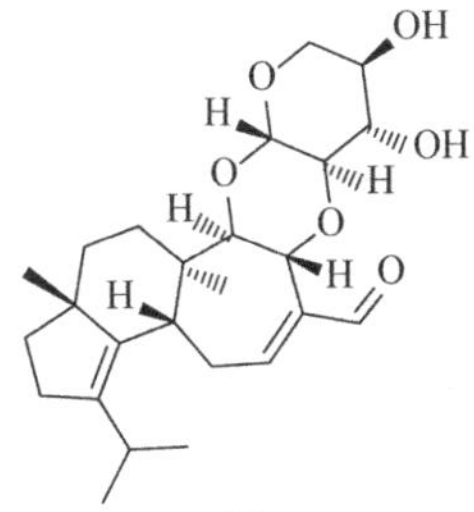

80 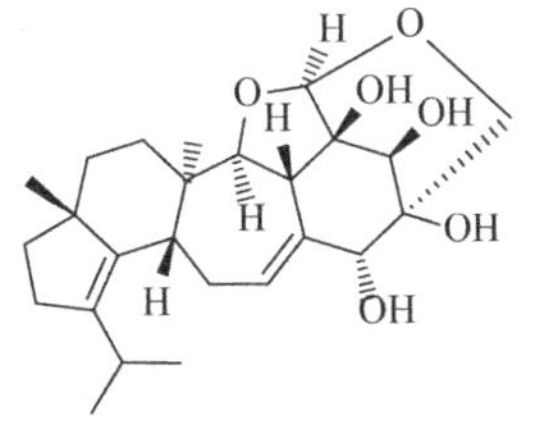　81 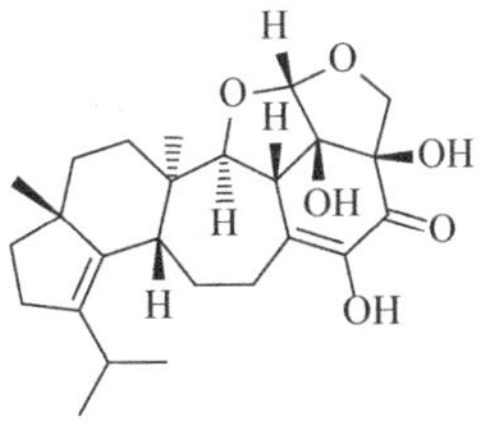　82 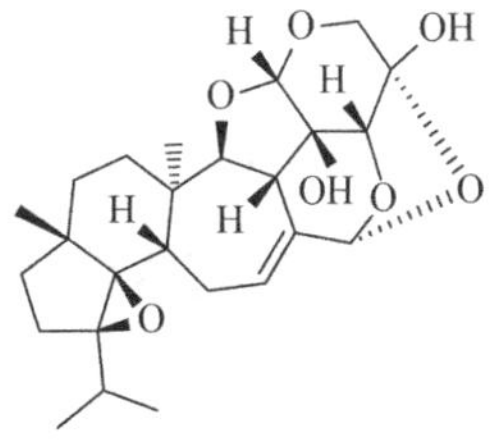　83

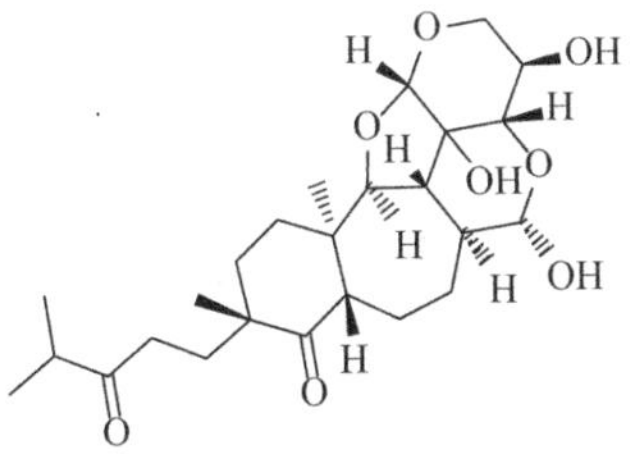

84 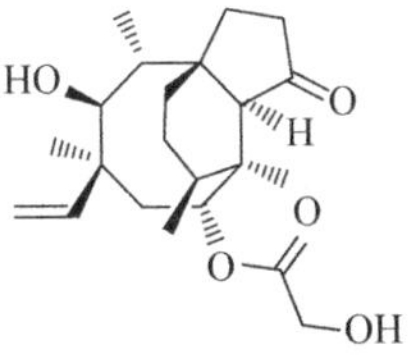　85 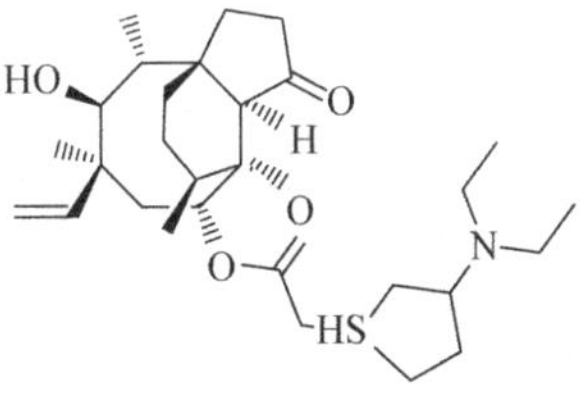　86

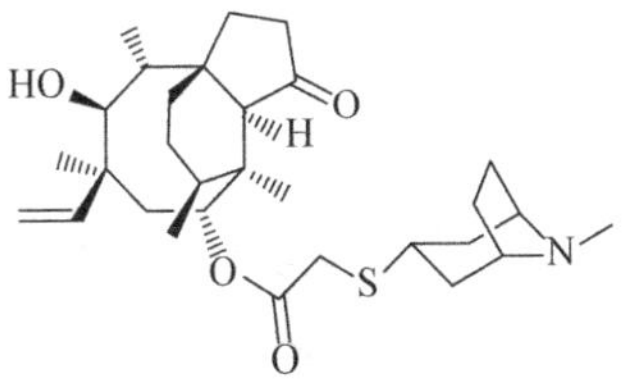

87 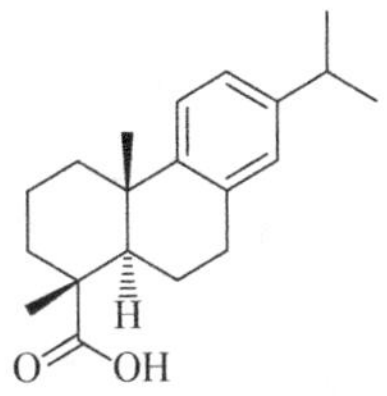　88 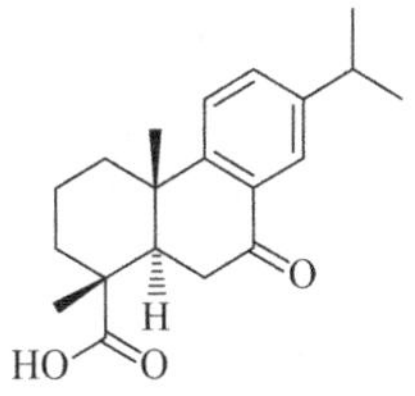　89

　　茯苓三萜骨架主要有羊毛甾烷型四环三萜和 3,4 开环-羊毛甾烷型三萜两种，其中 trame-tenolic acid（**96**）对 HL-60、L1210 及 P388 细胞有中等的细胞毒活性（Tanaka et al.，2011），eburicoic acid（**97**）对 H9c2（2-1）、GES-1 细胞具有较强的细胞毒活性（Wang et al.，2017；Leon et al.，2004），polyporenic acid C（**98**）、dehydroeburicoic acid（**99**）对 A549、K562、MOLT-4 及 HL-60 细胞具有细胞毒活性（Lai et al.，2016；Zhou et al.，2008），29-hydroxy-polyporenic acid C（**100**）对 A549、DU-145 具有细胞毒活性，poricoic acid H（**101**）对 HL-60 细胞具有细胞毒活性（Zhou et al.，2008）。除了细胞毒活性外，polyporenic acid C（**98**）对 *Bacillus cereus* 有抑制作用（Liu et al.，2010），dehydroeburicoic acid（**99**）是 5-hydroxytryptamine 3a 受体拮抗剂（Lee et al.，2009）。

90

91

92

93

94

95

96

97

98

99

100

101

四、真菌次级代谢产物的应用

提及真菌次级代谢产物应用，不得不提的便是 1928 年亚历山大·弗莱明（Alexander Fleming）从 *Penicillium notatum* 中发现了著名的抗生素——青霉素 G（**102**）。该事件在真菌次级代谢产物发现和应用历史进程中具有划时代意义，这标志了"抗生素黄金时代"的开启（Mohr，2016）。自此之后，真菌就成为新型药物发现的"狩猎场"（Strobel and Daisy，2003）。在随后的几十年中，辛伐他汀（simvastatin）等真菌来源的"重磅炸弹"药物的发现，刺激了制药公司对大量真菌菌株进行采样和筛选（Butler，2004；Bills and Gloer，2016），目前获得了多种来源于真菌的医药、农药及化妆品的活性小分子化合物（化合物 **102**~**119**，表 10-1），这些化合物或在研或已上市。科学家进一步以头孢菌素 C（**103**）、灰黄霉素（**107**）、洛伐他汀（**110**）等分子为先导化合物，经过结构优化合成了抗生素、抗真菌药、降血脂药物。有些药物甚至革命性地改变了疾病的治疗手段，代表了全新的治疗理念（Aly et al.，2011）。

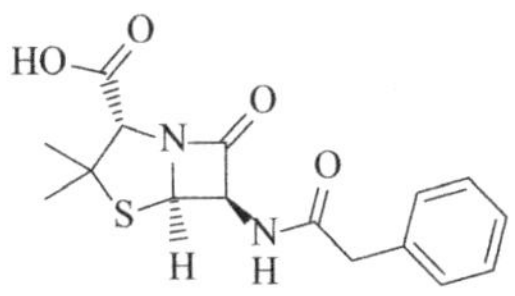

102

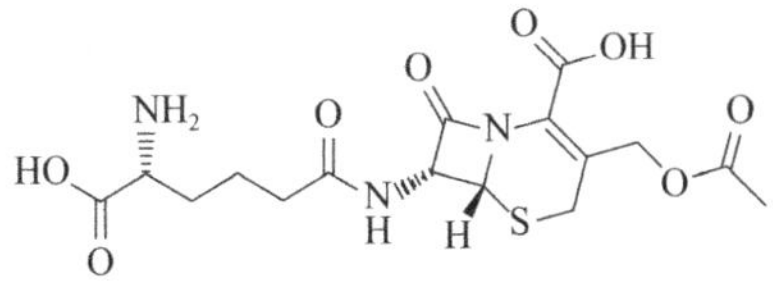

103

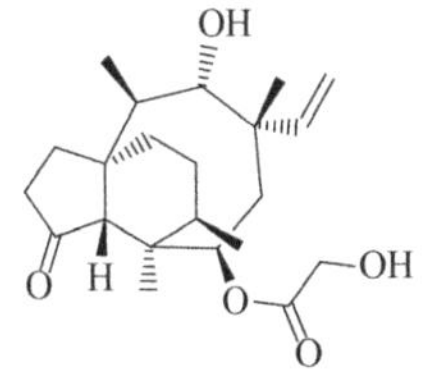

104

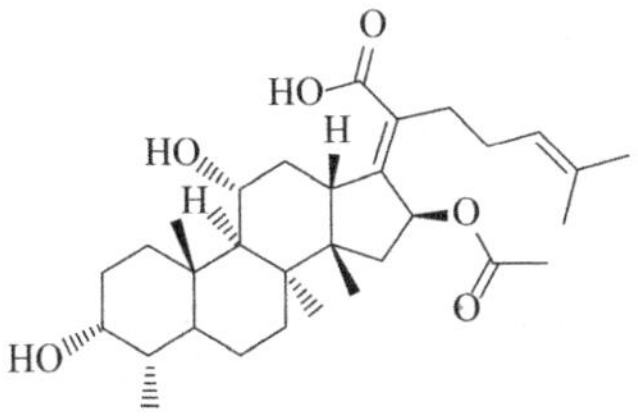

105

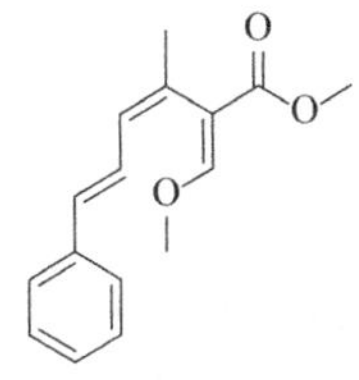

106

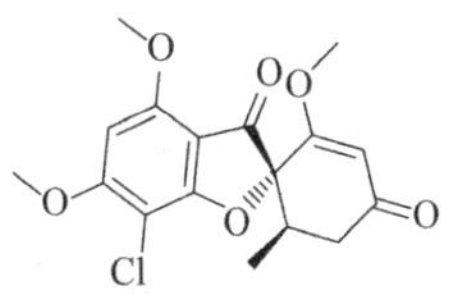

107

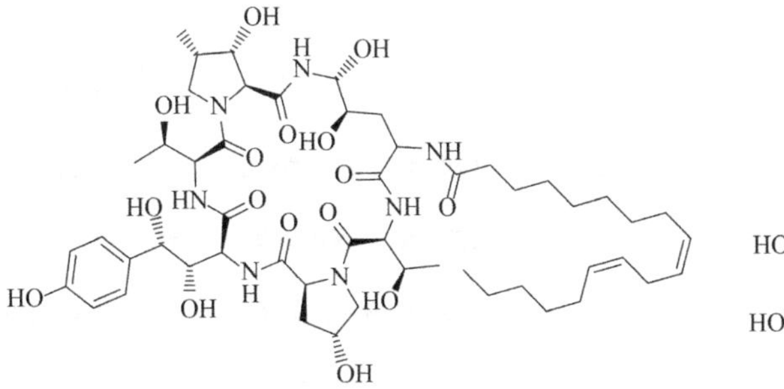

108

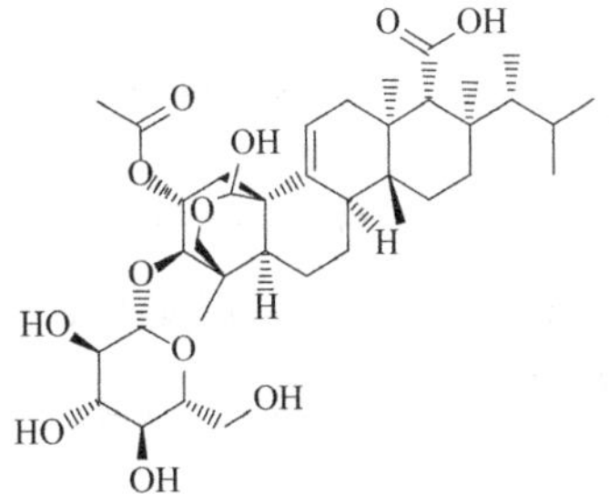

109

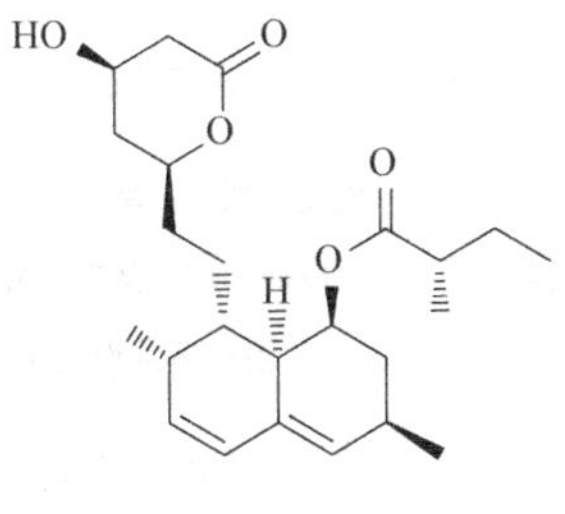

110

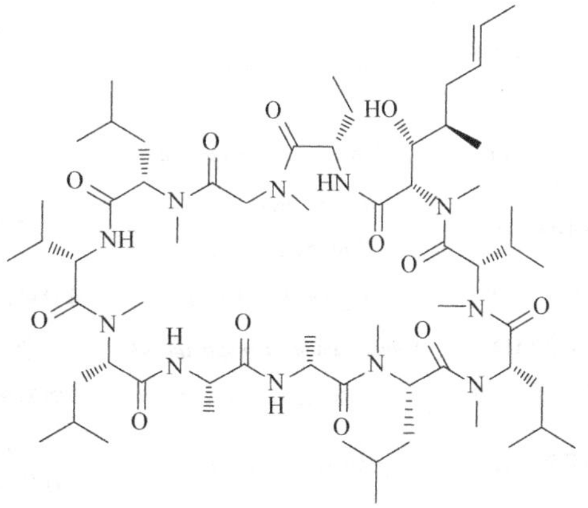

111

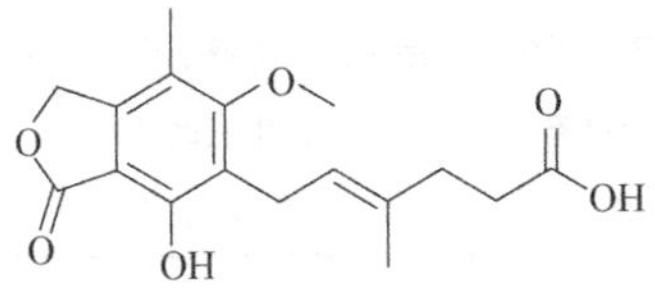

112

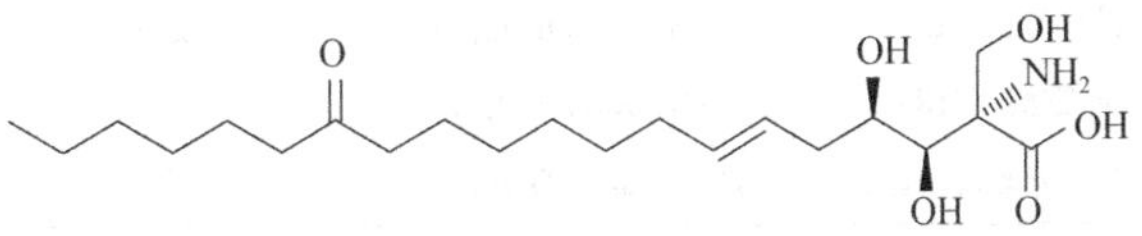

113

114

115

116

117

118

119

表 10-1　真菌来源的上市或在研的用于医药、农药或者化妆品的小分子化合物

化合物	来源	结构分类	直接或间接商业化产品	应用
青霉素 G（102）	*Penicillium rubens* 等	非核糖体多肽	氨苄青霉素等	治疗革兰氏阳性和部分阴性细菌感染
头孢菌素 C（103）	*Acremonium chrysogenum*	非核糖体多肽	先锋霉素、头孢氨苄等	治疗革兰氏阳性和部分阴性细菌感染
截短侧耳素（104）	*Clitopilus passeckerianus* 等	二萜	妙泰菌素、沃尼妙林	治疗革兰氏阳性细菌感染
夫西地酸（105）	*Acremonium fusidioides*	三萜	梭链孢酸钠、褐霉素等	治疗革兰氏阳性细菌感染
嗜球果伞素（106）	*Strobilurus tenacellus*	聚酮	嘧菌酯、咪唑菌酮等	广谱农用杀菌剂
灰黄霉素（107）	*Penicillium griseofulvum* 等	卤代聚酮	Fulcin、Fulsovin、Grisovin	治疗皮肤等真菌感染
棘白菌素 B（108）	*Aspergillus pachycristatus*	非核糖体多肽与脂肪酸酯化产物	Anidulifungin（Eraxis）	治疗系统性的真菌感染
安麻吩金（109）	*Hormonema carpetanum*	三萜苷	Scy-078（临床二期）	治疗系统性的真菌感染
洛伐他汀（110）	*Aspergillus terreus*、*Pleurotus ostreatus* 等	聚酮	洛伐他汀、辛伐他汀等	治疗高血脂
环孢菌素 A（111）	*Tolypocladium inflatum*	非核糖体多肽	环孢菌素 A（山地明）	免疫抑制剂，降低排异反应
霉酚酸（112）	*Penicillium brevicompactum* 等	杂萜	麦考酚酯（骁悉）	免疫抑制剂，降低排异反应
多球壳菌素（113）	*Isaria sinclairii*	氨基酸酯	芬戈莫德	治疗多发性硬化
麦角新碱（114）	*Claviceps purpurea* 等	异戊烯基非核糖体多肽	麦角新碱	用于产后出血
咪唑立宾（115）	*Penicillium brefeldianum*	咪唑核苷	咪唑立宾（布雷迪宁）	免疫抑制剂
曲酸（116）	*Aspergillus oryzae* 等	吡啶酮	曲酸二棕榈酸酯	抗氧化，用于化妆品美白
烟曲霉素（117）	*Aspergillus fumigatus*	杂萜	烟曲霉素双环己烷铵盐	用于治疗蜜蜂小孢子虫病
赤霉酸（118）	*Fusarium fujikuroi*	二萜	*F. fujikuroi* 发酵产品	植物生长调节剂
玉米赤霉醇（119）	*Fusarium culmorum* 等	聚酮	玉米赤霉醇	饲料添加剂

五、展望

天然产物目前是新药发现的重要来源，与天然产物相关的药物占据着小分子药物的半壁江山（Newman and Cragg, 2020），由于迫切需要对许多无有效治疗药物的疾病及新出现的疾病（如癌症，已产生耐药性的疾病）进行治疗，因此寻找新的候选药物仍然很紧迫（Bills and Gloer, 2016）。从长远来看，天然产物在新药发现中依然起着至关重要的作用。真菌作为重要的天然产物资源库，仍存在许多未被开发的资源，尤其是受限于培养技术等原因，自然界存在大量无法培养的真菌。随着测序技术、合成生物学、分子生物学等学科的发展，综合利用高通量测序、基因组学、蛋白质组学、代谢组学、高通量靶向筛选和合成生物学等技术，系统的真菌次级代谢产物的活性筛选、功能基因组挖掘和异源表达等研究，是未来挖掘真菌活性代谢产物的重要手段。在此基础上，结合药物化学研究的技术，对活性代谢产物进行结构修饰等，将会加速真菌天然产物药物的研发步伐。

（刘宏伟、陈保送、韩俊杰）

第二节　驯化与育种

一、真菌资源丰富、具有悠久的人类利用历史

人类对真菌的利用有着悠久的历史。阿历索保罗等著的《菌物学概论》中写到菌物学（mycology）一词的由来时，认为"菌物学"就是关于蘑菇的研究。他把人类利用蘑菇的历史追溯到 4000 年前古希腊的迈锡尼（Mycenae）文化，认为迈锡尼文化可能就是以传说中的古希腊英雄 Perseus 偶遇蘑菇取其汁液解渴而命名。我国北魏时期贾思勰撰写的《齐民要术》、明朝李时珍撰写的《本草纲目》等多部古代书籍中都有关于食药用真菌的记载。人类经历几千年对食用菌形态、生境、习性的仔细观察，开始了对食用菌的驯化栽培。例如，吴三公发明了砍花栽培法，随之又发明了"敲木惊蕈"促菇技术。《广东通志》（1822 年）记载草菇栽培起源于我国广东韶关的南华寺，据张树庭教授考证，其栽培技术由我国华侨传入东南亚。

相比真菌几千年的利用历史，真菌的现代分类学研究仅有 200 多年的历史，起始于 1753 年 Linnaeus 在 *Species Plantarum* 首次用双名法命名真菌物种。按这样的分类方法，目前世界已知真菌 15 万种左右，而估计自然界中真菌实际有 220 万～380 万种，是世界上多样性仅次于昆虫的生物类群之一。我国幅员辽阔，横跨温带、寒温带、亚热带和热带地区，自然条件复杂，气候多样，拥有丰富的真菌资源，截至 2020 年 12 月，据中国菌物名录数据库记载，我国的真菌种类约有 28 000 种。

二、食用菌的驯化与育种

在真菌的现代分类研究基础上，进入 20 世纪以来，真菌细胞学、遗传学、生理学、医学真菌和工业菌物学都获得了巨大的发展，如 Brefield 对真菌首次进行了纯培养；Hansen 对

酵母菌的纯培养；1965 年 Poriterro 发现真菌的准性生殖等。近 30 年来，随着分子生物学，尤其是组学和相关技术的快速发展，分子菌物学、菌物工艺学、真菌分子系统进化、真菌分子育种等均获得全面发展并取得丰硕成果，在真菌的驯化和育种方面发挥越来越重要的作用。

（一）古法栽培食用菌

下文以香菇为例介绍我国古法栽培食用菌的相关内容。香菇 [*Lentinula edodes*（Berk.）Pegler]，也称冬菇、香菌、香蕈、椎茸，隶属于担子菌门（Basidiomycota）蘑菇纲（Agaricomycetes）蘑菇目（Agaricales）类脐菇科（Omphalotaceae）。我国香菇的人工栽培已有近千年的历史，经张树庭和 Miles（2010）考证，香菇的栽培可能起源于公元 1000~1300 年浙江省的庆元、龙泉、景宁地区。由于气候、植被、河川和社会环境的变化，千百年来，香菇栽培区域发生了很大变化，福建、江西、安徽、广东、广西、四川、湖南、湖北等省（自治区）的一部分都曾作为我国香菇砍花栽培的重点地区（张寿橙，2013）。

香菇栽培的创始人是吴三公，他出生在北宋（960~1127 年）浙江省西南与福建省邻近的龙泉县龙晟村。吴三公生活在高山的深处，他偶然发现被砍伤的树木生长出许多香菇，便学着在杂木上砍出斧痕来培植蘑菇。在一次砍木之后，迟迟没有香菇生长。吴三公十分生气，他使劲地敲打木头，几天后木头上长满了菇。这便是砍花法和敲打木头法的起源，敲打木头使菇长出来，这个过程被称为"惊蕈"。20 世纪 60 年代以前，国内一直沿用"砍花栽培法"。该方法又称古法栽培，具体是将原木伐倒，用砍刀在树皮上砍出裂痕，空中散播的香菇孢子在木头的裂痕处开始萌发，孢子在树皮内结合成菌丝，菌丝扭结形成子实体。这是香菇由野生到人工栽培的第一步，共包含"做槽、砍花、遮衣、倡花、开衣、当旺、惊蕈、采焙"8 道工序，从砍花到收获结束，整个过程经历 5 年左右。古法生产香菇仅靠天然孢子接种，具有产量低、时间跨度长、收获不稳定的局限性。

（二）现代食用菌驯化与育种

目前实现人工栽培的食用菌绝大多数来自腐生的野生食用菌。目前我国可栽培的食药用菌已达 105 种（汤昕明等，2019），如新疆中华美味蘑菇、毛头鬼伞、肥脚环柄菇、绣球菌、羊肚菌、蛹虫草、金耳、银耳等。野生食用菌驯化成功后，人们又采用杂交育种、诱变育种、原生质体融合等技术和目前较为关注的基因工程育种等方法进一步对菌种进行开发和选育。

1. 现代食用菌驯化育种的主要方法

（1）野生驯化育种　　野生食用菌驯化栽培须充分了解当地食用菌生存环境、生活习性及遗传特性等特征，首先要采集野外子实体，通过孢子分离法或组织分离法获得菌丝体纯培养，进行培养基筛选，将筛选出的野生菌株不断进行人工选择，经过栽培时间选择、人工栽培试验后才能够逐渐培养为栽培种。通过模拟野生食用菌自然生态条件来进行栽培试验较容易取得成功，但野生驯化栽培的最终目的是实现规模化生产及工厂化栽培，因此还需探索其他不同的栽培模式，如野外播种、段木栽培、脱袋覆土出菇、墙式不脱袋出菇、架式出菇等（钟小云和李钦艳，2019）。

（2）杂交育种　　杂交育种是通过单倍体交配实现基因重组。杂交育种通过选择适当的亲本进行交配，从杂交后代中选育出具有双亲优良性状的菌株，具有一定的定向性，这种育种方法适用于异宗结合的食用菌。杂交育种包括单孢杂交、单双杂交和多孢杂交，其中单孢杂交是异宗结合食用菌最主要的育种手段。单孢杂交是将来自不同基因型和生态型的单核亲本两两交配，交配后将形成锁状联合的双核体作为杂交后代，经结实性验证和生产性能验证后，筛选出符合生产目标的优良组合。自然界中单孢杂交的机会极少，多数为多孢杂交获得的优势菌株。杂交育种仍是目前食用菌育种中使用最广泛、收效最显著的重要手段之一。

　　杂交育种中能否获得高产优质的优良菌株，关键之一在于杂交亲本的选择。研究发现，遗传距离较大的类间杂交组合杂种优势较强（詹才新等，1995）。杂交育种的另一关键问题在于食用菌品种或菌株间亲缘关系的鉴定，目前鉴定方法有传统的形态学评价、细胞学评价、生化标记法和 DNA 分子标记法。①形态学评价是通过观察对食用菌的菌丝体和子实体形态进行客观评价，缺陷在于食用菌菌丝体及子实体表型特征易受环境因素的影响，缺乏准确性。②细胞学评价主要利用体细胞不亲和性反应，表现为遗传型不同的菌丝接触时，在菌丝交接处产生特征性拮抗反应（Malik and Vilgalys，1999）。产生拮抗反应的食用菌菌丝常呈沟型、隆起型、隔离型和叠生型，而没有拮抗反应的亲和菌株则呈一个营养亲和群，该方法简单易行，广泛应用于食用菌种内鉴别菌株异同。但仅依照拮抗反应鉴别菌株亲缘关系存在局限性，菌龄大小、菌种是否退化等因素都会影响拮抗试验结果。③生化标记法主要包括同工酶和等位酶，在食用菌杂交育种中通常选择同工酶谱带数量、迁移率差异较大的杂交菌株，以提高育种效率。④DNA 分子标记法是以个体间遗传物质内核苷酸序列变异为基础的遗传标记，能够从 DNA 水平上直接反映物种的遗传变异，与细胞学、形态学和生化标记等相比，分子标记具有不受环境限制、多态性丰富等优点。目前，DNA 分子标记已开发出简单重复序列（SSR）、ISSR、目标区域扩增多态性（TRAP）、随机扩增多态性 DNA（RAPD）、序列相关扩增多态性（SRAP）、序列特异性扩增区（SCAR）等数十种分子标记，被广泛应用于连锁图谱构建、种质资源评价、遗传多样性分析等诸多方面研究。

　　（3）诱变育种　　诱变育种是人为利用物理或化学诱导因素使食用菌遗传物质（DNA）发生突变，再从中筛选出正向突变菌株的方法。遗传育种上常用的突变株有营养缺陷突变株，如氨基酸、维生素、碱基等合成能力有缺陷的突变株；另外还有温度敏感突变株，即可在某一温度条件下生长而在另一温度条件下不生长的突变株；还有一种是对某种药物具有一定抵抗力的突变株，通过诱变剂处理孢子可以提高产生抗性突变的概率。诱变育种技术主要包括物理诱变和化学诱变，对食用菌育种较为有效的理化因子有 ^{60}Co、紫外线、离子束、激光、X 射线、超声波、快中子、亚硝酸、亚硝酸胍、氮芥、硫酸二乙酯等。诱变育种一般方法简单、周期短，并且一次能获得大量突变菌株，在食用菌品种选育工作中已取得了不少成果。诱变育种的缺陷在于它只是扩大了变异范围，并不能定向诱变，筛选工作烦琐且效率低下，诱变性状不够稳定，容易引起子实体畸形。

　　（4）原生质体融合技术　　原生质体就是在人工条件下人为去除细胞壁的裸露细胞。1880 年，Hanstein 首次提出原生质体（protoplast）的概念，原生质体是由细胞质膜、细胞质和细胞核组成的有机整体，具有完整新陈代谢功能，可完成所有生命活动。原生质体融合技术是在促融剂作用下将两个遗传性状不同的细胞融合成兼有两个亲代细胞的遗传特性的新细胞。

　　原生质体融合前首先要获得原生质体，酶解法是食用菌原生质体制备的主要方法。目前，在食用菌领域酶解细胞壁使用的酶主要有几丁质酶、纤维素酶、蜗牛酶、溶壁酶、溶菌酶等，不同食用菌的细胞壁组成不同，需要根据所要制备的原生质体的种类选择不同的酶。除了酶的选择外，菌龄、酶的浓度、稳渗剂、酶解时间、培养基成分和温度等均为影响原生质体制备的重要因素。与常规杂交相比，原生质体融合方法具有重组频率高、受结合型限制较小、遗传物质传递更为完整、重组体种类多、有助于外源基因转化等特点。但该技术筛选融合子的过程较为复杂，且得到的融合子存在稳定性问题，原生质体融合技术能否真正成为食用菌遗传改良的有效工具目前还存在不同的意见。

（5）基因工程育种　　基因工程育种就是将外源基因片段插入受体菌株基因组中，通过复制、转录、翻译以达到定向改变受体菌株生理生化特性的目的。已有的报道中，基因工程育种可用的方法分为两类：第一代基因修饰技术和第二代基因编辑技术。

第一代基因修饰技术主要包括限制性内切酶介导（REMI）基因整合技术、基因枪法、聚乙二醇（PEG）介导原生质体法、电击法、根癌农杆菌介导法。其中限制性内切酶介导基因整合技术因其酶切位点的排布不完全随机、假阳性率高，目前较少应用于食用菌转化中。基因枪法具有无宿主限制、受体类型广泛、操作便捷等优点，缺点在于耗材昂贵，在食用菌转化研究方面鲜有报道。第二代基因编辑技术主要是指 CRISPR/Cas9 基因编辑技术，其基本作用原理是 Cas9 核酸内切酶在 sgRNA 的引导下使靶基因位点发生双链断裂（DSBs），再利用细胞自身的两种修复途径：同源重组（HR）和非同源重组（NHEJ），实现基因定点编辑（Sander and Joung, 2014）。相对于第一代基因修饰技术操作烦琐、耗时量大等缺点，基因编辑技术因载体设计操作简单、编辑高效且通用性广成为近年来基础研究、分子治疗和作物改良中最热门的工具。使用基因编辑技术可以进行高通量筛选，用于鉴定子实体发育和有用代谢物生成等过程的关键基因，从而加速各种食用菌的分子育种研究。目的基因的获取是基因工程育种的前提，随着生物发展进入后基因组学时代，各种测序技术和分析手段的进步使得目的基因的获取不再困难，基因工程育种将成为未来食用菌菌株改良的趋势所在。

下文以双孢蘑菇为例，介绍上述方法的应用。

2. 双孢蘑菇的驯化和育种　　双孢蘑菇 [*Agaricus bisporus*（J.E.Lange）Imbach]，隶属于蘑菇目（Agaricales）蘑菇科（Agaricaceae）。双孢蘑菇是世界上种植最广泛的食用菌，其种植历史可以追溯到 17 世纪的法国。目前根据形态学特征和生活史类型将双孢蘑菇分为三个变种：双孢蘑菇原变种 [*A. bisporus* var. *bisporus*（J.E. Lange）Imbach]（Imbach, 1946），双孢蘑菇北美变种 [*A. bisporus* var. *burnettii* Kerrigan & Callac]（Callac et al., 1993），双孢蘑菇欧洲四孢变种 [*A. bisporus* var. *eurotetrasporus* Callac & Guinb]（Callac et al., 2003）。

（1）野生驯化育种　　1978 年，荷兰科学家 Peter Vedder 在 *Modern Mushroom Cultivation* 一书中指出，最早进行双孢蘑菇种植的是 1650 年的巴黎，当地农民偶然发现在用来种甜瓜的肥料上长出了蘑菇。当他们将洗蘑菇的水泼到有粪便浇灌过的土地上会长出更多同样的蘑菇。1707 年，法国植物学家 Turnefore 描述了一种利用马粪进行蘑菇栽培的方法，其中有一项就是利用生长过蘑菇的基质来作为播种的材料。1731 年，Miller 出版的 *Gardener's Manual*，将法国双孢蘑菇的种植方法带到了英国。1754 年，瑞典人 Lundberg 描述在室内可以全年种植双孢蘑菇的方法。1865 年，双孢蘑菇栽培品种从英国传播到美国，并进行了少量的栽培实验。1870 年开始，双孢蘑菇产业开始发展，并逐渐传播到全世界（Grigson, 2008）。

3 个世纪以来，双孢蘑菇的栽培方法和技术逐渐改进。最初人们使用菇床上长满菌丝体的堆肥作为播种材料，但这种方法容易传播疾病、导致产量减少。在 19 世纪末，法国人 Constantin 和 Matroushot 发明了一种从栽培的双孢蘑菇的孢子中获得纯化的菌丝体的方法，他们成为第一批能通过孢子繁殖双孢蘑菇的人（Horgen et al., 1989）。1902 年，美国研究员 Fergusson 将这种孢子繁殖方法的所有细节公布于众。1905 年，美国人 Douggarou 从双孢蘑菇菌盖组织中获得了菌丝体，使得美国开始了工业生产菌丝的革命。人们使用灭菌的发酵好的栽培料接种纯化的菌丝体，随后作为原种出售给蘑菇种植者。这使双孢蘑菇的品种可以明确，并且无病菌的菌丝降低了病害减产的风险。1932 年，Sinden 申请获得了一种谷粒菌丝体制备方法的专利，并开发新的双孢蘑菇菌株。随后 Lambert 发明二次堆肥发酵法，第二阶段中使用巴氏杀菌法去除肥料中的病虫害。这种方法被 Sinden 和 Hauser 改进后一直沿用至今。所以根据双孢蘑菇的栽培历史可以推测栽培种来源于欧洲或北美的野生群体。我国双孢蘑菇的栽培始于 20 世纪二三十年代，主要从国外引进经人工选育而成（Nazrul and Yinbing，2011）。

（2）杂交育种　双孢蘑菇经过减数分裂产生有性孢子，通过有性杂交可获得综合双亲优良性状的新品种。目前，国内外育种工作主要根据双孢蘑菇同核不育菌株配对杂交定向育种的方法进行双孢蘑菇品种改良。1981 年，Fritsche 育成商业化杂交菌株 U1 和 U3，在欧洲广泛栽培。我国从 20 世纪 80 年代初开始开展双孢蘑菇杂交育种工作。福建省农业科学院食用菌研究所、上海市农业科学院食用菌研究所等 6 家单位在国家蘑菇攻关项目的支持下，从 1986 年开始开展跨地域的技术合作，历时 25 年，建立了单孢配对杂交、分子标记辅助双孢蘑菇育种、同核体筛选鉴别、杂交异核体快速鉴定等技术体系，用以分析菌株间的定向筛选目标新菌株、预测新菌株特性、跟踪子代遗传与变异、鉴定杂交和亲缘关系、鉴定菌株的基因型、推定同核体不育株（Wang et al.，1991）。1992 年，我国利用该方法成功选育出第 1 个具有自主知识产权的双孢蘑菇杂交品种'As2796'（王泽生等，2001）。2013 年，廖剑华应用来源于菌株 As2796 和异核体菌株 02 的同核不育菌株进行配对回交，筛选出杂交新菌株 W192，该菌株的平均单产提高了 20%~25%，并通过福建省的新品种认定。

双孢蘑菇同核不育单孢配对杂交育种法着眼于杂交菌株间的性状优势互补，其目的性比较明确，但该方法在双孢蘑菇育种中存在几个问题：双孢蘑菇独特的双孢担子难以获得用于杂交的同核孢子；菌丝体不发生锁状联合现象，难以快速区分异核体与同核体菌丝，且单孢分离萌发率低；尚未发现与重要性状相关的遗传标记，缺乏定向育种的跟踪标记，产生的杂交菌种并不都具备亲本的优良性状；单孢分离操作烦琐，染菌率高（李正鹏等，2019）。

（3）基因工程育种　2001 年，Mikosch 等首次报道利用根癌农杆菌介导法转化双孢蘑菇。陈美元等（2009）构建双孢蘑菇耐热相关基因的双元表达载体，并成功转入双孢蘑菇非耐热菌株，使得转基因菌株耐热性能提升。Jordi 等（2016）利用农杆菌介导转化法，使 Cys2His2 锌指蛋白基因在双孢蘑菇中过表达，该研究表明转录调控因子 c2h2 加速了双孢蘑菇的发育，为培育短周期商业化双孢蘑菇奠定了基础。

PPO 是导致双孢蘑菇子实体褐变的主要酶类，2016 年杨亦农团队利用 CRISPR/Cas9 系统靶向敲除双孢蘑菇基因组中 6 个编码多酚氧化酶（PPO）基因中的一个，使得 PPO 酶活降低 30%，从而获得抗褐变的双孢蘑菇。这是首例利用 CRISPR/Cas9 基因编辑技术对食用菌进行基因编辑的报道。随后，美国农业部宣布将不会对这种利用 CRISPR/Cas9 系统进行遗传修饰的蘑菇进行监管，引起食药用菌学术界和产业界的轰动（Waltz，2016）。

三、以酿酒酵母为代表的驯养真菌驯化与育种

早在公元前 7000 年人类就开始利用水果上附带的天然酵母菌制作发酵饮料（McGovern et al.，2004）。根据商朝晚期的甲骨文中所记载，当时已有三种不同形式的酒：鬯，用郁金草和黑黍酿成的祭祀用酒；醴，大米或小米制作的低酒精含量饮料；酒，完全发酵的大米或小米制品，酒精含量为 10%~15%。酿酒过程有多种微生物共同参与，其中最主要的是酿酒酵母［Saccharomyces cerevisiae（Desm.）Meyen］。酿酒酵母属于酵母纲（Saccharomycetes）酵

母目（Saccharomycetales）酵母菌科（Saccharomycetaceae），又称啤酒酵母或面包酵母，因其广泛用于酿酒和制作面包而得名。酿酒酵母兼具动物细胞和植物细胞的部分结构和特性，且生长周期短、易大规模培养，因此在科学研究和食品、医药应用等领域都具有极佳发展前景。

作为真核生物的模式物种，在分子和细胞生物学方面，目前酿酒酵母也是被研究最深入的物种之一（Goffeau et al., 1996）。酿酒酵母的遗传学研究起始于 20 世纪 30 年代，由 ØjvindWinge 和 Carl Lindegren 率先展开。酿酒酵母是第一个被完全基因组测序的真核生物，在 20 世纪 90 年代初由来自 19 个国家的 94 个实验室和研究小组使用几种不同的测序方法和技术完成。该基因组序列发表后存入酿酒酵母基因组数据库（SGD），此后该数据库一直在定期维持更新。酿酒酵母基因组包含 12 156 677 个碱基对，6275 个基因紧凑地排布在 16 条染色体上。这些基因中只有约 5800 个具有功能，平均每隔 2kb 就存在一个编码蛋白质的基因，即 72%的核苷酸顺序是开放阅读框（open reading frame，ORF），ORF 的平均长度是 1450bp。据估计，至少 31%的酵母基因在人类基因组中具有同源片段（Botstein et al., 1997）。酵母菌全基因组序列揭示了在染色体上，碱基组成与基因排布具有相关性。高 GC 含量的非基因区域与低 GC 含量的 DNA 结构域交替排列，并且碱基组成与染色体臂的重组频率相关。高度重组区域往往富含 GC，而低度重组的着丝点和端粒富含 AT 碱基对（Marsolier-Kergoat and Yeramian，2009）。

酿酒酵母基因组测序完成后，随之而来的是结构基因组学研究。2006 年，Sopko 等使用 5280 个酿酒酵母菌株的基因组组装数据（覆盖基因组的 80%以上）探究基因过表达对表型的影响，发现大约 15%（769 个）的基因过表达会降低生长速率，这些基因集富含细胞周期调节基因、信号分子和转录因子。2008 年，Nagalakshmi 等应用 RNA-Seq 技术生成了酵母基因组的高分辨率转录组图谱，发现绝大多数（74.5%）非重复序列中都可被转录，并证明许多基因均包含上游开放阅读框（uORF）。2010 年，Costanzo 等通过研究 540 万个基因对之间的合成遗传相互作用来构建了涵盖 75%的酿酒酵母基因的定量遗传相互作用图。该图的完成为酿酒酵母功能基因组研究奠定了基础，使得后续未知基因能得到迅速鉴定。2009 年，Argueso 等组装分析了用于生物乙醇生产的菌株 PE-2 和 JAY270 的全基因组序列，发现其基因组特有的结构特征使其在工业生产环境中表现出理想的表型，如细胞的高乙醇产量及高温和氧化应激耐受性等。

巨大的数据信息促进了酿酒酵母功能基因组学的迅速发展。Johansson 等（2003）使用 PLS 建模分析 DNA 微矩阵数据研究与酿酒酵母细胞周期相关的表达水平周期波动的基因，在 6178 个转录本中，发现了 455 个转录本具有细胞周期耦合性。Connelly 等（2006）对酿酒酵母 Sir3 蛋白的结构和功能进行详细的研究，发现该蛋白 N 端包含一个 BAH(bromo-adjacent homology）结构域，该区域过表达会导致基因 *HML* 和 *HMR* 转录沉默。Hayashi 等（2007）利用 DNA 微阵列技术确定了酿酒酵母全基因组中复制前复合物(pre-RC)的组成成分为 Orc1 和 Mcm6，并在 460 个基因间区域中发现了 pre-RC 位点，通过在存在羟基脲（HU）的情况下对 5-溴-2′-脱氧尿苷（BrdU）掺入的 DNA 进行作图，鉴定出 307 个 pre-RC 起始位点为早期起始点。相反，没有掺入 BrdU 的 153 个前 RC 站点被认为是晚期或低效起始点。这些研究成果均为酿酒酵母分子育种的理论指导。

虽然人类使用酿酒酵母有数千年的历史，但是对酿酒酵母深入的认识仅有数百年的历史。酿酒酵母伴随着人类的发展是如何进化及传播的一直以来都是困扰学者的问题，同时也是为选择优良的育种菌株所面临的问题。Fay 等（2005）对 81 株酿酒酵母的 5 个基因序列多样性研究认为，酿酒酵母虽然是专门用于生产酒精饮料的工具，但是它并不是像以前人们猜测的那样由 S. paradoxus 经过驯化获得，而是一个单独的自然种群。并且用于生产葡萄酒和清酒的两个专用品种已经相隔了数千年的进化历史。有研究者对 70 多株酿酒酵母及其近缘物种 S. paradoxus 的基因组进行高覆盖度研究，并分析了基因含量、单核苷酸多态性、插入和缺失、拷贝数和转座因子等差异。结果表明，表型变异与全球全基因组系统发育关系广泛相关。并且酿酒酵母的种群结构不是由一到两次驯化事件引起的，而是由一些界限分明的地理谱系及这些谱系的许多不同镶嵌组成。Gallone 等（2016）对 157 株工业酿酒酵母的基因组和表型研究表明，现存的工业酿酒酵母可以分为 5 个亚系，它们在遗传和表型上与野生菌株有差异，并且它们是通过复杂的驯化和局部分化的方式由少数祖先形成，该结果揭示了工业酵母的起源、进化史和表型多样性，并为进一步选择优良菌株提供了资源。

Gonçalves 等（2016）对 90 株用于啤酒酿造的酿酒酵母进行群体基因组研究，结果表明这些菌株可以分成三个亚组，分别由德国、英国和小麦啤酒菌株代表。其他啤酒菌株在系统发育上接近清酒、葡萄酒或面包酵母。并且认为啤酒酵母主要进化枝的出现与驯化事件有关，而驯化事件与以前已知的葡萄酒和清酒酵母驯化案例不同，主要啤酒进化枝的核苷酸多样性是葡萄酒酵母的核苷酸多样性的两倍以上，这可能是啤酒和葡萄酒酵母驯化方式存在根本差异的结果。啤酒菌株较高的多样性可能是由于与酿造相关的更激烈和不同的选择方式。Wang 等（2012）对 99 株采自中国的野生酿酒酵母菌的系统发育分析和群体遗传分析表明，中国的酿酒酵母分离菌株展示了强大的种群结构，几乎是来自世界其他地区的分离株的综合遗传变异的两倍，中国的菌株蕴藏着丰富的自然遗传变异，可能说明酿酒酵母该物种的起源。Duan 等（2018）对来自不同地区和不同环境的 266 株酿酒酵母菌株进行基因组重测序，并整合已发表的 287 株酿酒酵母菌株的基因组数据，进行了群体基因组、系统发育基因组和比较基因组学分析，全面揭示了酿酒酵母野生和驯养群体的遗传多样性、起源地和演化历史。群体和系统发育分析结果表明，与世界其他国家和地区相比，中国野生酿酒酵母的遗传多样性最高，包括 9 个独有的野生谱系，分布于神农架、秦岭和海南等原始森林中的群体，属于全球最原始的野生谱系，证实了中国是酿酒酵母的起源地。总之，酿酒酵母深入的组学研究为其育种开辟更为广阔和精准的发展前景，也是其育种的发展方向。

四、真菌的驯化育种与进化生物学

由于人类对真菌的驯化育种而产生的对相关物种的进化影响，对于不同类群真菌，其影响程度并不相同。对于大型真菌，尤其是大型的食药用菌，尽管人类对它们的利用历史非常悠久，但由于其相对苛刻的生长环境以及较长的生长周期，长期以来都只是利用其野外自然生长的子实体，现代意义上的育种历史短暂，所以对它们的进化历程影响相对小些。以香菇为例，它在我国已经有 800 多年的栽培历史，但 20 世纪 60 年代以前，人们都是采用"砍花惊蕈"的古法栽培方式。这种栽培方式下的菌丝来自自然环境中的孢子萌发，没有经历任何人工选择的过程。直到 20 世纪 30 年代，日本开始发展以纯培养菌丝体作为接种物的现代栽培方法，1961 年，Takemaru 证实了香菇中异宗配合双因子交配系统的存在，才为香菇的人工选择和杂交育种提供了理论和实践基础，具有现代意义的大型真菌的育种工作得以展开。

目前关于少数几个商业栽培食用菌物种的群体遗传研究表明，不到 200 年的现代驯化历史对其群体分化的影响存在不同差异。人类对其进化的影响主要表现在对因自然变异而产生优良性状个体的筛选及商业品种对野生群体的入侵。在香菇的研究中，对收集自我国的 120 个香菇菌株进行重测序，结果表明，我国香菇群体可以划分为 3 个亚群，其中亚群 Group Ⅲ 有着明显的地域性，均来源于云南和四川，属于高海拔地区亚群。包含 48 个栽培种的亚群 Group Ⅰ 没有明显的地域性，分布较广，推测其中部分野生型样本属于逃逸品种。比较 3 个亚群的性状发现，Group Ⅰ 中的菌株菌盖直径和单菇鲜重明显大于 Group Ⅲ 的菌株。表明人类的驯化主要表现在对其优良性状（子实体大小等）的选择（石岩，2018）。以世界广泛栽培的双孢蘑菇为例，现有的研究表明由于商业菌株的扩散，野生群体中已出现大量的逃逸种，Xu 等（1998）通过对来自北美和欧亚大陆 9 个国家的 441 个分离株的 RFLP 分析发现，有两个 mtDNA 单倍型（mt001 和 mt002）几乎在所有的群体中都存在。而这两种 mtDNA 单倍型属于近 20 年来广泛栽培的商业品种。经驯化选择的双孢蘑菇商业品种具有更好地利用生长基质的能力，其对野生群体的入侵可能导致该物种遗传多样性的降低。

对于子实体微小、物种更为丰富的微型驯养真菌而言，由于其具有生长周期短、适应性强、易大规模培养等特点，人类的驯化工作对其进化产生了更大的影响。以酿酒酵母为例，早在公元前 7000 年就参与了人类的活动（张德水，1994）。与大型真菌不同，酿酒酵母的生长基质由人类提供，不同的培养基质成为酿酒酵母独特的选择培养基，而长久使用的陶罐等酿酒器皿使得被选择的个体得以持续繁衍。科学家在考古现场获得的陶罐中分离获得了 5000 年前埃及人所使用的酿酒酵母就是最好的例子（Aouizerat et al.，2019）。人类无意识的选择行为对酿酒酵母产生了长期的驯化作用，到如今已被驯化出适应各种不同生长基质的群体。系统发育分析也表明其演化出固态和液体发酵两大进化分支。固态发酵分支包括白酒、黄酒和青稞酒谱系及 7 个馒头谱系；液态发酵分支包括马奶酒、活性干酵母谱系、葡萄酒系和啤酒系。基因拷贝数变异分析发现了 225 个基因在野生和驯养群体或不同谱系之间存在显著差异。许多与抗逆性相关的基因在驯养谱系中普遍发生了扩增。在马奶酒谱系中，发生了包括半乳糖转运蛋白基因在内的 5 个已知功能基因和 20 余个未知功能基因的扩增。这些基因组上的变异引起了相应的表型变异，与野生菌株相比，驯养酿酒酵母菌株除了具有高效麦芽糖利用能力外，还具有较强的抗高温和抗高浓度乙醇等的抗逆能力，而马奶酒谱系则具有较高的半乳糖利用速率（Duan et al.，2018）。

总之，真菌的驯化育种必然会对其进化及生物学产生影响，但不同的物种由于组织结构的复杂程度、具体世代的时间、驯养历史、驯养时环境压力强度、人类对其具体性状的选择等方面的差异，影响程度有所不同。

（赵瑞琳、张明哲、凌云燕）

第三节　基因工程

基因工程（genetic engineering）是在分子水平上对基因进行操作的技术。丝状真菌在遗传分析中一直是早期分子遗传学的研究中心之一。为了精确有效地解析基因的功能，20 世纪 70 年代人们就开始尝试在丝状真菌中进行 DNA 分子遗传转化。利用不断增加的分子生物学的技术方法，到 70 年代末已在粗糙脉孢菌中建立起完善的 DNA 遗传转化方法。这些方法的建立有效推动了遗传学研究进入分子水平。丝状真菌基因组测序完成后，通过基因的定向缺失突变体构建和以 RNA 干扰技术为主的反向遗传学手段成为解析未知基因功能的有效方法。

一、丝状真菌的遗传转化与选择标记

（一）丝状真菌遗传转化的建立——在粗糙脉孢菌中的尝试

粗糙脉孢菌作为遗传学研究的经典模式生物之一，早期丝状真菌的遗传转化实验都是在粗糙脉孢菌中进行的。Mishra 和 Tatum 在 1973 年报道了他们利用来自野生型粗糙脉孢菌菌株的总 DNA 转化肌醇缺陷型菌株获得了能在基本培养基上生长的菌落。1979 年 Case 等利用携带 *qa-2*[+] 基因的 pVK88 质粒 DNA 对粗糙脉孢菌原生质体进行转化。受体菌株带有稳定的 *qa-2*[-] 突变和一个 *arom-9*[-] 突变，转化子能够在缺少一种芳香族氨基酸的培养基上长出菌落。DNA 杂交实验证实大肠杆菌载体携带的 *qa-2*[+] 基因整合到受体菌株的基因组上，这是首次建立的丝状真菌高效 DNA 遗传转化体系（Case et al.，1979）。从此丝状真菌的遗传研究跨入分子遗传学阶段。到目前为止，已经在很多丝状真菌中都建立了 DNA 遗传转化方法，并已普遍应用于基因表达调控的研究及应用上。

（二）丝状真菌遗传转化的选择标记

最初在粗糙脉孢菌中进行 DNA 遗传转化的受体菌都是营养缺陷型菌株。目前丝状真菌遗传转化仍利用营养缺陷型菌株来进行，通过在基本培养基上筛选能生长的转化子菌落可获得阳性转化子。利用营养缺陷菌株进行转化实验的供体 DNA 分子载体上包含宿主缺失的野生型基因（如 *qa-2*、*trp-1*、*am* 及 *his-3* 等）来互补相应宿主菌株中缺失的基因（Kinnaird et al.，1982；Legerton and Yanofsky，1985；Schechtman and Yanofsky，1983；Schweizer et al.，1981）。

随着科学家对抗性基因作用机制了解的增加，抗性标记被用来进行丝状真菌遗传转化子的筛选。在构巢曲霉、裂殖酵母及芽殖酵母中得到的抗真菌剂——苯菌灵（benomyl）的抗性菌株都是由于 β-微管蛋白基因突变产生的抗性。Orbach 等（1986）从粗糙脉孢菌苯菌灵抗性菌株中克隆出的 β-微管蛋白 167 位的苯丙氨酸突变成酪氨酸（β-tubulin[Phe167Tyr]），该位点突变的 β-微管蛋白能够抵抗苯菌灵对微管的解聚作用，因此该突变基因被用作粗糙脉孢菌或其他丝状真菌阳性转化子筛选的标记。

伴随分子遗传学研究的发展和深入，需要更有效和精确的遗传转化分析工具来满足对丝状真菌分子遗传学研究的需求。在哺乳动物细胞中广泛应用的 *neo* 基因（Sauer and Henderson，1989）负责编码一种 Ⅱ 型磷酸转移酶（neomycin phosphotransferase type Ⅱ，NPT Ⅱ），该蛋白能将 ATP 的 γ-磷酸基团转移至 G418（遗传霉素，是一种氨基糖苷类抗生素，通过干扰核糖体功能、阻断蛋白质合成对原核和真核等细胞产生毒素）的羟基上，使 G418 不能与核糖体亚基结合，从而抑制 G418 的作用。1984 年 Selitrennikoff 和 Nelson 尝试将一个含有 G418 磷酸转移酶基因的质粒（pSV-3 neo）转化到粗糙脉孢菌 *os-1* 菌株的原生质体中，他们在含 G418 的平板上获得了可能的阳性转化子。在粗糙脉孢菌中利用不同的启动子驱动 *neo* 的表达可以作为抗性基因在含有 G418 平板上筛选阳性转化子（He et al.，2020）。由于粗糙脉孢菌的分生孢子对于双丙氨磷（bialaphos）敏感，Avalos 等（1989）利用粗糙脉孢菌 *his-3* 基因启动子驱动链霉菌的 *bar*（basta-resistance）基因作为选择标记来筛选阳性转化子，草甘膦抗性基因 *bar* 虽然可以用于粗糙脉孢菌抗性筛选，但其转化效率较低，并不是一个很好的选择。

已有的报道指出潮霉素抗性基因 hph（编码 hygromycin B 的磷酸转移酶）在粗糙脉孢菌及其他丝状真菌的遗传操作中应用最广，效率最高（Staben et al.，1988）。利用构巢曲霉 trpC 启动子驱动表达 hph 基因的菌株可以对潮霉素产生很好的抗性，因此 hph 是丝状真菌遗传转化中首选的抗性标记。由于 trpC 启动子驱动表达的 hph 基因的高效性，hph 抗性基因被选为构建粗糙脉孢菌全基因组中每个单基因缺失突变体的抗性基因（Dunlap et al.，2007），目前已经完成全基因组突变体库的构建。诺尔斯菌素（nourseothricin，NTC）是由诺尔斯链霉菌（Streptomyces noursei）代谢产生的一种广谱型的氨基糖苷类抗生素（Kijima et al.，1993）。诺尔斯菌素抗性基因 nat1 最初从 S. noursei 分离得到，此基因能编码表达诺尔斯菌素 N-乙酰转移酶，通过对诺尔斯菌素上与糖基部分相连的 β-赖氨酸上的 β-氨基基团进行单乙酰化修饰，使抗生素失活。利用不同的启动子驱动 nat 抗性基因的表达可以应用于粗糙脉孢菌的遗传转化中（He et al.，2020；Maerz et al.，2008；Seiler et al.，2006）。

二、外源 DNA 导入丝状真菌细胞的方法

将外源 DNA 转化进入丝状真菌细胞中普遍使用的是 CaCl₂/PEG 介导的原生质体转化，粗糙脉孢菌更普遍使用的是分生孢子电穿孔转化方法，还有一些真菌使用根癌农杆菌介导的真菌遗传转化方法及基因枪转化法。粗糙脉孢菌原生质体转化方法和粗糙脉孢菌分生孢子电穿孔转化方法在 Fungal Genetics Stock Center 网站的 The Neurospora Home Page 中的 EXPERIMENTAL METHODS（http://www.fgsc.net/neurosporaprotocols/How%20to%20Prepare%20Spheroplasts.pdf 和 http://www. fgsc.net/neurosporaprotocols/How%20to%20transform%20Nc%20by%20electroporation.pdf）有详细描述。

三、单基因缺失突变体及双突变体构建方法

（一）利用同源重组方法进行基因敲除或用基因敲入在原位点引入点突变

基因敲除（knock-out）是 20 世纪 80 年代发展起来的一种新型分子生物学技术。它是利用 DNA 同源重组的方法将基因组中目标基因 ORF 上下游各 1000bp 长的 DNA 序列，通过酶切连接的方法构建到抗性基因的上下游，将构建好的质粒线性化后转化到宿主细胞中，细胞内的同源重组途径就会通过抗性基因上下游的同源臂 DNA 序列与目标基因相同的序列之间进行同源重组，将目标基因替换成抗性基因。同源重组是生物中最重要的调控机制之一，在 DNA 损伤修复、挽救停滞的复制叉中扮演重要角色。与芽殖酵母相比，粗糙脉孢菌转化后发生同源重组的频率低于 10%，即使当构建的删除盒（deletion cassette）抗性基因两侧的同源臂 DNA 很长时，发生同源重组的效率也不会增加。当用抗性平板筛选阳性转化子时，大多数菌株都是抗性基因插入基因组中的情况，而应该被替换的目标基因的 ORF 仍然未受影响。这是由于丝状真菌跟动植物一样，非同源末端连接（nonhomologous end-joining，NHEJ）是 DNA 双链断裂的主要修复方式。因此，在丝状真菌中进行基因敲除时，为了增加删除盒与目标基因的重组效率，粗糙脉孢菌的 NHEJ 途径关键基因 ku70 和 ku80 失活菌株，即 mus-51::Hyg 和 mus-52::Hyg（Ninomiya et al.，2004）、mus-51::bar 和 mus-52::bar（Colot et al.，2006）或 ku70^{RIP}（He et al.，2006）菌株被用作出发的宿主菌株。由于这些菌株中 NHEJ 途

径被阻断，转入的删除盒与目标基因发生同源重组的效率大于 90%，有的甚至能达到 100%。

目前，广泛使用 Ninomiya 等（2004）设计的实验策略进行粗糙脉孢菌特定基因的开放阅读框（ORF）敲除。首先构建特定敲除基因的包含潮霉素抗性基因 *hph* 的置换框，其次是将获得的杂合转化子与对应交配型的野生型菌株进行杂交获得纯合的突变体菌株（野生型背景）。

单基因敲除的具体策略是从野生型粗糙脉孢菌基因组 DNA 上 PCR 扩增出靶基因开放阅读框上、下游的一段序列[长约 1000bp，分别称为 5′同源臂（flank）和 3′同源臂]，限制性内切酶酶切后分别与潮霉素抗性基因 *hph* 相连接，得到 5′同源臂＋*hph* 的连接产物和 3′同源臂＋*hph* 的连接产物。分别以连接产物为模板，PCR 扩增获得足够量的 5′同源臂＋*hph* 和 3′同源臂＋*hph* 片段（图 10-1）。将这两种 DNA 片段一起通过电穿孔法转化至粗糙脉孢菌 *ku70^{RIP}* 菌株的分生孢子中。由于 Ku70 蛋白在双链断裂的 DNA 修复中主要通过非同源末端连接修复，因此在 *ku70^{RIP}*

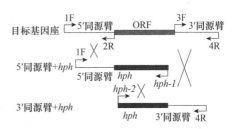

图 10-1　单基因缺失突变体构建策略

1F/2R/3F/4R/*hph-1*/*hph-2* 为对应区域的引物

菌株的分生孢子中，转入上述两种删除盒 DNA 片段的细胞核中同源重组效率显著提高，*hph* 抗性基因就将目标基因的 ORF 替代。在含有潮霉素平板上生长的菌落中就有一些细胞核中目标基因被 *hph* 替代，随后再在添加潮霉素的斜面培养基上连续传代 4 次得到的抗性菌株可以达到纯合的突变体。通过 Southern 杂交或 PCR 等方法鉴定抗性菌株的纯合程度，并与对应交配型的野生型菌株进行杂交，萌发子囊孢子获得纯合突变体。如果无法通过杂交获得纯合突变体（如减数分裂不能进行或子囊孢子不能萌发），则利用营养阶段产生的无性小孢子（microconidia）过膜纯化的方法获得纯合突变体（文莹和李颖，2018）。

对于基因组中的必需基因，很难用上述方法获得缺失突变体。我们首先在体外对目标基因编码蛋白的关键位点（如激酶的催化位点或 ATP 结合位点）进行定点突变，将抗性基因 *hph* 连接到该突变基因 3′UTR 的 polyA 信号序列的下游，再将 PCR 获得的目标基因 *hph* 插入位点下游的 1000bp DNA 片段连接到 *hph* 的 3′端作为基因敲入盒（knock-in cassette）的 3′重组臂。利用基因置换构建 *ku70^{RIP}* 背景的该基因原位点突变菌株。通过潮霉素 B 抗性对转化菌株进行筛选及过膜纯化，并通过测序最终确定将突变引入基因的原位点。如图 10-2 所示，通过 knock-in 的方法构建了组蛋白 H3 第 9 位赖氨酸（Lys，K）突变成精氨酸（Arg，R）的原位点突变菌株（Yang et al.，2014）。

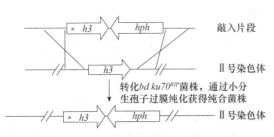

图 10-2　*H3K9R* 基因敲入突变体菌株构建策略

h3 为组蛋白 H3 编码基因

（二）利用 CRISPR/Cas9 技术对丝状真菌基因组进行基因编辑

CRISPR/Cas9 技术是最新发展的一项有效的基因编辑方法。它是基于原核生物利用 RNA 引导的核酸酶的获得性免疫系统（CRISPR-Cas RNA-guided nucleases）使细胞能抵御曾经侵染过该物种的病毒和质粒的原理创建起来的基因编辑技术。如果能够将 Cas9 蛋白和一个设计好的 gRNA 在特定细胞中表达，它们形成的复合体就会被 gRNA 靶向到基因组上能与 gRNA 配对的特定 DNA 序列上，并指导 Cas9 核酸内切酶在 PAM 序列上游处切割 DNA，造成双链

DNA 断裂，细胞通过同源重组或非同源末端连接的方法修复发生断裂的 DNA，从而对 gRNA 靶定的 DNA 序列进行编辑。如果同时在细胞中引入 Cas9 蛋白和几种不同的 gRNA，就能同时对基因组上几个被不同 gRNA 靶定的基因进行编辑。CRISPR/Cas9 技术目前已在真菌的分子遗传学研究和工业生产菌株的构建中展现出巨大的应用潜力（李红花和刘钢，2017）。

Matsu-Ura 等（2015）在粗糙脉孢菌中表达 Cas9 蛋白并对基因组进行编辑。他们利用构巢曲霉的 trpC 启动子驱动 Cas9 及芽殖酵母的 SNR52（small nucleolar RNA 52）启动子驱动 gRNA 在粗糙脉孢菌中进行表达。他们将 gsy-1 启动子驱动的荧光素酶连接 bar 基因的 DNA 片段两端连上 csr-1 基因的 5′flank 和 3′flank 的质粒作为供体 DNA 与 Cas9 和 gRNA 的质粒共同转化野生型粗糙脉孢菌。他们在含有草甘膦的平板上筛选转化子，在 1092 个 CRISPR/Cas9 系统的菌落中有 57 个检测到了荧光素酶的表达，而非 CRISPR/Cas9 系统的菌落中，没有转化子表达荧光素酶。通过同样的供体 DNA 设计策略，他们还设计了用 β-tubulin 启动子驱动的 clr-2 基因带有 bar 基因的供体 DNA 质粒，通过 CRISPR/Cas9 编辑系统实现 β-tubulin 启动子替换内源 clr-2 基因的可诱导启动子，构建出 pβ-tubulin-clr-2 基因组成型表达的菌株。为了验证 CRISPR/Cas9 系统和 ku70 缺失菌株中是否在同源重组的效率上有差异，他们将 Cas9、gRNA 和供体 DNA 质粒转入野生型菌株，以及只将供体 DNA 转化到 mus-51^{KO} 背景菌株中，获得的 bar 抗性转化子的比例大致相同：CRISPR/Cas9 系统为 6/20，mus-51^{KO} 为 7/20。从粗糙脉孢菌中建立的 CRISPR/Cas9 系统的编辑效果来看，不需要非同源末端连接阻断背景的帮助就能高效地对实验室菌株和自然界分离菌株进行有效编辑。最近利用丧失切割活性改造的 Cas9（dCas9）作为转录调控的激活子或抑制子，通过 gRNA 将 dCas9 带到不同目标基因的调控序列上来有效激活或抑制一个或多个基因的表达。

（三）双突变体构建

如果两个基因的物理距离很远，且已经分别获得每个基因的缺失突变体菌株（具有相同抗性或不同抗性），将两个单突变体进行杂交，萌发子代子囊孢子，表型筛选及分子鉴定获得双突变体。用这种方法构建双突变体需要注意：PCR 方法鉴定单基因突变体的交配型（A 或 a 交配型），选择不同的交配型进行杂交。设计的引物用来鉴定 matA-1 基因是否存在（有该基因则为 A 交配型，没有该基因则为 a 交配型）。确定单基因突变体是否雄性不育或雌性不育，如果不育则选择各自缺失突变体的杂合子进行杂交。

查阅基因组信息，确定两个基因是否位于不同染色体或在同一染色体上的距离。如果两个基因紧密连锁，用杂交的方法很可能得不到双突变体或者需要进行大量筛选才有可能获得双突变体。为了解决这个问题，可以在 ku70 背景菌株中先用一种抗性基因（如 bar 基因）敲除一个基因，将获得的纯合突变体菌株作为敲除另外一个基因的宿主菌株，将另外一个基因的 knock-out cassette（带有 hph 抗性基因）转化入该菌株中，通过抗性筛选和突变体纯化即可得到双基因敲除突变体，这样就能直接在粗糙脉孢菌的营养生长阶段获得双基因突变体。

四、通过单核分生孢子的过膜纯化获得丝状真菌的纯合转化子

获得纯合转化子是真菌细胞转化中面临的一个需要解决的问题。对于有性过程清晰的物种，通过杂交产生的有性孢子来获得纯合子。如果编辑的基因是有性生殖过程中的必需基因，就没

有办法通过杂交获得。很多丝状真菌产生的分生孢子既有多核的大分生孢子（macroconidia）也有单核的小分生孢子（microconidia）。两种分生孢子可以用 5μm 孔径的滤膜有效分开，因此利用滤膜过滤分生孢子的方法可以获得纯合转化子。如果是利用营养缺陷型菌株作为宿主菌获得的转化子，将在基本培养基上生长的转化子分生孢子制备成山梨醇的悬浮液，用注射器轻推过 5μm 孔径的滤膜，将含有单核的小分生孢子的滤过液稀释成不同梯度铺到基本培养基的平板上，长出来的菌落就是纯合转化子。如果是带有抗性的转化子，就将滤过液稀释成不同梯度铺到含有两倍筛选药物的基本培养基的平板上，长出来的菌落就是纯合转化子。与通过杂交获得的纯合转化子相比，该方法可以节省大量时间。

（何　群）

第四节　合成生物学元件挖掘和底盘构建

现代生物学的发展，尤其是 DNA 测序和合成技术的不断进步，为人们从更为全面的角度认识生命现象背后的本质和规律奠定了基础。在此基础上，工程科学和系统科学思想的引入催生了定向改造生命系统，乃至从头构建新生命的新兴学科，即合成生物学。合成生物学是通过定向设计和构建 DNA，产生人们预期的具有特定功能和性质的生命体系的一门科学。具体来讲是通过理性设计并重新书写遗传密码，构建自然界原本不存在的、产生了新的或提高了特定功能的有机体。合成生物学主要内容为人工定制生物学系统的构建，使该系统能够处理遗传信息、操作化合物合成、制造目标材料、生产能源、提供食物、保持和增强人类的健康和改善人类赖以生存的环境（Smanski et al.，2016）。

合成生物学的目的是利用工程学原理指导人工生命系统设计和实现预想功能，并通过"建物致知"促进人们对生命起源、演化、进化及生命运动规律的理解，通过创造生命体系推动人类健康、环境、能源、农业等领域的快速发展（Elowitz and Lim，2010）。合成生物学的最大特点是实现生物学过程的工程化，其中生物元件、模块和底盘细胞是其物质基础。合成生物学现阶段要解决的主要问题包括生物元件的挖掘和创制、底盘细胞的优化和适配、基因线路的设计-组装-检测-分析-再设计等（刘立中等，2017）。

一、生物元件的挖掘与创制

生物元件是合成生物学的基本要素之一，是人工生命系统中最简单和最基本的具有特定功能的氨基酸或者核苷酸序列，包括启动子、终止子、功能基因、选择标签等 DNA 序列，以及蛋白质结构域等。生物元件按类别可以分为基本基因元件、表达调控元件、分泌元件、信号转导元件等。生物元件不是通常意义上的氨基酸或者核苷酸序列，它具有标准化（如类似的序列结构或接口）、信息化（具有详尽的生物学数据）、分工化（具有特定的生物学功能）和可替换等特点。

标准化和模块化的生物元件库是开展合成生物学研究的基础。为收集各种满足标准化条件的生物元件，2003 年以美国麻省理工学院为首的相关合成生物学实验室成立了标准生物元件登记库（http://parts.igem.org/Main_Page）。对应于该数据库，实体的生物元件则以载体的形式得以保存。同自然界中存在的海量生物元件相比，目前收集和创建的生物元件还难以满足合成生物学研究和发展的需要。近年来，通过人工定向设计合成及对已有生物元件的改造，人们获得了大量的人工生物元件，弥补了来自自然界生物元件挖掘的不足。

（一）基于组学数据的生物元件挖掘和表征

随着测序技术的飞速发展，越来越多的不同物种的基因组被测定，海量基因得到注释。通过对这些基因及功能 DNA 序列的分析，人们发现了大量具有不同性质和特征的启动子、终止子、核糖体结合位点（ribosome binding site，RBS）、蛋白质编码序列等可作为生物元件的材料。从天然的启动子库中通过报告基因筛选启动活性高、特异性强、并可实现精确调控的内源及异源启动子序列等，极大地丰富了启动子元件的来源。针对生物元件的挖掘，人们相继发展出一批生物信息学软件和在线预测工具，如启动子预测工具 Promoter 2.0、调控序列预测工具 SCOPE、终止子预测工具 TransTemHP 等。

除从可培养生物中获取生物元件资源外，通过宏基因组策略得到的来自环境的不可培养生物的 DNA 序列也成为生物元件（尤其是极端环境生物）的重要来源。基于宏基因组 DNA 序列和功能筛选，已经得到大量的新基因和基因簇，如酯酶基因、蛋白酶基因、糖基水解酶基因、DNA 聚合酶 I 基因等。

（二）生物元件的人工创制

基于对来源于自然界的生物元件认识的加深，人工生物元件的创制发展迅速。人工生物元件的创制是利用现代遗传学技术，通过设计、合成、测试和再设计获得具有特定性状的人工或杂合生物元件。启动子元件是最重要的生物元件之一，根据启动子的生物学特性，可以分为组成型启动子和诱导型启动子。通过与 RNA 聚合酶的结合驱动下游基因表达，同时决定基因转录的起始位置、起始时间及转录强度，人们已经获得一批人工启动子元件。醇氧化酶基因（AOX1）的启动子是毕赤酵母中最为常用的，也是目前发现最强的诱导型启动子。通过删除或替换 AOX1 启动子上游序列获得了一系列具有序列更短、性能更强的启动子元件。在 AOX1 启动子元件上游添加顺式调控元件也能够显著增强新构建的启动子元件的活性。此外，通过构建启动子元件的序列随机突变文库和筛选，也是获得具有更好活性的新型启动子元件的途径。利用基于定向进化和基因改组等技术，可以构建包括不同强度启动子的文库，也为合成生物学提供了更多的可用的生物元器件。

（三）生物元件的标准化和组装

天然来源的启动子、终止子、RBS 等由于缺乏可设计性，并不都能直接应用到合成生物学中，大多数仍需要优化、改造或重新设计。作为生物元件，在底盘细胞内能够即插即用是其最主要的特征。因此，对启动子、终止子、RBS 等进行模块化和标准化是开发合格生物元件的前提。

标准化是借用工程学的术语，使目标生物元件具有统一标准。生物元件的标准化就是要解决合成生物学中元件的兼容性问题。以工程化的思维设计生物元件，在尽可能消除其物种特异性的同时，通过添加接头等使目标生物元件更为高效和便捷地组装成模块。在标准化生物元件基础上进一步构建具有特定生物功能的模块，如生长模块、代谢模块、发育模块等，是开展合成生物学研究的必要条件之一。

针对生物元件创制、模块构建，乃至生命系统的合成，目前已开发出一系列不同的 DNA 组装技术，如 Golden Gate 组装、Gibson 组装、Red/ET 重组、位点特异性重组、LCR 组装、酵母转化偶联重组（TAR）、CATCH 及程序性基因组工程等。这些技术也极大地推动了合成生物学的发展。

（四）代谢途径的区室化

不同于原核生物，真核生物具有高尔基体、内质网、线粒体、过氧化物酶体等不同种类的细胞器。真核生物代谢产物（尤其是次级代谢物）及其中间代谢产物的合成往往发生在不同的细胞器当中，这种现象称为代谢途径的区室化。近年来发现在原核生物中，某些代谢产物往往也会聚集在细胞的特定部位。这种代谢途径的区室化可以将相关的合成酶系集中在一起，提高了细胞局部区域相关代谢前体物和中间代谢产物的浓度，有利于最终实现目标代谢产物的产生。此外，这种代谢途径的区室化还可以尽量避免有害代谢产物或中间代谢产物对细胞造成的伤害。构建细胞工厂，也必须考虑代谢途径的区室化，才能够最大限度地提高目标产物的产量。

对通过资源挖掘或人工合成获得的生物元件，往往还需要测试其细胞毒性。针对必须使用的具有毒性的元件，在阐明元件毒性的产生机理基础上，可以通过回路设计进行规避，或者通过诱导激活的方式尽可能减弱其对宿主的影响。

二、底盘细胞的构建

元件和模块必须导入细胞当中才能够发挥生物学功能，因此合适的细胞对于人工生命系统的功能至关重要。来源于动植物或微生物的天然细胞，结构和代谢途径复杂，为适应其所在的环境还具有繁复的调控网络，这些都不利于目标产物的高效合成。此外，生物元件和模块的复制和表达也会消耗宿主细胞自身的物质和能量，进而影响细胞生长，甚至引起细胞强烈的应激反应。因此，为实现合成生物学的目标需要对这些天然的细胞进行改造。

通过删除基因组上的非必需或冗余基因，重构代谢流和代谢途径，并进行功能再设计和优化，所获得的细胞称为底盘细胞（Xu et al.，2020）。底盘细胞是经过改造后的具有最基本的自我复制和代谢能力的细胞，可以通过在其中置入特定生物元件或模块实现目标产物的高效获得。普适性和鲁棒性对于底盘细胞的构建十分重要。理想的底盘细胞应当是遗传背景清楚、基因操作便捷、易于培养，并能够与标准化元件和模块契合，可实现产物的高效合成，有利于产业化。目前获得底盘细胞的策略主要包括"自上而下"的基因组精简和"自下而上"的基因组人工合成。

（一）基因组精简和优化

基因组精简是通过"自上而下"构建合成生物学底盘细胞的主要策略之一。基因组精简主要是基于同源重组或 DNA 双链断裂修复完成非必需基因及靶向 DNA 大片段的删除，优化细胞特性。通过基因组精简可以删除基因组冗余序列和不稳定元件，显著降低细胞在非目标代谢过程中对底物、能量及还原力等的消耗，优化代谢流向，同时增强细胞的鲁棒性，加强对细胞生理性能的预测性和可控性。确定精简区域和设计精简策略是基因组精简的关键。确定精简区域即确定基因组上的必需基因和非必需基因，合理选择精简区域对于基因组精简和优化极为重要。微生物基因组上的必需基因可以分为保守的必需基因和非保守的必需基因。保守的必需基因存在于几乎所有的微生物当中，亲缘关系越近的物种基因相似性越高。保守的必需基因编码产物往往参与 DNA 复制、细胞增殖、能量代谢、脂类合成等生命体必需的生理过程，而不保守的必需基因编码产物往往与所在微生物细胞中独特的结构和功能有关。

1. 必需基因的确定　　确定必需基因的方法包括基因组序列比对法、全局转座插入突变法、单基因敲除法等。基因组序列比对法是通过比对不同微生物基因组的亲缘关系来确定必需基因。比对的物种越多，得到的必需基因保守性越强，数目也会越来越少，但往往会遗漏一些必需基因。基因组序列比对法作为一种参考手段，可以显著缩小必需基因的范围，但确定必需基因还需要辅助其他实验手段。全局转座插入突变法是通过转座子在微生物基因组上高通量、超饱和地引入突变，并利用基因组足迹法或基因组测序技术确定必需基因。这种方法依赖于转座子在基因组上的插入率和插入密度。利用不同的转座子插入，可以增强插入密度，避免因位置效应导致的偏差。单基因敲除法是通过对基因组上的每一个基因进行阻断或缺失来确定必需基因的方法。该方法工作量大，效率低，因此需要借助于基因组序列比对法来缩小候选基因的范围。

2. 基因精简的策略　　在确定了必需基因的基础上，可以通过同源重组、位点特异性重组及转座重组等实现非必需基因或 DNA 大片段的靶向缺失，从而缩减和优化微生物基因组。同源重组是指含有同源序列的 DNA 分子之间或分子之内通过同源序列的重新组合。基于同源重组的基因精简策略包括基于自杀质粒的同源重组、基于线性 DNA 片段的同源重组及引入负筛选标记的无痕精简等。基于双链断裂修复模式（DSBR）的基因组精简是指在靶向切断基因组 DNA 双链后，细胞利用同源重组或自修复机制实现目的基因或 DNA 大片段的删除，从而达到基因组精简的目的。结合 CRISPR/Cas9 技术，通过 DSBR 可以实现目标片段高效的删除。基于位点特异性重组的基因组精简是利用特异性酶识别相应位点并通过同源重组删除位点间的目的基因或 DNA 片段。基于转座重组的基因组精简是依赖于转座子具有利用自身携带的转座酶基因在基因组多位点随机插入的能力。当转座子插入基因组之后，利用转座子末端的倒置序列，可以实现基因或 DNA 片段的删除。该方法可实现多位点的编辑，但随机性过高，不利于靶向的基因组精简。

由于不同的基因组精简策略都各自具有优点和缺点，因此利用多种策略的组合可以扬长避短，更高效地完成基因组精简和优化。目前已利用 Cre/loxP 和 DSBR 组合策略实现了谷氨酸棒状杆菌基因组高效、连续无痕精简。尽管人们完成多个微生物物种的基因组测序，但对其中多数基因的功能尚不清楚。甚至在模式微生物基因组中，也存在很多功能未知基因，这些都极大地限制了微生物基因组的精简和优化。随着人们对越来越多基因及其功能研究的深入，对染色体结构和功能关系的揭示，相信基因组精简的策略会越来越精准和理性。

虽然通过精简基因组可以达到消除代谢冗余和旁路，为底盘细胞节省前体物、能量及还原力等，但并非"最小即最优"。因此还需要通过组学及代谢流分析，确定哪些可以精简，哪些不能够精简，同时进行优化，保证目标产物的最优生产。

（二）基因组人工合成与重排

基因组人工合成是通过化学的方法"自下而上"从头构建基因组，具体来讲是通过化学合成的方式，从寡核苷酸链开始，按照设计合成基因片段和 DNA 分子，并开发和利用各种组装方法，构建元件和模块，逐步实现全基因组的人工合成。近年来 DNA 合成和组装技术的快速发展，为基因组完整重建提供了技术支撑。通过基因组的人工合成极大加深了人们对生命体中从碱基到基因、从基因到染色体的理解，也为生命进化提供了一个全新的研究策略。基因组重排是指通过缺失、扩增、移位和倒置等诱导全基因组尺度的结构变异。通过基因组重排可以加速基因组进化、改善生物性状，有助于代谢途径优化及增强元件/模块和底盘的适配性。基因组合成与重排，结合高通量筛选为快速获得性状优良的模式底盘细胞提供了新策略。

1．基因组人工合成 从寡核苷酸链到元件，再到模块，乃至全基因组，DNA 片段的精准合成和组装是关键。通过 BioBrick 和 Golden Gate 技术获得的元件/模块具有标准化的特点，能够为人工合成基因组的工厂化定制奠定基础。在基因组的人工合成过程中，既要保证"复制合成"的实际序列与设计序列的精确匹配，也要能够对人工合成染色体由于序列设计失误而导致的缺陷位点进行快速定位。鉴于此，多级模块化和标准化基因组合成技术、分级组装技术、多靶点片段共转化的基因组精确修复技术、混菌 PCR 标签定位技术等应运而生。同时，多组学分析技术也为人工合成基因组的精确性及缺陷位点的鉴定提供了强大的技术支撑。

酿酒酵母是最早完成基因组测序的真核生物，也是第一个用来开展全基因组人工合成的模式生物。酿酒酵母具有 16 条染色体，目前已经完成其中 7 条染色体的人工合成（Richardson et al.，2017；Shao et al.，2018）。以酿酒酵母基因组为模板，通过化学合成寡核苷酸链，然后通过重叠 PCR 对寡核苷酸链进行组装，获得 Building Block。进一步利用体外或胞内组装策略，将 Building Block 组装为 Minichunk、Chunk 或 Megachunk。最后，通过酵母介导的同源重组得到完整的人工酿酒酵母染色体。整个过程使用层级组装技术，并利用 Leu 和 Ura 标签，轮流将目的片段带入染色体，同时不断对设计进行反馈优化，最终实现基因组的人工合成。

根据酿酒酵母人工染色体的构建经验，基因组人工合成需要遵循三个原则：①设计不影响生长原则，即需要保证合成型菌株与野生型菌株在表型上尽可能相似；②尽可能保持合成型菌株稳定性的原则；③增加基因组操作的灵活性原则。

2．基因组重排 基因组重排是通过自然选择或者人工诱变对微生物基因组进行广泛的片段重组和交换，完成有益性状的不断积累并达到微生物定向进化的重要手段。后基因组时代，生物信息学和各类组学技术为揭示基因组重排介导的微生物定向进化提供了更大的便利。

酿酒酵母人工染色体构建过程中，在其非必需基因终止密码子后添加对称的 loxP 序列，并通过精确控制 Cre 重组酶的表达，可以使 loxP 序列间的 DNA 片段在指定时间和条件下发生反转、扩增、删除、移位等，从而实现全基因组范围内的基因重排。由此产生一个足够大的具有不同基因型和表型的突变株文库，辅助于高通量筛选策略，可以快速获得目标性状优化的菌株。通过连续多轮基因组重排，则可以获得优良性状的不断积累。利用该基因组重排技术，可以显著提升细胞工厂目标产物的合成，提高底盘细胞耐受性，进而加速代谢路径优化，并能够揭示进化规律，甚至赋予基因组全新功能等（Jin et al.，2020）。除合成型酵母基因组重排外，还可以进行杂合二倍体基因组重排、跨物种基因组重排、环形染色体重排、体外 DNA 重排及多轮迭代基因组重排等。

基因组精简可以改善模式底盘细胞对底物和能量的利用率，提高对底盘细胞的预测性和可控性，基因组人工合成与重排可以增强模式底盘细胞的遗传稳定性和操作柔性。基因组精简、基因组人工合成与重排等为基因组快速进化，生物功能改善，以及人工细胞工厂的快速构建和优化提供了新策略。

（三）增强微生物底盘细胞的鲁棒性

微生物经过长期进化已经获得了近乎完美的与其生活环境相适应的机制，可以很好地应对各种生物和非生物胁迫，因此具有很好的鲁棒性。针对实验室培养及生物反应器等不同环境，人工合成的底盘细胞也需要一定的鲁棒性。因此在人工细胞设计之初，就需要考虑到鲁棒性的问题。通过人工设计元器件来实现对代谢网络的多点调控可以增强微生物底盘细胞的鲁棒性；通过降低系统噪声对目标路径的干扰也可以增强微生物底盘细胞的鲁棒性；通过人工设计群体响应因子（QS）介导的控制系统也能够增强微生物底盘细胞的鲁棒性。

（四）非模式微生物底盘细胞的构建

利用大肠杆菌和酿酒酵母等模式微生物构建底盘细胞已经实现部分天然产物、生物燃料、大宗化学品、药物及其中间体等的高效合成。但模式微生物往往存在生物量低、培养成本高和对环境胁迫耐受性低等缺点，此外某些目标产物还存在与模式微生物底盘细胞之间的兼容性问题。对于很多性质不同和结构迥异的目标产物，目前还难以用模式微生物底盘来替代其天然产生菌。因此亟须建立非模式微生物的底盘细胞，来满足不同目标产物的生产需要。

除生理和遗传特性研究得相对清楚的酿酒酵母和粟酒裂殖酵母外，其他酵母通常称为非常规酵母，属于非模式微生物。其中巴斯德毕赤酵母、乳酸克鲁维酵母、季也蒙毕赤酵母、多形汉逊酵母、解脂耶氏酵母等十余种非常规酵母已经广泛应用于工业生产。基因组序列的完成及基因编辑技术的快速发展为这些非常规酵母的定向遗传改造奠定了基础和提供了技术支撑，以非常规酵母为依托的新型微生物表达系统和底盘细胞的构建成为可能。借鉴模式微生物底盘细胞的构建策略，利用商业化载体和成熟的遗传操作体系，优化合成生物学元件和底盘的适配，巴斯德毕赤酵母已经开始用于稀有蛋白、乙酰辅酶 A 衍生物、大宗化学品等生产，并展现出良好的发展潜力（Patra et al., 2021）。

丝状真菌由于能够产生结构特异、活性广泛的次级代谢产物及大宗有机酸，具有优秀的蛋白质表达和分泌能力，同时具有强大的生存能力，在工农业等领域得到了广泛应用。因此，丝状真菌也是非模式微生物底盘的良好材料。利用基因组编辑技术，构建丝状真菌底盘细胞，实现从菌丝发育到代谢途径的定向设计和精确控制，将创新丝状真菌发酵体系，真正实现工业真菌发酵产业的升级和换代。

三、元件与底盘细胞的适配

在人工合成生命系统中，生物元件必须与底盘细胞相适应和匹配才能够达到预期的高效获得目标产物的目的。因此，元件和底盘细胞的适配是合成生物学的核心问题之一。

（一）人工生物元件与底盘细胞的正交性

人工生物元件与底盘细胞的正交性是指人工生物元件和底盘细胞相互不依赖，从而不会干扰底盘细胞中原有的线路或网络。通过筛选和人工设计合成的基因元件、表达调控元件、分泌元件、信号转导元件等都需要通过在底盘细胞的正交性测试。

正如"牵一发而动全身"一样，生物元件的删减、替换及添加等，无疑会对整个生命体系造成影响。通过正交性测试，可以预测生物元件对底盘细胞的影响，并通过重新设计和合成显著降低或消除生物元件的副作用。

（二）人工底盘细胞物质与能量代谢的适配

物质和能量代谢是生命体的主要特征。人工合成生命体也必须具有合适的物质和能量代谢。在人工生命体系（底盘细胞）中，物质和能量代谢对元件、模块作用的发挥，乃至目标产物的产生都具有重要影响。在天然生命系统中人工合成的元件和模块往往不能够发挥或充分发挥作用，这与其物质和能量代谢息息相关。从代谢、调控、蛋白质互作和信号转导等多个方面优化底盘细胞的物质和能量代谢，并通过多轮适配测试，可以最终实现元件和模块功能的最大化和底盘细胞代谢的稳定性。

在底盘细胞中，可以基于代谢流分析设计上中下游代谢模块，并通过不同启动子等元件调节上下游模块表达强度，完成目标代谢路径代谢流的最优化。也可以同时改造底盘和模块，通过逐步适配策略，完成目标产物的代谢最优化。此外通过构建人工混菌体系，也可以解决不同底盘细胞之间在物质代谢和能量代谢的适配性问题。

四、微生物底盘的应用

（一）人工合成新产物

基于基因组序列测定和分析，发现微生物中存在大量的隐性或静默基因簇，而人们所知的代谢产物或代谢途径仅为其中的很小一部分。借助于 KEGG、BRENDA 和 MetaCyc 等代谢反应数据库，可以快速确定微生物中存在的已知代谢途径，从而能够推测未知的新的代谢途径。基于已有生物合成途径的人工智能深度学习的大数据分析方法也为新途径和新产物的预测提供了更为强大的工具（Stokes et al.，2020）。新的代谢途径预示着新的代谢产物，通过有目的地激活这些新途径就可以获得新型的活性代谢产物。基于上述的基因组挖掘策略，Tietz 等（2017）获得了超过 1300 种新型核糖体肽化合物（RiPPs）。

在合成生物学策略指导下，基于化合物结构特征和生化反应规则，可以理性设计新结构新功能代谢产物。天然产物的合成通常就是以模块的形式进行，因此在合适的底盘细胞中导入人工合成的全新的模块或杂合模块，经过适配，就有可能获得新的代谢产物。通过理性设计或定向进化，获得具有新催化活性的酶，也是实现新代谢途径和获得新代谢产物的常用手段。例如，重构萜类化合物合成模块，能够形成多种单萜、倍半萜、二萜及二倍半萜化合物等（饶聪等，2020）。

（二）实现目标产品的高效生产

通过引入外源模块或人工模块，不仅可以获得新型的目标产物，还能够通过重构代谢途径进而提高已有产品的生产能力。基于代谢网络模型，通过计算分析代谢网络中能量和物质的流向和消耗，确定关键途径和节点，进而通过改造和重构降低原材料消耗，实现目标产物生产过程中物质和能量转换的最优代谢。以青霉素产生为例，经过物理和化学的诱变及菌株改良，青霉素的产量从最初的 120U/ml 提高至 10 万 U/ml 以上。然而通过代谢网络模型计算得出青霉素的理论产量能够达到 0.47～0.5mol/mol 葡萄糖，比实际产量高 8～10 倍。

五、总结与展望

合成生物学依然面临着巨大的挑战。生命体经过几十亿年的进化，已然形成种类繁多、特性各异的物种。虽然合成生物学希望构建一个通用的底盘，但目前对生命形成依然缺乏深入的了解，甚至还难以确定生命体生存必需的基础生物元件。目前的做法也只能针对不同物种开展人工染色体或基因组的合成，通过构建不同的底盘以完成不同的产物合成需要。此外，对代谢产物生物合成与调控了解的不足，也进一步阻碍了利用合成生物学策略实现目标产物高效生产。因此，确定目标产物的合成途径、合成元件与模块，选择合适的细胞构建底盘，重构和优化代谢网络，以及阐明目标产物的分泌途径等依然是目前开展合成生物学研究的重点工作。以 CRISPR/Cas9 为代表的基因编辑技术极大地方便了底盘细胞的高效构建（McCarty et al.，2020），但针对高等真核生物，其脱靶问题及多基因的同步编辑等仍没有完全解决。

借助于测序技术、多组学的融合交叉及人工智能，合成生物学正在迅猛发展。从第一代人工合成生命 synthia 的诞生到现在也不过 10 年时间，合成酵母人工染色体已取得巨大进展，青蒿素、吗啡等多种植物来源天然产物在微生物底盘细胞中得到高效生产。与此同时，生物元件/模块不断丰富，基于模式甚至非模式生物的底盘陆续登场，使我们有理由相信合成生物必将促进人们对生命形成的深入理解，也必将颠覆性改变传统工农业生产模式。

（刘　钢）

第五节　从菌种选育到细胞工厂

酵母菌和大多数丝状真菌都隶属于子囊菌和担子菌，在工农业生产、人类健康和基础研究等方面发挥着重要作用。以酿酒酵母、构巢曲霉和黑曲霉为代表的模式真菌，为研究基因功能、发育分化及表观遗传学提供了良好的材料。以黑曲霉、里氏木霉和毕赤酵母为代表的真菌是蛋白质表达和分泌的理想宿主，被广泛用于生产葡萄糖氧化酶、木聚糖酶、纤维素酶和重组蛋白等。部分担子菌具有重金属吸附能力，被用于环境污染治理。此外，以产黄青霉、顶头孢霉等为代表的丝状真菌具有天然合成多种生物活性代谢物的强大能力，被广泛用于药物生产，其中青霉素、头孢菌素、洛伐他汀等已经成为重要的临床药物，在为人类健康保驾护航中发挥着重大作用。

酵母菌属于单细胞真核生物，繁殖速度快，利于培养。部分酵母菌具有有性世代，在培养基中能够形成像细菌一样的单克隆。酿酒酵母也是第一个完成全基因组测序的真核生物。相对简单的遗传背景和较为完整的细胞周期，使酿酒酵母菌成为基础研究和应用研究的良好材料。不同于酵母菌，丝状真菌通过顶端菌丝体的分裂生长。丝状真菌菌丝分为顶端、亚顶端和基部菌丝，不同部位的细胞在代谢上存在很大差别。此外，丝状真菌同源重组效率普遍较低，担子菌还存在异核性。

无论是单细胞的酵母还是多细胞的丝状真菌，在为人类所用的过程中，都会经历一个针对目标产品的菌株筛选到菌株改造的过程。随着遗传学的发展，尤其是分子生物学和合成生物学的出现和迅猛发展，以酵母菌和丝状真菌作为底盘来构建目标产品的细胞工厂已成为现实。

一、真菌在基础研究、人类健康和工农业生产中具有重要作用

人类对真菌的利用具有悠久的历史。几千年前，人们就已经能够通过发酵获得各类风味不同的食品及含有酒精的饮料。人们利用酵母菌发酵制作面包、酿造啤酒和葡萄酒等饮料、制备食品，利用发霉的食物来抑制细菌感染，但那时人们并不认识这些酵母和丝状真菌等生命体，也不知道是这些真菌在其中起作用。显微镜的发明让人们看到了微生物世界，也开启了发现和了解真菌的大门。也正是酵母菌和丝状真菌的发现和应用开启了发酵工业的先河。

作为单细胞的酿酒酵母，不仅仅用于饮料和食品，还是第一个获得全基因组序列的真核生物（Winzeler and Davis，1997）。由于相对简单的遗传背景，其成为研究真核生物基因功能、发育分化的良好模式材料。真核生物 DNA 复制、转录和翻译等基础生物学问题的研究多以酿酒酵母为材料。2014 年，Boeke 等合成了第一条能正常工作的酿酒酵母染色体 SYNIII，迈出了构建真核生物基因组的关键一步（Annaluru et al.，2014）。2017 年人们完成了酿酒酵母染色体 SYN II、SYN V、SYN X、SYNVII的人工合成，并于 2018 年将 16 条染色体合并成了 1 条染色体（Richardson et al.，2017；Shao et al.，2018）。这些工作为合成生物学的发展奠定了基础。利用酿酒酵母，Keasling 等表达了青蒿酸合成酶和细胞色素 P450 单加氧酶，并对底盘的前体途径进行优化，将青蒿酸的产量提高了 500 倍（Ro et al.，2006）。2015 年，Smolke 等组合来源于植物、细菌和啮齿动物的 23 个基因，在酿酒酵母中重构了阿片类药物前体蒂巴因和氢可酮的生物合成途径，并实现成功表达。作为目前应用最为广泛的异源蛋白表达宿主，巴斯德毕赤酵母（*Pichia pastoris*）具有分泌表达外源蛋白的显著优势，2006 年被美国 FDA 认定为安全菌株（GRAS），目前已经有超过 5000 种蛋白在毕赤酵母中进行了表达，其中 70 余种成功上市。

相比较单细胞的酵母菌，丝状真菌由于其相对复杂性，在基础研究方面明显薄弱。但在应用领域，依然发挥着巨大作用。利用黑曲霉生产柠檬酸是最早利用丝状真菌进行工业化生产的事例。而其后青霉素的发现，使以产黄青霉为代表的丝状真菌迅速进入工业生产领域。青霉素的发现也开启了抗生素工业的先河，并极大地推动了丝状真菌次级代谢物生物合成与调控的研究。真菌来源的代谢产物在保障人类健康和疾病防治/防控中已成为不可或缺的组成部分，如人们所熟知的抗感染药物青霉素和头孢菌素、临床上免疫抑制剂环孢菌素 A、降血脂药物洛伐他汀及近年来开发出的抗真菌药物棘白霉素等。而里氏木霉、黑曲霉、草酸青霉等还是用来分泌表达工业酶制剂的良好宿主，已广泛用来生产淀粉酶、纤维素酶、葡萄糖氧化酶等。其中，利用里氏木霉表达纤维素酶产量可以达到 100g/L（Singh et al.，2015）。

二、工业真菌菌株选育与发酵

自然条件下获得的真菌菌株，其目标代谢物或蛋白的表达水平往往很低。为解决产量

问题，同时也为筛选更多产生活性化合物的菌株，菌种选育成为关键一步。传统的育种手段包括自然选育、诱变育种、基因工程育种等。

（一）自然选育

无论是具有生物活性的酶和有机酸，还是作为药物来源的次级代谢产物，产生菌往往不止一种。自然选育即针对一种目标产物，通过对来源于自然界、菌种保藏机构或生产过程的菌株进行自然选育，从中获得产量高的菌株的过程。以青霉素为例，最初由弗莱明发现的点青霉（*Penicillium notatum*）只能产生 1.2mg/L 的青霉素，很难用于生产，甚至没能够获得纯的化合物。为了获得更大的量，科学家开始从泥土等不同来源的基物中分离菌种，最终在甜瓜上获得了一株产黄青霉（*Penicillium chrysogenum*），该菌株能够产生 65mg/L 的青霉素，这也是后来青霉素工业生产中的原始菌株（García-Estrada et al.，2020）。

自然选育的步骤较为简单，包括采样、培养分离和筛选等。土壤由于富含真菌等微生物，是最为常用的样品来源。近年来，极地、海洋及动植物体内等特殊生存环境样品成为分离目标真菌的新的热点。基于特殊生存环境真菌特有的生存策略，往往可以筛选到能够产生特殊结构和活性的代谢产物或蛋白质。而拿到样品之后，对真菌的培养分离也至关重要。不同的真菌对培养基营养成分、培养温度等培养条件的需要往往不一样，因而需要多种培养基和培养条件的使用。在自然传代过程中，真菌菌株也会发生一定频率的自发突变，这种突变可能有利于目标产物合成，也可能不利于目标产物的合成。有利于目标产物合成的突变称为正向突变，从这些突变中筛选出正向突变菌株也是自然选育的过程。此外，针对目标产物，还需要有一套行之有效的筛选方式。而高通量的筛选方式极大地提高了目标真菌获得的概率。

（二）诱变育种

诱变育种（mutation breeding）是利用物理、化学、生物因素，诱发生物体产生突变，从中选择和培育具有特定功能或功能强化了的真菌菌株的方法。然而，通常情况下诱变育种随机性大，存在大量的无义突变。诱变育种技术往往花费时间长、工作量大。诱变育种结合高通量筛选方法，具有简便、快捷、高效等特点，已广泛应用在育种行业。

物理诱变主要采用紫外线、X 射线、γ 射线和快中子等诱发菌株的突变；化学诱变主要利用烷化剂、碱基类似物、移码诱变剂和羟化剂等诱发菌株的突变；生物诱变主要利用T-DNA、转座子等诱发菌株的突变。近年来，多种具有突变率高、变异范围广、变异稳定等优点的新型诱变技术得到快速发展，如离子注入诱变、等离子体诱变、常压室温等离子体诱变技术（ARTP）等。20 世纪 40 年代以来，通过 X 射线、γ 射线等对产黄青霉进行不断诱变，获得了一系列青霉素高产菌株，如 X1612、Q176、Wis54-1255、AS-P-78 等，为抗生素工业的发展提供了丰富的菌株资源（Martín，2020）。

T-DNA 随机插入突变（insertional mutagenesis）是生物诱变的一种重要手段。对于未获得基因组信息的真菌，T-DNA 随机插入突变技术更具有优势。T-DNA 随机插入突变技术依赖于根癌农杆菌介导的遗传转化体系（*Agrobacterium tumefaciens*-mediated transformation，ATMT），具有操作简单、重复性好、转化效率高、低（或单）拷贝整合等优势（Michielse et al.，2005）。将含有标记基因的 T-DNA 随机插入目标真菌的基因组中，可以获得大容量的突变体库，进一步通过筛选获得理想突变菌株。例如，基于真菌次级代谢与形态分化紧密相关的原则，从 1632 株顶头孢霉 T-DNA 随机插入突变体中筛选到多个与形态分化和头孢菌素产生相关的基因（Long et al.，2013）。

转座子是可以在染色体上随机移动的一段 DNA 片段，可以从一个位置跳跃到另外一个位置。利用转座子可以在真菌染色体上随机插入的特性发展了转座子诱变技术。该技术不仅可以获得随机插入突变体库，从中筛选理想菌株，而且通过加入筛选标记（如抗性基因）和报告基因可以快速、准确及规模化确定突变位点。来源于鳞翅目昆虫的 PiggyBac 转座子具有随机性好，可以携带大片段 DNA 的特性，基于 PiggyBac 建立的转座子突变标签技术已成功应用于裂殖酵母和毕赤酵母中（Li et al.，2011；Jiao et al.，2019）。

（三）基因工程育种

随着对真菌中遗传转化体系的逐步建立和完善，尤其是目标代谢产物生物合成与调控机制的解析，基于途径设计的理性育种已越来越多地替代了非理性的随机诱变和筛选。基因工程（genetic engineering）是在分子水平上对基因进行遗传操作的技术，具体是将基因在体外重组后导入受体细胞，并使其进行正常复制、转录、翻译表达。以基因工程技术为支撑的育种方式称为基因工程育种，是目前被广泛使用的理性育种方式。基因工程育种突破了不同物种之间的障碍，可以实现来自不同物种的优势性状的整合，极大地提高了育种的精确度。

为解决青霉素生产发酵过程中溶氧问题，通过基因工程在产黄青霉中导入来自透明颤菌的血红蛋白（Vhb），显著改善了细胞内的氧气传递，从而提高了抗生素产量。在头孢菌素生产菌株中导入 *cefEF-cefG* 基因，使抗生素产量提高了 15%（Brakhage，1998）。在产黄青霉中导入来自土曲霉的洛伐他汀生物合成基因，通过优化获得了一株基因工程菌株，其洛伐他汀的产量达 6g/L（McLean et al.，2015）。

三、传统的代谢工程育种

代谢工程（metabolic engineering）是利用基因重组技术对生物体中已知的代谢途径进行有目的地修饰和改造，并与基因调控、代谢调控及生化工程相结合，改变细胞生理特性、构建新的代谢途径及获得目标代谢产物。利用代谢工程可以达到增强细胞底物利用、提高产物合成及增强菌株鲁棒性等。与自然选育、诱变育种及基因工程育种相比，代谢工程育种更具有目标性和定向性。

传统的代谢工程依赖于目标菌株遗传操作体系的建立及基因编辑技术的进步，涉及对目标基因启动子、终止子及拷贝数的遗传改造，对目标菌株细胞代谢途径、辅因子平衡及调控蛋白的遗传改造等。

（一）真菌遗传操作体系的建立和发展

原核生物尤其是大肠杆菌遗传操作体系的建立和完善，极大地带动了真菌分子生物学技术的发展。真菌转化常用的方法包括聚乙二醇（PEG）介导的原生质体转化法、电激转化法、基因枪法、限制酶介导法、农杆菌介导法等。PEG 介导的原生质体转化是在通过酶法获得原生质体的基础上，通过 PEG 诱导促进原生质体对外源 DNA 的吸收。由于不同真菌细胞壁结构的差异，转化效率相差很大，尤其是对于大型真菌（如灵芝）的转化效率很低。电激转化是利用高压脉冲作用，在真菌质膜上形成可修复的瞬时通道，使外源 DNA 进入细胞，环状 DNA 较线性 DNA 转化效率稍高。基因枪法是将外源 DNA 包裹在微小的金粒或钨粒中，在高压下高速射入真菌细胞，该方法简单、转化时间短，但受真菌细胞大小影响及成本造价等限制。限制酶介导法是利用限制性内切酶切割 DNA 片段并将其导入真菌细胞，限制性内切酶作用于基因组并产生与 DNA 片段相同的黏性末端，目标 DNA 片段整合到基因组上。农杆菌介导法是利用农杆菌 Ti 质粒上 *vir* 基因家族的表达，将 T-DNA 及外源 DNA 一起整合至真菌细胞基因组上。相比于其他转化方法，农杆菌介导法普适性较好，转化效率相对较高，且转化子稳定。

（二）启动子和终止子的筛选和改造

虽然作为真核生物的真菌在细胞结构等方面不同于原核生物，但在基因表达调控方面转录调控依然是最为主要的调控方式。启动子是被 RNA 聚合酶所识别并起始转录所必需的一段 DNA 序列，通常位于转录起始位点上游 100bp 范围内。大多数启动子在 -25 位置存在 TATA 盒，在 -75 位置存在 CCAAT 盒。根据启动子的特性，可以分为组成型启动子和诱导型启动子。真菌中常用的组成型启动子有甘油醛-3-磷酸脱氢酶基因启动子 PgpdA、乙醇脱氢酶基因启动子 PadhA 等，诱导型启动子有木糖诱导启动子、蔗糖酶基因启动子、葡糖淀粉酶基因启动子、醇氧化酶基因（*AOX1*）启动子等。通过选择强启动子 PgpdA、含有 3 个内含子的酸性脂肪酶基因、添加 kozak 序列和优化 *cbhI* 信号序列，酸性脂肪酶基因在黑曲霉中成功实现了高表达，脂肪酶活性最高达到 314.67U/mL（Zhu et al., 2020）。

此外，为获得不同强度启动子，人们对真菌启动子进行了一系列遗传改造。基于毕赤酵母中的组成型启动子 PgpdA 和 PCAT1，通过删减和增加转录因子结合序列，获得了人工启动子库，启动子活性增加了 2.5 倍（Nong et al., 2020）。此外，通过核心启动子和不同增强序列的组合，也获得了一批操作方便、活性可控的人工启动子元件。

终止子对维持 mRNA 的稳定性具有重要作用，因而也决定了基因的表达水平。通过在表达元件下游添加不同的终止子，也可有效控制蛋白的表达水平。目前常用的终止子包括曲霉的 TrpCt、酵母的 ScCYC1t、ScADH1t、ScGPD1t 等（Fischer and Glieder, 2019）。

（三）增加基因拷贝数提高目标产物的产量

在青霉素生产菌株的传统育种过程中，人们发现部分高产菌株中青霉素生物合成基因簇拷贝数明显增加（Brakhage, 1998）。通过基因工程手段，在抗生素产生菌株中增加基因拷贝数也证实能够显著提高抗生素产量。在毕赤酵母中，通过串联需要表达的目的基因，或通过菌株本身扩增目的基因拷贝数来增加目标蛋白产量已经成为一种常用的策略（Marx et al., 2009）。

（四）通过促进分泌提高目标产物产量

人们发现，当目标产物生物合成基因的表达到达一定的水平后，通过转录和翻译再提高基因表达往往不能够进一步提升目标产物产量。这是由于目标代谢产物或目标蛋白在细胞内的大量积累，会给真菌细胞造成严重的生理负担。因而，增加目标产物的外排能力就显得尤为必要。以青霉素生产菌株为代表的工业生产菌株通常都具有强大的产物外泌能力（García-Estrada et al.，2020），从而能够保证细胞内代谢产物不会过量积累。在毕赤酵母中，通过高表达伴侣蛋白及增强蛋白质的分泌能力，都会提高目标蛋白的表达水平（Yang and Zhang，2018）。

（五）通过对基因调控的定向改造提升目标产物的产量

真菌细胞中基因的表达严格受控于调控和调控网络。无论是目标代谢产物还是目标蛋白的产生都会受到来自环境因素（如温度、酸碱度、碳氮源等）和细胞内因素（生长状态、还原力等）的影响。这些是通过细胞对环境因素和内在因素的感知并通过严格调控相关基因或基因簇的表达来实现的。长期以来的研究已初步揭示了一些重要代谢产物（如青霉素、头孢菌素等）的生物合成调控机制，因而可以对其进行定向改造。例如，发现顶头孢霉中氮源调控基因 *AcareA* 和 *AcareB* 都能够调控头孢菌素的生物合成（Guan et al.，2017）。敲除顶头孢霉中调控基因 *ActrxR1* 和 *AcmybA*，会使头孢菌素的产量和分生孢子都显著增加（Liu et al.，2013；Wang et al.，2018）。

此外，表观遗传调控也显著影响目标产物的产量。表观遗传调控通过对核酸的修饰来控制基因表达，真菌中的表观遗传修饰主要包括组蛋白甲基化、DNA 甲基化、乙酰化、磷酸化和泛素化等。*laeA* 编码一个含有组蛋白甲基化的 *S*-腺苷甲硫氨酸（SAM）结合结构域的蛋白，研究发现 *laeA* 正调控真菌中大量次级代谢物的产生，还能够激活沉默基因的表达（Amare and Keller，2014）。

四、系统代谢工程

系统代谢工程在传统代谢工程基础上，通过对基因组、转录组、蛋白质组、代谢物组及通量组学分析，结合系统生物学和进化工程，对相关代谢网络进行理性设计，并利用基因工程的手段对其进行定向改造，实现物质和能量代谢的优化和目标产物产量的提升。由于系统代谢工程采用多组学整合分析的系统生物学策略，因而更关注目标菌株的系统性、整体性和迭代性。系统代谢工程通常包括系统代谢分析、基于模型的代谢途径改造、菌株优化及其表征，并在此基础上通过设计-分析-测试循环，逐步提升菌株的目标产物产量。

（一）系统代谢分析

系统代谢分析获得的数据和模型是开展系统代谢工程的基础。系统代谢分析主要包括基因组学分析、转录组学分析、蛋白质组学分析、代谢物组学分析、代谢流量分析，以及基于这些组学数据建立的数学模型。

基因组含有全部的遗传信息，是一切生命活动的基础。随着测序技术的飞速发展，越来越多的真菌基因组完成测序。根据 JGI 和 FungiDB 等数据库的统计，迄今已有超过 1000 种丝状真菌基因组得到测序和相关注释。通过对最早期的青霉素产生菌及不同来源的工业生产菌株进行全基因组测序，发现包括苯乙酸降解、赖氨酸合成及其他次级代谢物合成相关基因存在突变，也发现部分工业生产菌株中存在青霉素生物合成基因簇的倍增（García-Estrada et al.，2020）。

同基因组分析相比，转录组更能够直接体现真菌细胞内的代谢活动。随着转录组测序和分析技术的日渐成熟，越来越多的真菌转录组得到揭示。比较青霉素产生菌 WIS-1255 和工业高产菌株 DS17690 的转录组及在添加和不添加苯乙酸条件下的转录组，可以看到高产菌株中青霉素合成相关基因都得到了高表达，暗示传统诱变育种也是通过合成基因的高表达来提高抗生素的产量（Martín，2020）。通过转录组分析，还发现在青霉素高产菌株中参与半胱氨酸生物合成的基因转录水平显著提高。

作为 mRNA 的产物蛋白则直接参与代谢过程中的酶促反应。基于二维电泳的蛋白质组研究推动了从组学层次解析细胞内蛋白质的整体变化，而质谱的引入则直接变革了蛋白质组学研究。不同菌株（尤其是经传统诱变获得的菌株）之间的蛋白质组比较分析，极大地加深了人们对工业生产菌株生理特性的理解。不同生长或发酵阶段蛋白质组的变化，更加精细地反映了生产菌株对碳氮源、溶氧度、酸碱度等体内外影响因素的即时应答，从而可以为菌株的精细改造提供靶点。

由于基因转录和蛋白质表达的变化会在代谢物上得到最终反映，因而对代谢物组的研究应运而生。代谢物组是通过 LC/MS、GC/MS 及顶空微萃取等技术来研究细胞特定生理阶段中代谢产物组成和变化。代谢物组研究包括代谢物靶标分析、代谢轮廓分析、代谢组学及代谢指纹分析，目前多采用代谢指纹分析。代谢组学的研究真正建立起了代谢产物与代谢途径之间的联系。青霉素工业生产菌株的代谢组学研究发现，初级代谢的变化显著影响青霉素的产生，其中半胱氨酸和 ATP 对青霉素的高产至关重要，而半胱氨酸的合成需要大量的 NADPH，因此产黄青霉细胞内的能量积累和还原力就成为青霉素高产的关键因素（Ding et al.，2012）。

代谢流量分析主要针对细胞内代谢反应速率进行研究，为代谢流量最大限度地流入目标产物提供改造靶点。由于依据目前的技术不能直接检测细胞内的代谢流量，因而需要利用同位素示踪技术，结合代谢组学分析，并进行数学建模计算。通过对耶氏解脂酵母代谢流量分布，发现从生长阶段转移到脂质生产阶段，磷酸戊糖途径成为供给脂质合成所需 NADPH 的主要来源（Patra et al.，2021），为提高甘油三酯的产量提供了改造靶点。

（二）基于模型的代谢途径改造

细胞内的代谢反应是受到底物、产物及参与反应的蛋白质所决定的，此外一些辅助因子及还原力也发挥着重要作用。而参与酶促反应的蛋白质又在转录、翻译及后修饰等多方面受到细胞内外各种因素的影响。基因组规模代谢网络模型（genome-scale metabolic model，GSMM）是整合代谢相关数据模拟细胞内代谢反应建立的数学模型，它通过对基因表达、蛋白翻译、酶促反应全局性分析预测细胞内代谢通路和流量，阐明代谢反应的化学计量关系。

GSMM 的标准构建过程包括初模型构建、初模型精炼和模型功能评估。在获取并注释基因组序列的基础上，整合基因、蛋白质、反应等信息，即可以到初模型。进一步统一和修正不同数据库中的注释信息，测定代谢反应中元素及质量守恒，并考虑反应的热力学信息，从而完成初模型精炼。精炼后的初模型通过转化成为有约束条件的数学模型，即可以进行模型功能评估。

相比较单细胞的细菌，真菌中的 GSMM 还相对较少。近年来在酿酒酵母中建立了第一个 GSMM（iFF708），随后又进一步完善得到了升级的 iND750 和 Yeast 4.0 等。在 iND750 中对代谢反应/途径进行了区室化，包括细胞质、细胞核、内质网、高尔基体、过氧化物酶体、线粒体、液泡和胞外,使模型的预测准确率得到了极大提升(Duarte et al.,2004)。在 Yeast 4.0 中,新增了细胞膜、空泡膜和脂质小体三个细胞分区(Mesquita et al.,2019)。

利用建立的真菌 GSMM,可以较为容易地预测目标产物代谢过程中可用于改造的靶点,并进行基于数学模型的代谢途径改造。此外,GSMM 还可以用来预测必需和非必需基因,预测和表征真菌生长和表型,预测环境因子和遗传因素造成的细胞生理过程的扰动等。

(三)菌株优化及其表征

在系统分析代谢途径和网络,并建立代谢网络模型的基础上,借助于高效的 DNA 组装技术、CRISPR/Cas 基因编辑技术、精准的动态调控技术、高通量的检测和筛选技术等现代分子生物学手段,可以对目标真菌开展菌株优化和全局性表征。

目前常用的 DNA 组装技术包括传统的酶切连接技术、重叠 PCR 扩增技术、Gibson 组装技术,基于酵母菌同源重组的 TAR 技术、Red/ET 重组技术等。Gibson 组装技术简便易行,被广泛应用于 4 个片段以下的 DNA 组装;TAR 技术则可以同时用于十几个 DNA 片段的一步组装,但需要有对酵母菌株进行遗传操作的技术;Red/ET 重组技术通过不断地升级换代,已经发展出针对不同实验目的的多种个性化实验方法。

作为新一代的基因编辑技术,受动植物细胞改造需求的促进,CRISPR/Cas 技术得到了迅速发展和应用(Rozhkova and Kislitsin,2021)。从基于 Cas9 的基因敲除到单碱基编辑技术再到 prime editing 的出现,受到了科研人员的极大关注。CRISPR/Cas 技术在真菌中也得到了广泛应用,并极大提升了菌株改造的速度。在黑曲霉中,单基因编辑效率甚至达到了 100%;在酿酒酵母工业菌株中,实现了双倍体菌株 4 个基因在 8 个位点及三倍体菌株在 12 个位点的同时敲除。除用于真菌细胞的基因敲除外,CRISPR/Cas 技术还可以对目标基因进行转录抑制或转录激活等。

通过基因敲除和过表达对目标菌株进行静态调控,不考虑细胞中物质流和能量流的分配,往往会造成代谢物积累和生长停滞等问题。针对细胞中物质流和能量流的动态分配问题,有必要通过调控元件和基因线路进行精准调节,即动态调控策略。目前的动态调控策略主要集中在对代谢中间体或终产物响应、发酵条件响应及蛋白质水平调控等方面。通过动态调控可以减小外源途径引入对细胞生长和代谢流平衡的影响,从而提高目标产物的产量。在酵母中通过 Gal4M9 元件调控,使番茄红素产量达到了 1.12g/L(Zhou et al.,2018);在黑曲霉中通过响应酸碱度的 Pgas 启动子使衣康酸的产量达到了 4.29g/L(Yin et al.,2017)。此外,通过动态调控还可以实现多个基因不同表达时间和不同表达程度的精确调控。

五、定制化的细胞工厂

合成生物学的出现和快速发展,为构建微生物细胞工厂(microbial cell factories,MCFs)提供了坚实的理论基础和技术支撑。建立微生物细胞工厂的目的是通过细胞代谢的方式有目标、批量生产特定产品,包括能源物质、生物基产品、医药品等。细胞工厂的特点是定制化,构建细胞工厂还需要考虑细胞的结构特点、细胞内的代谢调控及细胞的表达和生产性能等。细胞工厂的构建需要依赖于遗传背景相对清楚、研究较为透彻、具有成熟操作系统的微生物细胞。

（一）真核微生物细胞工厂底盘细胞的选择

真核生物的模式菌株酿酒酵母是最早用来构建微生物细胞工厂的底盘细胞之一。近年来，毕赤酵母、曲霉、青霉等真菌也纷纷用来作为构建具有各自生理和代谢特点的、针对生产不同产品微生物细胞工厂的底盘细胞。例如，毕赤酵母可以利用甲醇作为唯一碳源生长，同时具有表达分泌大量不同异源蛋白的强大能力，人们已经开始通过不同策略来构建蛋白表达和目标代谢产物生产的底盘细胞。曲霉和青霉等丝状真菌可以利用廉价的糖蜜等生长，不仅能够产生和分泌工业酶（如纤维素酶、半纤维素酶、淀粉酶、果胶酶、蛋白酶、脂肪酶等），还能够产生大量次级代谢产物（如青霉素等），因而也成为人们进一步开发为微生物细胞工厂的理想底盘细胞。

（二）基因组规模的改造靶点鉴定

系统代谢分析及基因组规模代谢网络模型可以为底盘细胞的构建提供大量的改造靶点。基于数学模型从全基因组范围深度挖掘拟改造靶点，并通过定向遗传改造确定改造靶点与目标产物的关系，为构建高效的细胞工厂奠定了基础。例如，在黑曲霉中通过对柠檬酸高产菌株和低产菌株在基因组和转录组上的比较，发现其中转运蛋白是改造的靶点，通过改造相应靶点，并重构代谢途径，在该菌株中实现了衣康酸的高产（Yin et al.，2017）。

（三）新代谢途径的设计与构建

除了天然的代谢途径外，基于有机化学和生物化学原理，通过基因组挖掘和计算机辅助设计也可以获得非天然的代谢途径。这些非天然代谢途径，不仅扩展了人们对细胞代谢多样性的深入认识，还有力地促进了微生物细胞工厂的构建。加州大学 Keasling 教授课题组利用酿酒酵母细胞为底盘，通过加强甲羟戊酸途径，并表达紫穗槐-4,11-二烯合酶（amorpha-4,11-diene synthase，ADS）基因，实现了紫穗槐二烯的大量合成；在此基础上表达来源于黄花蒿的 P450 氧化酶基因，还原酶基因及两个脱氢酶基因，实现了青蒿酸的大量合成。最后通过光化学反应实现青蒿素的生产（Paddon and Keasling，2014）。在酿酒酵母细胞中通过整合来源于植物和细菌的代谢途径，重构阿片类生物碱及半合成阿片类药物的生物合成途径，实现了特定药物（吗啡）的合成（Galanie et al.，2015）。

除上述策略外，为进一步提升微生物细胞工厂的生产效率和增强生产菌株的鲁棒性，还需要对代谢途径进行重构和优化，对细胞的耐受性进行改造等。

（刘　钢）

本章参考文献

李红花，刘钢．2017．CRISPR/Cas9 在丝状真菌基因组编辑中的应用．遗传，39：355-367.

饶聪，云轩，虞沂，等．2020．微生物药物的合成生物学研究进展．合成生物学，1（1）：92-102.

钟小云，李钦艳．2019．野生食用菌的人工驯化栽培．食药用菌，27（3）：174-176.

Bills G F, Gloer J B. 2016. Biologically active secondary metabolites from the fungi. Microbiology

Spectrum, 4(6): 1087-1119.

Botstein D, Chervitz S A, Cherry M. 1997. Yeast as a model organism. Science, 277(5330): 1259-1260.

Bugni T S, Ireland C M. 2004. Marine-derived fungi: a chemically and biologically diverse group of microorganisms. Natural Product Reports, 21(1): 143-163.

Callac P, Jacobé de Haut I, Imbernon M, et al. 2003. A novel homothallic variety of *Agaricus bisporus* comprises rare tetrasporic isolates from Europe. Mycologia, 95(2): 222-231.

Chen Y, Liu Z M, Huang Y, et al. 2019. Ascomylactams A-C, cytotoxic 12- or 13-membered-ring macrocyclic alkaloids isolated from the mangrove endophytic fungus *Didymella* sp. CYSK-4, and structure revisions of phomapyrrolidones A and C. Journal of Natural Products, 82(7): 1752-1758.

Costanzo M, Baryshnikova A, Bellay J, et al. 2010. The Genetic landscape of a cell. Science, 327(5964): 425-431.

Duan S F, Han P J, Wang Q M, et al. 2018. The origin and adaptive evolution of domesticated populations of yeast from Far East Asia. Nature Communications, 9(1): 2690.

Fischer J E, Glieder A. 2019. Current advances in engineering tools for *Pichia pastoris*. Current Opinion in Biotechnology, 59: 175-181.

Galanie S, Thodey K, Trenchard I J, et al. 2015. Complete biosynthesis of opioids in yeast. Science, 349(6252): 1095-1100.

Gallone B, Steensels J, Prahl T, et al. 2016. Domestication and divergence of *Saccharomyces cerevisiae* beer yeasts. Cell, 166(6): 1397-1410.

He L, Guo W, Li J, et al. 2020. Two dominant selectable markers for genetic manipulation in *Neurospora crassa*. Current Genetics, 66: 835-847.

He Q, Cha J, He Q, et al. 2006. CK I and CK II mediate the FREQUENCY-dependent phosphorylation of the WHITE COLLAR complex to close the *Neurospora circadian* negative feedback loop. Genes & Development, 20: 2552-2565.

Jin J, Jia B, Yuan Y J. 2020. Yeast chromosomal engineering to improve industrially-relevant phenotypes. Current Opinion in Biotechnology, 66: 165-170.

McGovern P E, Zhang J, Tang J, et al. 2004. Fermented beverages of pre- and proto-historic China. Proceedings of the National Academy of Sciences of the United States of America, 101(51): 17593-17598.

McLean K J, Hans M, Meijrink B, et al. 2015. Single-step fermentative production of the cholesterol-lowering drug pravastatin via reprogramming of *Penicillium chrysogenum*. Proceedings of the National Academy of Sciences of the United States of America, 112(9): 2847-2852.

Ninomiya Y, Suzuki K, Ishii C, et al. 2004. Highly efficient gene replacements in *Neurospora* strains deficient for nonhomologous end-joining. Proceedings of the National Academy of Sciences of the United States of America, 101: 12248-12253.

Paddon C J, Keasling J D. 2014. Semi-synthetic artemisinin: a model for the use of synthetic biology in pharmaceutical development. Nature Review Microbiology, 12: 355-367.

Richardson S M, Mitchell L A, Stracquadanio G, et al. 2017. Design of a synthetic yeast genome. Science, 355(6329): 1040-1044.

Ro D K, Paradise E M, Ouellet M, et al. 2006. Production of the antimalarial drug precursor artemisinic acid in engineered yeast. Nature, 440(7086): 940-943.

Sander J D, Joung J K. 2014. CRISPR-Cas systems for editing, regulating and targeting genomes.

Nature Biotechnology, 32(4): 347-355.

Smanski M J, Zhou H, Claesen J, et al. 2016. Synthetic biology to access and expand nature's chemical diversity. Nature Review Microbiology, 14(3): 135-149.

Spiteller P. 2015. Chemical ecology of fungi. Natural Product Reports, 32(7): 971-993.

Stokes J M, Yang K, Swanson K, et al. 2020. A deep learning approach to antibiotic discovery. Cell, 180(4): 688-702.

Takemaru T. 1961. Genetic studies on fungi. IX. The mating system in *Lentinus edodes*(Berk.)Sing. Reports of the Tottori Mycological Institute, 1: 61-68.

Tietz J I, Schwalen C J, Patel P S, et al. 2017. A new genome-mining tool redefines the lasso peptide biosynthetic landscape. Nature Chemical Biology, 13(5): 470-478.

Vedder P J. 1978. Modern Mushroom Growing. Berlin: European Education Publishers.

Waltz E. 2016. Gene-edited CRISPR mushroom escapes US regulation. Nature, 532(7599): 293.

Yang S, Li W, Qi S, et al. 2014. The highly expressed methionine synthase gene of *Neurospora crassa* is positively regulated by its proximal heterochromatic region. Nucleic Acids Research, 42: 6183-6195.

本章参考文献